エポキシ樹脂の機能と活用動向

Functions of Epoxy Resins and Their Application Trends

監修：久保内昌敏

Supervisor : Masatoshi KUBOUCHI

シーエムシー出版

巻頭言

エポキシ樹脂は，様々な分野に適用されている樹脂のひとつであるが，エポキシ基を持った主剤とこれと反応する硬化剤の組み合わせで機能するため，その種類はとても多くなる。なかでも，この硬化剤の選択によって硬化した樹脂の性質，性能は大きく変わるので，目的に適した硬化剤の選択が重要である。したがって，要求性能を満足する物性を示す硬化物を得るためには，エポキシ樹脂と各硬化剤との反応メカニズムを把握することが要求される。

エポキシ樹脂のモノマーは，安定に保存できる一方で，硬化剤との付加反応も自己重合（触媒硬化）反応も容易に起こり，硬化物を形成できる高い反応性を有している。すなわち，相反する便利な性質を持っている。エポキシの反応は開環反応ゆえ揮発成分（縮合水）を伴わず，かつ硬化収縮が抑えられる。硬化後は安定した架橋構造となるため，強度，耐薬品性，電気特性あるいは密着性などに優れており，総合的に高い物性が得られる。このような特徴は，樹脂および硬化剤の化学構造の見地から検討することができる点で，要求性能を満たすものを戦略的に選定することができる樹脂といえる。

このように有用に使うことのできるエポキシ樹脂であるが，要求される性能・物性は益々高くなってきており，近年特にDXあるいはGXやSXに関連する要求が増してきている。AIやIoTを駆使した新たなスマート社会を目指す中で，電子機器類に応用される高性能な絶縁材料としてエポキシ樹脂に対する期待は大きい。また，サステナブルな資源循環やエネルギー利用についても大きな課題となっており，エポキシ樹脂も熱硬化性樹脂にもかかわらず，植物由来の樹脂やリサイクル技術について検討が進められている。

本書では，エポキシ樹脂の分野で活躍されておられる方々にお願いして，基本的な概論，あるいは樹脂の合成と物性，そして複合材料に関する記事を掲載させていただいた。これに加えて，各産業分野でエポキシ樹脂が活用されている事例や状況について，上述のDXやGXといったアプローチを含めて取りあげて，新しいエポキシ樹脂の取り組みをまとめることを狙いとした。各記事は著者のお立場によって適用分野が限定されている部分もあるが，総じて基礎的かつ一般的な内容として，エポキシ樹脂の化学構造や硬化反応を理解することで，DXやGXといった最近の要求性能を満たす活用事例につながっているかを取りまとめさせていただいた。本書を利用いただくいろいろな分野の方々のお役に立てるものにしたいと願っている。

最後に，執筆をお願いした各分野において第一人者としてご活躍されている著者の皆様には，本当にご多忙の中にもかかわらず本書の執筆を快諾いただき，刊行に至ることができましたことに監修者として感謝申しあげる。また，本書の企画と出版に際して㈱シーエムシー出版編集部の山中壱朗氏にも厚く御礼申しあげたい。

2024年12月

東京科学大学
久保内昌敏

執筆者一覧（執筆順）

氏名	所属
久保内昌敏	東京科学大学　物質理工学院　応用化学系　教授
有光晃二	東京理科大学　創域理工学部　教授
伊藤由快	東京理科大学　創域理工学部　修士課程
青木大亮	東京理科大学　創域理工学部　助教
原田美由紀	関西大学　化学生命工学部　教授
松田 聡	兵庫県立大学　大学院工学研究科　化学工学専攻　准教授
岸 肇	兵庫県立大学　大学院工学研究科　化学工学専攻　教授
木村 肇	(地独)大阪産業技術研究所　有機材料研究部　熱硬化性樹脂研究室　総括研究員
松本幸三	近畿大学　産業理工学部　生物環境化学科　教授
大山俊幸	横浜国立大学　大学院工学研究院　機能の創生部門　教授
漆﨑美智遠	福井大学　工学系部門　工学領域　材料開発工学講座　技術補佐員
橋本 保	福井大学　工学系部門　工学領域　材料開発工学講座　教授
岡田哲周	(地独)大阪産業技術研究所　物質・材料研究部　主任研究員
門多丈治	(地独)大阪産業技術研究所　物質・材料研究部　研究室長
平野 寛	(地独)大阪産業技術研究所　物質・材料研究部　研究部長
上利泰幸	(一社)大阪工研協会　常務理事
奥村 航	石川県工業試験場　繊維生活部　主任研究員
真田和昭	富山県立大学　工学部　機械システム工学科　教授
納所泰華	富山県立大学　工学部　機械システム工学科　助教
榎本航之	(国研)理化学研究所　創発物性科学研究センター　研究員
菊地守也	山形大学　工学部　技術専門職員
川口正剛	山形大学　大学院有機材料システム研究科　教授
冨永雄一	(国研)産業技術総合研究所　マルチマテリアル研究部門　主任研究員

佐藤公泰　(国研)産業技術総合研究所　マルチマテリアル研究部門　主任研究員
今井祐介　(国研)産業技術総合研究所　マルチマテリアル研究部門　研究グループ長
波多野諒　名古屋市工業研究所　システム技術部　製品技術研究室　研究員
高橋昭雄　横浜国立大学　大学院工学研究院　非常勤教員／岩手大学　客員教授
木田紀行　三菱ケミカル㈱　スペシャリティマテリアルズビジネスグループ
アドバンストソリューションズ統括本部　技術戦略本部　情電技術部
パッケージエレクトロニクスグループ　機能材セクション
セクションリーダー
小迫雅裕　九州工業大学　工学部　電気電子工学科　教授
稲垣昇司　太陽ホールディングス㈱　研究本部　フェロー（シニア）
伊藤友裕　横浜ゴム㈱　工業資材事業部　航空部品技術部　技術１グループ
グループリーダー
市川大稀　スーパーレジン工業㈱　研究開発部
庄司卓央　スーパーレジン工業㈱　研究開発部
田山紘介　スーパーレジン工業㈱　取締役 CTO 兼 研究開発部　部長
森直樹　東京科学大学　物質理工学院　応用化学系
松本章一　大阪公立大学　大学院工学研究科　教授
内藤昌信　(国研)物質・材料研究機構　高分子・バイオ材料研究センター
副センター長
青木裕之　日本原子力研究開発機構　J-PARC センター　研究主幹；
高エネルギー加速器研究機構　物質構造科学研究所　教授
宮前孝行　千葉大学　大学院工学研究院　物質科学コース　教授
山添寛知　コニシ㈱　浦和研究所　研究開発第４部　マネージャー
進藤卓也　大阪ガスネットワーク㈱　導管計画部　R&D チーム　副課長

目　　次

第1章　概論

第2章　エポキシ樹脂の合成と物性

第3章　エポキシ樹脂複合材料

第4章　エポキシ樹脂の活用

第1章　概論

1　エポキシ樹脂の硬化反応と光・熱潜在性硬化剤

有光晃二[*1]，伊藤由快[*2]，青木大亮[*3]

1. 1　はじめに

エポキシ樹脂のオキシラン環は環ひずみエネルギーが大きく，多種多様な硬化剤と反応して3次元架橋構造を形成し様々な用途に用いられる。エポキシ樹脂に硬化剤を混合すると室温でも徐々に反応が進み，樹脂の粘度が向上するためポットライフが短いことが問題となる。そのため，使用直前に硬化剤とエポキシ樹脂を混合し，直ちに使用しなければならない。しかしながら，この方法では硬化剤とエポキシ樹脂の混合ムラが起きやすく，エポキシ樹脂の硬化不良を引き起こす。したがって，硬化剤そのものを用いるのではなく，硬化剤の活性を物理的あるいは化学的に封じておき，熱や光などの外部刺激により硬化触媒としての機能を発現する潜在性硬化剤が求められている。

本稿では，エポキシ樹脂の硬化反応を概説した後，熱潜在性硬化剤，光潜在性硬化剤について解説する。

1. 2　硬化剤の分類

硬化剤はエポキシ樹脂に対する反応様式で分類すると「付加反応」と「重合反応」に分類される（図1）[1)]。「付加反応」型では，硬化剤（架橋剤ともいえる）がエポキシ樹脂に付加することにより3次元ネットワークを形成し，硬化剤がネットワーク構造の一部となるため，硬化剤の構造は硬化物の物性に影響する。また，エポキシ樹脂に対する硬化剤の過不足は未反応官能基の残存につながるため，硬化剤の添加量には適正領域がある。

一方，「重合反応」型では，触媒量の硬化剤が重合開始剤となり，エポキシ基の連鎖重合が進行する。このとき，触媒量の硬化剤そのものはネットワーク構造には組み込まれず，その構造が直接的に硬化物の物性に影響することはない。ただし，硬化剤の重合開始能の違いによりエポキシ樹脂硬化物の重合度が変わるため，硬化物の物性は大きく影響を受ける。

＊1　Koji ARIMITSU　東京理科大学　創域理工学部　教授
＊2　Yukai ITO　東京理科大学　創域理工学部　修士課程
＊3　Daisuke AOKI　東京理科大学　創域理工学部　助教

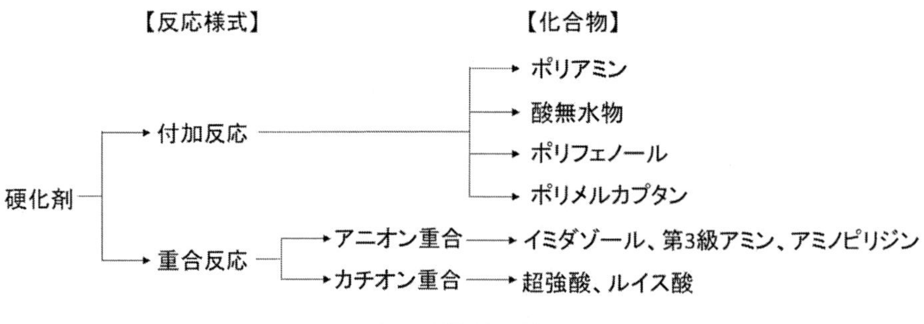

図1　硬化剤の分類

1. 3　エポキシ樹脂と硬化剤の反応様式

硬化剤のエポキシ樹脂に対する反応様式を図2にまとめた[1)]。以下，特徴的なものについて解説する。

1. 3. 1　付加反応型

1. 3. 1. 1　アミン系

第1級および第2級アミンとエポキシ樹脂の反応は逐次的な付加反応である。図3に第一級

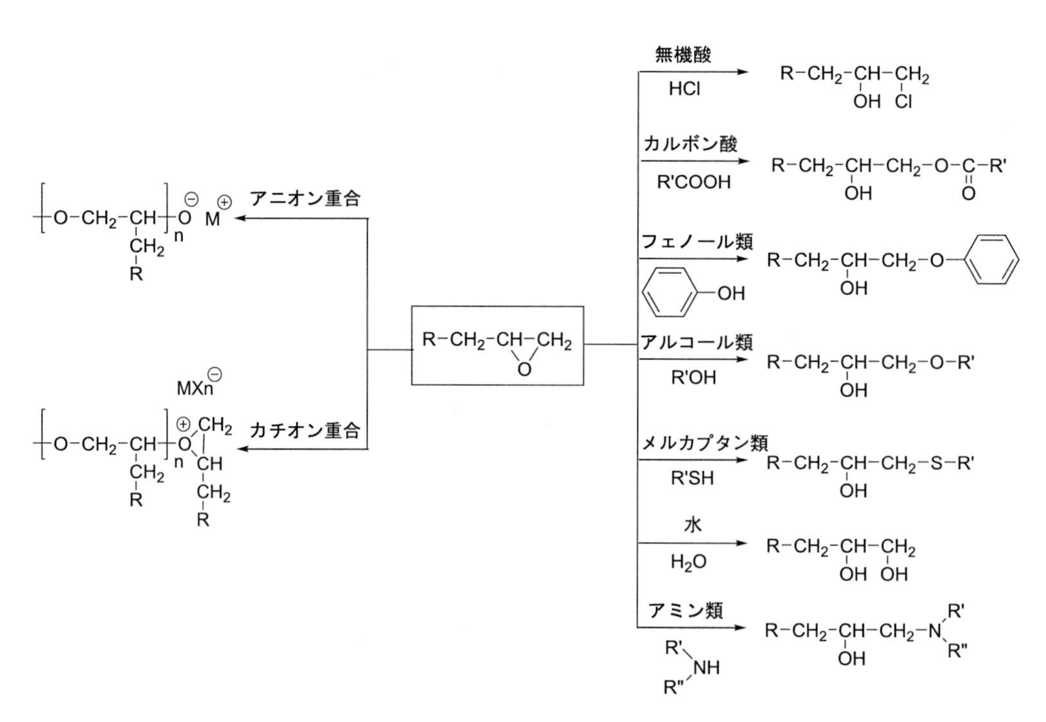

図2　硬化剤の反応様式

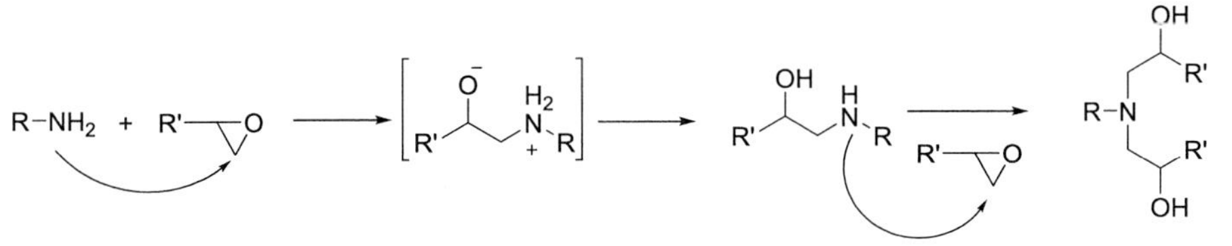

図3　第1級アミンとエポキシ樹脂の反応

アミンとエポキシ樹脂の反応機構を示す。反応は２段階で進行し第３級アミンに至るが，立体障害のためそれ以上エポキシ樹脂と反応することができず，実質的に硬化反応は停止する。

1. 3. 1. 2　酸無水物系

酸無水物に対してエポキシ樹脂の水酸基が作用してカルボキシ基が生成し，このカルボキシ基がエポキシ基に付加してアルコールを生成する。これが繰り返されることで硬化反応が進行する(図４)。この反応系は酸性状態にあるので，図４の(1)～(3)の反応と平行してエポキシ基と水酸基の反応でエーテル結合も生成する。一般的には80～150℃程度の温度で硬化する。湿度の影響を受けやすいが，硬化物の電気絶縁性，機械的特性，熱安定性が優れているため，電気・電子絶縁材料用途のエポキシ硬化剤としてよく用いられる[2)]。

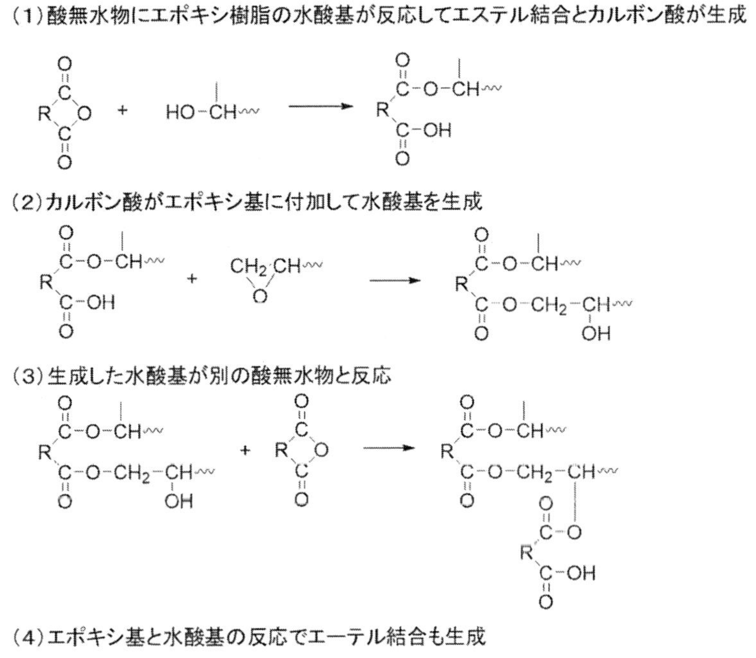

(1)酸無水物にエポキシ樹脂の水酸基が反応してエステル結合とカルボン酸が生成

(2)カルボン酸がエポキシ基に付加して水酸基を生成

(3)生成した水酸基が別の酸無水物と反応

(4)エポキシ基と水酸基の反応でエーテル結合も生成

図4　酸無水物とエポキシ樹脂の反応（促進剤なし）

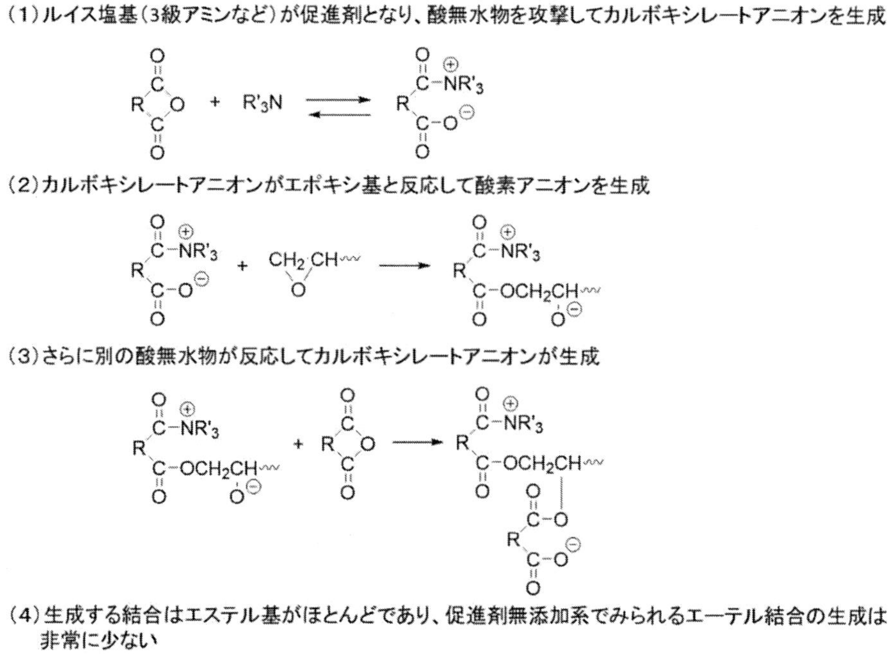

（1）ルイス塩基（3級アミンなど）が促進剤となり、酸無水物を攻撃してカルボキシレートアニオンを生成

（2）カルボキシレートアニオンがエポキシ基と反応して酸素アニオンを生成

（3）さらに別の酸無水物が反応してカルボキシレートアニオンが生成

（4）生成する結合はエステル基がほとんどであり、促進剤無添加系でみられるエーテル結合の生成は非常に少ない

図5　酸無水物とエポキシ樹脂の反応（促進剤あり）

上述の反応では高温が必要であるが，第3級アミンなどのルイス塩基を促進剤として用いると低温かつ高効率で硬化反応が進行する（図5）。

1. 3. 1. 3　フェノール系

フェノール誘導体とエポキシ樹脂の反応は，フェノール性水酸基とエポキシ基の付加反応が主であるが高温を必要とする。しかし，第3級アミンなどの塩基を促進剤として用いると，フェノール性水酸基が活性化されエポキシ基との反応が高効率で進行するようになる（図6）。

1. 3. 1. 4　メルカプタン系

メルカプタン類もエポキシ樹脂の硬化剤として機能するが，高温が必要である。少量の塩基触媒を共存させると，メルカプタンが活性化され室温硬化が可能となる（図7）。原則として付加型である。

1. 3. 2　重合反応型

1. 3. 2. 1　アニオン重合系

硬化剤として第3級アミン，イミダゾール類，アミノピリジン類を用いると，これらを開始剤とするエポキシ樹脂のアニオン重合が進行する。たとえば，第3級アミンを用いたときの硬化機構を図8に示す。第1級，第2級アミンを硬化剤として用いたときは，窒素原子上に活性

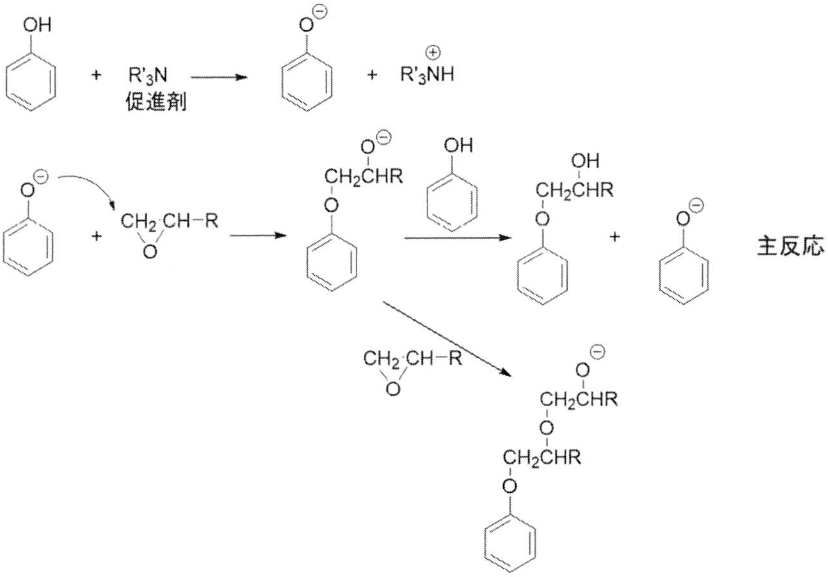

図６　フェノール誘導体とエポキシ樹脂の反応（促進剤あり）

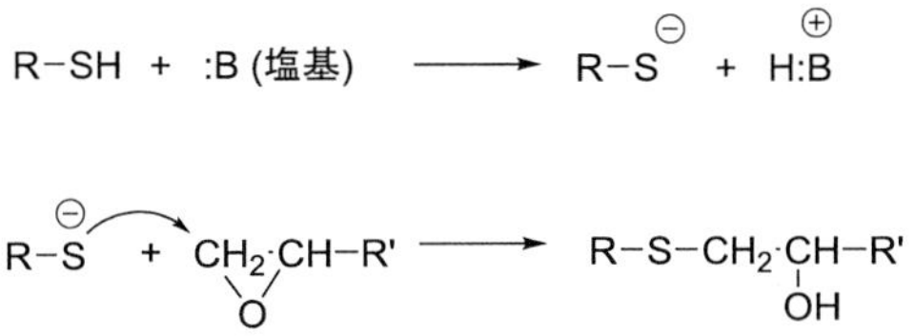

図７　メルカプタン類とエポキシ樹脂の反応（促進剤あり）

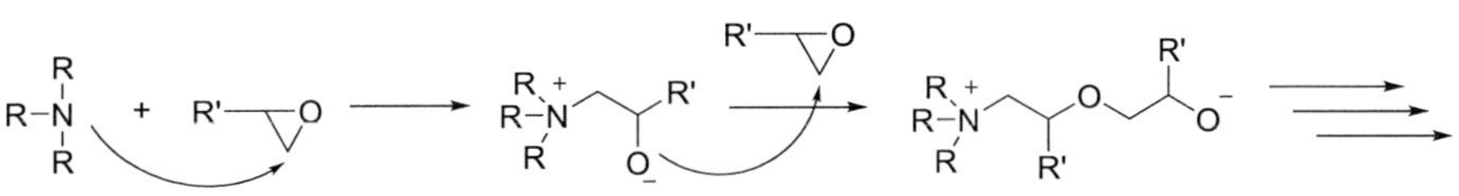

図８　第３級アミンとエポキシ樹脂の反応

水素があるため，中間体として生じるアルコキシドアニオン（−O ）は直ちにアルコール（−OH）となる。このためアミンとエポキシ樹脂の逐次的な付加反応が進行するだけであった。それに対し第３級アミンがエポキシに付加した中間体には活性水素がないため，活性の高いアルコキシドアニオン（$-O^-$）が連鎖重合を引き起こすと考えられている。

イミダゾール類を用いると第３級アミンを硬化剤に用いたときよりも硬化時間が短く，硬化

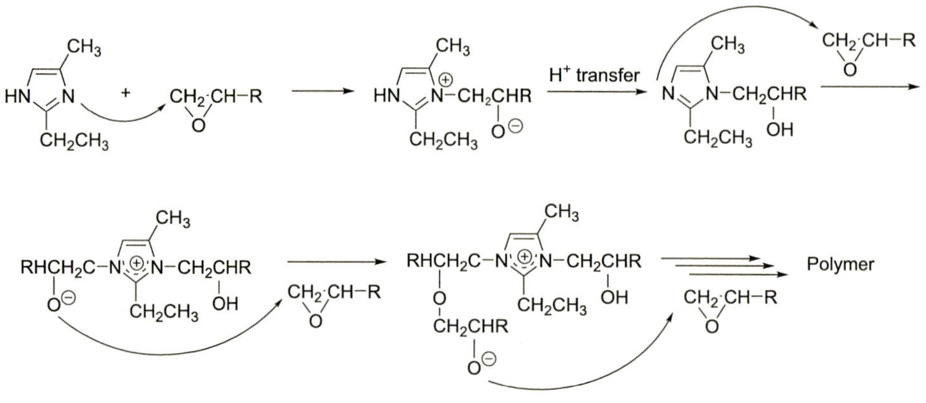

図9　イミダゾール類を用いたエポキシ樹脂のアニオン重合

物の熱物性も優れたものになる。イミダゾール類は分子内に第2級アミンと第3級アミン構造を有し，エポキシ樹脂との硬化反応は図9のように進行すると考えられている[3)]。

1. 3. 2. 2　カチオン重合系

ブレンステッド酸を用いたエポキシ樹脂のカチオン重合機構を図10に示す。ブレンステッド酸の作用で生成したオキソニウムイオンに対しエポキシが求核攻撃することで生長反応が進行する。ブレンステッド酸を用いる場合は，超強酸（100％の硫酸より強い酸）が好ましい。$AlCl_3$，$TiCl_4$，$SnCl_4$などのルイス酸を触媒とし，水やハロゲン化アルキルなどのカチオン源を開始剤とする開始剤系も用いることができる。

1. 4　熱潜在性硬化剤

硬化剤の活性を物理的あるいは化学的に封じ，加熱により活性化する硬化剤を熱潜在性硬化剤とよぶ。その手法には大きく分けて2つのタイプがある。1つは，硬化剤とエポキシ樹脂の接触を物理的に阻害する方法（物理的な潜在化）であり，他方は加熱により硬化剤としての活性が低い分子構造を変化させ硬化剤としての活性を発現させる方法（化学的な潜在化）である。

1. 4. 1　物理的な潜在化

室温ではエポキシ樹脂に難溶な硬化剤を樹脂中に分散しておき，加熱によりエポキシ樹脂と相溶して硬化反応が進行することを原理とするものが多い。たとえば，イミダゾール類や第三級アミンをエポキシ樹脂やイソシアナート化合物と予め反応させることで高分子量化（アミンアダクトという）しておき，室温ではエポキシ樹脂に相溶しない状態にする手法がとられる。ユニークな熱潜在性硬化剤として知られるジシアンジアミド（DICY，ダイサイ）は，室温でエポキシ樹脂に溶解せず樹脂に分散した状態で保存され，100℃以上の高温加熱で初めて樹脂に溶解し硬化

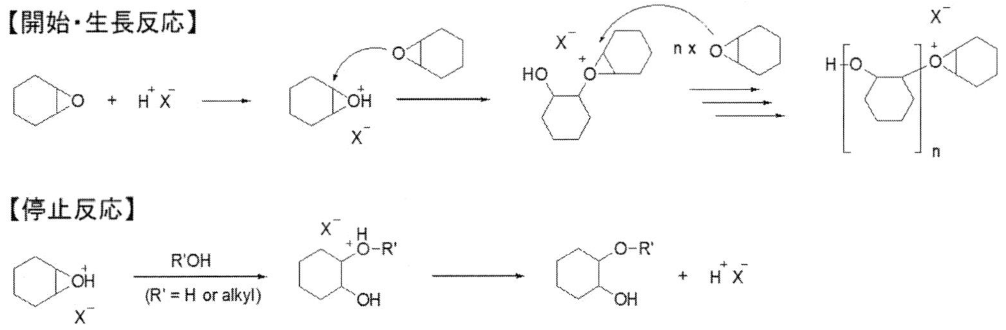

【開始・生長反応】

【停止反応】

R'OH

(R' = H or alkyl)

図 10　ブレンステッド酸を用いたエポキシ樹脂のカチオン重合

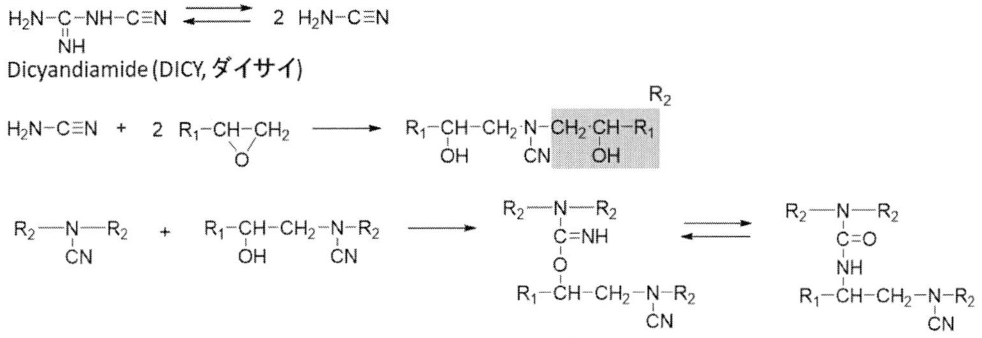

Dicyandiamide (DICY, ダイサイ)

図 11　熱潜在性硬化剤ジシアンジアミドの硬化機構

反応がおこる（図 11）。

また，硬化剤をマイクロカプセルに封入してエポキシ樹脂に分散し，硬化剤とエポキシ樹脂の直接的な接触を抑制することで保存安定性を実現している系も知られている[2)]。この系は加熱によりカプセルが崩壊して内部から硬化剤が放出され，エポキシ樹脂の硬化反応が進行する。

1. 4. 2　化学的な潜在化

上述のような固体分散型の熱潜在性硬化剤では，不均一な硬化物が得られやすく，基材の微細部分の硬化では硬化剤が微細部分に浸透できずろ過されてしまい，硬化不良を招くなどの欠点がある。そこで，エポキシ樹脂に相溶するが室温では活性が低く，加熱により分子構造が変化して樹脂の硬化を進行させる熱潜在性硬化剤が開発された（図 12）[4, 5)]。

図 12(a)の熱潜在性硬化剤は室温でエポキシ樹脂に相溶するが，立体障害により活性が低いため硬化反応はほとんど進行しない[4)]。加熱により高活性なイミダゾール類が脱離することで硬化反応が進行する。同じく図 12(b)の熱潜在性硬化剤は，室温でエポキシ樹脂に相溶するが，分子

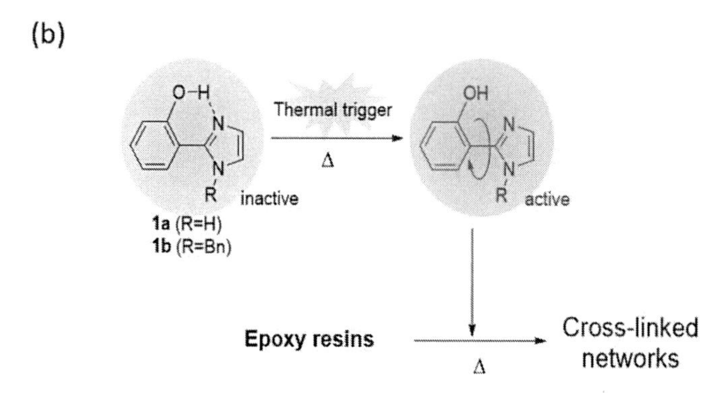

図 12　熱潜在性硬化剤の分子構造変化による活性化例

内水素結合により低活性となっており，加熱により水素結合が切れて高活性となり硬化反応が進行する[5)]。

1. 5　光潜在性硬化剤

光により活性化する硬化剤を光潜在性硬化剤とよぶ。熱潜在性硬化剤を用いる“熱硬化”では，200℃付近の高温加熱を必要とするのに対し，光潜在性硬化剤を用いる“光硬化”では熱硬化のような高温加熱を必要とせず，室温での硬化が可能である。加熱を要する場合でも比較的低温（100℃程度）ですむ。そして，光潜在性硬化剤は室温でエポキシ樹脂に溶解した状態で保存・使用するのが一般的である。

エポキシ樹脂の光硬化については，光の作用で酸触媒を発生する光酸発生剤を用いた光カチオン硬化が古くから知られており，研究例が多く実用的にも用いられている（図 13(a)）[6)]。その一方で，光の作用で塩基触媒を発生する光塩基発生剤を用いた光アニオン硬化の研究開発は非常に遅れている（図 13(b)）。その理由は，光アニオン硬化に用いられる光塩基発生剤の開発が大きく遅れていたためである。従来の光塩基発生剤の塩基発生効率は低く，かつ発生する塩基も脂肪族第 1 級，第 2 級アミンなどの弱塩基に限られていた。そのため光硬化材料としての感度（硬化に必要な露光エネルギー）が光カチオン硬化系に比べて大きく劣り，実用的観点から注目されることは少なかった。この状況を改善するために筆者らは，高効率で強塩基を発生する光塩基発

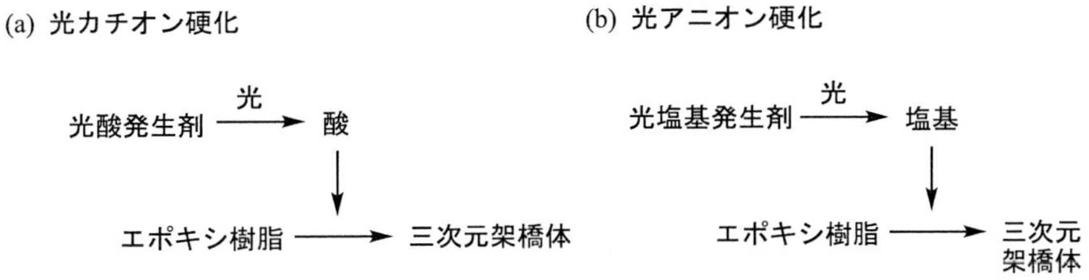

図13　エポキシ樹脂の光カチオン硬化と光アニオン硬化

生剤を開発し，高感度な光アニオン硬化系を構築することに成功した[7~10]。

ここではまず，光カチオン硬化の基礎について述べた後，筆者らが開発した光塩基発生剤とエポキシ樹脂の光アニオン硬化への応用について述べる。また，炭素繊維などのフィラーを混合した場合には，硬化前の樹脂は黒色となって光の吸収は樹脂表面のみとなり，通常の光硬化法では樹脂の硬化が困難である。フィラー含有系に限らず，近年，光が届かない影部の光硬化技術が注目されているが，光が届かない部分を光トリガーで硬化させるには，光化学反応に加えて熱化学反応を巧みに利用する必要がある[11, 12]。影部の光硬化は必ずしも容易ではないが，最近の筆者らの取り組みについても紹介したい。

1. 5. 1　光カチオン硬化の機構

1. 5. 1. 1　硬化機構と特徴

光カチオン硬化の硬化速度は，現在，産業界で主に利用されている光ラジカル硬化に比べて小さいが，酸素阻害を受けない，光照射終了後も熱化学的に重合が進行する（遅延硬化性），硬化収縮が小さいなどのメリットがある。光カチオン硬化の機構は，光により酸が生成した後は図10と同様である。光酸発生剤としてはスルホニウム塩やヨードニウム塩がよく用いられる（図14）[13]。効率的なカチオン重合を進行させるためには，光刺激により超強酸を発生させること，すなわち求核性が低い対アニオンを用いることが重要である。また，モノマーとしてはグリシジルエーテルタイプより，脂環式エポキシタイプの方がカチオン重合速度は大きいことが知られている。これは，グリシジルエーテルタイプにはオキシラン環の他にエーテル結合があり，これに酸がトラップされ重合速度が低下するためである[14]。したがって，光カチオン硬化速度の制御は，光酸発生剤から発生する酸やモノマーを適切に選択することにより可能となる[15]。

また，上述のように光ラジカル硬化にはない光カチオン硬化の特性として，光照射終了後も重合が進行する遅延硬化性がある。これはカチオン重合の停止反応がラジカル重合に比べて遅いことに起因する。この遅延硬化性を活かした光カチオン硬化ならではの応用がある。たとえば，光が透過しない基板同士の接着がその代表例である。まず光を透過しない基板1に光カチオン硬化性樹脂を塗布し，光硬化を少しだけ進行させることで粘度を向上させ粘着性を発現させる。つづいて，この粘着性を維持した状態で基板2に貼り合わせて放置すると，カチオン重合がさらに進行して硬化し，2つの基板1，2は強固に接着する[15)]。

1. 5. 1. 2 カチオン系の硬化不良対策

光カチオン硬化が光ラジカル硬化のように広く普及しない主な原因は，硬化樹脂中に残る酸触媒による金属腐食の懸念があることと，空気中の湿気による重合挙動の変動である。湿度の影響は，図10の停止反応をみれば理解できる。すなわち，カチオン生長末端に求核性を有する化学種（例えば水）が攻撃すれば重合が停止する。このような湿気の影響による硬化不良対策として，いくつかの方法が試みられた。プロセス上の工夫としては，光硬化時に加熱すると湿度の影響は大きく低下することが知られている。しかし，用途によっては加熱操作を行うことが容易ではなく，プラスチック基板上での硬化では加熱による基板の反りや変形が懸念される。一方で，化学的アプローチとして，水との反応性が高い酸無水物やイソシアナートなどを水分捕捉剤として用いることが検討されたが，ほとんど効果は得られなかった。そのような状況下，湿気遮断剤（humidity blocker）としてジシロキサン骨格を有するエポキシモノマーを硬化性樹脂中に5～10 wt%添加することで，湿度による硬化挙動の変動が大きく抑制されることが報告された[16)]。塗膜の表面自由エネルギーが最小になるように，疎水性のジシロキサン骨格を有するモノマーが液状塗膜と空気の界面に移動し，湿気に対する保護膜として機能すると考えられている。

1. 5. 2 新規光塩基発生剤の開発と光アニオン硬化への応用

1. 5. 2. 1 用いられるエポキシ樹脂と塩基

アニオン硬化では，グリシジルエーテルタイプのエポキシ樹脂が好んで用いられる（図14）。これは脂環式エポキシとアミンの反応がシクロヘキサン環の立体障害により遅いためである。

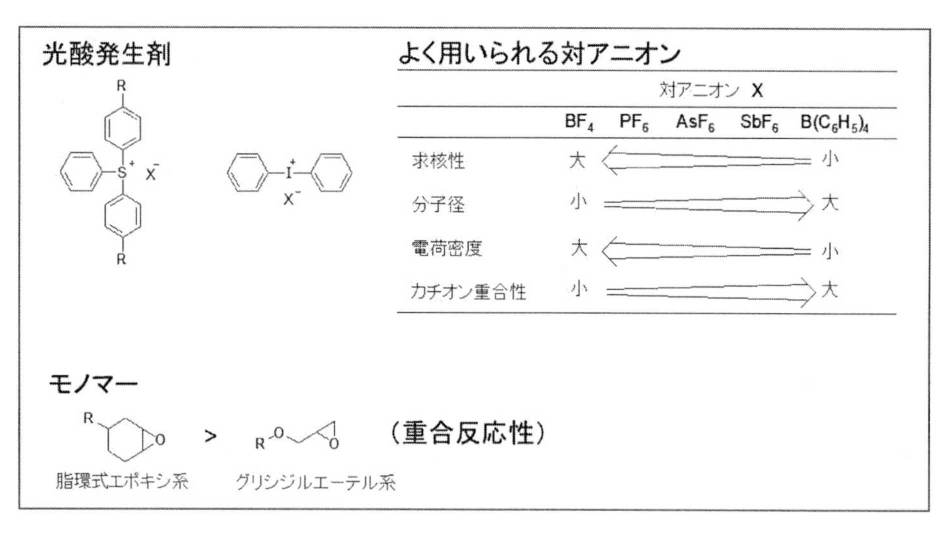

図14 光カチオン硬化材料と硬化機構

表1　エポキシ樹脂の硬化に利用される硬化剤の例

	1級, 2級アミン	3級アミン	アミジン、グアニジン
例	RNH_2 R NH R	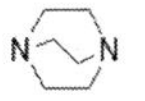 R–N(R)–R DABCO	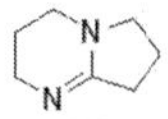 DBN 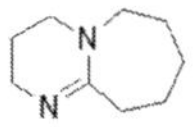 DBU 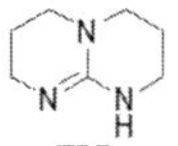 TBD
塩基性	pka < 8	pka; 8~9	pka; 12~
求核性	強い	中程度	弱い

従来の光塩基発生剤から発生する塩基

我々の光塩基発生剤から発生する塩基

エポキシ樹脂の硬化に利用される塩基性硬化剤の例を表1に示す。表の左にいくほど，塩基性は弱く，右にいくほど，塩基性は強くなる。脂肪族第1級，第2級アミン（塩基）とエポキシ樹脂との反応は逐次的な付加反応であり，触媒量の塩基がエポキシ樹脂を重合させるような連鎖反応系ではなく反応効率が悪い（図3)。一方，第3級アミン（塩基）を用いた場合は諸説あるが，触媒量の塩基で多くのエポキシ樹脂を連鎖的に重合させることが可能となるため，硬化効率が向上すると考えられる（図8)。しかし，従来の光塩基発生剤から発生する塩基は脂肪族第1級，第2級アミンなどの弱塩基が多く，第3級アミンやアミジン，グアニジンなどの有機強塩基を光化学的に発生させることは困難と考えられていた。第3級アミンやアミジン，グアニジンなどの有機強塩基を光の作用で発生させることができれば，エポキシ樹脂の光硬化効率も向上するはずである。

1. 5. 2. 2　非イオン性光塩基発生剤の系

先駆的な光塩基発生剤を図15に示す。化合物**1**[17)]および**2**[18)]は光照射により脂肪族アミンを発生する。脂肪族第1級および第2級アミンは，たとえばアルコキシシランの加水分解重縮合（ゾル・ゲル反応）の触媒としては有効であるが，エポキシ化合物とは逐次的な付加反応が起こるのみで連鎖的な重合反応は起こらない。したがって，脂肪族第1級，第2級アミンはエポキシ基をもつポリマーあるいはオリゴマーの架橋反応に利用される。脂肪族アミンを発生するこれらの光塩基発生剤は，いずれも光照射によるアミン発生と同時に二酸化炭素の発生を伴うものがほとんどであった。これらの光塩基発生剤を膜厚1 μm前後の密閉しない薄膜中で用いる場合に

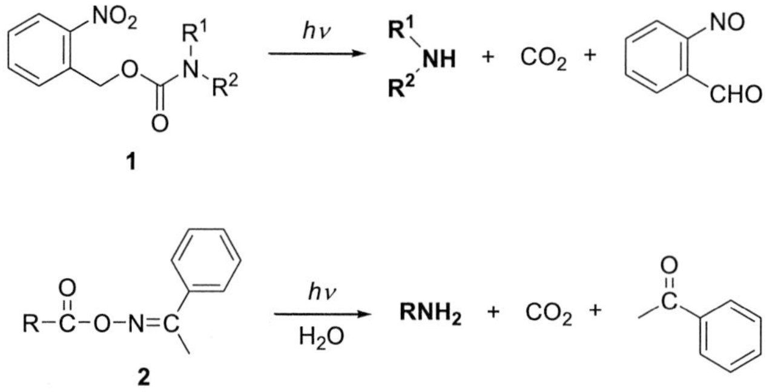

図15　従来の光塩基発生剤

は，ガスの発生はほとんど問題にならないが，厚さ数十μm以上の厚膜中や接着剤，および封止材等に用いる場合には問題となる。そこで，筆者らは二酸化炭素を発生しない光塩基発生剤として光環化型塩基発生剤**3**を提案している（図16）[19]。これらのクマル酸誘導体の熱分解温度は200〜241℃と高く，高温の加熱を要する光パターニング材料への応用にも適している。実際に，光塩基発生剤**3a**〜**3d**を塩基反応性の液状樹脂に添加し，光硬化特性を評価したところ，気泡が発生することなく樹脂を硬化させることができた[19b]。光塩基発生剤**3**の光反応性材料への応用は筆者等が初めて提案したものであるが，筆者らが学会発表[19a]した後，**3**の感光特性に対する置換基効果が検討された[20]。

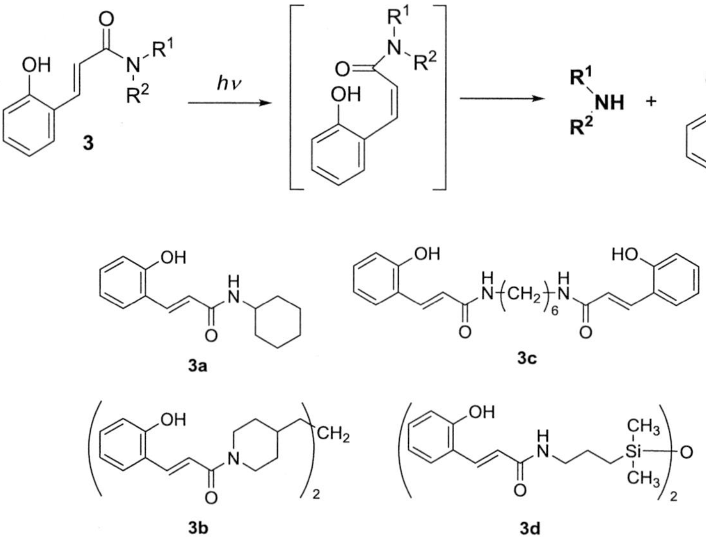

図16　光環化型塩基発生剤

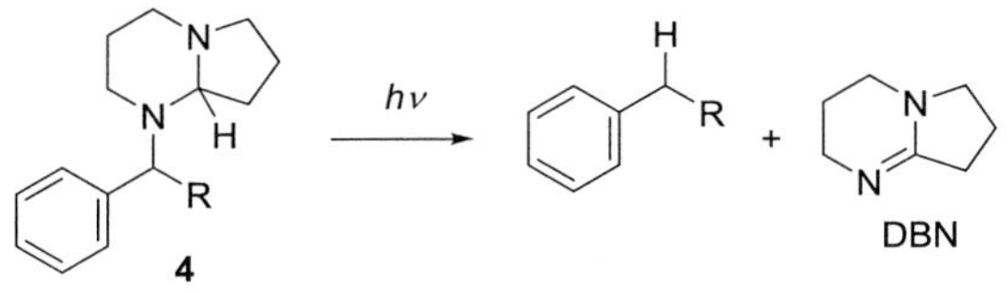

図17　光による塩基強度の増大

光塩基発生剤を様々な塩基触媒反応に利用し，その用途を拡大するためには，さらに強い塩基（超塩基）を発生させる必要がある。Dietlikerらはアミジン超塩基DBNを還元体とし，光照射によりDBNを発生する化合物**4**を報告している（図17）[21]。化合物**4**そのものが第3級アミン程度の塩基性を有しており光塩基発生剤とは呼べないが，光照射によってさらに塩基性の強い超塩基DBNを生成する点は興味深い。

1. 5. 2. 3　イオン性光塩基発生剤の系

望みの塩基を自在に光化学的に発生させることは理想であるが，上述のようにこれまでは脂肪族第1級，第2級アミンのような弱塩基がほとんどであった。光アニオン硬化材料の感度を向上させるためには，光化学的に強塩基を発生させ，塩基触媒反応効率を向上させることも重要である。

筆者らは，カルボン酸塩**5**[22]，**6**[23]，および**7**[24]が光照射により高効率（量子収率 $\Phi=0.6$～0.7）で遊離の塩基を発生することを初めて見出した（図18）。量子収率は $\Phi=$（分解した分子数）/（吸収した光子数）で定義される。光化学の大原則として，「1光子の吸収」で「1化学反応」が起こるため，量子収率の最大値は $\Phi=1$ である。従来の光塩基発生剤の量子収率は $\Phi\leqq0.1$ であり，筆者らの光塩基発生剤がいかに高効率であるかが理解できる。筆者らが開発したこれらの新規な光塩基発生剤**5**，**6**，および**7**を用いれば脂肪族アミンのような弱塩基から，アミジン，グアニジン，ホスファゼン塩基などの強塩基を光化学的に自在に高効率で発生させることができる。また，**5**，**6**では光による塩基発生とともに二酸化炭素が発生するが，**7**ではガスの発生は伴わないので密閉系での光アニオン硬化に有効である。

実際に，高効率で強塩基を発生することの優位性を示すために次のような実験を行った。エポキシモノマー（**EX-614B**：ナガセケムテック㈱製　デナコールEX-614B）とチオールモノマー（**PE-1**：㈱レゾナック製　カレンズMT PE-1）からなる反応性樹脂に光塩基発生剤**6g**を添加して塗膜を作製し，波長365 nmの光を所定量照射すると塗膜は室温で直ちに硬化し，鉛筆硬度3H～5Hを示した（図19）[23c]。一方，弱塩基であるシクロヘキシルアミンを発生する**6a**を用いると塗膜の硬化は見られなかった。このことから，室温での光アニオン硬化を実現するには，高効率で強塩基を発生する光塩基発生剤の利用が不可欠であることが示された。

また，アウトガスの発生を伴わない光強塩基発生剤の他の例として，有機強塩基であるグアニジンを発生するSunらのテトラフェニルボレートがある[25]。量子収率は $\Phi_{254}=0.18$ と報告されており，高効率とは言えないが非常に興味深い。

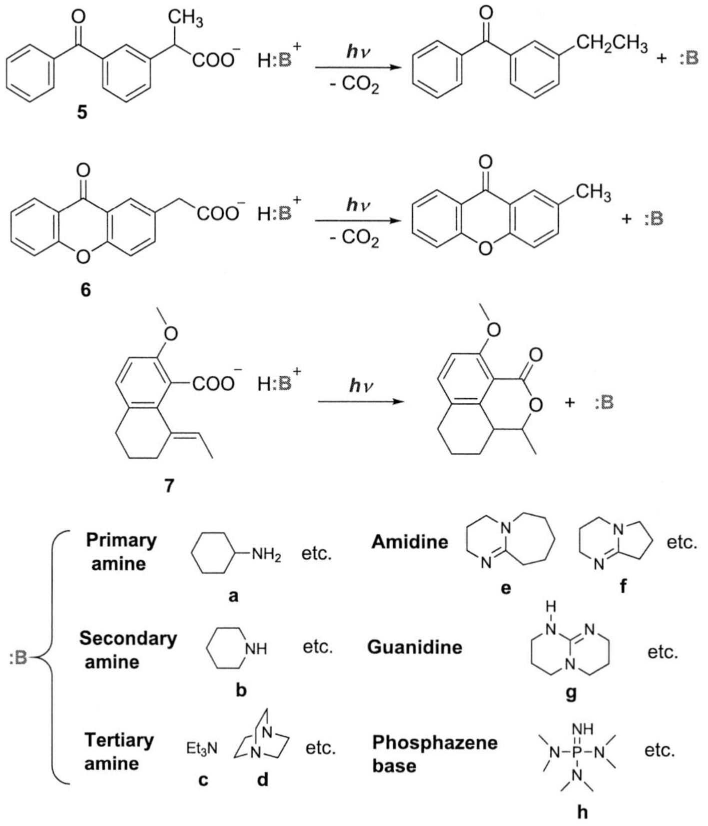

図 18　イオン性光塩基発生剤

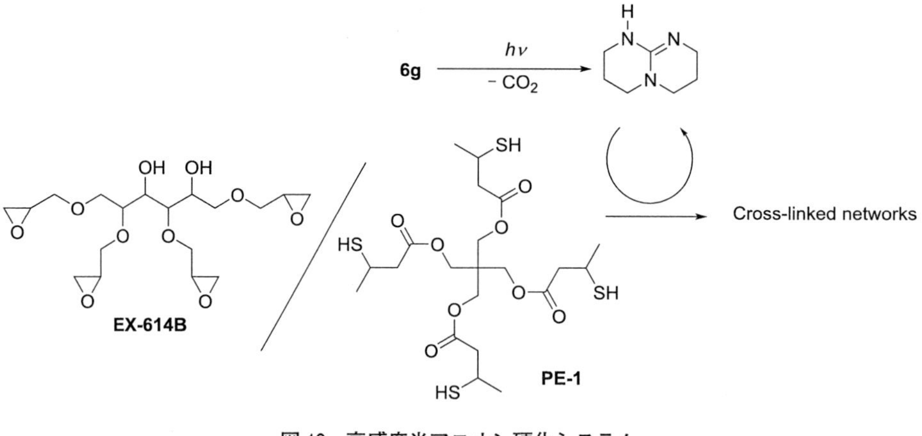

図 19　高感度光アニオン硬化システム

1. 6　影部の光硬化～光反応の増幅～

光硬化樹脂膜が厚い場合，あるいは硬化樹脂中にフィラーや顔料等が含まれている場合には，UV 光が樹脂膜の表面近傍にしか入らず，樹脂膜深部が全く硬化しないという現象がしばしば起こる。このようなときは光化学反応と熱化学反応を巧みに組み合わせて，光反応を増幅する必要がある。ここでは，筆者らが開発した酸・塩基増殖反応系やフロンタル重合系の構築，およびエポキシ樹脂と組み合わせることで連鎖的に硬化剤を生成する連鎖硬化剤を用いた系について言及する。

1. 6. 1　酸・塩基増殖反応

筆者らは酸（または塩基）触媒反応を利用した光反応性材料の高感度化を意図して，酸（または塩基）触媒の作用で自己触媒的に分解し，新たに酸（または塩基）触媒を生成する酸（または塩基）増殖反応を提案している（図 20）[26]。酸（または塩基）増殖反応を起こす化合物を酸（または塩基）増殖剤とよぶ。この概念を用いれば，光の作用で発生した微量の酸（または塩基）触媒を引き金として，連鎖的に酸（または塩基）触媒の濃度を増大させることが可能であり，高感度化（露光エネルギーを減少させる）が実現できる。そして，この酸（または塩基）増殖反応は光反応性材料の影部 UV 硬化にも有効である（図 21）。塩基増殖剤を含まない光アニオン硬化材料では，表面近傍にしか光が入射しなければ塩基触媒は表面層でしか発生せず，樹脂の硬化は表面層でしか起こらない。一方，塩基増殖剤を含む系は，表面近傍でしか光化学的に塩基が発生していないとしても，この塩基を引き金として加熱により樹脂中で塩基増殖反応を進行させることができるため，樹脂層の深部まで硬化反応を引き起こすことが可能となる。すなわち，光をトリガーとして光が届かない影部分の硬化を進行させることが可能となる。

1. 6. 1. 1　酸増殖剤を利用した影部の光カチオン硬化

カチオン重合の機構を図 10 の【開始・生長反応】に示したが，重合がスムーズに進行するためには，酸触媒の対アニオン（X^-）が生長末端と共有結合を形成せず近傍に存在していることが重要である。一方で，従来の酸増殖剤から発生する酸触媒は主として *p*-トルエンスルホン酸

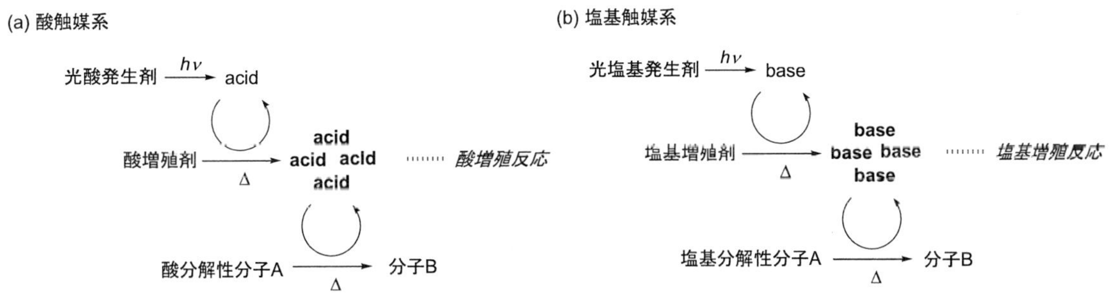

図 20　酸・塩基増殖反応を組み込んだ高感度光反応性材料

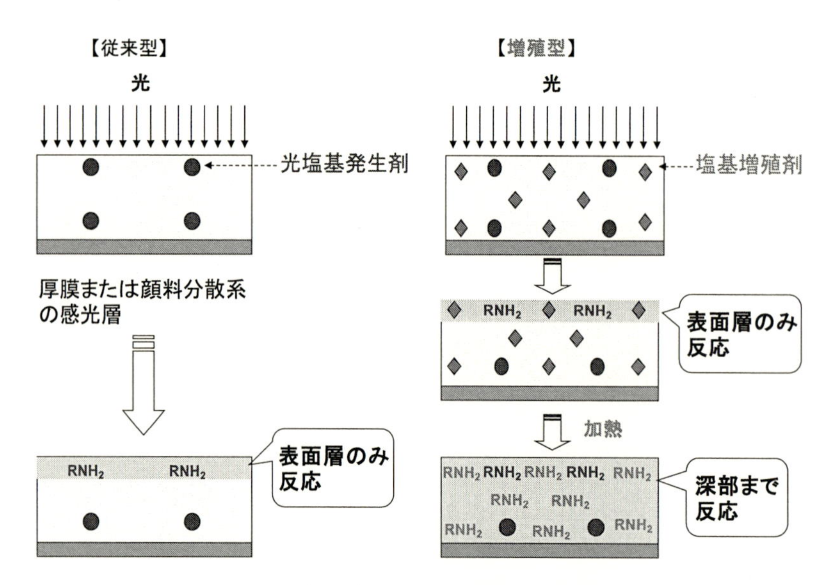

図 21　塩基増殖剤を用いた影部分の光硬化

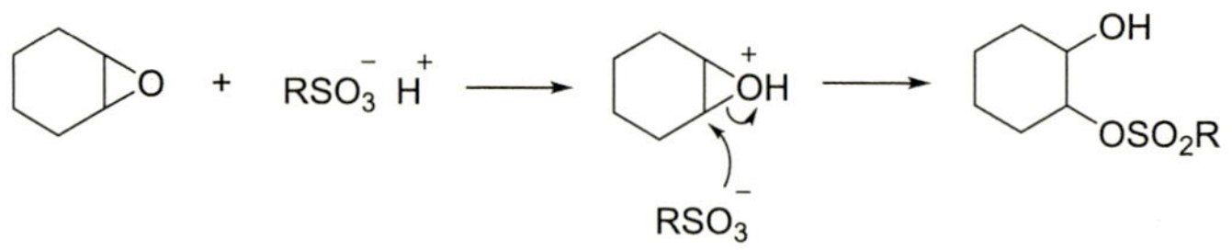

図 22　カチオン重合における有機スルホン酸の作用

である。*p*-トルエンスルホン酸の対アニオンはカチオン重合の生長末端と共有結合を形成しやすく重合を阻害してしまうため，従来の酸増殖剤はエポキシ化合物の光カチオン硬化を促進しない（図 22)。そこで，酸強度を向上させたペンタフルオロベンゼンスルホン酸を生成する酸増殖剤を合成して用いると，硬化効率の飛躍的な向上が確認できた。深部まで紫外光が到達しない黒色顔料を含む厚さ 8 μm のエポキシ樹脂膜の光硬化も可能であった[27]。

1. 6. 1. 2　塩基増殖剤を利用した光アニオン硬化系の硬化促進

筆者らはこれまでに脂肪族第 1 級，第 2 級アミンを発生する各種塩基増殖剤を開発している。塩基増殖剤の構造および特性等は総説[28]を参照されたい。これらの塩基増殖剤はエポキシ樹脂および金属アルコキシドの両方の硬化反応に対して有効であり，大幅な硬化促進が実現する。

光塩基発生剤 8 と液状エポキシ樹脂 10 からなる光アニオン硬化材料を例にとり，塩基増殖反応を組み込んだときの効果を述べる（図 23)。光塩基発生剤 8，塩基増殖剤 9，および樹脂 10 からなる液状の塗膜に UV 光照射すると，まず 8 から少量のアミンが光化学的に発生する（光塩基発生反応)。この塗膜をさらに加熱すると，光化学的に発生した少量のアミンが引き金となり化合物 9 の塩基増殖反応が引き起こされ，新たにジアミンが増殖的に生成する（塩基増殖反

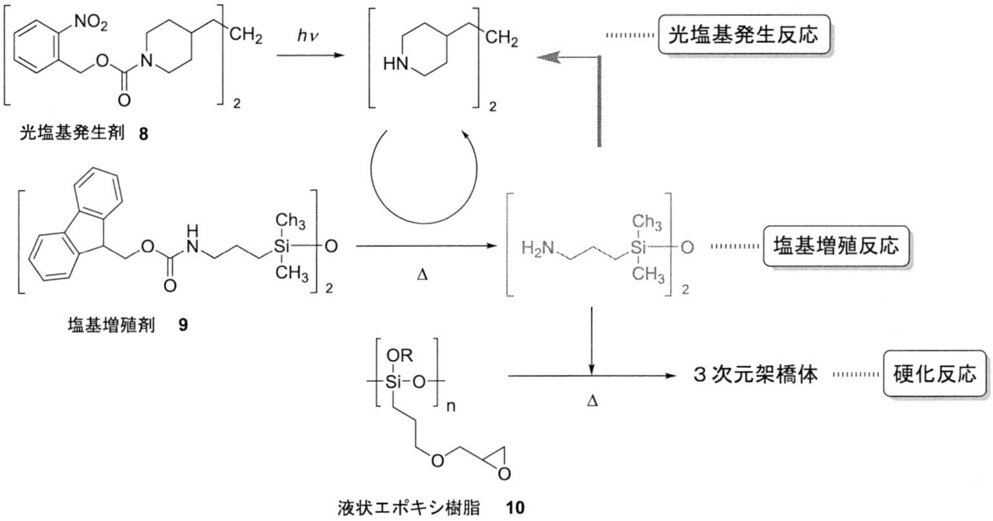

図 23　塩基増殖反応を組み込んだ光アニオン硬化材料

応)。さらにこのとき，塗膜中で発生したアミンと樹脂 10 のエポキシ基との付加反応が進行し，樹脂 10 は３次元架橋体へと変化して塗膜の硬化が起こる。また，樹脂 10 には塩基反応性の部位としてエポキシ基以外に，残存するアルコキシシリル基がある。このアルコキシシリル基は塩基触媒の作用で加水分解縮合を引き起こすため，樹脂 10 のエポキシ基とアルコキシシリル基の両官能基が塗膜の硬化に貢献することになる。

露光済みの塗膜を加熱した際の化学反応の様子を FTIR で追跡し，塗膜の硬度変化を鉛筆硬度試験で評価した。塩基増殖剤を添加していない系では，光照射後の加熱でエポキシ基は減少するものの，塗膜の硬化は認められず液体のままであった。これに対し，塩基増殖剤 9 を添加した系では 9 の分解に伴いエポキシ基も消費され，加熱１時間後には鉛筆硬度 3H を示すに至った[29)]。このときの硬化後の膜を削りとり ^{29}Si-NMR スペクトルを測定したところ，硬化後のシロキサンユニット構造の T^3 の割合が大きく増大していた。このことから，塩基増殖剤 9 を添加した系で硬化効率が飛躍的に向上したのは，9 から増殖的に発生したジアミンと 10 のエポキシ基との付加反応だけではなく，10 の主鎖に残存するアルコキシシリル基の塩基触媒加水分解縮合が促進されたためであることがわかった。このように，従来は硬化が困難であった光アニオン硬化材料に塩基増殖反応を組み込むことによって，光アニオン硬化が飛躍的に促進されることは画期的なことである。

1. 6. 2 光誘起フロンタル重合を利用した影部の光カチオン硬化

筆者らの酸増殖機構とは異なるが，エポキシ樹脂の光カチオン硬化反応を大きく促進する興味深い硬化系が報告されている（図 24）。光酸発生剤，エポキシ化合物，および熱潜在性酸発生剤からなる配合物に光照射すると，光化学的に発生した酸触媒によりエポキシ化合物の重合が開始されるとともに重合熱が発生する。この重合熱によって熱潜在性酸発生剤が分解して新たな酸を発生し，カチオン重合を促進するという仕組みである。フロンタル重合と呼ばれており 1970 年代からその研究が始まっている。

筆者らが開発したオリジナルの熱潜在性酸発生剤を用いて高さ 4 cm のカチオン重合性液状樹脂の光硬化を試みたところ，透明樹脂および黒色樹脂ともに樹脂全体を硬化させることに成功した（図 25）[30]。

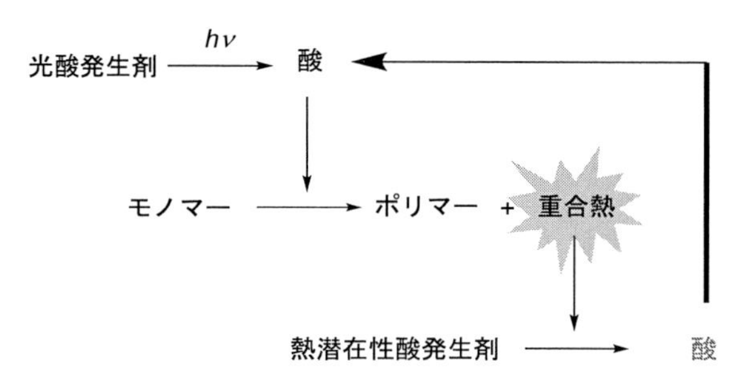

図 24　重合熱の伝搬による酸増殖

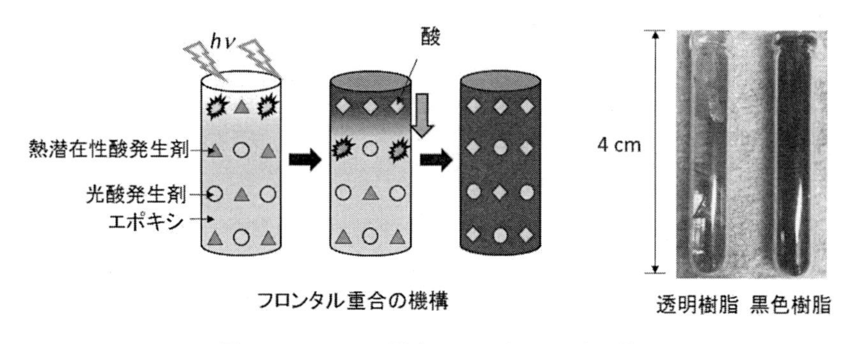

図 25　フロンタル重合によるバルクの光硬化

1. 6. 3　連鎖硬化剤の利用

上述のように筆者らはこれまでに，光アニオン硬化材料の高感度化を意図して，塩基の作用で自己触媒的に分解して新たな塩基を発生する塩基増殖反応を系中に組み込むことを提案・検討してきた。しかし，塩基増殖剤を用いると新たな塩基の発生と同時に CO_2 の発生や副生物が多量に生成し，硬化物の物性に悪影響を及ぼすことが懸念されていた。そこで筆者らは光塩基発生剤から発生した塩基の作用によるエポキシ基の開環と，それに続く連鎖硬化剤への求核アシル置換反応により新たな硬化触媒であるイミダゾールが生成するカスケード式反応系を構築した（図26）[31~33]。これにより，高効率でエポキシ樹脂の光アニオン硬化反応が進行すること，深部まで光が十分に浸透しない厚膜の硬化が可能であることを実証した。例えば，エポキシ樹脂に対し20 wt%の光塩基発生剤，0.5 wt%の連鎖硬化剤を添加した厚さ10～15 μmのエポキシ樹脂膜に365 nm光による露光，140℃，60分の加熱を施すと，鉛筆硬度3Hの硬化膜を得ることができた。このときの365 nm光に対する膜の透過率は0.92%であり，光はほとんど透過していなかった。この実験例で示されたように連鎖硬化剤の添加量はエポキシ樹脂に対して0.5 wt%～数wt%でよく，塩基増殖剤を用いた系よりも添加量が大幅に減少すること，そして，低分子の副生物が生成しないことは強調すべき点である。

さらに，硬化反応の際に生成するOH基をアシル基でキャップするため，硬化物中の極性基の生成を抑制することが可能である。また，アミノピリジンを生成する連鎖硬化剤では，イミダゾールを用いたときに比べて，より低温（100℃以下）でエポキシ樹脂の硬化が促進されることも明らかとなっている[34)]。

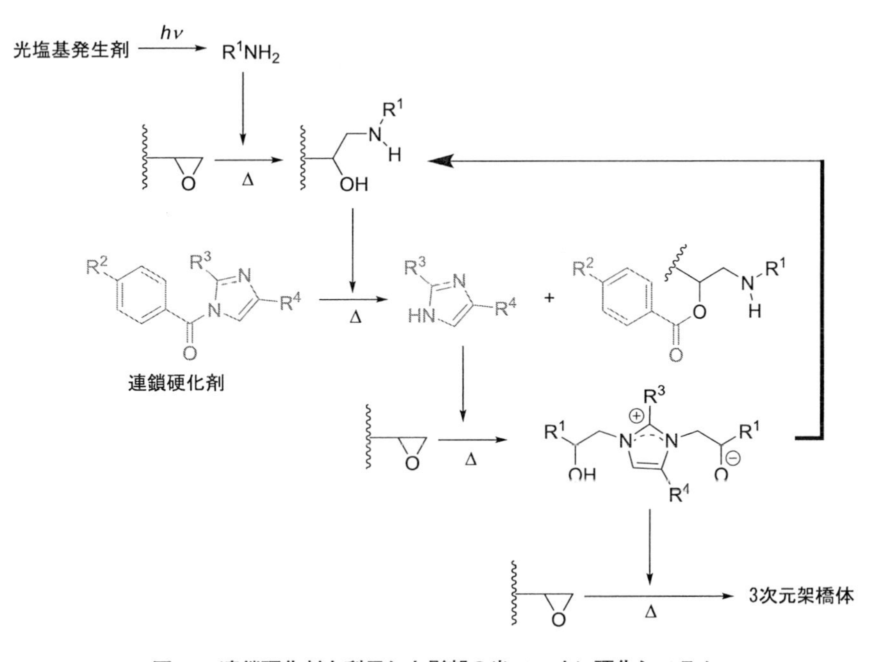

図26　連鎖硬化剤を利用した影部の光アニオン硬化システム

1. 7　おわりに

エポキシ樹脂の硬化反応の基礎と潜在性硬化剤について解説した。熱潜在性硬化剤では，室温でエポキシに相溶する化合物は少なく，今後も継続して開発することが必要である。一方，光潜在性硬化剤については，古くから盛んに研究されていた光カチオン硬化に加えて，筆者らが開発した光塩基発生剤を用いた光アニオン硬化の著しい進展がみられた。最近，光塩基発生剤に関する優れた総説[35]が発表されたので参照していただきたい。さらに，エポキシ樹脂の硬化は比較的厚い膜で行われることが多く，その光硬化では深部まで光が十分に到達しない状況で実施されることも想定される。そこで，光が到達する領域のわずかな光化学反応をいかに増幅するかが影部の光硬化において重要になる。筆者らは，酸・塩基増殖剤の利用，フロンタル重合の利用，連鎖硬化剤の利用など様々な光反応の増幅法を提案しその有効性を実証した。これらが，エポキシ樹脂の光硬化において，今後大きく貢献するものと期待している。

文　　献

1）室井宗一，石村秀一，入門エポキシ樹脂，高分子刊行会（1988）
2）エポキシ樹脂技術協会編，総説　エポキシ樹脂　基礎編 I，エポキシ樹脂技術協会（2003）
3）F. Ricciardi, W. A. Romanchick, M. M. Joullié, *J. Polym. Sci.: Polym. Chem. Ed.*, **21**, 1475(1983)
4）K. Arimitsu, S. Fuse, K. Kudo, M. Furutani, *Mater. Lett.*, **161**, 408(2015)
5）K. Kudo, M. Furutani, K. Arimitsu, *ACS Macro Lett.*, **4**, 1085(2015)
6）J. V. Crivello, *Ann. Rev. Mater. Sci.* **13**, 173(1983)
7）有光晃二，有機合成化学協会誌，**70**, 508(2012)
8）有光晃二，古谷昌大，「光塩基発生剤」，UV・EB 硬化技術の最新応用展開（有光晃二 監修），50，シーエムシー出版（2014）
9）有光晃二，青木大亮，「新規な光塩基発生剤の開発と UV 硬化への利用」，UV・EB 硬化技術の最新開発動向（有光晃二 監修），48，シーエムシー出版（2021）
10）有光晃二，青木大亮，UV 硬化樹脂の開発動向と応用展開，33，サイエンス&テクノロジー（2021）
11）有光晃二，高分子，**64**, 266(2015)
12）有光晃二，高分子，**68**, 556(2019)
13）有光晃二，ファインケミカル，**39**, 35(2010)
14）有光晃二，青木大亮，機能性コーティングの最新動向（松川公洋監修），46，シーエムシー出版（2021）
15）近岡里行，UV 硬化プロセスの最適化，139，サイエンス&テクノロジー（2008）
16）Z. Chen, Y. Zhang, B. J. Chisholm, D. C. Webster, *J. Polym. Sci. Part A: Polym. Chem.*, **46**, 4344(2008)

17) J. F. Cameron, J. M. J. Fréchet, *J. Am. Chem. Soc.* **113**, 4303 (1991)
18) M. Shirai, M. Tsunooka, *Prog. Polym. Sci.* **21**, 1 (1996)
19) a) K. Arimitsu, Y. Takemori, T. Gunji, Y. Abe, *Polymer Preprints, Japan*, **56**, 4263 (2007) ; b) K. Arimitsu, Y. Takemori, A. Nakajima, A. Oguri, M. Furutani, T. Gunji, Y. Abe, *J. Polym. Sci. A: Polym. Chem.* **53**, 1174 (2015) ; c) K. Arimitsu, A. Oguri, M. Furutani, *Mater. Lett.* **140**, 92 (2015)
20) M. Katayama, S. Fukuda, K. Sakayori, *Proc. RadTech Asia 2011*, 212 (2011)
21) K. Dietliker, K. Misteli, K. Studer, C. Lordelot, A. Carroy, T. Jung, J. Benkhoff, E. Sitzmann, Proc. RADTEC UV&EB Technical Conference 2008, p10 (CD-ROM) (2008)
22) a) K. Arimitsu, A. Kushima, H. Numoto, T. Gunji, Y. Abe, K. Ichimura, *Polymer Preprints, Japan*, **54**, 1357 (2005) ; b) K. Arimitsu, A. Kushima, R. Endo, *J. Photopolym. Sci. Technol.* **22**, 663 (2009) ; c) K. Arimitsu, R. Endo, *J. Photopolym. Sci. Technol.* **23**, 135 (2010)
23) a) K. Arimitsu, R. Endo, *Polymer Preprints, Japan*, **59**, 5349 (2010) ; b) K. Arimitsu, *Proc. RadTech Asia 2011*, 210 (2011) ; c) K. Arimitsu, R. Endo, *Chem. Mater.*, **25**, 4461 (2013)
24) a) T. Ida, K. Arimitsu, *Polymer Preprints, Japan*, **60** (1), 1173 (2011) ; b) T. Ida, K. Arimitsu, *Polymer Preprints, Japan*, **60** (2), 4006 (2011)
25) X. Sun, J. P. Gao, Z. Y. Wang, *J. Am. Chem. Soc.* **130**, 8130 (2008)
26) a) K. Arimitsu, K. Kudo, K. Ichimura, *J. Am. Chem. Soc.* **120**, 37 (1998) ; b) K. Arimitsu, M. Miyamoto, K. Ichimura, *Angew. Chem. Int. Ed.* **39**, 3425 (2000)
27) A. Yoshizawa, K. Arimitsu, *Polymer Preprints, Japan*, **61** (2), 3P089 (2012)
28) a) 有光晃二，光応用技術・材料辞典，581，産業技術サービスセンター (2006)；b) 有光晃二，塗装工学，**46**, 106 (2011)；c) 有光晃二，電子部品用エポキシ樹脂の最新技術 II, 70, シーエムシー出版 (2011)
29) K. Arimitsu, M. Hashimoto, T. Gunji, Y. Abe, K. Ichimura, *J. Photopolym. Sci. Technol.* **15**, 41 (2002)
30) M. Tagami, K. Takemoto, M. Furutani, K. Arimitsu, *Polymer Preprints, Japan*, **64** (2), 1Q08 (2015)
31) K. Arimitsu, N. Shimoda, M. Furutani, *Polymer Preprints, Japan*, **65** (2), 2K05 (2016)
32) 有光晃二，プラスチックスエージ，**65**, 85 (2019)
33) 有光晃二，青木大亮，UV 硬化樹脂の開発動向と応用展開，49，サイエンス&テクノロジー (2021)
34) D. Aoki, S. Dogoshi, Y. Ito, K. Arimitsu, *J. Polym. Sci., in press* (2024)
35) N. Zivic, P. K. Kuroishi, F. Dumur, D. Gigmes, A. P. Dove, H. Sardon, *Angew. Chem. Int. Ed.*, **58**, 2 (2019)

2　メソゲン構造によるエポキシ樹脂の放熱性・耐熱性向上

原田美由紀*

2. 1　はじめに

エポキシ樹脂は電子部品用材料に用いられる代表的な高分子であり，硬化反応によって形成されるネットワークポリマー鎖の構造が，硬化物性に大きな影響を及ぼす[1]。接着性や物性バランスから広範に用いられてきたが，部品の高性能化・高機能化に対応した様々な要求性能への取り組みが必要となっている。ここでは，剛直構造であるメソゲン構造を導入したエポキシ樹脂の放熱性や耐熱性の向上に関する研究成果を中心に紹介する。

2. 2　剛直メソゲン構造の特徴と硬化組成の影響

メソゲン骨格エポキシ樹脂は，剛直な平板あるいは棒状構造であるメソゲン基を含むエポキシ樹脂である。このうち一部のエポキシは，メソゲン基同士が π-π スタッキングすることによって自己組織化し，スメクチックやネマチック液晶相などを発現し，硬化過程においても液晶構造形成が可能である[2~11]。硬化温度条件を変えることによって，メソゲン基がランダムに存在する等方性硬化物や局所的に配列したポリドメイン液晶相（ネマチック，スメクチック）硬化物など，三次元ネットワークの配列を制御できることがメソゲン骨格エポキシ樹脂の大きな特徴である。

シッフ塩基含有メソゲン基を導入したテレフタリリデンエポキシ（DGETAM）は，汎用ビスフェノールA型エポキシに比べガラス転移温度（T_g）が高く，加熱による弾性率の低下も緩やかである[2]。これは，温度上昇に伴う網目鎖の分子運動が，剛直なメソゲン基によって抑制されたことに起因する。このように，剛直で分子運動性の低いメソゲン基の導入によって，T_g の向上が達成される。このような効果は，網目鎖構造中のメソゲン基の含有量によって大きく変化する。そこで，エポキシ中のメソゲン基と同一骨格を有する硬化剤を合成し，ジアミノジフェニルエタン（DDE）への混合比率を変化させた混合硬化剤により硬化物を調製した[3]。その結果，網目鎖中のメソゲン基濃度の増加に伴って T_g とゴム状弾性率の明瞭な上昇が確認され，液晶配向の促進と網目鎖運動の抑制効果が向上した。

そこで，二種の反応性が異なる芳香族アミンを混合した硬化剤を用いることでゲル化時間を延長し，メソゲン基の配列可能な時間を確保した硬化系の調製を検討した[12, 13]。剛直かつ高反応性の芳香族アミン（*m*-PDA）に，長鎖アルキル基を含む低反応性の芳香族アミン（12BAB）を添加した混合硬化剤を用いて硬化した。硬化物の偏光顕微鏡観察から液晶ドメイン径及び液晶分率（Φ_{LC}）を算出し，混合硬化剤組成の影響を検討した（図 1）。12BAB の配合によりドメイン径及

＊　Miyuki HARADA　関西大学　化学生命工学部　教授

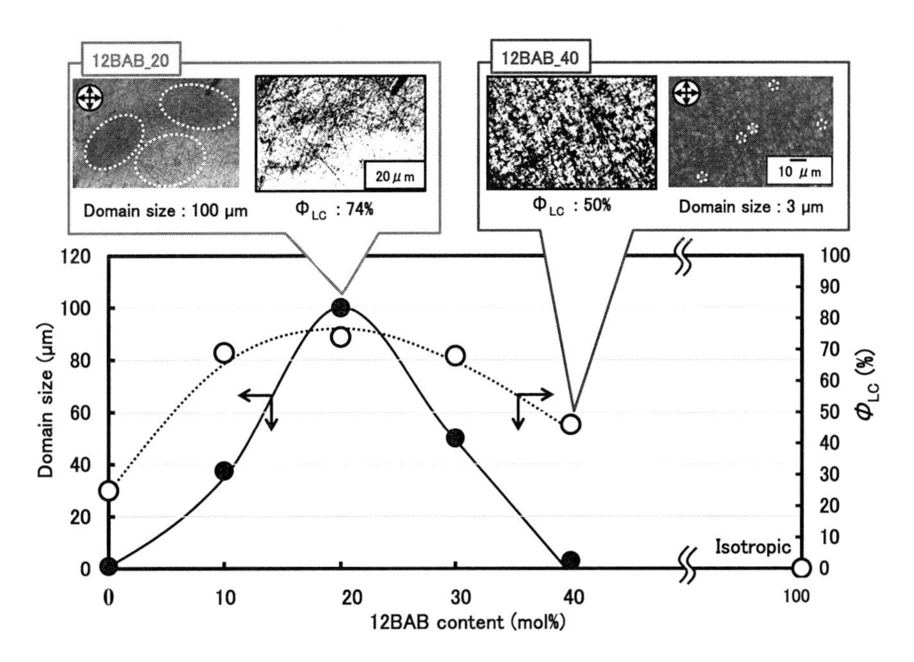

図１　硬化剤組成の変化に伴う DGETAM／*m*-PDA／12BAB 硬化系の液晶ドメイン径と液晶分率

びΦ_{LC}が増大した。配列性をＸ線回折測定（XRD）により評価した結果，いずれの系においても２θ＝3.5°付近に鋭いピークが観察されたことから，層状構造を有するスメクチック（S_m）相を形成したと考えられる。特に 12BAB 20 mol%系では，液晶ドメイン径が約 100 μm にまで拡大し S_m ピーク強度が極大値を示したことから，メソゲン基を含む網目鎖の配列性がより向上しているものと考えられる。しかしながら，12BAB 30 mol%以上ではドメイン径が縮小し，S_m ピークも大幅に低下した。これは 12BAB 由来の柔軟なアルキル長鎖の増加により分子鎖の運動性が増大したため，配列性の低下を招いたものと考えられる。フラッシュ法を用いてこれらの系の熱伝導性を評価した結果（図２），液晶ドメイン径・配向性に優れる 12BAB 20 mol%系で最大の熱伝導率 0.32 W/m･K を示したが，液晶配向による熱伝導率の向上は顕著ではなかった。そこで局所的な熱伝導特性を検討するため，周期加熱法による局所（100 μm 四方）での測定を行うことで熱伝導マップを作成した（図３）。その結果，数百 μm 程度の高熱伝導領域が多く分布しており，その周辺に低熱伝導領域が存在していることが示された。このことから，液晶性エポキシ樹脂の高熱伝導化には液晶ドメインのサイズや配向性だけでなく，アモルファス領域の大幅な低減が必須であると推測される。

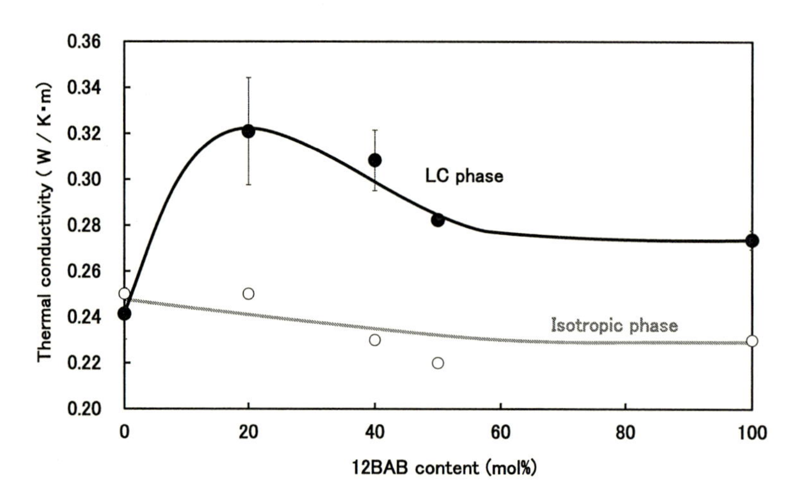

図2　硬化剤組成の変化に伴う DGETAM／*m*-PDA／12BAB 硬化系の熱伝導率

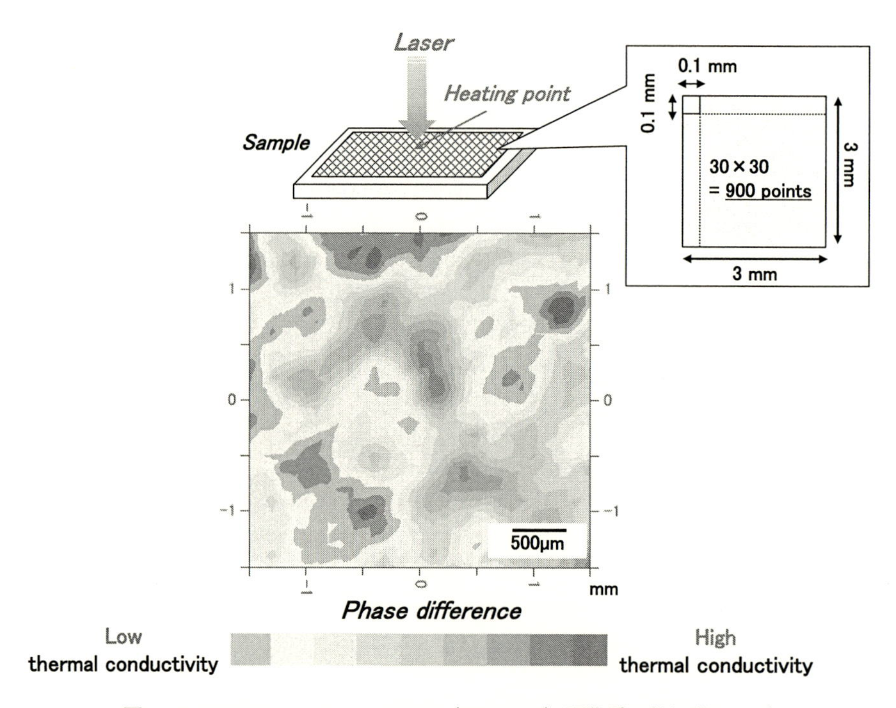

図3　DGETAM／*m*-PDA／12BAB（20 mol%）硬化系の熱伝導マップ

2. 3　無機フィラーとの複合化効果

熱伝導フィラーとの複合化において，メソゲン骨格エポキシ樹脂の高熱伝導性を効果的に活かすためには，複合時のメソゲン基の配向性を保持あるいは向上させることが重要となる。Tanaka ら[14]は，三環型メソゲン液晶性エポキシ硬化物が，ガラス基板上で特異なメソゲン配向を生じることを明らかにした[16]。α-Al_2O_3 基板上でも同様の配向が誘起され，この配向効果は AlN に比べて α-Al_2O_3 基板上で顕著に観察された[15]。熱処理によって高熱伝導性 AlN フィラーの表面に α-Al_2O_3 層を形成させるとフィラー表面上でのメソゲンの垂直配向を誘起させることが可能となり，高熱伝導パスの形成が達成されることが示唆されている。

一方で，筆者ら[17]はアミン系表面処理を行った MgO フィラー（$MgO_{\_Amine}$）を用いると，Al_2O_3 系のように液晶エポキシマトリックスの配向性が向上することを報告している。さらに，このアミン系表面処理 MgO に予めマトリックスとして用いる液晶エポキシモノマー（DGETAM）を前反応により吸着させると，マトリックスの S_m 配向性が向上し，未吸着 MgO フィラー系よりも熱伝導率が大幅に向上できることを明らかにした（図 4）。さらに，この吸着層の存在によって弾性率の増加も認められた。これらのことから，フィラー表面に配向性を有する液晶性エポキシの吸着層を形成させることで，マトリックスのさらなる配向誘起が生じたものと考えられる。一方，汎用ビスフェノール A 型エポキシを吸着させた MgO フィラー（$MgO_{\_DGEBA}$）コンポジットでは，熱伝導率は $MgO_{\_Amine}$ 系よりも低下した。また，筆者らは液晶性エポキシ樹脂の自己組織化を利用してドメイン形成させ，BN フィラーがドメイン周辺に分布することで，熱伝導率を効果的に改善できることを報告した[18]。しかしながら，このコンポジットにおいては BN フィラー充填量の増加によってマトリックスの液晶ドメインサイズや配向性の低下が確認された。

高熱伝導性フィラーには分類されないものであっても，液晶性エポキシ樹脂をマトリックスとした場合には，界面相互作用によるマトリックスの配向誘起が生じる例がある。筆者らは液晶性エポキシ/層状クレイコンポジットの調製を行い，液晶配列構造を XRD により評価した[19]。その結果，親水性の層状クレイ充填量増加に伴い S_m 相由来のピーク強度が増加した。有機化処理せずに用いた親水性クレイの界面近傍においても配列誘起が生じたものと考えられる。また，天然素材として注目される高強度・高弾性率で，豊富な水酸基を有するセルロースナノファイバー（CNF）を用いてコンポジットを調製した[20, 21]。熱伝導性の低い CNF を充填しても DGEBA 系の熱伝導率は未充填系（0.21 W/m·K）からほぼ変化しなかったが，液晶相を形成する DGETAM 系では大幅な増加傾向を示した（図 5）。特に，0.66 vol% CNF 充填系の熱伝導率は 0.34 W/m·K を示し，未充填系（0.28 W/m·K）の約 1.2 倍に向上した。ここで，Kanari の式を用いてコンポジットの理論熱伝導率を算出したところ，DGEBA 系とは異なり DGETAM 系の値は理論曲線よりも高い値を示した。XRD 測定より，CNF 充填量の増加に伴いメソゲン基の配向性は一旦増加したが，0.87 vol% CNF 充填系では低下したことから，少量の CNF 充填によりマトリックス樹脂の配向性が向上することで，高熱伝導化したと考えられる。本系に対し

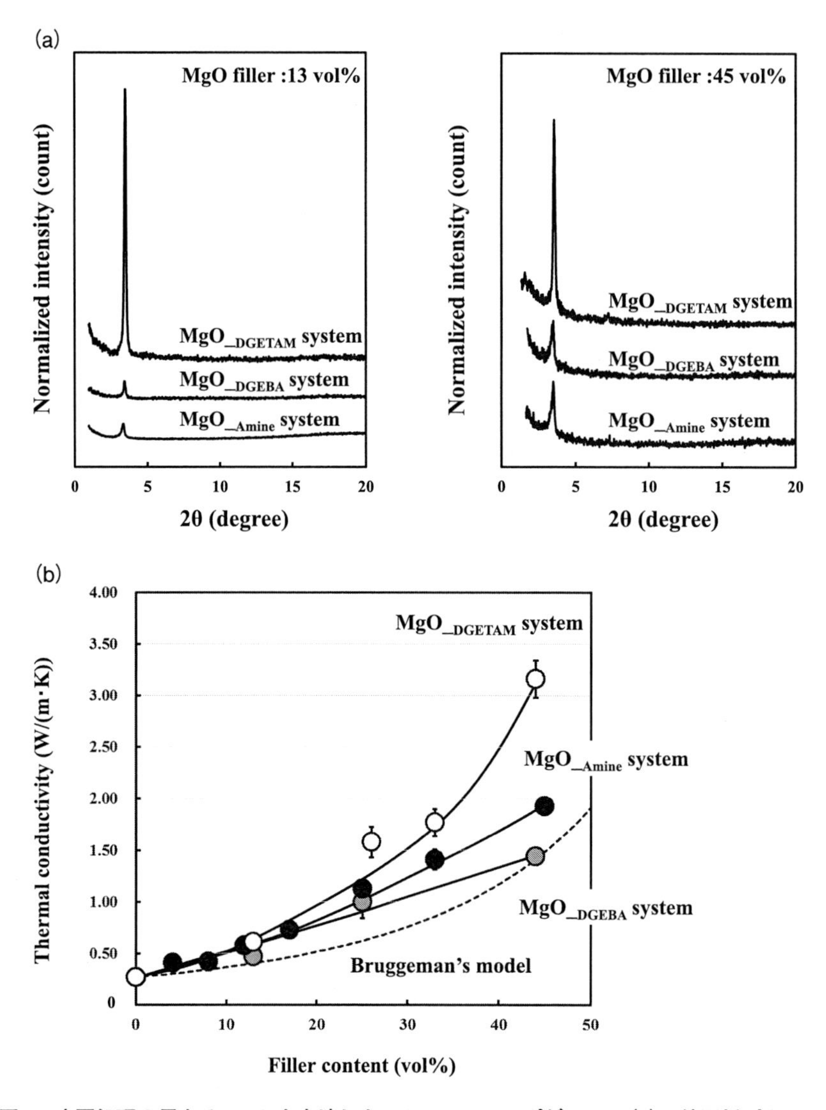

図 4　表面処理の異なる MgO を充填した DGETAM コンポジットの(a)X 線回折パターン，(b)熱伝導率

て，混合硬化剤（12BAB 20 mol％添加）を適用したところ，さらにマトリックスの配向誘起効果が顕著となり，熱伝導率は 0.35 W/m·K まで増加した（図 6）。このように水酸基を表面に有する複数のコンポジット系で液晶性エポキシマトリックスの配向誘起が発現することが明らかになった。

このように用いるフィラーの種類や粒径によってもその影響は大きく異なる傾向があるため，その効果を解析した上で使用することが重要である。

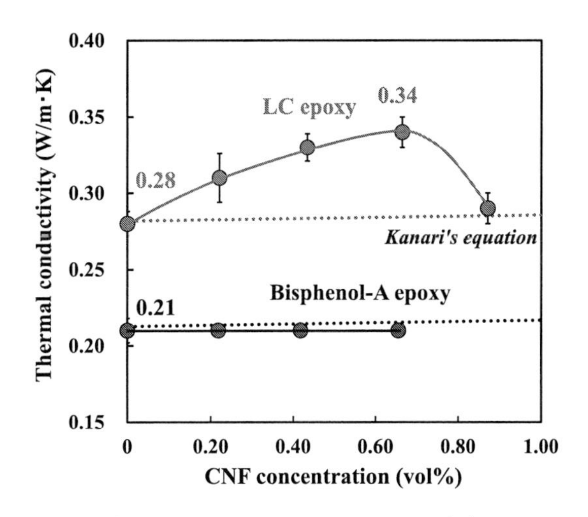

図5　DGETAM/セルロースナノファイバーコンポジットの熱伝導率

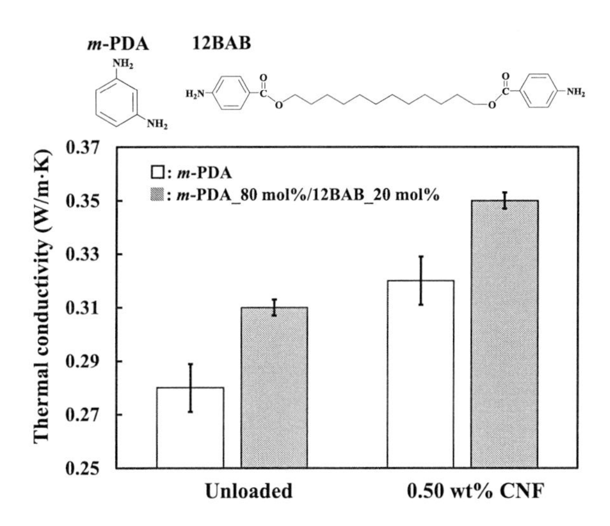

図6　硬化剤の異なるDGETAM/セルロースナノファイバーコンポジットの熱伝導率

2. 4　多官能型メソゲン骨格エポキシ樹脂

メソゲン基を用いてのネットワーク構造の配列性付与による高熱伝導化について述べてきたが，メソゲン基の剛直な構造に注目して多官能構造と組み合わせた高耐熱・高熱伝導化への取り組みも行っている。筆者らは分子の中心に四分岐構造を有する4官能型テトラメソゲンエポキシ（TGEPTA）や4官能環状シロキサンメソゲン骨格エポキシを合成し，硬化物の熱的性質について報告している[22, 23]。TGEPTAのアミン硬化物（等方相）を調製したところ，動的粘弾性測定では250℃までの幅広い温度範囲でガラス転移温度に起因するtan δピーク及び貯蔵弾性率

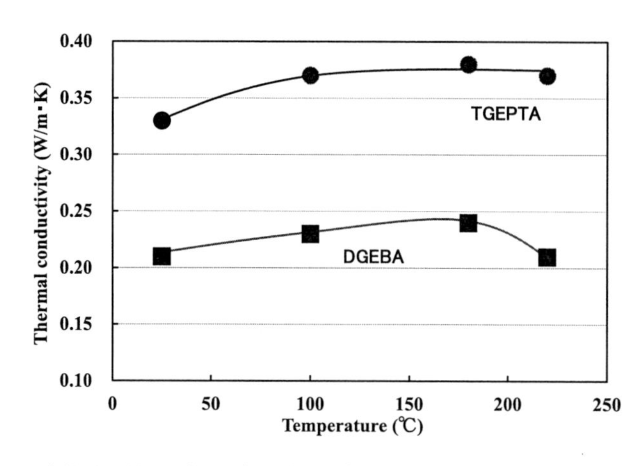

図7　4官能メソゲン骨格エポキシ樹脂（TGEPTA）の熱伝導率の温度依存性

の急激な低下はほとんど観察されなかった。分岐構造の導入や架橋点の増加だけでなく，剛直構造を共存させることにより，網目鎖全体の分子運動性が抑制されたものと考えられる。次に熱伝導率について検討したところ（図7），汎用ビスフェノールA型エポキシ樹脂（DGEBA）系の熱伝導率は25℃において0.21 W/m·Kであったのに対し，TGEPTA系は0.33 W/m·Kと約1.5倍高い値を示した。これはネットワーク鎖の架橋密度の高さやメソゲン骨格による網目鎖のパッキング性の向上による効果であると考えられる。さらに温度依存性を評価したところ，220℃での熱伝導率は0.37 W/m·Kと高い値を維持し，DGEBA系のような高温領域における急激な熱伝導性の低下は観察されなかった。

2. 5　エポキシ変性による高耐熱・高熱伝導化

高耐熱性・熱伝導性材料の開発を目的として，液晶性エポキシ樹脂を既存の高耐熱性樹脂の欠点を補う変性剤として用いた研究も行っている。ベンゾオキサジンはオキサジン環の開環反応により生じる水酸基との水素結合により高耐熱で低膨張率を示す。しかしながら，汎用P-d型ベンゾオキサジンの熱伝導率は0.18 W/m·K程度と低い。これを液晶エポキシで変性することによって熱伝導率は0.24 W/m·Kまで向上した[24]。また，初期硬化温度の低下によって，従来の液晶エポキシ樹脂硬化物と同様に液晶相を発現することが可能となり，最大で0.29 W/m·Kまで高熱伝導化した。また，シアネートエステル樹脂は環化三量化反応によって剛直なトリアジン環を形成し高いT_gを示す。しかしながら，脆性が大きな課題となっており，ビスフェノールF型エポキシなどの汎用エポキシ樹脂による変性が行われる。これにより脆性は改善されるが，T_gの低下は大きい。このため，剛直で分子運動性の低い液晶性エポキシ樹脂（DGETAMまたはDGETP-Me）で変性したところ，図8に示すように未変性シアネートエステル硬化物のT_g：322℃に対し，0.3当量エポキシ変性では約280℃を示した[25]。これはビスフェノールF型エポ

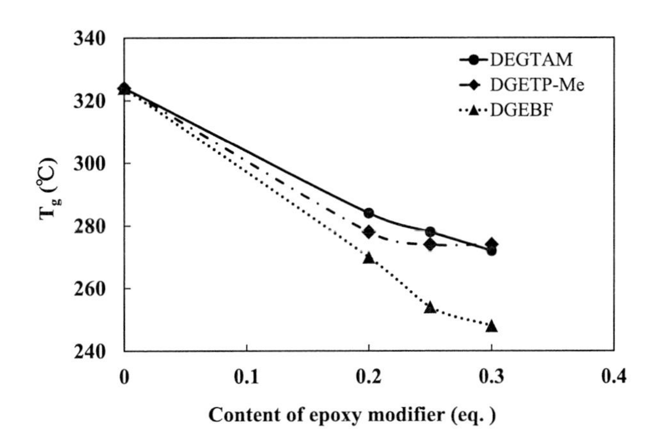

図８　エポキシ変性シアネートエステル系のエポキシ変性量と T_g の関係

キシ（DGEBF）変性系より約30℃以上高い値であり，T_g の低下は大幅に抑制される結果となった。また，この変性系においては強靱性の向上効果が優れていることが確認されている。

2．6　おわりに

エポキシ樹脂硬化物の高熱伝導化や高耐熱化を目的とした研究例を紹介した。従来のエポキシ樹脂材料にはない魅力的な特性付与ができるものの，硬化条件の最適化やフィラーとの複合化においての留意点などまだまだ課題もある。様々な要求性能を満足するためには，引き続き複合化による影響を念頭においたアプローチが重要である。

文　　献

1）エポキシ樹脂技術協会，総説エポキシ樹脂　基礎編Ⅰ・Ⅱ（2003）
2）M. Harada, K. Aoyama and M. Ochi, *J. Polym. Sci. Part B: Polym. Phys.*, **42**, 4044-4052 (2004)
3）M. Harada, Y. Watanabe, Y. Tanaka and M. Ochi, *J. Polym. Sci., PartB; Polym. Phys.*, **44**, 2486-2494 (2006)
4）M. Harada, K. Aoyama and M. Ochi, *J. Polym. Sci. Part B: Polym. Phys.*, **43**, 1296-1302 (2005)
5）M. Harada, K. Sumitomo, Y. Nishimoto and M. Ochi, *J. Polym. Sci., PartB; Polym. Phys.*, **47**,156-165 (2009)
6）M. Harada, N. Okamoto, M. Ochi, *J. Polym. Sci. Part B: Polym. Phys.*, **48**, 2337-2345

(2010)
7) 原田美由紀，倉谷英敏，越智光一，ネットワークポリマー，**26**, 91-97(2005)
8) M. Harada, M. Ochi, *et al., J. Polym. Sci. Part B: Polym. Phys.*, **41**, 1739-1743(2003)
9) M. Harada, M. Ochi, *et al., J. Polym. Sci. Part B: Polym. Phys.*, **42**, 758-765(2004)
10) M. Harada, N. Akamatsu, M. Ochi, *et al., J. Polym. Sci., PartB; Polym. Phys.*, **44**, 1406-1412(2006)
11) M. Harada, J. Ando, M. Yamaki, M. Ochi, *J. Appl. Polym. Sci.*, **132**, 41296(2015)
12) M. Harada, K. Yamaguchi, *J. Appl. Polym. Sci.*, In Press (2021)
13) 太田早紀，山口広亮，原田美由紀，ネットワークポリマー論文集，40, 278-286(2019)
14) S. Tanaka, F Hojo, Y. Takezawa, K. Kanie, A. Muramatsu, *ACS Omega*, **3**, 3562-3570(2018)
15) S. Tanaka, *ACS Omega*, **5**, 20792-20799(2020)
16) S. Tanaka, F. Hojo, Y. Takezawa, K. Kanie, A. Muramatsu, *Polym. Plastics Technol. Eng.*, **57**, 269-275(2018)
17) S. Ota and M. Harada, *Composites PartC: Open Access*, **4**, 100087(2021)
18) M. Harada, N. Hamaura, M.Ochi, *Composites. Part B: Engineering*, **55**, 306-313(2013)
19) 山本滉也，原田美由紀，第 60 回日本接着学会年次大会講演要旨集，P38B (2022)
20) 木村光玖，原田美由紀，第 72 回高分子学会年次大会予稿集，2Pb050(2023)
21) 木村光玖，佐野大樹，原田美由紀，第 69 回高分子研究発表会（神戸）要旨集，D-5(2023)
22) M. Harada, D. Morioka and M. Ochi, *J. Appl. Polym. Sci.*, **135**, 46181(2017)
23) M. Harada, Y. Yokoyama and M. Ochi, *High Performance Polymers*, **33**, 3-11(2021)
24) 赤崎友亮，原田美由紀，南昌樹，第 69 回高分子学会年次大会予稿集，2Pb040(2020)
25) 柳浦聡，原田美由紀，ネットワークポリマー論文集，**43**, 56-65(2022)

3　エポキシ樹脂の疲労特性

松田　聡[*1]，岸　肇[*2]

3. 1　はじめに

近年，製造コストの削減やリサイクルの容易性などの要求により，ボルトやリベットといった接合や溶接から構造部材に対する接着の適用が進められている。エポキシ樹脂は高弾性・高強度であり耐熱性も高いことから，アクリル接着剤とともに次世代の構造用接着剤として期待されている。しかしながら，エポキシ樹脂の疲労特性の評価は時間と手間がかかることから，静的破壊と比べて著しく遅れている。構造部材は長期間の使用が前提であり，変動荷重など繰返しの負荷を受けるため，静的な破壊荷重を大幅に下回る荷重レベルであっても初期内部欠陥や応力集中部からき裂が成長して破壊に至ることが多く，損傷許容設計・信頼性評価の観点から疲労荷重下での材料の破壊力学特性である疲労き裂伝ぱ特性の評価が重要である。図１に疲労破壊の基本的なメカニズムを示す。応力集中部，ナノサイズのボイドなどの潜在的な欠陥やフィラー・被着体との界面がき裂の開始点となりうる。それらに繰返しの応力が作用することによってき裂が発生・成長し，最終的に破断に至る。途中のき裂成長のメカニズムを把握することによって，疲労寿命を伸ばすための材料設計・構造設計へとつながる。また，構造用途以外でも，電子基板の封止材においてき裂の発生・成長は問題となっている。ここでは，エポキシ樹脂の疲労き裂伝ぱ特性について紹介する。

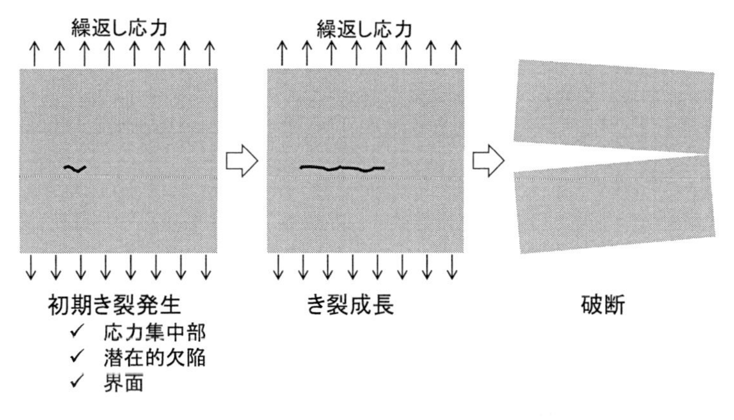

図１　繰返し応力下における破壊過程

＊　Satoshi MATSUDA　兵庫県立大学　大学院工学研究科　化学工学専攻　准教授
＊　Hajime KISHI　兵庫県立大学　大学院工学研究科　化学工学専攻　教授

3. 2　エポキシ樹脂の疲労き裂伝ぱ特性の評価方法

図2にエポキシ樹脂の疲労き裂伝ぱ特性の評価に用いたコンパクト（CT）試験片を示す。本手法は，2002年にISO 15850（プラスチック　引張り－引張り疲労き裂伝ぱの測定－線形破壊力学による方法）で規格化されている[1)]。試験片サイズについては，材料の降伏応力などによって最小値が規定されているが，ここでは $w=32$ mm，$h=6$ mm とした。評価は，き裂先端の応力集中の度合いを表す応力拡大係数 K を用いて評価する。CT試験片では，応力拡大係数 K はき裂長さ a の関数となり，次式を用いて表される。

$$K=\frac{P}{h\sqrt{w}}\frac{(2+\alpha)(0.886+4.64\alpha-13.32\alpha^2+14.72\alpha^3-5.6\alpha^4)}{(1-\alpha)^{3/2}} \tag{1}$$

$$\alpha=\frac{a}{w} \tag{2}$$

ここで，P は負荷荷重である。繰返し荷重の負荷は疲労試験機を用いて行われる。荷重比（1サイクル中の最小荷重と最大荷重の比）を0.1，繰返し速度5 Hzのサイン波を用いて，疲労き裂伝ぱ試験を行った。1サイクル中の最大荷重時の応力拡大係数 K_{max}，および最小荷重時の応力拡大係数 K_{min} を求め，応力拡大係数範囲 ΔK（$=K_{max}-K_{min}$）で評価した。

図3にエポキシ樹脂の疲労き裂伝ぱ試験結果の一例を示す。材料は，図4に示す市販のビスフェノールA型エポキシをアミン系硬化剤で硬化したものである。縦軸にき裂伝ぱ速度 da/dN（m/cycle），横軸に応力拡大係数範囲 ΔK をとり，両対数プロットで表す。き裂伝ぱ速度は1サイクルあたりに伝ぱするき裂の長さとして定義され，高いほどき裂が進展しやすいことを意味する。一般的に，図中の直線で示すような直線関係が得られる。この傾きが高いほどき裂伝ぱに対

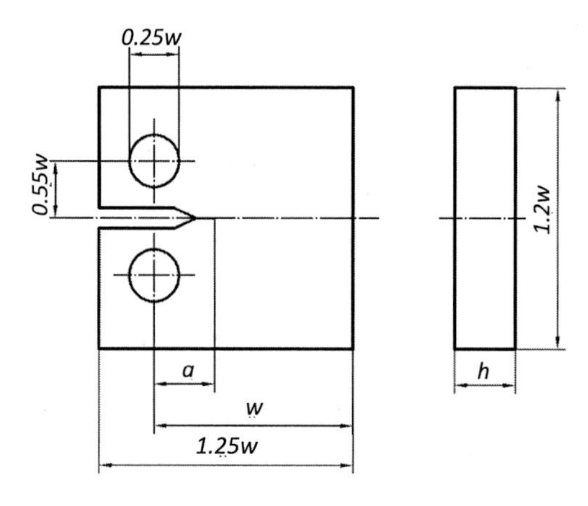

図2　コンパクト試験片

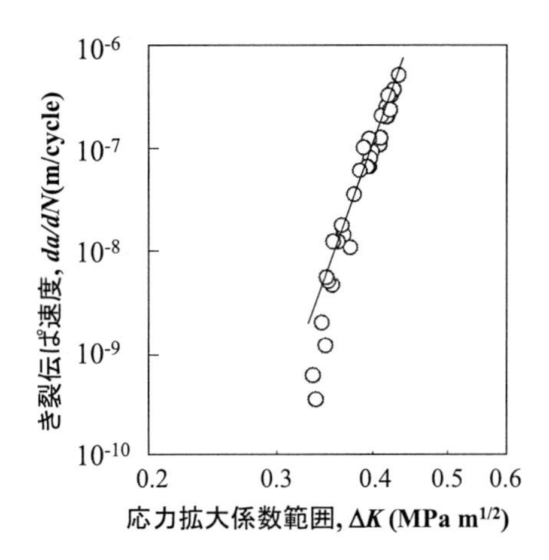

図3　エポキシ樹脂の疲労き裂伝ぱ抵抗曲線の例

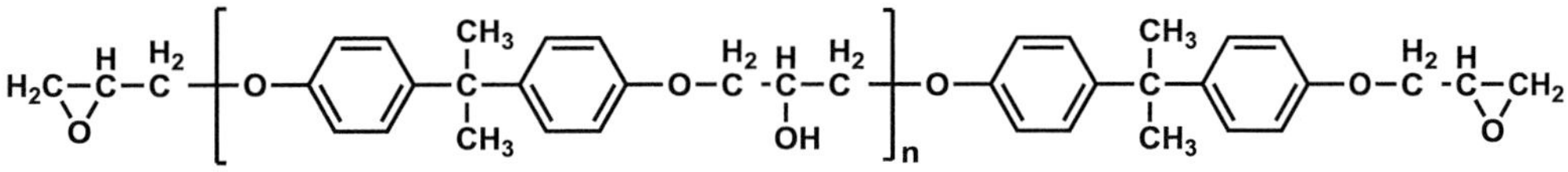

図4　ビスフェノールA型エポキシ樹脂の化学構造

して鋭敏であり，き裂発生から短期間で破壊に至る。図4では19と一般的な金属材料（2～4）と比べて著しく高く，フィラーの添加が必須となる。き裂伝ぱ速度が低い領域ではこの直線関係より下側に外れる。それ以下では，き裂が伝ぱしない ΔK の値を下限界値と呼び，機械設計に用いられるパラメータである。材料間の比較をする場合には，プロットが左にあるほうが，き裂伝ぱ抵抗が高いことを表す。

3. 3　フィラーを添加したエポキシ樹脂の疲労き裂伝ぱ特性

近年，ナノサイズのフィラーをエポキシ樹脂に添加し，炭素繊維強化プラスチックのマトリックス樹脂として用い，力学物性の向上を図る研究が多く見られる。ここでは，コニカルスクリュー型の混練機を用いてカーボンナノチューブ（CNT）を分散させたビスフェノールA型エポキシ樹脂の疲労き裂伝ぱ抵抗を紹介する[2]。CNTおよびカーボンブラック（CB）を1 wt%添加したエポキシ樹脂の疲労き裂伝ぱ抵抗を図5に示す。CNTを分散させた試料ではエポキシ単体と比べて，すべてのき裂伝ぱ速度域において，エポキシ単体よりも高 ΔK 側の結果となり，このエポキシ樹脂ではCNTの添加により疲労き裂伝ぱ抵抗が向上することがわかる。疲労下限界値 $\Delta K_{th}=0.33$ MPa m$^{1/2}$ であり，エポキシ単体よりも20%高くなった。破面観察および透過光による偏光顕微鏡観察の結果，CNT/樹脂間の界面剥離に伴うき裂先端での三軸応力の緩和に

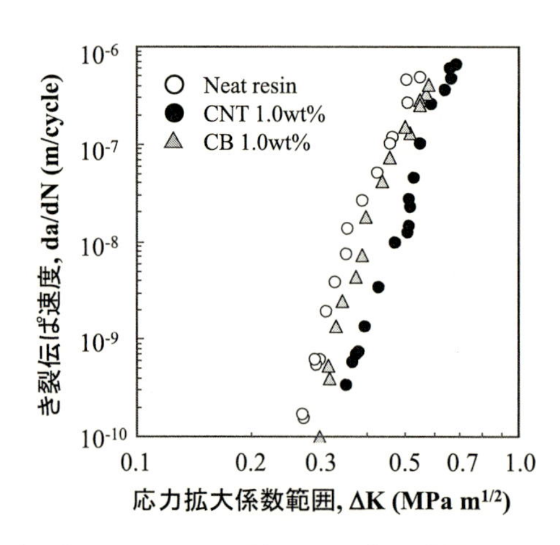

図5　カーボン系ナノフィラーを添加したエポキシ樹脂の疲労き裂伝ぱ抵抗

よるせん断応力増大が原因であることが示唆された。CB 添加系の結果は，未添加と CNT の結果の間に位置しており，すべてのき裂伝ぱ速度領域で疲労特性に対する効果は CNT より小さく，フィラー形状の効果があることを示している。 CB 添加系では，CNT のようにフィラーに沿った剥離が生じず，塑性変形が拡がらなかったことが原因である。

次に，100 nm のサイズのコアシェルゴム粒子（5 wt%）によって強靭化したビスフェノール A 型エポキシ樹脂の疲労き裂伝ぱ抵抗を図に示す。図 4 の分子鎖内の繰返しユニット n を変化させ，架橋点間分子量の異なるビスフェノール A 型エポキシ硬化物を作製し，ゴム粒子が疲労き裂伝ぱ抵抗に及ぼす効果を調べた[3, 4]。まず，破壊靭性試験結果を図 6 に示す。ゴム粒子を添加していない系では，架橋点間分子量の増加に対して破壊靭性値の上昇度合いは小さかったが，ゴム粒子添加系では架橋点間分子量の増加に伴い破壊靭性値は大幅に向上した。図 7 に疲労下限界における応力拡大係数範囲 ΔK_{th} の値を示す。未添加系では破壊靭性の結果と似た傾向を示したが，ゴム粒子添加系では疲労下限界は架橋点間分子量が高くなるにつれて一旦増加し，その後低下した。これらの結果は，静的荷重下と繰返し荷重下でのき裂進展において破壊メカニズムがまったく異なることを示している。また，破壊靭性値を大幅に向上させた接着剤であっても疲労負荷環境では逆に寿命が低下する可能性を示唆しており，実際に使用する場合には十分に注意して用いなければならない。側面からき裂先端を透過型電子顕微鏡で観察した結果を図 8 に示す。ゴム粒子添加により疲労下限界が向上した架橋点間分子量 1110 g/mol の硬化物では，球状のゴム粒子がき裂先端を中心に広範囲で空洞化し，球形であった粒子が楕円球状の空洞に引き延ばされている。これに対し，疲労下限界が低下した架橋点間分子量 2360 g/mol の硬化物では，ゴム粒子の空洞化およびエポキシ樹脂の変形はき裂前方へ伸びているが，き裂面付近でのみエポキシ樹脂が大きく変形し荷重負荷方向に拡がっていない。き裂伝ぱ抵抗の増加には塑性変形によるエネルギー吸収が効果的であり，ゴム粒子の空洞化は三軸引張応力の緩和によりエポキシ樹脂

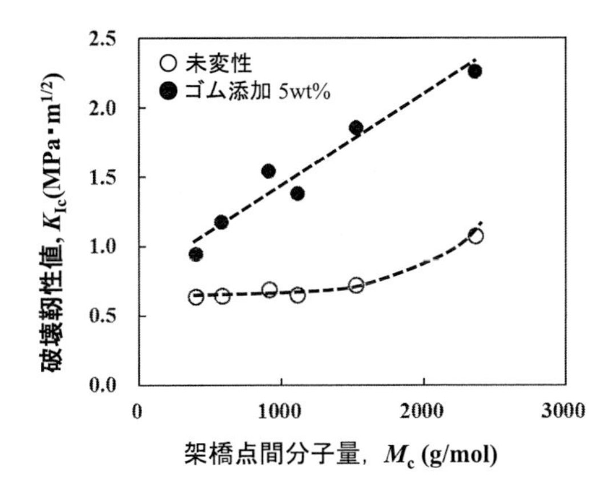

図６　ゴム粒子を添加したエポキシ樹脂の破壊靭性

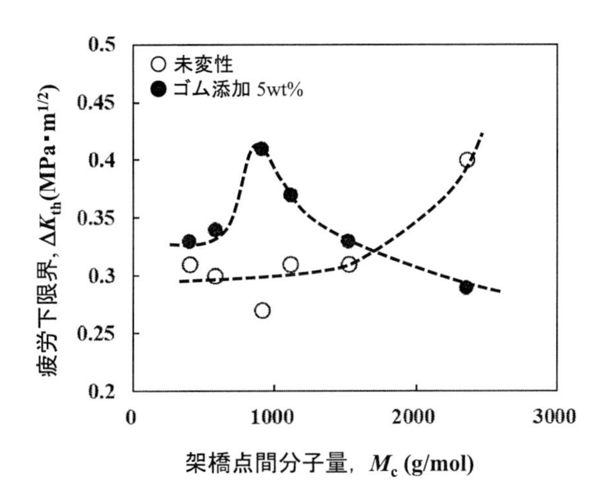

図７　ゴム粒子を添加したエポキシ樹脂の疲労下限界

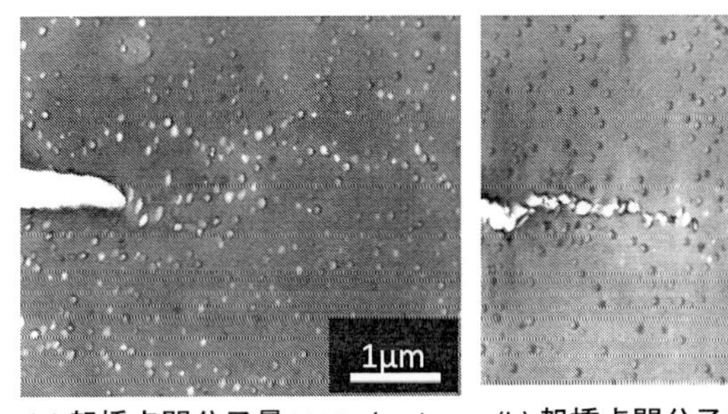

(a) 架橋点間分子量1110g/mol　(b) 架橋点間分子量2360g/mol

図８　ゴム粒子を添加したエポキシ樹脂のき裂先端の変形

の塑性変形を促進することが知られている。架橋点間分子量によって，疲労ではこの機構が働き疲労き裂伝ぱ抵抗が上がる場合と働かずに低下する場合があることに注意が必要である。

3．4 おわりに

エポキシ樹脂の疲労き裂伝ぱ特性について，試験方法と結果の一部について紹介した。エポキシ樹脂の疲労き裂伝ぱ特性や疲労下限界値の評価は，機械設計において有用なデータである。また，エポキシ樹脂のみならず，接着構造体としての繰返し荷重下での評価[5,6]も重要であり，合わせて検討していく必要がある。

文　献

1） ISO 15850, Plastics — Determination of tension-tension fatigue crack propagation — Linear elastic fracture mechanics（LEFM）approach（2002）
2） 松田聡，内海茂久，柿部剛史，岸肇，日本接着学会誌，**58**, 231-238（2022）
3） H. Kishi, S Matsuda, J. Imade, Y. Shimoda, T. Nakagawa, Y. Furukawa, *Polymer*, **223**,（2021）, 123712
4） 松田聡，日本接着学会誌，**59**, 321-328（2023）
5） 松田聡，中野晋也，上杉瑠太，川北凌平，柿部剛史，岸肇，日本接着学会誌，**59**, 73-79（2023）
6） 松田聡，亀高航平，石田大，柿部剛史，岸肇，日本接着学会誌，**59**, 41-48（2023）

第2章　エポキシ樹脂の合成と物性

1　新しいプロセスによる高耐熱性エポキシ樹脂の開発

木村　肇*

1. 1　はじめに

エポキシ樹脂は，耐熱性，接着性，電気絶縁性および機械的強度などの特性がバランスよく優れているため，電気・電子材料，塗料，接着剤および複合材料などとして幅広く使用されている。特にエポキシ樹脂は，その硬化反応が開環付加反応であるために縮合ガスが発生しない硬化システムであること，および硬化収縮が小さいことから，他の熱硬化性樹脂と比べて格段に優位性があり，今後のさらなる発展が期待される。

一方，エポキシ樹脂の耐熱性に関しては，用いるエポキシ樹脂の種類や組み合わせる硬化剤の種類により大きく異なるが，その硬化物のガラス転移温度はおよそ室温～200℃程度の範囲にある。近年の電子デバイスの技術革新が加速する中，エポキシ樹脂のさらなる用途拡大のためにはこの耐熱性の向上とともに，エポキシ樹脂最大の欠点である難燃性の向上も求められている。

これまでにエポキシ樹脂の耐熱性を向上させる研究としては，ナフタレン骨格型のエポキシ樹脂に関する研究がある[1~3]。それまでのエポキシ樹脂はフェノールやクレゾールなどの単環芳香族骨格をもつノボラック型が中心であったが，ナフタレン骨格のエポキシ樹脂を用いることにより高耐熱性のエポキシ樹脂を創製している。また他の多環芳香族骨格を有するエポキシ樹脂として，アントラセン骨格を有するエポキシ樹脂に関する報告もある[4,5]。さらに，ビフェニルのような液晶構造を有するエポキシ樹脂を用いることにより，その耐熱化を達成した研究がいくつかある[6~8]。これらのエポキシ樹脂は，主骨格の芳香環のスタッキング効果を利用したパッキングによる主鎖の束縛で高い耐熱性が実現されている。

難燃性エポキシ樹脂として最も代表的なものとしては，テトラブロモビスフェノールA型エポキシ樹脂などのハロゲン化エポキシ樹脂がある。ただし，これらのエポキシ樹脂はハロゲン化合物を用いて難燃化を達成していること，および難燃化を達成するために酸化アンチモンを一般的に併用することから，これらの化合物を用いた製品を燃焼・廃棄する際に環境に対する負荷が懸念される。そのため，リン系化合物や金属水酸化物による代替が検討されているが，エポキシ樹脂本来の特徴である耐水性を損なったり，また無機物を大量に用いることにより機械的強度が

＊　Hajime KIMURA　(地独)大阪産業技術研究所　有機材料研究部　熱硬化性樹脂研究室
総括研究員

低下したりするなど，エポキシ樹脂本来の性能に悪影響を及ぼす場合もある。

このような背景から，本研究ではエポキシ樹脂に配合する硬化剤の構造を工夫することにより新しいプロセスでエポキシ樹脂の硬化を行い，高耐熱性エポキシ樹脂を創製したので紹介する。

1．2　フェニルエチニルカルボニル基の重合

我々は熱硬化性反応基として，フェニルエチニルカルボニル基に着目した。既に我々は，図1（一般式）に示すようなフェニルエチニルカルボニル基を両末端に有する熱硬化性イミド化合物を合成し，フェニルエチニルカルボニル基の重合による新しいネットワークポリマーに関する研究を行った[9]。その結果，フェニルエチニルカルボニル基の重合は200℃以下で速やかに進行

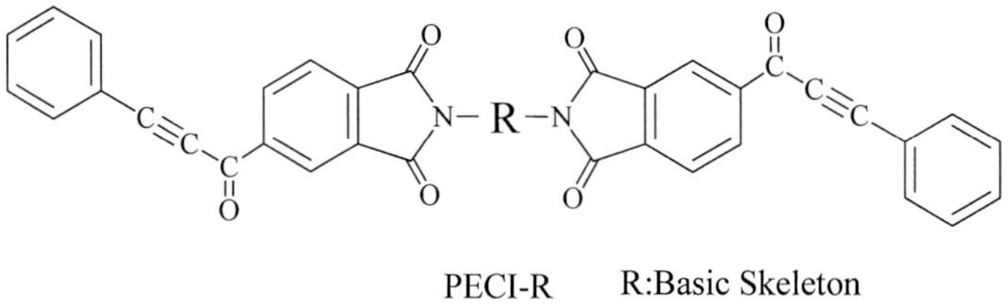

PECI-R　　R:Basic Skeleton

図1　両末端にフェニルエチニルカルボニル基を有するイミド化合物の一般的な化学構造式 PECI-R（R は基本骨格）

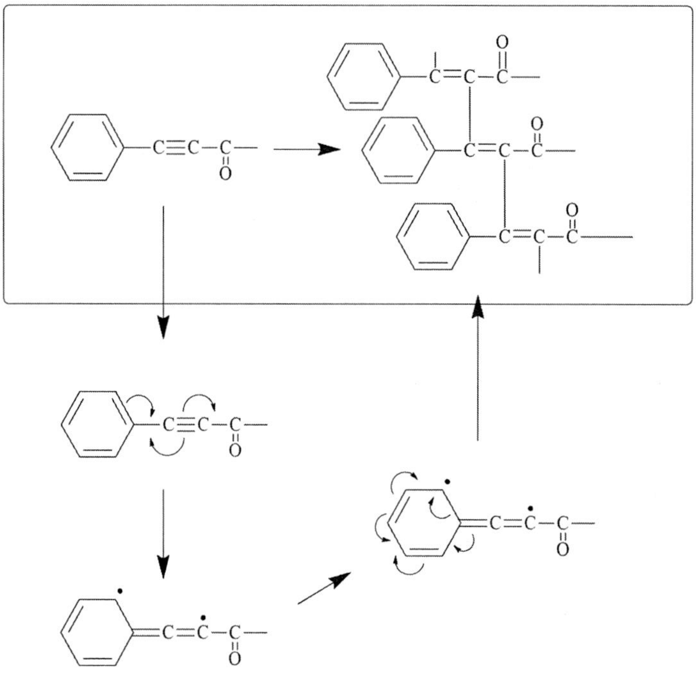

図2　フェニルエチニルカルボニル基の想定される硬化反応

し，かつ得られるポリマーは600℃での残炭率が非常に高く（約80重量%），かつ5%熱分解温度が400℃を超える（約460℃），非常に高い熱的性質を有していた。さらに，この優れた熱的性質はフェニルエチニルカルボニル基が重合し，アルケン構造を生成することによるものであることを報告している（図2）[10]。

したがって，この熱硬化性イミド化合物をエポキシ樹脂骨格中に導入できれば，その熱的性質（耐熱性や耐熱分解性）が向上するのではないかと考えた。すなわち，フェニルエチニルカルボニル基を有する酸無水物（図3，PETA）をエポキシ樹脂に配合し，これら2つの化合物の共重合により得られる熱硬化樹脂の耐熱性や耐熱分解性等について検討した。

エポキシ樹脂としては，三菱ケミカル㈱製のjER® 828（エポキシ当量186，DGEBAと略す）を用いた。また，ナフタレン骨格を有するエポキシ樹脂として，DIC㈱製のHP4700（エポキシ当量167，HP4700と略す）およびHP4770（エポキシ当量205，HP4770と略す）を用いた。さらにアントラセン骨格を有するエポキシ樹脂として，三菱ケミカル㈱製のYX8800（エポキシ当量178，YX8800と略す）も用いた。

フェニルエチニルカルボニル基を有する酸無水物としてはNexam Chemical社製のPETAを用いた。図3にHP4770，HP4700，YX8800，DGEBAおよびPETAの構造式を示す。

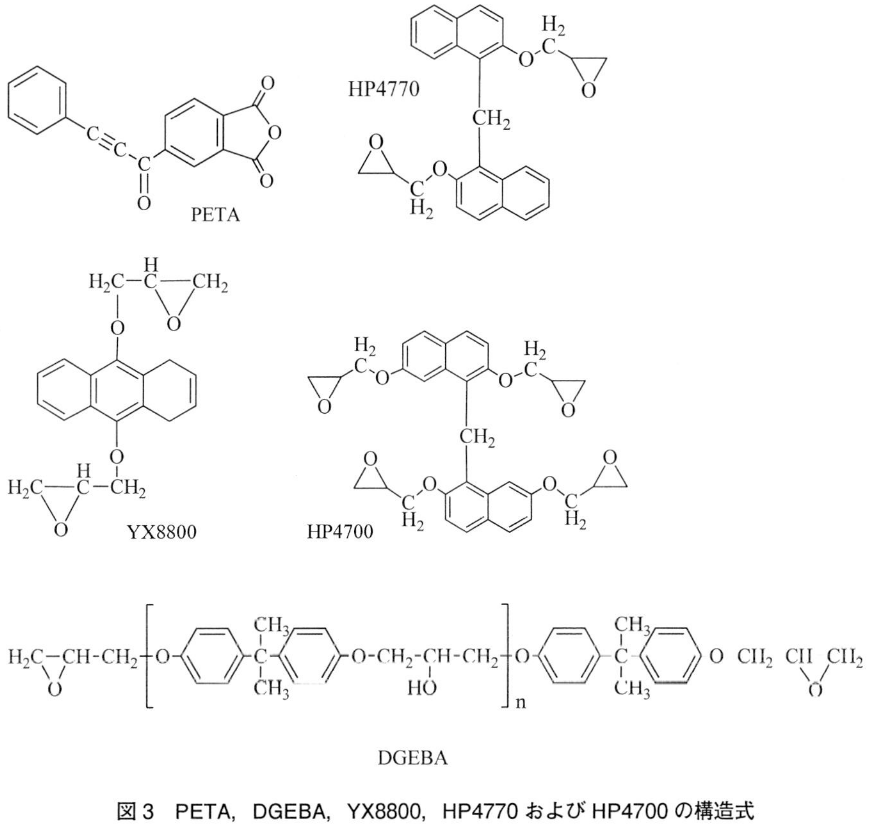

図3　PETA，DGEBA，YX8800，HP4770およびHP4700の構造式

1.3 フェニルエチニルカルボニル基を有する酸無水物を硬化剤に用いたエポキシ樹脂の硬化反応

フェニルエチニルカルボニル基を有する酸無水物を硬化剤に用いたエポキシ樹脂について，その硬化物の作製を注型法により行った。まずエポキシ樹脂とPETAを1：0.8当量になるようにそれぞれ配合し溶融混合させた後，シリコーンゴム製の型に注型し，オーブン中で加熱して硬化させた。なお，硬化条件は，170℃/2時間，170℃/2時間＋200℃/2時間，170℃/2時間＋250℃/2時間および170℃/2時間＋300℃/2時間の4つの異なる条件で段階的に設定した。

1.4 フェニルエチニルカルボニル基を有する酸無水物を硬化剤に用いたエポキシ樹脂のDSC挙動

フェニルエチニルカルボニル基を有する酸無水物（PETA）を配合した各種エポキシ樹脂のDSC曲線を図4に示す。DSC測定の結果から，まずエポキシ樹脂としてDGEBA，HP4700およびHP4770を用いた系では，170～180℃付近に発熱ピークが見られる。これはPETAの酸無水物基とエポキシ樹脂のエポキシ基の反応に由来するものである。また，150℃付近の吸熱ピークは未反応で残存しているPETAの融点であり，さらに300℃近辺にはフェニルエチニルカルボニル基の反応による発熱ピークが観測された。

それに対して，エポキシ樹脂としてアントラセン骨格を有するエポキシ樹脂（YX8800）を用いた系では，170℃付近の酸無水物基とエポキシ樹脂のエポキシ基の反応に由来する発熱ピークは小さいが観測されており，またフェニルエチニルカルボニル基の反応による発熱ピークがより低温の260℃付近に観測され，さらに320℃付近にもう1つ発熱ピークが観測されており，他の

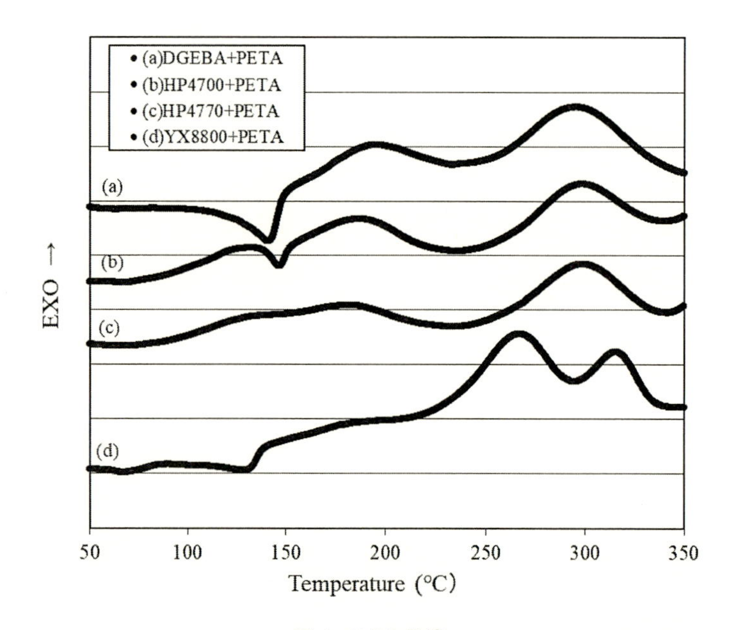

図4 DSC曲線
(a)DGEBA＋PETA，(b)HP4700＋PETA，(c)HP4770＋PETA，(d)YX8800＋PETA

エポキシ樹脂とは異なる挙動を示した。すなわち，アントラセン骨格のエポキシ樹脂以外のエポキシ樹脂を用いた場合，300℃付近にフェニルエチニル基の重合による発熱ピークが観測されているのに対し，アントラセン骨格エポキシ樹脂の場合はそのピークが260℃付近に観測されていることは，フェニルエチニル基同士の反応がより進行しやすくなっているためと思われる。これはアントラセン骨格を有するエポキシ樹脂が他のエポキシ樹脂に比べて，平面性の高い構造を有している[5)]ことに起因していると考えている。すなわち，PETAを硬化剤として用いた場合，平面性の高いアントラセン骨格のエポキシ樹脂のエポキシ基とPETAの酸無水物基の反応が進行した後に存在するフェニルエチニルカルボニル基同士の反応が進行しやすくなっていると思われる。なお，アントラセン骨格エポキシ樹脂を用いた場合に観測される320℃付近の発熱ピークは，熱分解によるものであると推定された

300℃付近に観測されるフェニルエチニルカルボニル基の重合反応に由来する発熱ピークは，本来およそ200℃近辺で進行する[9, 10)]が，300℃という非常に高温側に発熱ピークが観測された。これは，エポキシ樹脂との配合系においては，まずエポキシ基と酸無水物基との反応が先に進行するため，フェニルエチニルカルボニル基の分子運動が妨げられることに起因していると考えられる。

1. 5　フェニルエチニルカルボニル基を有する酸無水物を硬化剤として用いたエポキシ樹脂の硬化反応

硬化反応挙動を追跡するため，赤外分光分析測定を行った。すなわち，フェニルエチニルカルボニル基を有する酸無水物とエポキシ樹脂との硬化反応（①反応前，② 170℃/2時間，③ 170℃/2時間＋200℃/2時間および④ 170℃/2時間＋250℃/2時間）で得られる化合物の赤外分光分析を行った。代表的な結果として，図5にHP4770を用いた場合，および図6にYX8800を用いた場合のIRスペクトルを示す。

まず図5から，図5(a)の溶融混合直後の樹脂の分析から，すでに酸無水物基はエポキシ基と一部が反応し，エステルのカルボニル基（1730 cm^{-1}の吸収）が生じていることがわかった。図5(b)の170℃/2時間加熱後のスペクトルにおいて，酸無水物由来およびエポキシ基（911 cm^{-1}）の吸収が若干残存していることがわかるが，エポキシ基と酸無水物が反応し，生成するエステルのカルボニル基に由来するカルボニル基に由来する吸収が1730 cm^{-1}に確認できた。それに対し，2196 cm^{-1}のエチニル基の伸縮振動に由来する特徴的な吸収はまだ残存していることから，エポキシ基と酸無水物との反応が先に進行していることがわかった。エチニル基に由来する吸収は，250℃/2時間後でも若干残存していた。また250℃/2時間後のスペクトルにおいて，新たに1674 cm^{-1}にアルケンC－Cに由来する吸収がショルダーピークとして現れた[10, 11)]。

以上の結果，エポキシ樹脂とPETAの反応は図7に示すように，まずエポキシ樹脂とPETAが反応した後，フェニルエチニルカルボニル基の硬化反応が進行し，アルケンC＝C構造を与える反応が進行していることが示唆された[10, 11)]。

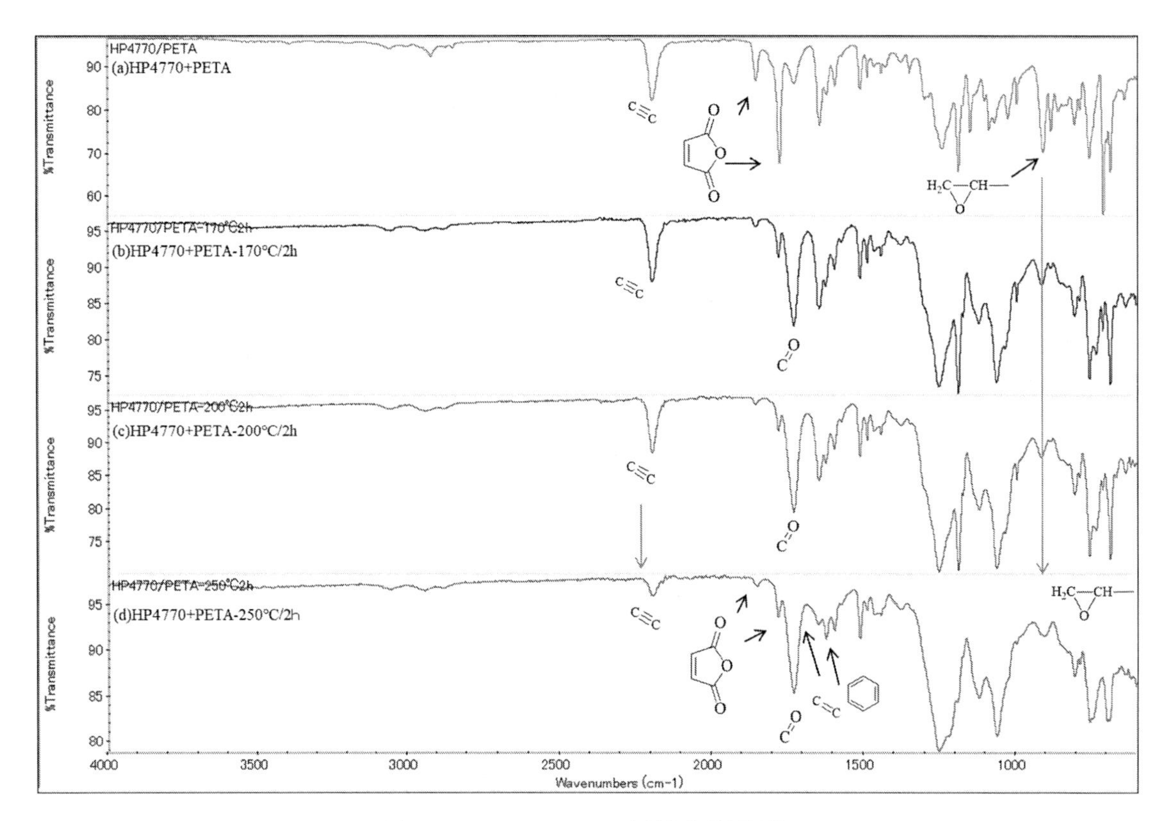

図5 HP4770＋PETA の赤外分光分析結果

(a)溶融混合直後，(b)170℃/2h，(c)170℃/2h＋200℃/2h，(d)170℃/2h＋250℃/2h

それに対して図6のエポキシ樹脂としてYX8800を用いた場合のIR分析の結果から，他のエポキシ樹脂を用いた時と同様に，図6(a)の溶融混合直後の樹脂の分析から，すでに酸無水物基はエポキシ基と一部が反応し，エステルのカルボニル基（1730 cm^{-1} の吸収）がすでに生じていることがわかった。図6(b)の170℃/2時間加熱後のスペクトルにおいて，酸無水物由来およびエポキシ基（911 cm^{-1}）の吸収が若干残存していることがわかるが，エポキシ基と酸無水物が反応し，生成するエステルのカルボニル基に由来するカルボニル基に由来する吸収が1730 cm^{-1} に確認できた。エチニル基に由来する吸収は，250℃/2時間後でほぼ消失しており，フェニルエチニル基同士の反応は他のエポキシ樹脂よりもより効率的に進行していることがわかった。また250℃/2時間後のスペクトルにおいて，新たに1674 cm^{-1} にアルケンC＝Cに由来する吸収がショルダーピークとして現れた。これらの結果から，DSC測定の結果からも示唆されたように，アントラセン骨格を有するエポキシ樹脂が他のエポキシ樹脂に比べて平面性の高い構造を有しているため，硬化反応（フェニルエチニル基同士の反応）がより効率的に進行することがわかった。

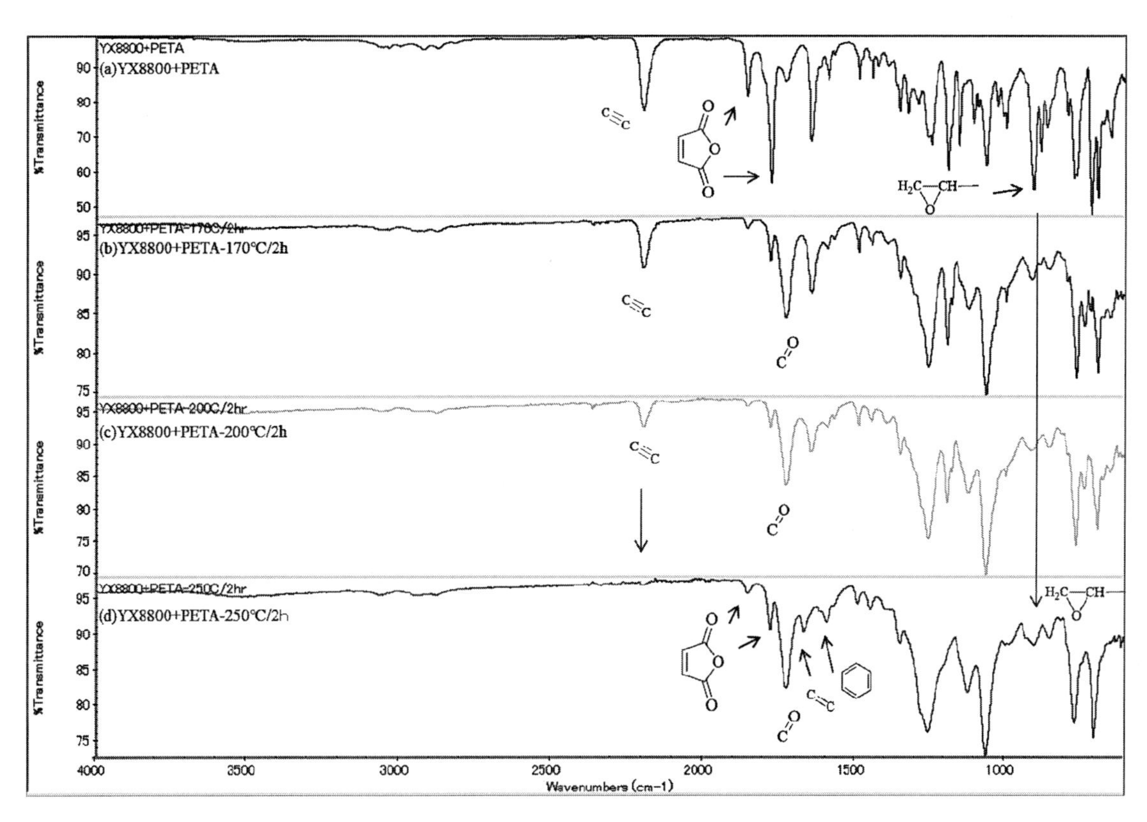

図６　YX8800＋PETA の赤外分光分析結果

(a)溶融混合直後，(b)170℃/2h，(c)170℃/2h＋200℃/2h，(d)170℃/2h＋250℃/2h

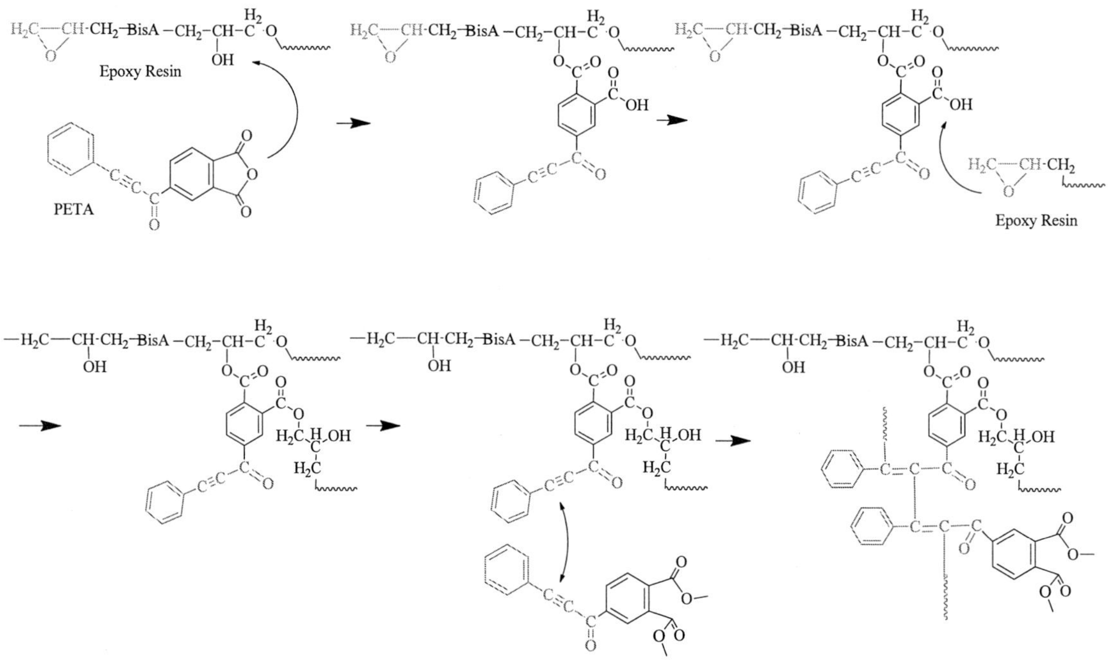

図7　エポキシ樹脂と PETA の反応

1. 6　フェニルエチニルカルボニル基を有する酸無水物を硬化剤として用いたエポキシ樹脂硬化物の特性評価

1. 6. 1　熱重量分析（TGA）

図８に，フェニルエチニルカルボニル基を有する酸無水物で硬化させたエポキシ樹脂硬化物（硬化条件：170℃/2時間＋250℃/2時間）の熱重量分析の結果を示す。これらの結果から，耐熱分解性に優れるのは４官能でナフタレン骨格を有するエポキシ樹脂 HP4700 を用いた場合であり，その５%熱分解温度は約 370℃，600℃での残炭率は約 50%であり，耐熱分解性が優れていることがわかった。以上の結果は，エポキシ樹脂骨格にあるナフタレン骨格の存在，そしてフェニルエチニルカルボニル基が重合して架橋密度が上昇すること，およびその骨格中に導入されるポリエン構造の存在により耐熱分解性が発揮されたと考えられる。

それに対して，最も熱分解性に劣るのはアントラセン骨格を有する２官能のエポキシ樹脂を用いた場合で，300℃付近から熱分解が始まり，５%熱分解温度は 327℃，600℃での残炭率は 44%であった。このことから，DSC 測定の結果で述べたように，アントラセン骨格を有するエポキシ樹脂の 300℃付近の発熱ピークは熱分解によるものであることが示唆された。アントラセン骨格を有するエポキシ樹脂を用いた硬化物は，最も熱分解性に劣ると予想したビスフェノールA型エポキシ樹脂よりも耐熱分解性が劣ることがわかった。この理由として，DSC および赤外分光分析測定の結果から，アントラセン骨格を有するエポキシ樹脂の方が平面性の高い構造を有

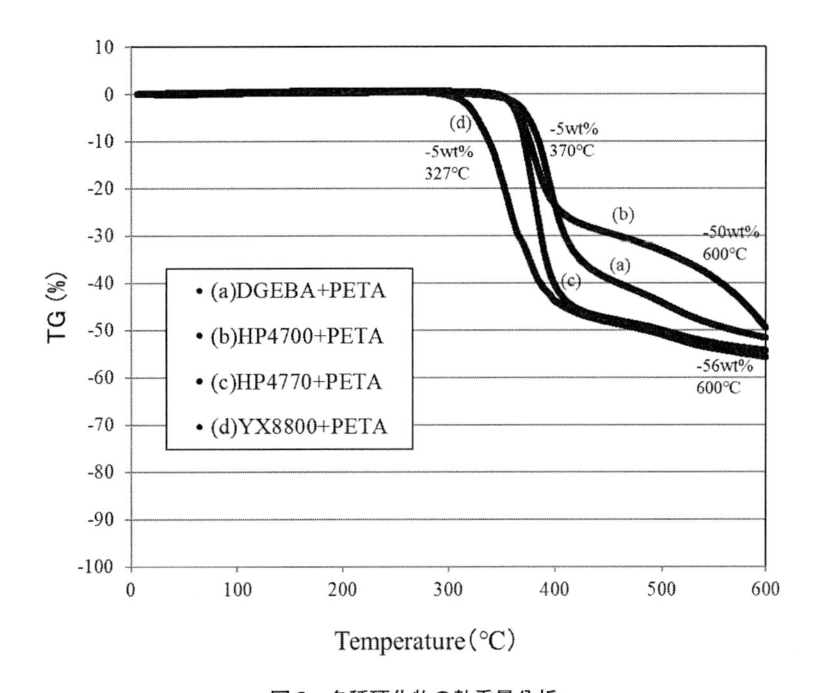

図8　各種硬化物の熱重量分析

(a) DGEBA + PETA, (b) HP4700 + PETA, (c) HP4770 + PETA, (d) DGEBA + PETA

しているため，硬化反応（フェニルエチニル基同士の反応）がより効率的に進行することがわかったが，反応して得られる熱硬化性樹脂としてのネットワーク構造が不完全であることが示唆された。

1. 6. 2　動的粘弾性試験（DMA）

図9に，フェニルエチニルカルボニル基を有する酸無水物で硬化させた各種エポキシ樹脂硬化物（硬化条件：170℃/2時間+250℃/2時間）の動的粘弾性測定結果を示す。ここでは，tan δ の温度分散曲線のピーク温度で評価したガラス転移温度（Tg）を検討した。

その結果，最も耐熱性の高いのは4官能でナフタレン骨格を有するエポキシ樹脂HP4700を用いた場合で，そのTgは328℃であり，弾性率も300℃近辺まではほとんど低下することがない高耐熱エポキシ樹脂であることがわかった。次に耐熱性の高いのは，2官能でナフタレン骨格を有するエポキシ樹脂HP4770を用いた場合で，そのTgは309℃であり，弾性率は250℃近辺まではほとんど低下することがなかった。これらの結果は，エポキシ樹脂骨格にあるナフタレン骨格によるもの，そしてフェニルエチニルカルボニル基が重合して架橋密度が上昇すること，およびその骨格中に導入されるポリエン構造の存在により分子運動が抑制されるために高耐熱性（高Tg）が発揮されたと考えられた。ここで，高耐熱性の理由についてさらに考察する。ナフタレン骨格を有するエポキシ樹脂を用いた硬化物とビスフェノールA骨格を有するエポキシ樹脂

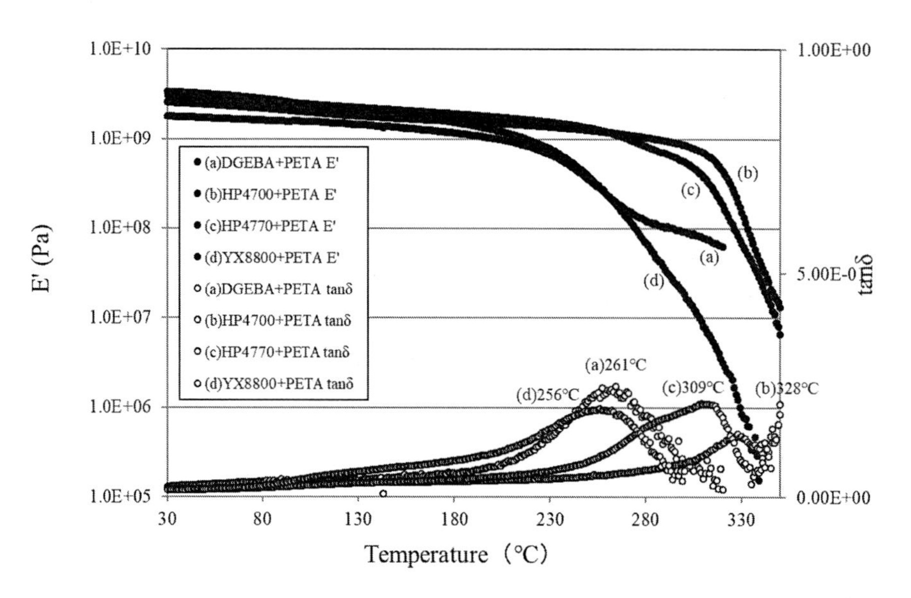

図 9　各種硬化物の動的粘弾性試験

(a)DGEBA＋PETA，(b)HP4700＋PETA，(c)HP4770＋PETA，(d)YX8800＋PETA

を用いた硬化物の E' 曲線を比較すると，Tg を超えたゴム状領域に至るまでの E' が，ナフタレン骨格を有するエポキシ樹脂の方がビスフェノール A 骨格のエポキシ樹脂よりも低くなっていることがわかる。このことから，ナフタレン骨格を有するエポキシ樹脂硬化物の方が，ビスフェノール A 骨格を有するエポキシ樹脂よりも架橋密度は低いことが示唆される。したがって，ナフタレン骨格を有するエポキシ樹脂の Tg が高く，耐熱性に優れているのは，ナフタレン分子がスタッキングにより密な構造になっているためと考えられる[5)]。

それに対して，アントラセン骨格を有する 2 官能のエポキシ樹脂を用いた場合，その Tg は 256℃であり，弾性率は 180℃近辺から低下し，ビスフェノール A 骨格のエポキシ樹脂（Tg＝261℃）よりも耐熱性が劣っていた。これは TGA の結果からも予想されたように，ネットワーク構造が不完全であるためと考えている。実際，図 8 の DMA 曲線からアントラセン骨格を有するエポキシ樹脂の貯蔵弾性率 E' は 180℃付近から 330℃を超えて連続的に低下しており，ネットワーク構造が不完全であることがわかる。これは，アントラセン骨格を有するエポキシ樹脂が平面性の高い構造を有しており，立体障害が小さく，スタッキング構造を形成しやすいためと考えている。すなわち，スタッキング構造を形成したエポキシ樹脂は酸無水物と反応した後もその構造を維持しているため，フェニルエチニルカルボニル基同士の反応もその距離が近くなるため効率的に反応する。しかしながら，お互いの化合物は逆に分子間距離の遠い他の化合物と反応しにくくなるため，不完全なネットワーク構造を形成したのではないかと考えている。

表1　エポキシ樹脂硬化物の特性

Sample	体積抵抗率 (Ω・cm)	吸水率 (%)
DGEBA/PETA	3.7×10^{16}	0.60
YX8800/PETA	2.8×10^{16}	0.38
HP4700/PETA	5.4×10^{16}	0.45
HP4770/PETA	7.2×10^{16}	0.44

1. 6. 3　電気抵抗率測定

表1に，フェニルエチニルカルボニル基を有する酸無水物を用いて硬化させた各種エポキシ樹脂硬化物の体積抵抗率測定結果（硬化条件：170℃/2時間＋250℃/2時間）を示す。その結果，これらのエポキシ樹脂硬化物は10の16乗オーダーの値を有しており，電気絶縁性が非常に優れていることが明らかになった。

1. 6. 4　吸水率測定

表1に，フェニルエチニルカルボニル基を有する酸無水物を用いて硬化させた各種エポキシ樹脂硬化物の吸水率測定結果（硬化条件：170℃/2時間＋250℃/2時間）を示す。その結果，いずれの吸水率も2時間煮沸後でも約1％未満の値を示し，耐水性に優れていることが明らかになった。これはフェニルエチニルカルボニル基の重合によりその骨格中に導入されるポリエン構造，および多環構造の存在によるものと思われる。特に，多環構造を有するYX8800，HP4700およびHP4770を用いた場合に吸水率が低くなっていることからもこのことが示唆される。また，最も吸水率が小さいのは，エポキシ樹脂としてアントラセン骨格を有するエポキシ樹脂を用いた場合であった。この理由としては，TGAやDMA測定の結果からも推察されるように，アントラセン骨格を有するエポキシ樹脂硬化物が最も不完全なネットワーク構造を有しておりスタッキングしやすく，そのため自由体積が小さくなり，吸水率が最も低くなったと考えられる。

1. 7　おわりに

本研究では，フェニルエチニルカルボニル基を有する酸無水物を硬化剤として各種エポキシ樹脂の硬化反応および得られる硬化物の特性について検討した。その結果，酸無水物とエポキシ基の反応がまず進行し，次にフェニルエチニルカルボニル基の反応が約250-300℃で進行することがわかった。また，アントラセン骨格のエポキシ樹脂を用いた場合，その平面性の高い構造のため，硬化反応（フェニルエチニルカルボニル基同士の反応）が，より低温でかつ効率的に進行することがわかった。

硬化物の特性を検討した結果，フェニルエチニルカルボニル基を有する酸無水物で硬化させたエポキシ樹脂は，特に電気絶縁性，耐水性，耐熱性および耐熱分解性が優れていた。これは，フェニルエチニルカルボニル基の重合により架橋密度が上昇すること，およびその骨格中に導入されるポリエン構造や多環構造により分子の相互作用が高くスタッキングしやすくなるためと思われる。しかしながら，アントラセン骨格を有するエポキシ樹脂を用いた場合は，平面性の高い構造を有していることから不完全なネットワークを形成し，その耐熱性および耐熱分解性が劣ることも明らかになった。

文　　献

1） M.Kaji, E. Takeshi, *Journal of Polymer Science Part A: Polymer Chemistry*, **37**, 3063-3069(1999)
2） G.Pan, Z.Du, C.Zhang, C.Li, X.Yang, H.Li, *Polymer*, **48**, 3686-3693(2007)
3） K.Arita, T.Oyama, *Journal of Applied Polymer Science*, **133**, 43339(2016)
4） M.Kaji, N.Nakahara, K.Ogami, T.Endo, *Journal of Applied Polymer Science*, **72**, 953-959(1999)
5） Y.Ohnishi, T.Oyama, A.Takahashi, Kobunshi Ronbunshu, **68**, 62-71(2011)
6） J.Y.Lee, J.Jang, *Polymer*, **47**, 3036-3042(2006)
7） M.Harada, Y.Watanabe, Y.Tanaka, M.Ochi, *Journal of Polymer Science Part B: Polymer Physics*, **44**, 2486-2494(2006)
8） I.A.Mohammed, M.F.Ali, W.R.W.Daud, *Journal of Industrial and Engineering Chemistry*, **18**, 364-372(2012)
9） H. Kimura, K. Ohtsuka, A. Matsumoto, H. Fukuoka, Y. Oishi, *eXPRESS Polymer Letters*, **7**, 161-171(2013)
10） H. Kimura, K. Ohtsuka, M. Yonekawa, *Polymers for Advanced Technologies*, **30**, 1303-1313(2019)
11） 木村肇，大塚恵子，米川盛生，ネットワークポリマー，**40**，216-222(2019)

2　バイオベースエポキシ樹脂

松本幸三*

2. 1　はじめに

エポキシ樹脂とは，一分子内に二個以上のエポキシ基をもつ化合物の総称で，ポリアミンや酸無水物，多価フェノールなどの硬化剤とともに加熱することで三次元網目状のネットワーク構造を持つ高分子となり硬化物を与えることから，いわゆる熱硬化性樹脂の一種に分類されている。硬化物は，耐熱性，耐薬品性，機械的特性，電気絶縁性，接着性に優れ，成形・注型材料，半導体封止剤，積層基板材料，塗料，食品包装・貯蔵材料の表面コーティングや繊維強化複合材料のマトリクスなどに幅広く利用されている[1,2]。現在使用されているエポキシ樹脂のほとんどは，図1に示すビスフェノールAジグリシジルエーテルを基本骨格とした材料である。しかしながら，出発原料であるビスフェノールAは石油由来物質を原料として合成されることから，資源枯渇や焼却処分による二酸化炭素の排出量増大などが問題となる。また，ビスフェノールAおよびその誘導体を含む樹脂は，生体に対する毒性や内分泌かく乱作用などが問題視されている。さらに，その樹脂硬化物は三次元網目状の安定な分子構造により生分解性に乏しく，環境中に廃棄された場合には長期にわたり生態系に残留して悪影響を及ぼすことが懸念されている。

このような問題を解決するために，天然由来物質を出発原料として，ビスフェノールA型エポキシ樹脂に代わる環境適応型あるいは環境配慮型のバイオベースエポキシ樹脂の開発が進められている。本節では，これまでに開発されたバイオベースエポキシ樹脂の代表的な例[3,4]と，近年我々が独自に研究を進めているチラミン由来エポキシ樹脂，ならびに乳酸由来エポキシ樹脂について紹介する。

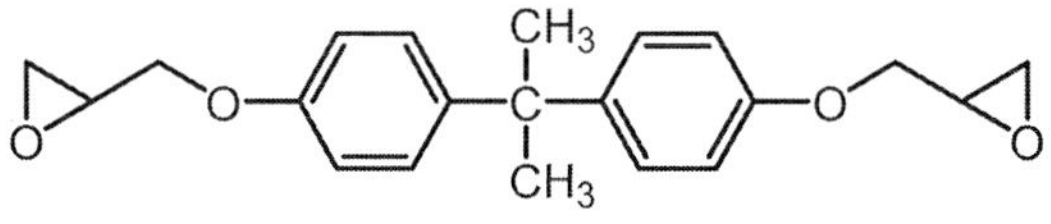

図1　ビスフェノールA型エポキシ樹脂の基本骨格

*　Kozo MATSUMOTO　近畿大学　産業理工学部　生物環境化学科　教授

2. 2 様々なバイオベースエポキシ樹脂

2. 2. 1 植物油由来エポキシ樹脂

植物油は植物に含まれる脂質を抽出・精製した油脂で，その分子構造は図2に示すようにグリセロールの脂肪酸エステルとなっている。油性種子の種類によって，大豆油，菜種油，亜麻仁油，ひまわり油，パーム油など多くの油が知られているが，それぞれ構成する脂肪酸が異なる。表1に代表的な植物油とそこに含まれる不飽和脂肪酸の含有率を示した。脂肪酸中の炭素-炭素不飽和結合を酸化しエポキシ化することでエポキシ樹脂が合成できる。最も一般的な酸化法としては *m*-クロロ過安息香酸（*m*CPBA）や過酢酸などの有機過酸を用いる Prilezhaev 反応（スキーム 1）が利用される[5]。エポキシ化可能な不飽和結合の数によって硬化樹脂の架橋密度が変化し，硬化樹脂の機械的強度や耐熱性，耐薬品性など硬化物の物性が大きく異なる。また，脂肪酸の炭素数も硬化樹脂の機械的特性に大きな影響を及ぼすことになる。

不飽和脂肪酸を酸化して得られるエポキシドは立体障害の大きな内部エポキシドであるため，通常のアミン硬化剤では十分に硬化反応を進行させることは難しい。そのため従来はビスフェノール型エポキシドに対する反応性希釈材として主に利用されてきた[6,7]。これに対して最近，エポキシ化亜麻仁油に 2-メチルイミダゾールを触媒としてメチルヘキサヒドロフタル酸無水物を硬化剤として作用させる方法や，エポキシ化カランジャ油にクエン酸や酒石酸を硬化剤として作用させる方法で，高ガラス転移温度の硬化物が得られることが報告されている[8,9]。また，熱潜在性カチオン重合触媒に *N*-ベンジルピラジニウムヘキサフルオロアンチモナートを用いてエポキシ化ひまし油を硬化する方法や[10]，ベンジルスルホニウムヘキサフルオロアンチモナートを用いてポリカプロラクトン共存下でエポキシ化大豆油を硬化させることで形状記憶材料を合成する研究なども報告されている[11]。

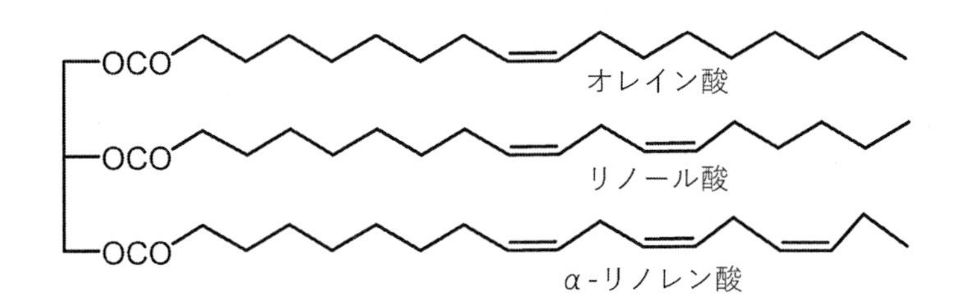

図2 植物油の分子構造

表1 種々の植物油の不飽和脂肪酸含有率

植物油の種類	不飽和脂肪酸の含有率（wt%）		
	オレイン酸	リノール酸	α-リノレン酸
大豆油	24	53	7
菜種油	56	26	10
亜麻仁油	22	17	52
ひまわり油	42	47	1
パーム油	45	9	—

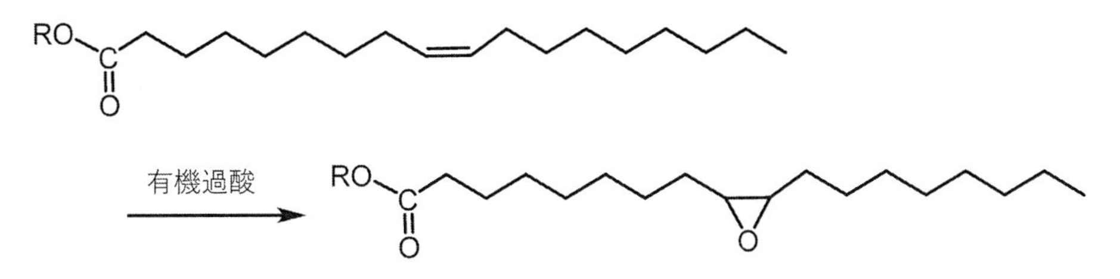

スキーム1　脂肪酸エステルのエポキシ化反応

2. 2. 2　リグニン由来エポキシ樹脂

リグニンは，セルロースやヘミセルロースなどの多糖類とともに植物の細胞壁に含まれる芳香族系ポリマーである。木材からパルプを取り出す工程やバイオエタノール製造時に分解・除去される不要成分であるが，安価・大量に入手可能で再生可能な生物資源として捉えることができ，その有効利用が求められている。天然リグニンは非常に複雑な化合物で，化学構造の分析は困難である。図3に針葉樹リグニンの推定化学構造の一部を示す。モノリグノールと呼ばれる *p*-ヒドロキシケイ皮酸アルコールを基本骨格としたモノマーが酵素により酸化重合して生成した高分子であると考えられている[12)]。リグニンを工業的に利用するには，天然リグニンを種々の方法で変性・単離し，単離リグニン（工業リグニン）とする。変性・単離の方法によって得られるリグニンの分子量，官能基の種類，官能基数に違いがあり，化学構造が異なる。主な単離リグニンには，リグノスルホン酸塩，クラフトリグニン，ソーダリグニン，ソーダ-アントラキノンリグニン，オルガノソルブリグニン，爆砕リグニン，硫酸リグニンなどがある。

単離リグニンは，水酸基，フェノール性水酸基，カルボキシル基を含み，それらを利用してエポキシ基を導入することで様々なバイオベースエポキシ樹脂が得られる。例えば，紙パルプ製造過程で利用されるクラフト法で製造したクラフトリグニンを塩酸とフェノール誘導体で処理した後，水酸化ナトリウムとエピクロロヒドリンを反応させ，フェノール性水酸基をグリシジルエーテル化することでリグニン由来エポキシ樹脂が得られる。また，クラフトリグニンを硫酸とアセトンで加熱した後，水酸化ナトリウムとエピクロロヒドリンでグリシジルエーテル化する方法でもエポキシ樹脂が合成できる。これらのエポキシ樹脂をジエチレントリアミンで架橋することにより樹脂硬化物が得られると報告されている[13~15)]。また，マツの木から入手した天然リグニンを水素化分解し得られる油状物質をエピクロロヒドリンでエポキシ化することでもエポキシ樹脂が合成でき，ビスフェノールA系エポキシ樹脂と混合してジエチレントリアミンで硬化することで，ガラス転移温度68～80℃の硬化物が得られることが報告されている[16)]。さらに，酵素で部分加水分解したリグニンをエピクロロヒドリンと水酸化ナトリウムで処理してエポキシ化して得られたエポキシ樹脂を，オレイン酸エステルと無水マレイン酸のディールス-アルダー付加体で硬化させるとガラス転移温度の高い（94℃）硬化物が得られ，アスファルトバインダーなどへの応用が検討されている[17)]。

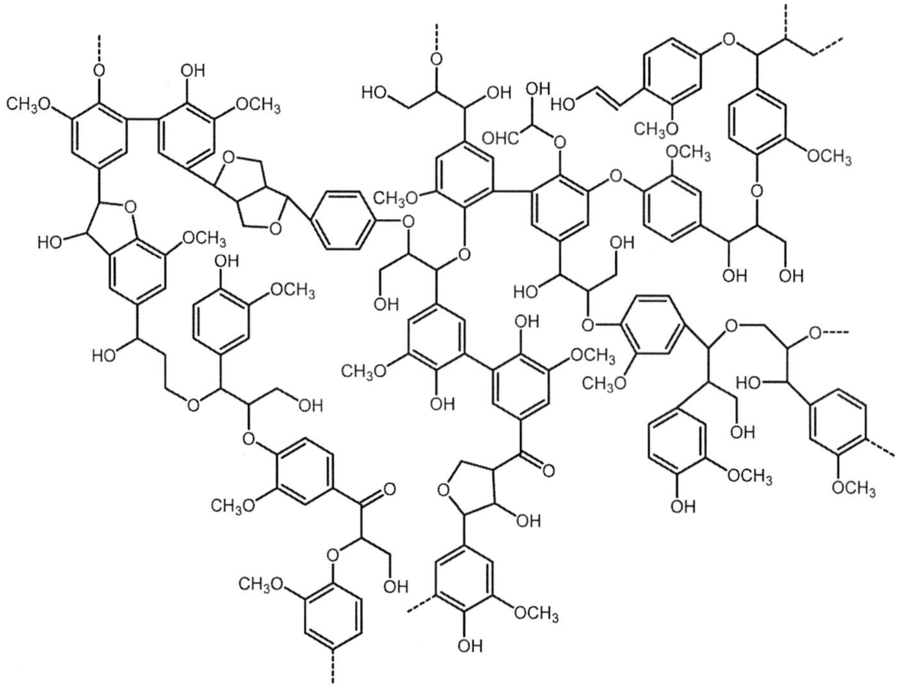

図3　針葉樹リグニンの推定化学構造[12)]

2. 2. 3　カルダノール由来エポキシ樹脂

カシューナッツの殻から抽出される粘ちょうな液体（カシューナッツ殻液）には，アナカルド酸（74～77%），カルダノール（1～9%），カルドール（15～20%）が含まれる。アナカルド酸は熱処理により脱炭酸されカルダノールに変換されるため工業用カシューナッツ殻液はカルダノールが主成分となる（スキーム2）。カルダノールは長鎖炭化水素基を持つフェノール誘導体で，フェノール性水酸基や炭化水素基中の不飽和結合を利用してエポキシ基を導入することでエポキシ樹脂が合成できる。

カルダノール由来エポキシ樹脂として，Cardolite社からNC-514が市販されている。この樹脂は，塩化亜鉛の存在下でカルダノールにフェノールを付加させた後，塩基性条件下でエピクロロヒドリンを作用させることで得られる。詳細な分析の結果，この樹脂は図4に示す構造の化合物の混合物であると推定されている[18)]。カルダノール由来エポキシ樹脂NC-514はイソホロンジアミンやJeffamineD400などのジアミン硬化剤で容易に硬化でき熱安定性に優れたこ硬化物が得られる。ただし，長鎖の炭化水素基を持つことからビスフェノールA型エポキシ樹脂の硬化物と比較するとガラス転移温度は低い。

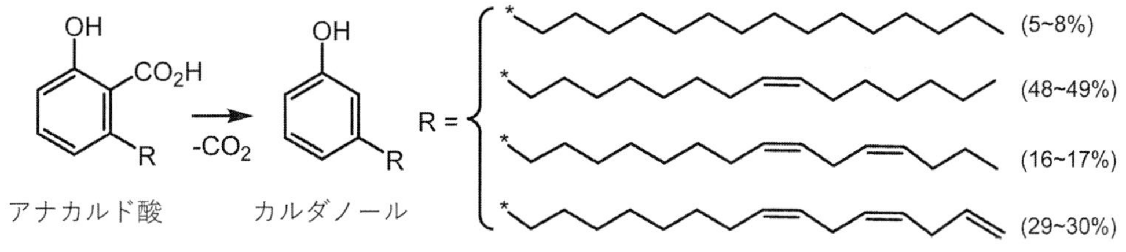

スキーム２　アナカルド酸からカルダノールへの変換反応

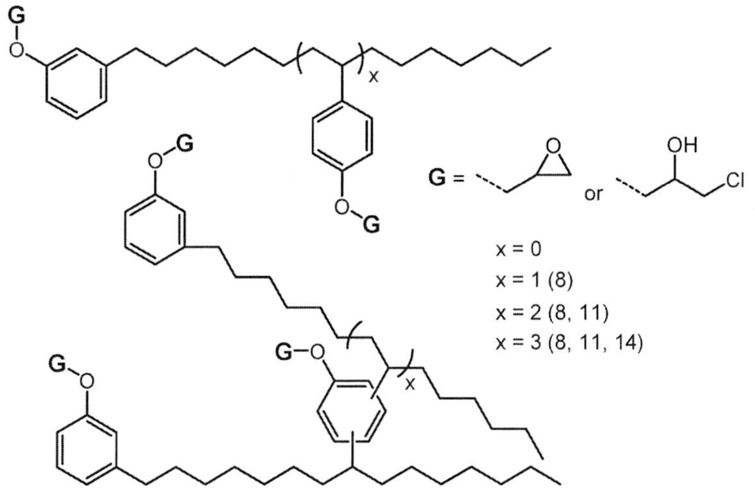

図４　カルダノール由来エポキシ樹脂 NC-514（Cardolite 社）の推定化学構造

2. 2. 4　バニリン由来エポキシ樹脂

バニラフレーバーの主成分であるバニリンは，メキシコ原産のラン科植物バニラ豆の抽出成分を加水分解することで得られる芳香族アルデヒド（4-ヒドロキシ-3-メトキシベンズアルデヒド）である。工業的には，植物油成分のグアイアコールやユーゲノールの化学変換や，パルプ廃液に含まれるリグニンスルホン酸を酸化することで製造される。バニリン分子はホルミル基とフェノール性水酸基の二つの官能基を持つため，二つのエポキシ基が導入可能である。さらに，芳香族化合物であることからビスフェノール系樹脂の代替材料になり得ると期待される。スキーム３にバニリンから誘導される三種類の二官能性エポキシ樹脂の合成経路を示す。バニリン酸化体であるバニリン酸を用いてフェノール性水酸基とカルボキシル基をグリシジル化することで，エポキシ樹脂Ａが合成できる。また，ホルミル基を還元しバニリルアルコールに変換してグリシジル化することでエポキシ樹脂Ｂが合成できる。さらに，バニリンに過炭酸ナトリウム（$Na_2CO_3 \cdot 1.5\ H_2O_2$）を作用させ塩酸で後処理することで（Dakin 酸化），2-メトキシヒドロキ

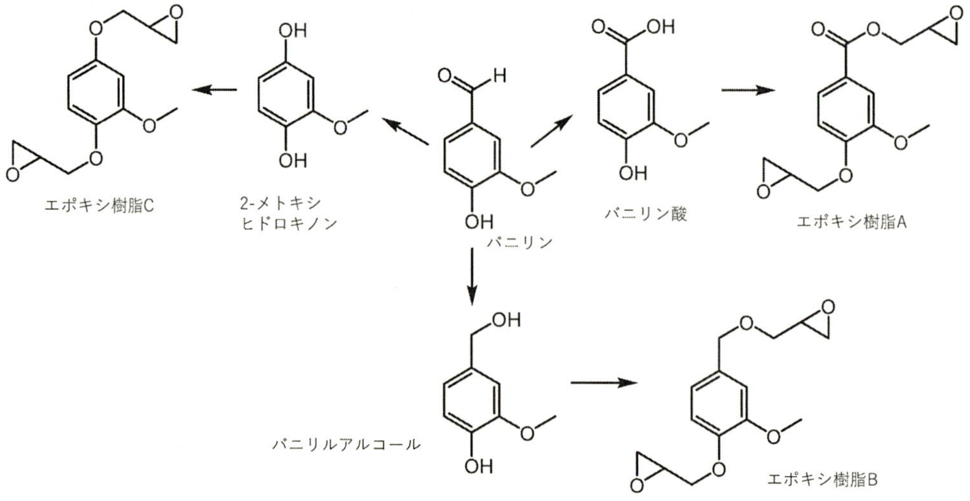

スキーム3　バニリン由来エポキシ樹脂の合成

ノンへと変換し，グリシジル化を行うことでエポキシ樹脂Cが合成できる[19]。これらのエポキシ樹脂A，B，Cをイソホロンジアミンで硬化して得られる硬化物は，ガラス転移温度がそれぞれ152℃，97℃，132℃で，同様の条件で合成したビスフェノールA型エポキシ樹脂硬化物のガラス転移温度（166℃）に近く，優れた物性を示すことが報告されている[20]。

2. 2. 5　イソソルバイド由来エポキシ樹脂

イソソルバイドは，スキーム4に示すように，デンプンやセルロースなどのバイオマス系多糖類を加水分解，水素化，脱水して得られる化合物で[21]，脂肪族の複素二環式構造を持つ剛直な分子である。二つの2級水酸基を持つことから，これらをエポキシ化することによりビスフェノールAに代替可能な高機能性のエポキシ樹脂に変換できると期待される。

水酸化ナトリウム水溶液存在下でイソソルバイドにエピクロロヒドリンを作用させてグリシジル化を行うと，図5aに示すオリゴマー型のエポキシ樹脂（エポキシ数0.44 mol/100 g）が得られる[22]。この樹脂をイソホロンジアミンで硬化するとガラス転移温度73℃の樹脂硬化物が生成する。一方，イソソルバイドに臭化アリルを作用させてアリル化した後，*m*CPBAを用いてエポキシ化すると図5bに示すオリゴマーを含まないエポキシ樹脂が合成できる。この樹脂に光酸発生剤としてジアリールヨードニウム塩を用いて光照射を行うとガラス転移温度125℃の樹脂硬化物が得られる[23]。また，スキーム5に示すようにイソソルバイドにアクリロニトリルを付加させた後ニトリル基を水素還元することでイソソルバイドのジアミンが合成できる。この化合物を硬化剤に用いてエポキシ樹脂を硬化すると，樹脂と硬化剤の双方がイソソルバイドに由来する樹脂硬化物が得られるが，ガラス転移温度（36℃/DSC）は比較的低い。これはイソソルバイド由来ジアミンが柔軟なトリメチレンスペーサーを持つためであると考察される[24]。

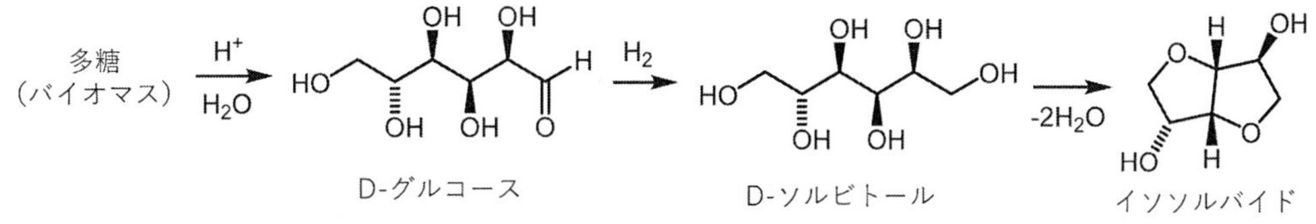

多糖（バイオマス） → D-グルコース → D-ソルビトール → イソソルバイド

スキーム4　イソソルバイドの合成

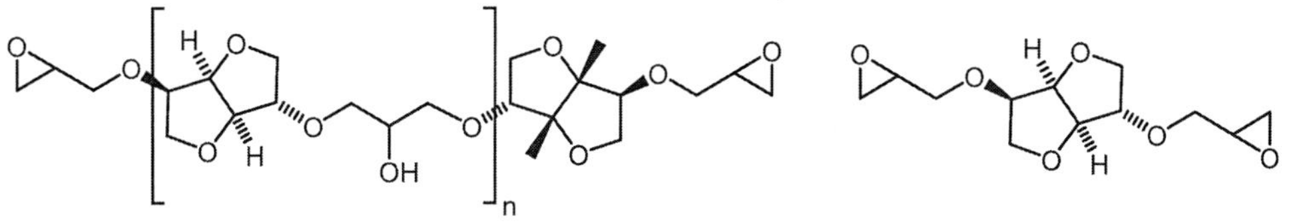

a: オリゴマー型エポキシ樹脂　　b: オリゴマーを含まないエポキシ樹脂

図5　イソソルバイド由来エポキシ樹脂の化学構造

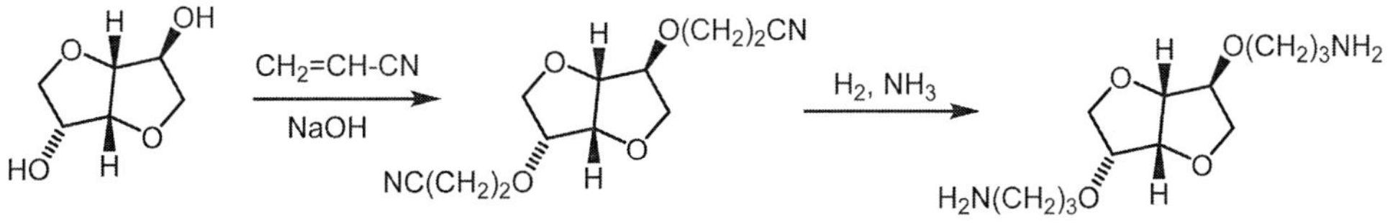

スキーム5　イソソルバイド由来ジアミンの合成

2. 2. 6　新しいバイオベースエポキシ樹脂開発の取り組み

最近我々は，バイオベースの樹脂材料としてチラミンと乳酸に注目して研究を進めている。チラミンは，アミノエチルを持つフェノール誘導体で，赤ワインや熟成チーズ，チョコレート，ココアなどに多く含まれる化合物である。生体内では酵素の作用でアミノ酸のチロシンから脱炭酸されて合成され，比較的安価に入手可能な生物由来の芳香族化合物である。フェノール性水酸基とアミノ基をグリシジル化して三官能性エポキシドに変換することで，芳香族特有の優れた物性を示す樹脂が得られると期待される。スキーム6に示すように，ベンジルトリエチルアンモニウムクロライドの存在下でチラミンにエピクロロヒドリンを加え水酸化ナトリウム水溶液で処理することで，液状のエポキシ樹脂（TTE樹脂，エポキシ数0.98 mol/100 g）が得られる。硬化剤にヘキサメチレンジアミン（HMDA）を用いて硬化すると，TTE/HMDA硬化物が得られる。この硬化物は，5％重量減少温度270℃，引張弾性率800 MPa，破断強度45 MPa，破断伸び7.6％で，耐熱性と機械特性に優れた樹脂硬化物であることが見出された[25]。

乳酸は，デンプン，糖などの微生物による乳酸発酵を用いて製造される化合物で，安価かつ大量に入手可能である。乳酸を繰り返しエステル化した構造のポリ乳酸は生分解性ポリマーとして知られることから，乳酸エステルから誘導される合成樹脂も高い生分解性を有するものと期待できる。スキーム7に示すように，エステル結合を介して乳酸にエポキシ基を導入し二官能性エポキシ樹脂を合成し，その硬化物の物性検討を行った。炭酸カリウム存在下で乳酸に臭化アリルを作用させ乳酸アリルとした後，触媒量のジメチルアミノピリジ（DMAP）とジシクロヘキシルカルボジイミド（DCC）共存下で3-ブテン酸を加え，乳酸アリルの3-ブテン酸エステルに変換した後，*m*CPBAで酸化することで乳酸由来エポキシ樹脂（Lac-DE）を得た。Lac-DEを熱潜在性カチオン重合開始剤の三フッ化ホウ素エチルアミン錯体と共に加熱することで，5%重量減少温度259℃，引張弾性率1.1 GPa，破断強度55 MPa，破断伸び12%の比較的強靭な硬化物が得られることがわかった[26]。

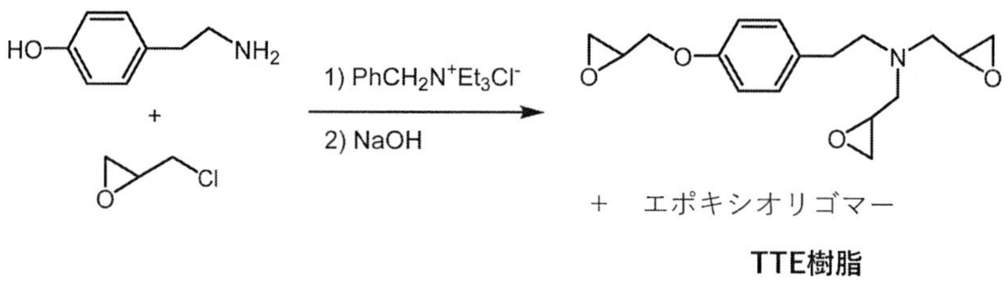

スキーム6　チラミン由来エポキシ樹脂の合成

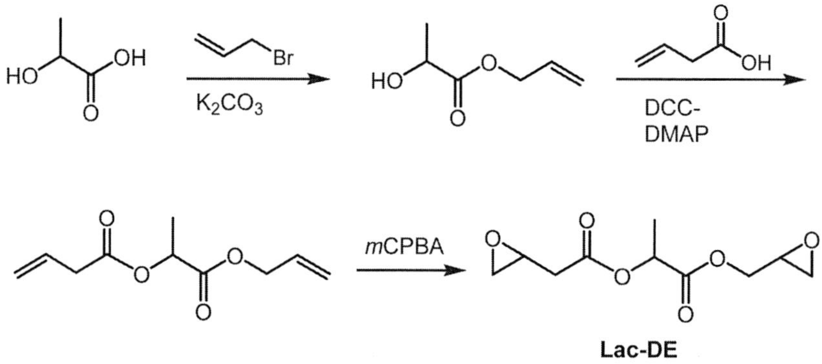

スキーム7　乳酸由来エポキシ樹脂の合成

2. 3　おわりに

持続可能な社会を構築するために，エネルギー資源の石油への依存回避，二酸化炭素排出量の削減，プラスチックゴミおよび海洋汚染対策，残留性有機汚染物質の使用制限などの環境を取り巻く問題や，内分泌かく乱物質の生態濃縮防止を目指した取り組みが必要とされ，プラスチック使用量削減，リサイクル技術開発，プラスチック材料のバイオベース化，生分解性プラスチックの開発などが精力的に進められている。エポキシ樹脂においても，バイオベース化，リサイクル化，分解性向上などの課題の解決が求められている。本節でその取り組みの一部を紹介した。紙面の都合上ここで紹介できなかったものにも，フラン由来エポキシ樹脂やテルペン由来エポキシ樹脂などさらに多くのバイオベースエポキシ樹脂が知られている。環境負荷を低減した新しいエポキシ樹脂の研究開発が今後ますます加速されることを期待したい。

文　献

1)　日本化学会編，化学便覧 応用化学編，第７版Ⅱ巻，第18章4.3c節，エポキシ樹脂，pp1146-1148，丸善出版，2014年
2)　エポキシ樹脂技術協会編，総説エポキシ樹脂，第１巻基礎編Ⅰ，第２章，エポキシ樹脂，pp17-116，エポキシ樹脂技術協会，2003年
3)　P. Czub *et al.*,“Synthesis of Bio-Based Epoxy Resins”, in Bio-Based Epoxy Polymers, Blends, and Composites：Synthesis, Properties, Characterization, and Applications 1st Ed., J. Parameswaranpillai *et al.* Eds., pp.1-72, WILEY-VCH, 2021
4)　E. A. Baroncini *et al., J. Appl. Polym. Sci.*, **2016**, DOI：10.1002/APP. 44103
5)　A. Köckritz *et al., Eur. J. Lipid Sci. Technol.*, **110**, 812-824(2008)
6)　P. Czub, *Macromol. Symp.*, **242**, 60-64(2006)
7)　P. Czub, *Macromol. Symp.*, **245-246**, 533-538(2006)
8)　J.-M. Pin *et al., ChemSusChem*, **8**, 1232-1234(2015)
9)　A. Kadam *et al., Polymer*, **72**, 82-92(2015)
10)　S.-J. Park *et al., Eur. Polym. J.*, **41**, 231-237(2005)
11)　T. Tsujimoto *et al., Polymers*, **7**, 2165-2174(2015)
12)　高野俊幸，ネットワークポリマー，**31**，213-223(2010)
13)　戴清華ほか，木材学会誌，**13**，102(1967)
14)　戴清華ほか，木材学会誌，**13**，257(1967)
15)　戴清華ほか，木材学会誌，**14**，40(1968)
16)　D. J. van de Pas *et al., Biomacromolecules*, **2017**, 18, 2640-2648
17) J. Xin *et al., ACS Sustainable Chem. Eng.*, **4**, 2754-2761(2016)
18)　F. Jaillet *et al., Oilseeds Fats Corps Lipids*, **23**, D511(2016)
19)　M. Fache *et al., Green, Chem.*, **16**, 1987-1998(2014)

20） M. Fache *et al., Eur. Polym. J.*, **67**, 527-538（2015）
21） J. Keskiväli *et al., Green Chem.*, **19**, 4563-4570（2017）
22） J. Łukaszczyk *et al., Eur. Polym. J.*, **47**, 1601-1606（2011）
23） C. lorenzini *et al., React. Funct. Polym.*, **93**, 95-100（2015）
24） J. Hong *et al., Polym. Chem.*, **5**, 5360-5368（2014）
25） 松本幸三ほか，第 70 回高分子年次大会要旨集，2C27（2021）
26） 早田隆晴ほか，第 69 回高分子討論会要旨集，1V11（2020）

3 *In situ* 生成改質剤ポリマーによるエポキシ樹脂の強靱化

大山俊幸*

3. 1 はじめに

エポキシ樹脂は，多様な樹脂骨格を容易に合成できる，硬化時の脱離成分がない，硬化収縮が少ない，様々な硬化方法や硬化剤の使用が可能であり，それに基づく多様な特性を有する硬化物を作製できる，といった優れた特徴を有しているため，接着剤，塗料，土木・建築材料，電気・電子材料，高性能複合材料など様々な技術分野において広く使用されている。しかし一方で，エポキシ樹脂の硬化物は高架橋度のネットワーク構造であるがゆえに本質的に脆いという欠点を有しており，先端技術分野へのさらなる利用拡大のためにはエポキシ樹脂の優れた特徴を維持しつつ強靱性を改善することが必要となる。

エポキシ樹脂などの熱硬化性樹脂の硬化物は，ガラス繊維や炭素繊維などのフィラーにより補強されることも多いが，より優れた強靱化効果を得るためには硬化物自体を強靱化することが重要である。熱硬化性樹脂硬化物を強靱化するための手法は，適切な分子設計を施した新規樹脂を合成する方法と，熱可塑性ポリマーなどの改質剤を添加する方法に大別されるが，改質剤ポリマーの添加による強靱化は多様な樹脂に適用できるため汎用性に優れている。ポリマー添加によって樹脂硬化物を強靱化する手法としては，硬化前の熱硬化性樹脂に熱可塑性の改質剤ポリマーを溶解したのちに，硬化過程での樹脂-改質剤間の相容性低下を利用してミクロ相分離構造を形成させる「反応誘起型相分離」を利用する方法，不溶性の改質剤ポリマー微粒子の添加により硬化物内に微粒子を分散させる手法，熱硬化性樹脂に添加したブロックコポリマーの自己組織化により nm レベルの相構造を形成させる方法などがある[1~7]。

これらの手法のうち，反応誘起型相分離は最も汎用性が高く，カルボキシル基末端ブタジエンアクリロニトリルゴム（CTBN）などの反応性エラストマーが有効な改質剤となることが知られている[2, 3, 8~11]。しかし，エラストマーによる改質には，硬化物のガラス転移温度（T_g）や弾性率が低下する，高架橋度の硬化物にはあまり有効でない，といった欠点がある。一方，エンジニアリングプラスチック（エンプラ）を改質剤ポリマーとして用いた反応誘起型相分離も検討されており，ポリエーテルイミドやポリスルホンなどをエポキシ樹脂の改質剤として利用した系では，T_g や弾性率の低下を避けつつ硬化物を強靱化できることが示されている[4, 12]。エラストマーによる改質では一般に海島型の相分離構造により強靱化が達成されるのに対し，エンプラによる改質では共連続型相構造や逆海島構造で強靱化される場合が多く，連続相を形成するエンプラの延性的な降伏により靱性が向上すると考えられている。しかし，改質剤ポリマーの反応誘起型相

---

* Toshiyuki OYAMA　横浜国立大学　大学院工学研究院　機能の創生部門　教授

分離を利用する従来の強靭化法（ポリマー添加法）では，硬化前の樹脂にポリマーを添加・溶解する必要があるため，未硬化状態での粘度が上昇し成形性は一般に低下する。また，溶解できる改質剤ポリマーの量には限界があるため，十分な改質効果が得られない場合がある。さらに，高性能のエンプラや新たに分子設計したポリマーを改質剤ポリマーとして用いる場合はコストの増大も問題となる。

それに対して，改質剤をモノマーの状態で未硬化樹脂に添加し，樹脂の硬化系中で改質剤モノマーの重合も同時に行う「*in situ* 重合法」による強靭化では，ポリマー添加法における上記の欠点を回避することが可能となる[13, 14]。特に，未硬化樹脂へのモノマーの添加によって樹脂が希釈されるため，未硬化状態での粘度はむしろ低下し成形性が向上する。また，改質剤がポリマーである場合よりもモノマーである場合の方が未硬化樹脂への溶解性が高いため，*in situ* 重合法では樹脂が硬化する際の相分離の発達が遅くなり，硬化物でのより微細な相構造の固定とそれに伴う顕著な強靭化が達成される傾向にある。本稿では，エポキシ樹脂への *in situ* 重合法の適用による硬化物の高性能化に関する我々の研究について紹介する。

3. 2　酸無水物硬化エポキシ樹脂の強靭化

In situ 重合法における改質剤モノマーの重合には，熱硬化性樹脂の硬化反応を阻害しないことが求められる。よって，非ラジカル機構で硬化が進行するエポキシ樹脂の場合，ラジカル重合で合成できるビニルポリマーが改質剤として適している。*N*-フェニルマレイミド（PMI）とスチレン（St）とのラジカル交互共重合体（PMS，図 1）は，C-C 単結合の主鎖を持つにもかかわらず 200℃以上の高い T_g を有している[15, 16]。よって，硬化系中で *in situ* 生成させる改質剤として PMS を用いることにより，樹脂硬化物の T_g や弾性率を低下させることなく強靭化を達成できると期待される。

PMS をポリマーの状態で添加しエポキシ樹脂などの強靭化に用いる検討はこれまでに行われており，一般に μm レベルでの共連続相構造において強靭化が達成されることが明らかにされている[17~20]。これらの系では，PMS 相での破断エネルギーの吸収により強靭性が向上していると推測されているが，樹脂マトリックス相と改質剤相の界面の相互作用が弱いため，強靭性の指標である破壊靭性値（K_{IC}）の向上と引き換えに強度が低下してしまう欠点があった。また，十分な改質効果を得るためには分子量の大きな PMS を添加する必要があり，添加量に限界があることも問題となっていた。

そこで我々は，PMI と St の *in situ* ラジカル共重合により生成する PMS を改質剤として用いた酸無水物硬化エポキシ樹脂（主剤：DGEBA，硬化剤：MHHPA，硬化促進剤：*N,N*-ジメチルベンジルアミン（図 1））の強靭化について検討を行った[21]。16 wt％の PMI／St から *in situ* 生成させた PMS を改質剤として用いた硬化物における破断面の走査型電子顕微鏡（SEM）画像および機械特性を図 2a に示す。この系では，K_{IC} が未改質系（0.59 MN/m$^{3/2}$）の 1.46 倍に向上するとともに曲げ強度も未改質硬化物（144 MPa）とほぼ同等の値となった。し

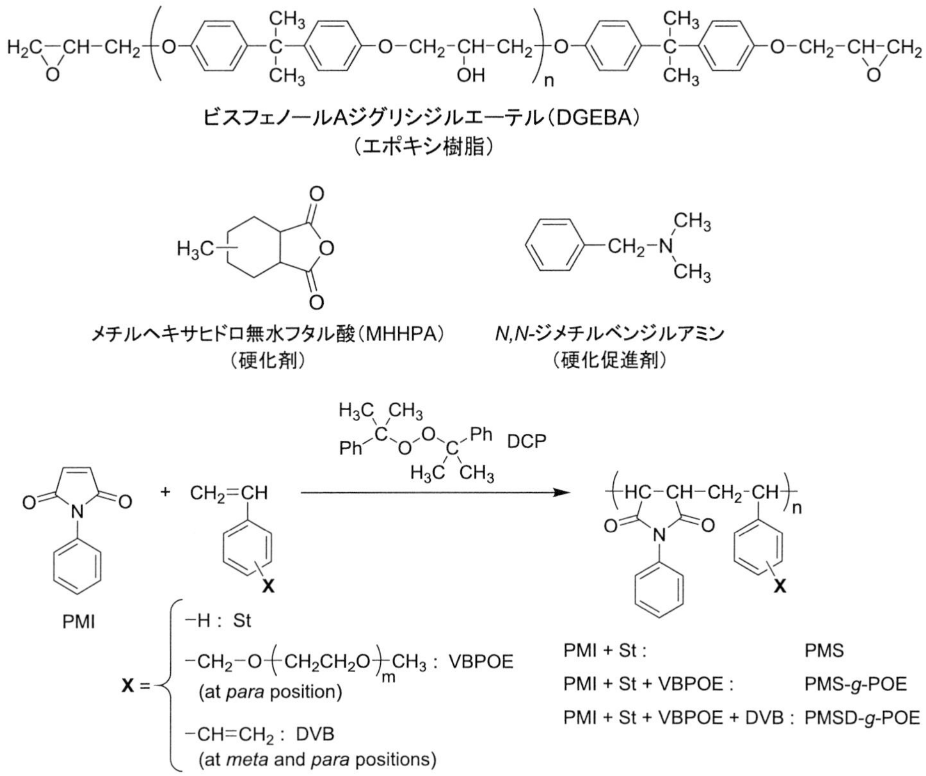

図1　*In situ* 重合法による酸無水物硬化エポキシ樹脂の強靭化において用いたエポキシ樹脂，硬化剤，硬化促進剤の構造，および改質剤モノマーの重合反応

かし一方で，粒径が比較的大きな海島型の相分離構造が観察されるとともに，マトリックス-改質剤間の界面接着性も低く，*in situ* 重合法の適用による効果は限定的なものであった。

そこで，PMS の側鎖にポリオキシエチレン（POE）を導入し，樹脂硬化物-改質剤間の相容性を向上させることを検討した（図1）[21]。POE はエポキシ樹脂マトリックスと高い混和性をもつポリマーであるため，PMS への導入により硬化物-改質剤の界面相互作用の向上が期待できる[22~25]。あらかじめ合成したグラフトコポリマーPMS-*g*-POE を改質剤として用いた系（ポリマー添加法）と PMS-*g*-POE を *in situ* 生成させた系（*in situ* 重合法）における硬化物の破断面 SEM 画像および機械特性を図 2b および図 2c に示す。ポリマー添加法による硬化物では相分離の大きな相構造が観察されたのに対して，*in situ* 重合法による硬化物では粒径が数百 nm 程度の海島型相分離構造となり，*in situ* 重合法と POE 側鎖導入の併用によるマトリックス樹脂-改質剤間の相容性向上が明らかとなった。さらに，*in situ* 生成 PMS-*g*-POE 改質系（図 2c）では，ポリマー添加系（図 2b）と比較して K_{IC} が 2.08 倍に向上するとともに，曲げ強度の低下も抑制された。

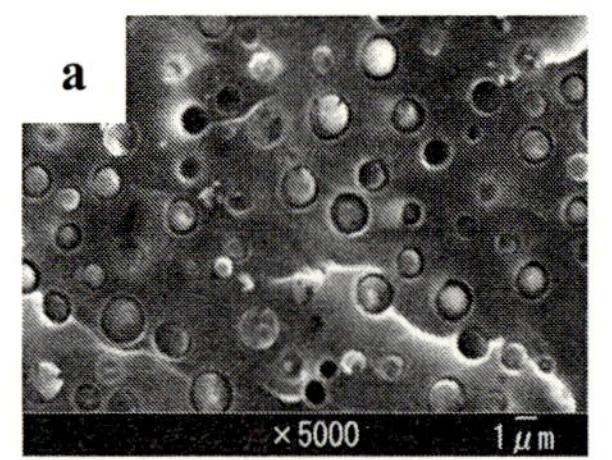

In situ 生成 PMS (16wt%) による改質

K_{IC}: 0.86 MN/m$^{3/2}$
曲げ弾性率: 3.63 GPa
曲げ強度: 141 MPa

PMS-*g*-POE (14wt%) による改質
(POE含有量: 28.6wt%)

K_{IC}: 0.65 MN/m$^{3/2}$
曲げ弾性率: 3.03 GPa
曲げ強度: 83 MPa

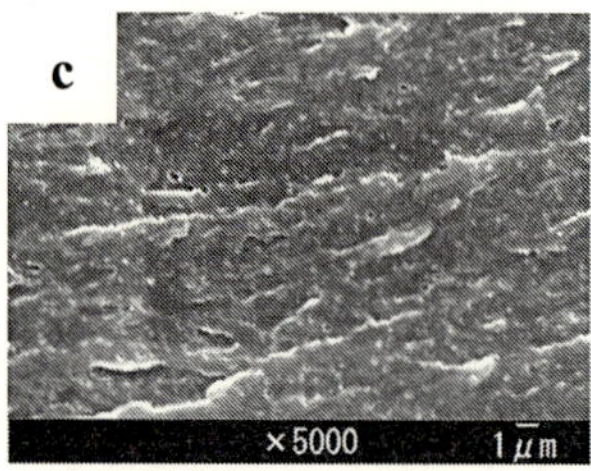

In situ 生成 PMS-*g*-POE (14wt%)
による改質
(POE含有量: 30wt%)

K_{IC}: 1.35 MN/m$^{3/2}$
曲げ弾性率: 2.90 GPa
曲げ強度: 128 MPa

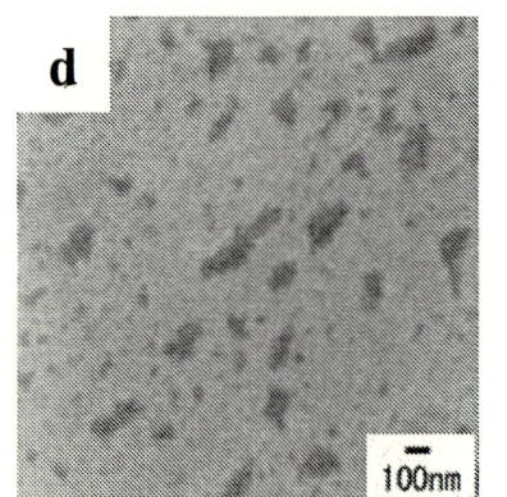

In situ 生成 PMS-*g*-POE (16wt%)
による改質
(POE含有量: 30wt%)

K_{IC}: 1.48 MN/m$^{3/2}$
曲げ弾性率: 3.02 GPa
曲げ強度: 131 MPa

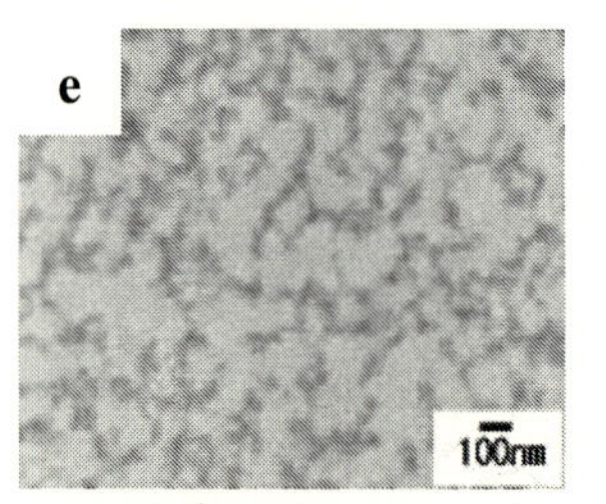

In situ 生成 PMSD-*g*-POE (18wt%)
による改質
(POE含有量: 30wt%)
(DVB含有量: 2.5mol%)

K_{IC}: 1.58 MN/m$^{3/2}$
曲げ弾性率: 3.10 GPa
曲げ強度: 125 MPa

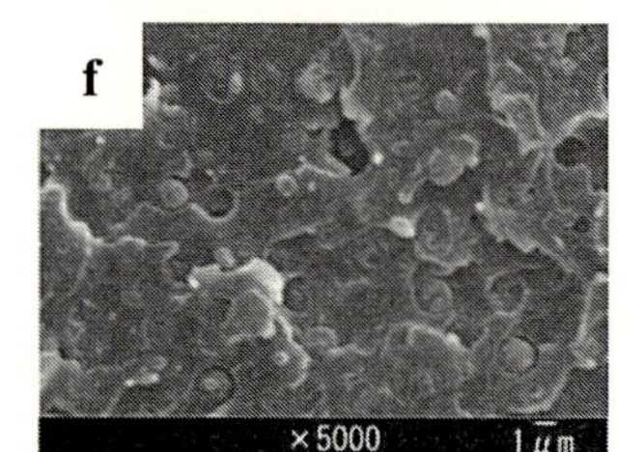

In situ 生成 PMS-*g*-POE (18wt%)
による改質
(POE含有量: 30wt%)

K_{IC}: 1.07 MN/m$^{3/2}$
曲げ弾性率: 2.88 GPa
曲げ強度: 129 MPa

図2 酸無水物硬化エポキシ樹脂（DGEBA／MHHPA）改質硬化物の物性値，破断面 SEM 画像（a～c, f），および TEM 画像（d, e）

In situ 生成 PMS-*g*-POE 改質系では，改質剤ポリマー中の POE 含有量や改質剤添加量を増加させることにより，曲げ弾性率・強度をほぼ維持しつつ K_{IC} を未改質系の 2.51 倍にまで向上できることが明らかとなった（図 2d）。この硬化物の透過型電子顕微鏡（TEM）画像では 100～200 nm の改質剤相が樹脂マトリックスに分散した相構造が確認された。さらに，改質剤モノマーとしてジビニルベンゼン（DVB）を追加した PMSD-*g*-POE（図 1）を *in situ* 生成させた改質系（図 2e）では，DVB を添加しない場合（図 2f）と比較して相分離構造が微細化するとともに，K_{IC} が 1.48 倍に向上することが確認された。DVB の追加により相分離構造が微細化した理由は明確ではないが，改質剤ポリマーの架橋に伴う硬化系の粘度上昇により相分離速度が低下した可能性や，樹脂／改質剤の相界面で相互侵入網目（IPN）構造が形成された可能性などが考えられる。

3. 3　アミン硬化エポキシ樹脂の強靭化

前項で述べた酸無水物硬化エポキシ樹脂とは異なり，アミン硬化エポキシ樹脂ではPMS系ポリマーを用いた*in situ*重合法による良好な強靭化効果は確認できなかった。これは，硬化剤中のアミノ基によりSt-PMI間の電荷移動錯体の形成が阻害され，交互ラジカル共重合がうまく進行しなかったためであると考えられる[26,27]。そこで我々は，電荷移動錯体を形成することなくラジカル重合が進行し，かつ反応誘起型相分離が可能な程度の適度な相容性を有するビニルポリマーとしてポリメタクリル酸ベンジル（PBzMA）を選択し検討を行った（図3）[28,29]。主剤としてDGEBA，硬化剤として4,4′-ジアミノジフェニルスルホン（DDS）を用いた系において，PBzMAを*in situ*生成させた改質硬化物を作製したところ，K_{IC}の向上は小さく曲げ強度は低下する結果となった。それに対して，BzMAとともに二官能ビニルモノマーであるEGDMA（図3）を5 mol%添加して*in situ*重合を行った系では，硬化物の曲げ弾性率や曲げ強度を低下させることなくK_{IC}を未改質系の1.74倍（1.43 MN/m$^{3/2}$）にまで向上できることが明らかとなった[28]。

一方，主剤としてDGEBA，硬化剤として液状のジアミンであるDETDAを用いた系（図3）についてもPBzMAの*in situ*生成に基づく強靭化を検討したところ，得られた硬化物のK_{IC}は未改質系（0.61 MN/m$^{3/2}$）の2.02倍にまで向上した[29]。しかし，K_{IC}の向上と引き換えに曲げ強度が未改質系の71%に低下し，硬化物の相分離構造はμmレベルであった（図4a）。そこで次に，酸無水物硬化エポキシ樹脂の場合と同様に，改質剤ポリマーにPOE側鎖を導入し，樹脂マトリックス-改質剤間の相容性を向上させることを検討した。POE鎖を有するビニルモノマーであるPEGMA（図3）をBzMAとともに用いた*in situ*重合法によりDGEBA/DETDA硬化

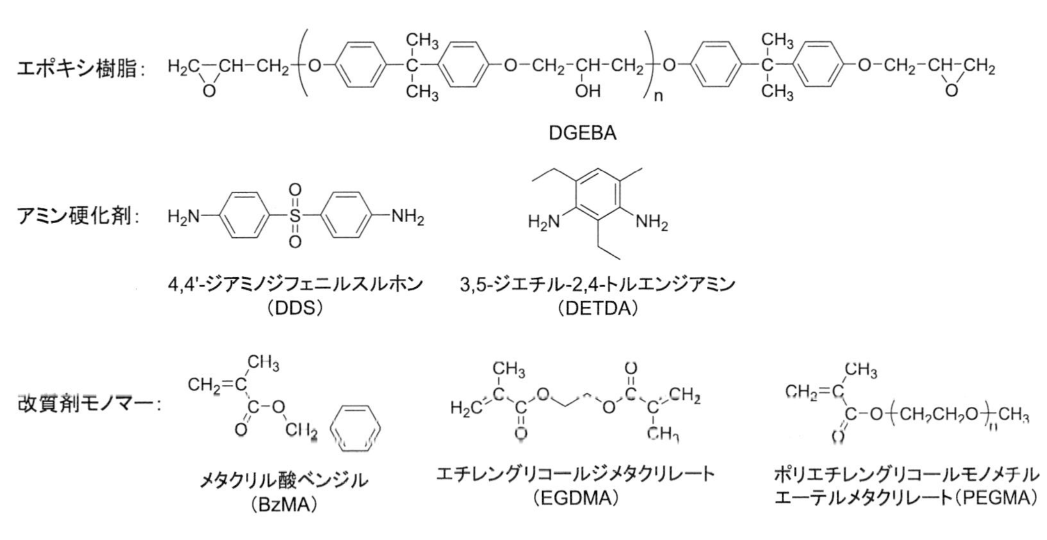

図3　*In situ*重合法によるアミン硬化エポキシ樹脂の強靭化において用いたエポキシ樹脂，硬化剤，改質剤モノマーの構造

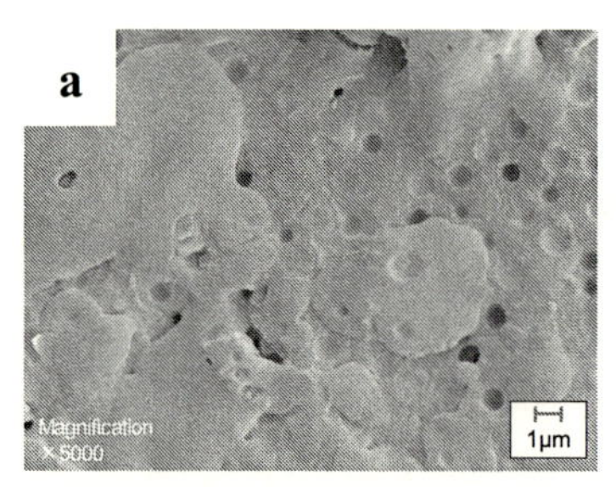

In situ 生成 PBzMA (20wt%) による改質

K_{IC}: 1.23 MN/m$^{3/2}$
曲げ弾性率: 3.0 GPa
曲げ強度: 89 MPa

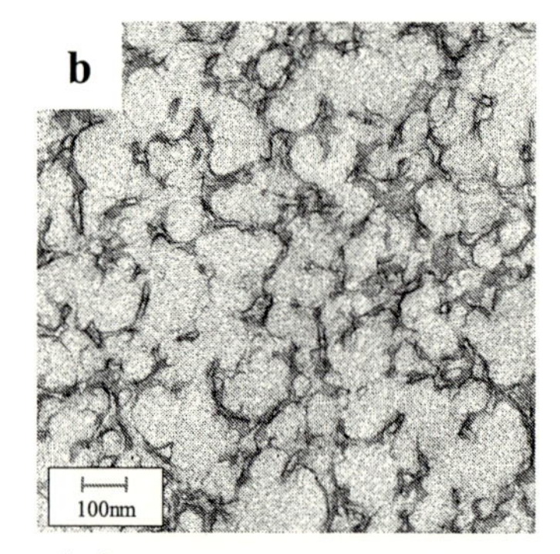

In situ 生成 P(BzMA/PEGMA) (20wt%) による改質
BzMA/PEGMA: 16.7/3.3 (w/w)

K_{IC}: 1.26 MN/m$^{3/2}$
曲げ弾性率: 2.8 GPa
曲げ強度: 111 MPa

図4　アミン硬化エポキシ樹脂（DGEBA／DETDA）への *in situ* 重合法の適用により得られた改質硬化物の物性値，破断面 SEM 画像(a)，および TEM 画像(b)

系の強靭化を行ったところ，BzMA/PEGMA＝16.7/3.3（w/w）（全改質剤モノマー配合量：20 wt%）において，強度の低下を10%程度に抑えつつ硬化物の K_{IC} を未改質系の2.07倍に向上できることが明らかとなった（図4b)。この系の相分離構造をTEMにより観察したところ，改質剤が100 nm以下のスケールで共連続的に分散した相構造が観察された。以上の結果より，アミン硬化エポキシ樹脂においても，*in situ* 重合法とPOE側鎖導入の併用による樹脂-改質剤間の相容性向上によって相分離構造が微細化し，その結果として優れた強靭化効果が得られることが示された。BzMA/PEGMA-DGEBA/DETDA系については，改質剤モノマーの添加による未硬化樹脂の粘度低下を利用した炭素繊維複合材料（CFRP）の作製にも成功しており，得られたCFRPの層間破壊エネルギー（G_{IC}）は未改質樹脂を使用したCFRPと比較して30%向上することが確認された。

3. 4　脂環式エポキシ樹脂の強靭化

脂環式エポキシ樹脂はカチオン重合性が高く，硬化前は低粘度であり硬化後には高透明性かつ高 T_g であるなどの優れた特徴を有している。しかし一方で，分子内の2つのエポキシ基間の距離が短いため架橋点間距離が短く，脆くて硬い硬化物になることが欠点となっている[30]。よって我々は，カチオン重合硬化の脂環式エポキシ樹脂に *in situ* 重合法を適用し，硬化物を強靭化することを検討した[31~33]。*In situ* 重合法の適用により，樹脂マトリックス-改質剤間の相容性が向上し相分離構造が微細化すれば，硬化樹脂の透明性を保ちつつ強靭化を達成できると期待される。

カチオン重合型エポキシ樹脂の硬化系中での *in situ* 重合に用いる改質剤モノマーには，カチオン重合性が低くエポキシ樹脂の重合を阻害しないことが求められる。酸無水物硬化エポキシ樹脂の強靭化の際に用いたPMI／Stの交互ラジカル共重合系は，Stにカチオン重合性があるもののPMI-Stの電荷移動錯体形成によるラジカル共重合性が高いため，エポキシ樹脂のカチオン重合と共存できると期待される。熱カチオン重合開始剤SI-150Lを用いた脂環式エポキシ樹脂CEの硬化において，過酸化ベンゾイル（BPO）をラジカル重合開始剤として用いてPMSを *in situ* 生成させ硬化物の強靭化を試みたところ（図5），未改質の硬化物と比較して，弾性率および強度を同等以上に保ちつつ K_{IC} を約50%向上できることが明らかとなった（図6a）[31]。また，DVBを1 mol%添加したPMSDの *in situ* 生成による改質では，弾性率・強度を大きく低下させることなく硬化物の K_{IC} が66%向上した（図6b）。いずれの硬化物も T_g は200℃以上であり，未改質硬化物（181℃）を上回る値を示した。以上の結果から，カチオン重合型脂環式エポキシ樹脂においても改質剤モノマーの *in situ* ラジカル重合を用いた強靭化が可能であることが明らかとなった。DVB未添加のPMSにより改質した硬化物は半透明であり，TEM画像では

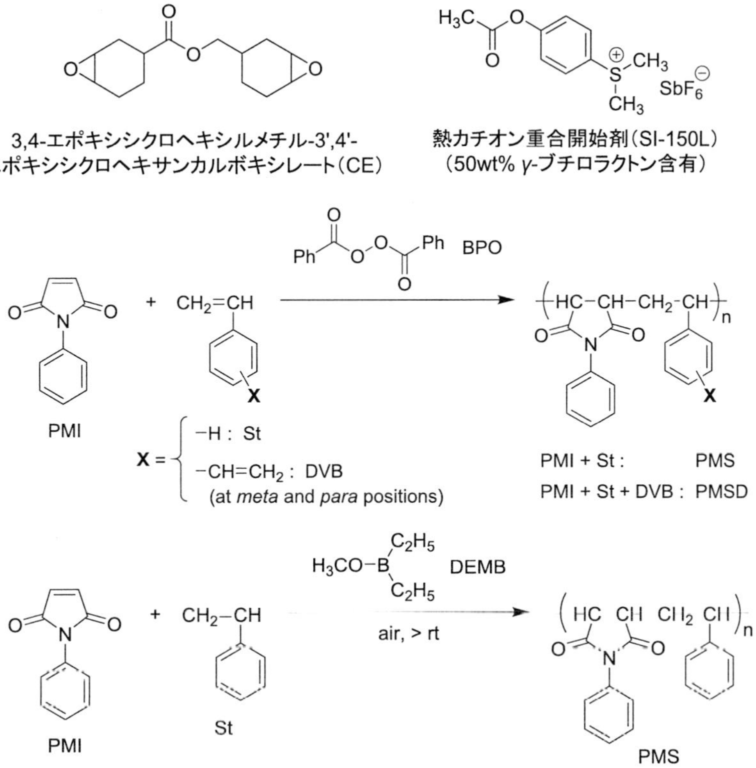

図5　*In situ* 重合法による脂環式エポキシ樹脂の強靭化において用いたエポキシ樹脂，熱カチオン重合開始剤の構造，およびPMI／St系改質剤モノマーの重合反応

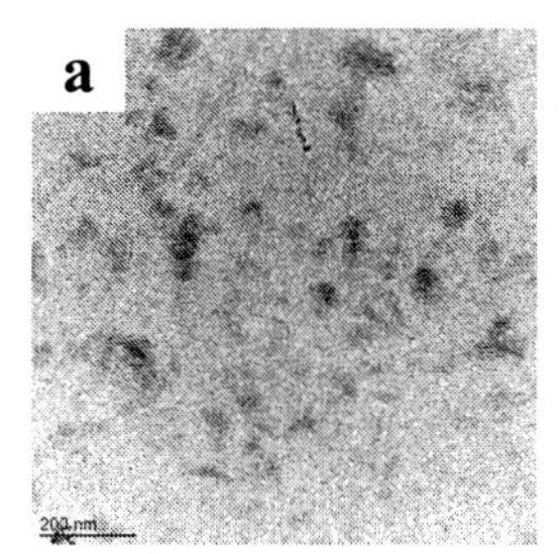

In situ 生成 PMS (10wt%) による改質

T_g: 215 ℃, 半透明
K_{IC}: 0.56 MN/m$^{3/2}$
曲げ弾性率: 3.44 GPa
曲げ強度: 140 MPa

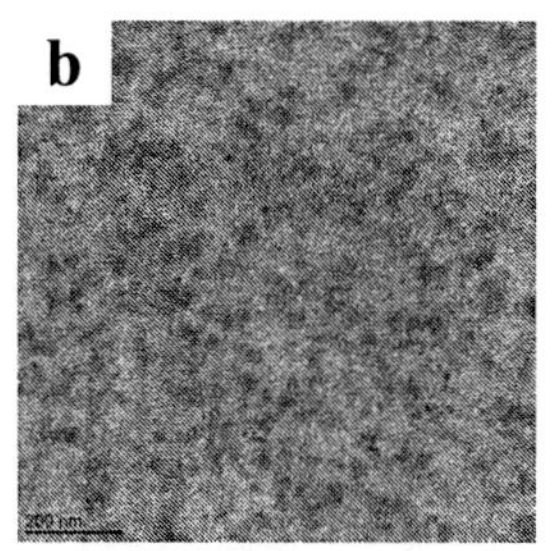

In situ 生成 PMSD (10wt%) による改質

T_g: 213 ℃, 透明
K_{IC}: 0.63 MN/m$^{3/2}$
曲げ弾性率: 3.08 GPa
曲げ強度: 108 MPa

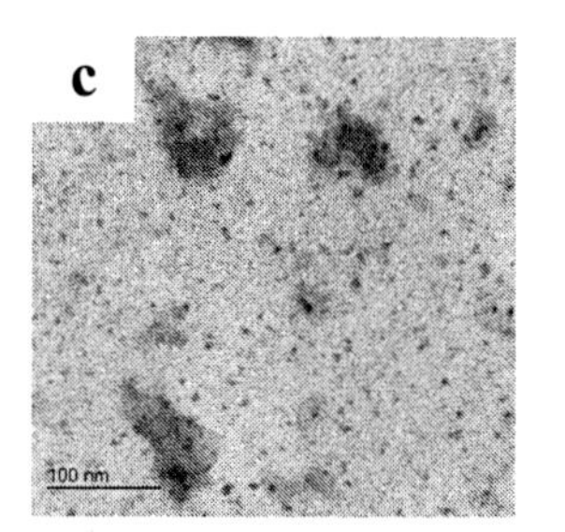

In situ 生成 PBzMA (7wt%) による改質

T_g: 176 ℃, 透明
K_{IC}: 0.73 MN/m$^{3/2}$
曲げ弾性率: 3.45 GPa
曲げ強度: 145 MPa

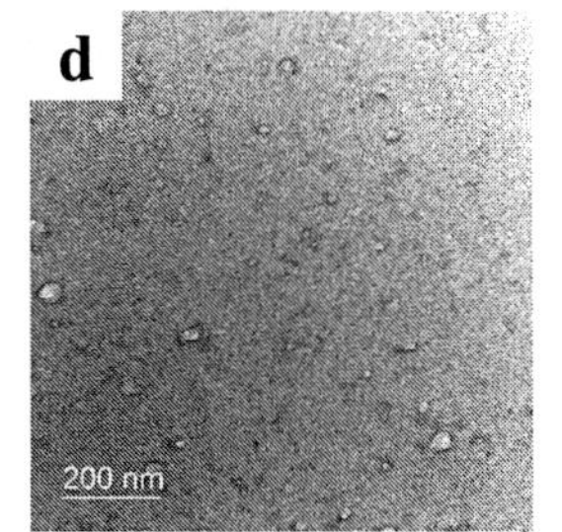

In situ 生成 P(BuA/P) (7wt%) による改質

T_g: 172 ℃, 透明
K_{IC}: 0.78 MN/m$^{3/2}$
曲げ弾性率: 3.23 GPa
曲げ強度: 120 MPa

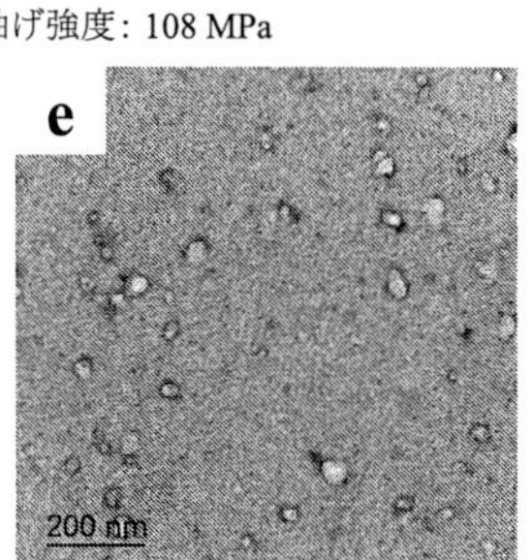

In situ 生成 P(BuA/P/E) (7wt%) による改質

T_g: 173 ℃, 透明
K_{IC}: 0.81 MN/m$^{3/2}$
曲げ弾性率: 3.20 GPa
曲げ強度: 143 MPa

図6　カチオン重合型脂環式エポキシ樹脂への *in situ* 重合法の適用により得られた改質硬化物の物性値および TEM 画像

100～200 nm 程度の改質剤相が分散した相分離構造が確認された（図 6a)。それに対して，DVB を添加した PMSD による改質硬化物は透明であり，TEM 画像では改質剤がより細かく分散した相構造が見られ（図 6b)，他の系と同様に二官能ビニルモノマーの添加による相容性の向上が示唆された。

PMI／St の *in situ* ラジカル重合における開始剤として，低温開始剤であるジエチルメトキシボラン（DEMB，図 5）を用いた系についても検討を行った[32]。アルキルボランは酸素の存在下において室温でリビング的なラジカル重合を開始できることが知られている[34, 35]。SI-150L を開始剤として用いたカチオン重合による CE の硬化において，DEMB をラジカル重合開始剤とした PMI／St の *in situ* 重合を行ったところ，得られる硬化物の K_{IC} が 0.77 MN/m$^{3/2}$ にまで向上するとともに T_g も 247℃と非常に高い値となった。DEMB の利用による T_g の向上は，DEMB がラジカル重合開始剤として働くだけでなくルイス酸としても働き，CE のカチオン重合を促進したためであると推測される。硬化物の TEM 観察では 50～100 nm 程度の改質剤相が分散した相分離構造が確認された。

また，PMI／Stの代わりに(メタ)アクリレート系モノマーを用いた*in situ*重合法による強靭化についても検討を行った（図7)。(メタ)アクリレート系モノマーは一般にカチオン重合性を示さないため，脂環式エポキシ樹脂のカチオン重合とは互いに干渉しないと考えられる。ビニルモノマーとしてBzMAを用いた系では，硬化物の透明性，弾性率，強度，T_gを未改質系と同等以上に保ちつつ，K_{IC}を最大で85％向上できることが明らかとなった（図6c)[33]。得られた改質硬化物のTEM画像では，改質剤相が数nmおよび数十nmの2種類のドメインを形成する相分離構造が観察された。一方，改質剤モノマーとしてアクリル酸ブチル（BuA）を用いた場合は，硬化物のK_{IC}は未改質系とほとんど同じ値となり，SEM観察ではμmスケールの相分離構造が見られた。しかし，BuA/PEGMAおよびBuA/PEGMA/EGDMAのラジカル共重合により改質剤ポリマー（P(BuA/P)およびP(BuA/P/E)）を*in situ*生成させた系では，硬化物のK_{IC}はそれぞれ0.78 $MN/m^{3/2}$および0.81 $MN/m^{3/2}$にまで向上し，相分離構造も100 nm以下の微細な改質剤相が分散した相構造へと変化した（図6d, e)[36]。特に，*in situ*生成P(BuA/P/E）による改質系では，弾性率とT_gの低下を抑えつつK_{IC}の大幅な向上と強度向上の両方を達成できることが明らかとなった。この系では，応力-ひずみ曲線から算出される破断エネルギーも未改質系での2.15 MJ/m^3から3.76 MJ/m^3にまで向上しており，優れた改質効果が得られることが確認された。

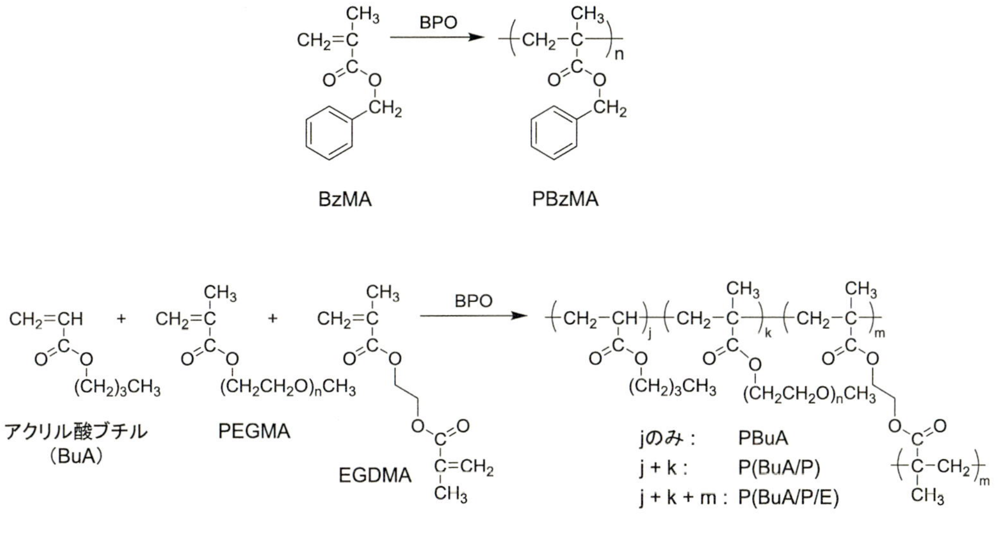

図7　*In situ*重合法による脂環式エポキシ樹脂の強靭化において用いた(メタ)アクリレート系改質剤モノマーの重合反応

3. 5　おわりに

本稿では，*in situ* 生成改質剤ポリマーを用いたエポキシ樹脂の強靭化に関する我々の研究を紹介した。あらかじめ合成した改質剤ポリマーを用いた場合と比較して，*in situ* 生成ポリマーにより改質した樹脂硬化物では樹脂マトリックス-改質剤ポリマー間の相容性が大きく向上し，数十～数百 nm スケールでの相分離構造の形成に基づく硬化物の大幅な強靭化を達成できることが示された。適切な相分離構造およびそれに伴う高性能化の実現のためには，POE 側鎖を有するビニルモノマーや DVB などの二官能ビニルモノマーの添加が有効であることも明らかとなった。改質剤をモノマーの状態で添加することにより，未硬化樹脂の粘度が低下し成形性が向上することも *in situ* 重合法の特徴の一つであり，本稿でも紹介したように複合材料の作製に際しても有利となる。さらに，本稿では紹介できなかったが，*in situ* 重合法はシアナート樹脂やベンゾオキサジン樹脂など，エポキシ樹脂以外の熱硬化性樹脂の強靭化にも有効な手法であることが明らかとなっている[37～39]。

一方，本稿で紹介した改質系はすべて「非ラジカル重合による樹脂硬化反応」と「ラジカル重合による改質剤ポリマー生成」の組み合わせであったが，不飽和ポリエステル樹脂などでは樹脂の硬化反応自体がラジカル重合となる。よって今後は，ラジカル重合以外の重合機構による改質剤ポリマーの生成についても検討していきたいと考えている。また，これまでは主に熱硬化性樹脂と改質剤のみからなる系について検討を行ってきたが，実際の応用では種々のフィラーや添加剤などが存在することも多いため，今後は実使用条件により近い状態での *in situ* 重合法についても検討を進めていきたい[19, 29, 40]。

文　　献

1）J. S. Jayan, A. Saritha, K. Joseph, *Polym. Compos.*, **39**, E1959(2018)
2）S. Sprenger, *Polymer*, **54**, 4790(2013)
3）越智光一，原田美由紀，“総説エポキシ樹脂：第 2 巻（友井正男，中村吉伸，原一郎，鎌形一夫編）”，第 2 章，2.1 節，エポキシ樹脂技術協会（2003）
4）飯島孝雄，“総説エポキシ樹脂：第 2 巻（友井正男，中村吉伸，原一郎，鎌形一夫編）”，第 2 章，2.2 節，エポキシ樹脂技術協会（2003）
5）岸肇，ネットワークポリマー，**29**, 166(2008)
6）C. Uhlig, O. Kahle, O. Schäfer, D. Ewald, H. Oswaldbauer, J. Bauer, M. Bauer, *React. Funct. Polym.*, **142**, 159(2019)
7）岸肇，日本ゴム協会誌，**87**, 213(2014)
8）F. A. Tanjung, A. Hassan, M. Hasan, *J. Appl. Polym. Sci.*, **132**, 42270(2015)
9）R. Bagheri, B. T. Marouf, R. A. Pearson, *Polym. Rev.*, **49**, 201(2009)

10) Q.-V. Bach, C. M. Vu, H. T. Vu, T. Hoang, T. V. Dieu, D. D. Nguyen, *Polym. J.*, **52**, 345 (2019)
11) X. Guo, J. Xin, J. Huang, M. P. Wolcott, J. Zhang, *Polymer*, **183**, 121859 (2019)
12) P. Jyotishkumar, P. Moldenaers, S. M. George, S. Thomas, *Soft Matter*, **8**, 7452 (2012)
13) K. Mimura, H. Ito, H. Fujioka, *Polymer*, **42**, 9223 (2001)
14) 大山俊幸，ネットワークポリマー論文集，**41**, 26 (2020)
15) G. Liu, X. Li, L. Zhang, X. Qu, P. Liu, L. Yang, J. Gao, *J. Appl. Polym. Sci.*, **83**, 417 (2002)
16) Y. Yuan, A. Siegmann, N. Narkis, J. P. Bell, *J. Appl. Polym. Sci.*, **61**, 1049 (1996)
17) 飯島孝雄，友井正男，ネットワークポリマー，**18**, 85 (1997)
18) T. Iijima, T. Maeda, M. Tomoi, *Polym. Int.*, **50**, 290 (2001)
19) 友井正男，ネットワークポリマー，**20**, 97 (1999)
20) T. Iijima, W. Fukuda, M. Tomoi, M. Aiba, *Polym. Int.*, **42**, 57 (1997)
21) 三角潤，大山俊幸，高橋昭雄，高分子論文集，**65**, 562 (2008)
22) J. Mijovic, M. Shen, J. W. Sy, *Macromolecules*, **33**, 5235 (2000)
23) R. B. Grubbs, J. M. Dean, M. E. Broz, F. S. Bates, *Macromolecules*, **33**, 9522 (2000)
24) Q. Guo, R. Thomann, W. Gronski, *Macromolecules*, **35**, 3133 (2002)
25) P. Sun, Q. Dang, B. Li, T. Chen, Y. Wang, H. Lin, Q. Jin, D. Ding, A. C. Shi, *Macromolecules*, **38**, 5654 (2005)
26) A. A. Mohamed, F. H. Jebrael, M. Z. Elsabeé, *Macromolecules*, **19**, 32 (1986)
27) Y. Zhao, H. Li, P. Liu, H. Liu, J. Jiang, F. Xi, *J. Appl. Polym. Sci.*, **83**, 3007 (2002)
28) 篠崎裕樹，大山俊幸，高橋昭雄，高分子論文集，**66**, 217 (2009)
29) J. Misumi, T. Oyama, *Polymer*, **156**, 1 (2018)
30) H. Lützen, A. Hartwig, *J. Adhesion Sci. Technol.*, **27**, 2531 (2013)
31) 外川一美，高橋昭雄，大山俊幸，ネットワークポリマー講演討論会講演要旨集，**63**, 13 (2013)
32) Y. Kajihara, T. Oyama, *J. Appl. Polym. Sci.*, **140**, e54254 (2023)
33) 土屋聖人，佐藤亮太，所雄一郎，大山俊幸，ネットワークポリマー講演討論会講演要旨集，**68**, 116 (2018)
34) T. C. Chung, G. Xu, Y. Lu, Y. Hu, *Macromolecules*, **34**, 8040 (2001)
35) C. Lv, Y. Du, X. Pan, *J. Polym. Sci.*, **58**, 14 (2020)
36) 木村莉沙，大山俊幸，高分子討論会予稿集，**72**, 1Pe097 (2023)
37) 杉裕紀，大山俊幸，飯島孝雄，友井正男，ネットワークポリマー講演討論会講演要旨集，**56**, 133 (2006)
38) 北村あい，杉裕紀，大山俊幸，高橋昭雄，ネットワークポリマー，**31**, 299 (2010)
39) 平尾昂平，賀川美香，大山俊幸，高橋昭雄，ネットワークポリマー，**34**, 19 (2013)
40) H. Takeyama, T. Oyama, T. Iijima, M. Tomoi, M. Kato, *J. Network Polym., Jpn.*, **27**, 77 (2006)

4　エポキシ基を有する種々のビニルエーテルと *N*-フェニルマレイミドのラジカル共重合による新規エポキシ樹脂の合成とその硬化物の物性

漆﨑美智遠*1，橋本　保*2

4. 1　はじめに

エポキシ樹脂は，耐腐食性，接着性，電気絶縁性，耐薬品性などに優れている熱硬化性樹脂であり，塗料や接着剤など多岐にわたって工業的に利用されているプラスチック素材である[1]。特に，エポキシ樹脂は炭素繊維との接着性が良好であり，エポキシ樹脂を用いた炭素繊維強化プラスチック（CFRP）は先端複合材料としてさまざまな分野に応用されている[2,3]。

我々は，エポキシ基を有するビニルエーテルとポリマーの主鎖に環構造が導入され耐熱性の付与が期待されるマレイミド類とのラジカル共重合により，高い接着性と優れた耐熱性を兼ね備えた新規なエポキシ樹脂の開発を行っている。

N-フェニルマレイミドは，付加重合するとポリマー主鎖に五員環と側鎖に六員環のフェニル基が導入され，それら主鎖および側鎖の剛直な環構造単位に基づき，高い耐熱性ポリマーとなるため，広く工業的に用いられているモノマーである[4~6]。このモノマーの二重結合は電子の欠乏した状態にあるため，ラジカル重合では，電子が豊富な二重結合を持つモノマーと共重合を起こしやすい[7~10]。一方，ビニルエーテル（VE）は，置換基として様々な官応基を導入でき，カチオン重合性のモノマーであるが，二重結合は電子が豊富なため，マレイミドとラジカル共重合すると両モノマーが交互性を持った共重合体を生成する[11,12]。エポキシ基を有するビニルエーテルのカチオン重合は検討されているが，エポキシ基も重合に関与するため側鎖にエポキシ基を有するポリマーはこれまで合成されていない[13]。

本稿では，エポキシ基を有する新たなビニルエーテル（VE）として，2-ビニロキシエチルグリシジルエーテル（VEGE），4-ビニロキシブチルグリシジルエーテル（VBGE）または 2-(2-ビニロキシエトキシ)エチルグリシジルエーテル（VEEGE）と *N*-フェニルマレイミド（NPMI）のラジカル共重合によりコポリマーを合成し，VE 単位側鎖のスペーサー部位の柔軟性と極性が異なる新規エポキシ樹脂の合成を検討した（スキーム 1）。そして，エポキシ基と多官能性芳香族アミンの反応で得たエポキシ硬化樹脂の力学的物性と接着性に及ぼす VE 単位側鎖のスペーサー部位の柔軟性と極性の影響について検討した[14,15]。

＊1　Michio URUSHISAKI　福井大学　工学系部門　工学領域　材料開発工学講座　技術補佐員

＊2　Tamotsu HASHIMOTO　福井大学　工学系部門　工学領域　材料開発工学講座　教授

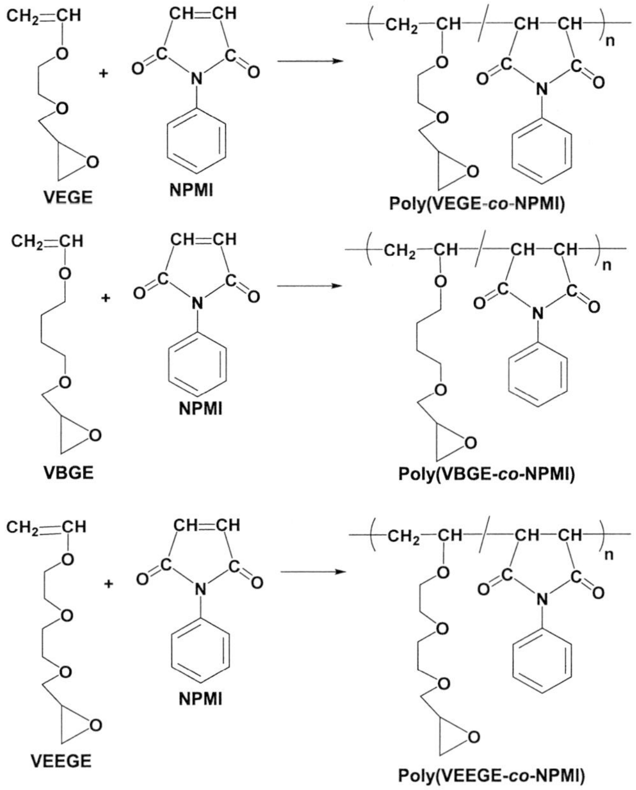

スキーム1　エポキシ基を有する種々のビニルエーテルと*N*-フェニルマレイミドのラジカル共重合スキーム

4. 2　VE（VEGE または VBGE または VEEGE）と NPMI のラジカル共重合および生成ポリマーの共重合体組成

VEGE，VBGE および VEEGE は，日本カーバイド工業㈱から提供されたものを，NPMI は，日本触媒製（イミレックス-P）のものをそのまま使用した。ラジカル共重合は，開始剤に 2,2'-アゾビスイソブチロニトリル（AIBN）を用いて，ベンゼンあるいは THF を溶媒として使用し，60℃，脱気熔封した封管中で行った。

ラジカル共重合の結果を表1に示す。溶媒にベンゼンを用いた VE と NPMI の当モル仕込みの共重合（表1；No.1～2，No.5～7，No.12～14）では，反応は終始均一系で進行し，2時間で重合率 90％以上に達し，得られたポリマーの数平均分子量（M_n）は 99,000～250,000 であった。得られたポリマーの M_n は長時間の重合ほど低くなる傾向があった。これは，重合の進行とともにモノマー濃度が低下するため，重合後期で生じるポリマーの分子量が低くなるためと思われる。得られたポリマーの分子量分布曲線はいずれも単峰性であった。一方，THF を用いた VEGE と NPMI のラジカル共重合（表1；No.25）では，反応は同様に終始均一系で進行し，重合率は1時間で 60％以上に達した。

表1　種々の条件下でラジカル開始剤 AIBN による VEGE または VBGE または VEEGE と NPMI とのラジカル共重合[a)]

No.	Monomer				Solvent	Time (h)	Conversion of (VEGE or VBGE or VEEGE + NPMI) (%)	M_n [b)]	$Đ$ [b)]	T_g [c)] (℃)	T_d [d)] (℃)	Copolymer Composition[e)]
	$[VEGE]_0$ (M)	$[VBGE]_0$ (M)	$[VEEGE]_0$ (M)	$[NPMI]_0$ (M)								[VEGE]：[NPMI] [VBGE]：[NPMI] [VEEGE]：[NPMI]
1	1.0	-	-	1.0	Benzene	0.5	65	250,000	2.36	139	331	1.00 : 1.49
2	1.0	-	-	1.0		2	90	150,000	3.27	134	329	1.00 : 1.43
3	1.5	-	-	0.5		1	51	200,000	2.46	113	335	1.00 : 1.17
4	0.5	-	-	1.5		1	62	187,000	2.03	205	358	1.00 : 2.56
5	-	1.0	-	1.0	Benzene	0.5	48	115,000	1.93	110	315	1.00 : 1.51
6	-	1.0	-	1.0		1	78	110,000	1.95	108	309	1.00 : 1.60
7	-	1.0	-	1.0		2	90	99,600	2.20	106	307	1.00 : 1.46
8	-	1.5	-	0.5	Benzene	1	47	161,000	1.89	87	311	1.00 : 1.19
9	-	1.5	-	0.5		2	50	152,000	1.98	85	306	1.00 : 1.20
10	-	0.5	-	1.5		1	55	91,000	1.88	155	334	1.00 : 2.35
11	-	0.5	-	1.5		2	84	78,000	2.12	163	335	1.00 : 2.56
12	-	-	1.0	1.0	Benzene	0.5	47	134,000	1.93	98	325	1.00 : 1.53
13	-	-	1.0	1.0		1	75	139,000	2.09	95	325	1.00 : 1.50
14	-	-	1.0	1.0		2	91	140,000	2.35	87	324	1.00 : 1.46
15	-	-	1.5	0.5	Benzene	1	51	139,000	2.02	64	322	1.00 : 1.17
16	-	-	1.5	0.5		2	49	138,000	1.96	69	312	1.00 : 1.16
17	-	-	0.5	1.5		1	60	112,000	1.91	141	343	1.00 : 2.42
18	-	-	0.5	1.5		2	84	106,000	2.19	150	346	1.00 : 2.57
19[f)]	1.5	-	-	0.5	Benzene	5	48	146,000	2.31	110	325	1.00 : 1.15
20[f)]	1.0	-	-	1.0		5	80	88,000	2.22	132	329	1.00 : 1.42
21[f)]	1.0	-	-	1.0		1	84	128,000	3.13	137	339	1.00 : 1.46
22[f)]	0.5	-	-	1.5		5	91	47,100	3.26	195	349	1.00 : 2.05
23[f)]	-	1.5	-	0.5		5	46	95,900	1.82	86	319	1.00 : 1.20
24[f)]		-	1.5	0.5		5	44	103,900	1.96	68	327	1.00 : 1.18
25	1.0	-	-	1.0	THF	1	68	6,830	2.29	130	344	1.00 : 1.49
26	1.3	-	-	0.6		5	62	21,700	2.91	113	325	1.00 : 1.18
27	0.5	-	-	1.2		20	87	1,610	6.71	178	332	1.00 : 2.32

a) Polymerizations were carried out at 60℃ with AIBN ($[AIBN]_0$ = 10 mM)。 b) $Đ = M_w/M_n$；measured by GPC with polystyrene calibration in THF. c) Measured DSC；second heating scan. d) Measured by TGA；5 wt% loss. e) Measured by ^{1}H NMR peak intensity ratio, VEGE unit or VBGE unit or VEEGE unit：NPMI unit. f) Polymerizations were carried out at 60℃ with AIBN ($[AIBN]_0$ = 10 mM) under nitrogen atmosphere.

これらの共重合で得られた生成ポリマーは，^{1}H NMR スペクトルによる分析により VE 単位と NPMI 単位からなる共重合体であった。コポリマー中の VE 単位と NPMI 単位の組成比は，^{1}H NMR スペクトルから NPMI 単位のフェニル基の水素のピーク強度を基準にして，その他のピーク強度から求めた。コポリマー中の VE 単位と NPMI 単位の組成は，両モノマーの等モル量の仕込みの共重合（表1；No.1～2，No.5～7 および No.12～14）では，VE 単位：NPMI 単位＝1.00：1.43～1.60 であり，これらはほぼ同じ組成を持つ共重合体が生成したことがわかった。

VE と NPMI の仕込み比を 3：1，1：3 とした（表1；No.3～4，No.8～11 および No.15～18）。それらの重合率は 47～84％であり，M_n は 78,000～200,000 の高分子量体であった。ポリマー中の VE 単位と NPMI 単位の組成比を求めると，VE 過剰の仕込み比（表1；No.3，No.8～9 および No.15～16）の場合では，ほぼ1対1のコポリマーを生成するのに対して，NPMI 過剰の仕込み比（表1；No.4，No.10～11 および No.17～18）では，仕込み比に近い組成（VE 単位：NPMI 単位＝1：2.4～2.6）のコポリマーが得られた。

VE と NPMI の仕込み比に対してコポリマー中に組み込まれた両モノマー単位の比をプロットした共重合組成曲線を図1に示す。VEGE と NPMI，VBGE と NPMI および VEEGE と NPMI のラジカル共重合は，一つの共重合組成曲線で表され，VE 単位の置換基の違いによる影響は見られなかった。

共重合により生成した Poly(VEGE-*co*-NPMI) の構造を，MALDI-TOF-MS によって解析した[16～18]。MALDI-TOF-MS スペクトルを図2（A：表1，No.26；B：表1，No.25；C：表1，No.27）に示す。図2(A)は，VEGE 過剰の仕込み量で得られたポリマーのスペクトルであり，

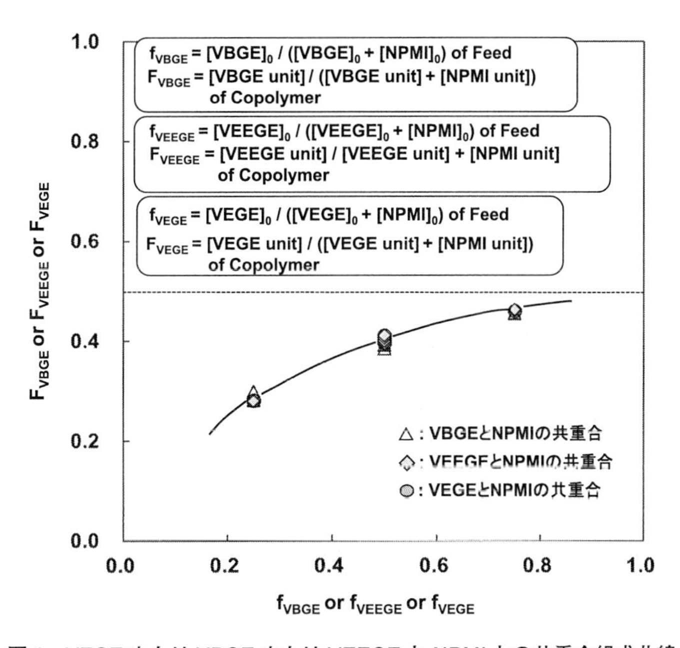

図1　VEGE または VBGE または VEEGE と NPMI との共重合組成曲線

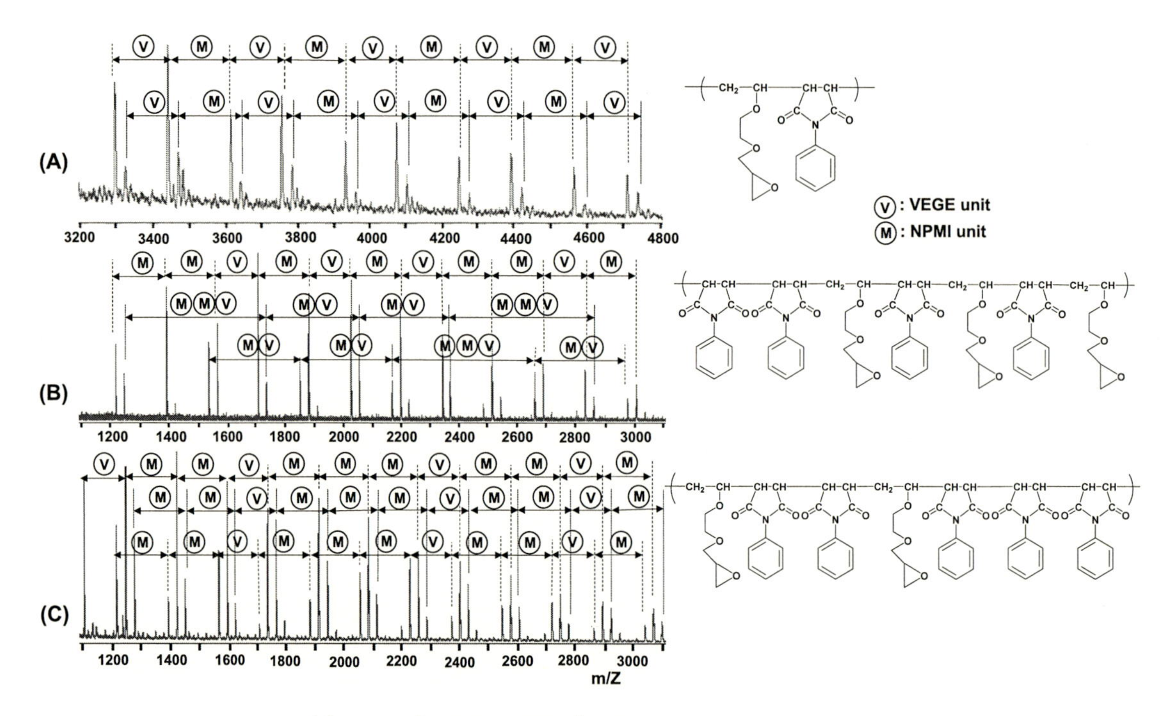

図2　Poly(VEGE-*co*-NPMI)のMLD-TOF-MSスペクトル

(A)No.26，共重合体組成：VEGE：NPMI＝1.00：1.18，(B)No.25，共重合体組成：VEGE：NPMI＝1.00：1.49，(C)No.27，共重合体組成：VEGE：NPMI＝1.00：2.32。No.は表1の試料番号。

VEGE単位とNPMI単位が交互に配列したシークエンスに起因するピーク群が主に観測され，ピーク間隔の計算値は，VEGEおよびNPMIモノマーのモル質量（144.2および173.2）に一致した。隣接する小さなピーク群は，同様にVEGEおよびNPMIモノマーのモル質量に一致した。また，当モル仕込み量で得られたポリマーのスペクトル（図2；B）では，NPMI-NPMI-VEGE-NPMI-VEGE-NPMI-VEGEのシークエンスを有するポリマー鎖に起因するピーク群が主に観測された。NPMI過剰の仕込み量では，スペクトル（図2；C）では，VEGE-NPMI-NPMI-VEGE-NPMI-NPMI-NPMIのシークエンスを有するポリマー鎖に起因するピーク群がおもに観測された。これらは，分子量500～7,500の範囲で測定し，この範囲でピークのパターンは変わらなかった。

4.3　Poly(VEGE-*co*-NPMI)，Poly(VBGE-*co*-NPMI)およびPoly(VEEGE-*co*-NPMI)の熱的性質

Poly(VE-*co*-NPMI)のガラス転移温度（T_g）は示差走査熱量計（DSC）を用いて，熱分解温度（T_d）は熱重量測定装置（TG）を用いて測定した。

Poly(VE-*co*-NPMI)の共重合体組成とT_gおよびT_dとの関係を図3に示す。Poly(VEGE-*co*-

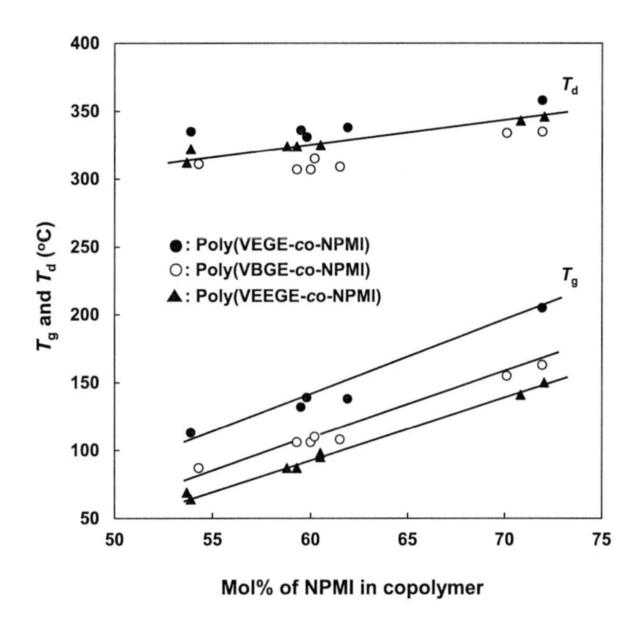

図3　Poly(VEGE-*co*-NPMI)，Poly(VBGE-*co*-NPMI)およびPoly(VEEGE-*co*-NPMI)の熱的性質
●：Poly(VEGE-*co*-NPMI)s，○：Poly(VBGE-*co*-NPMI)s，▲：Poly(VEEGE-*co*-NPMI)s

NPMI)の T_g は，NPMI単位の組成が53 mol％のコポリマーが109℃であるのに比べて，NPMI組成が約20 mol％増すと100℃程高くなった。Poly(VBGE-*co*-NPMI)の T_g は，NPMI単位の組成が54 mol％では87℃であるが，NPMI組成が18 mol％増すと76℃高くなった。一方，Poly(VEEGE-*co*-NPMI)の T_g は，NPMI単位の組成が54 mol％で64℃であるが，NPMI組成が72 mol％になったら150℃になり，86℃高くなった。これは，NPMI単位の組成が増すにしたがって，主鎖の環状構造単位の割合が増すために主鎖全体が剛直になり，T_g が上昇したと推察される。

一方，VE単位側鎖の置換基がエチレン鎖［Poly(VEGE-*co*-NPMI)］からブチレン鎖［Poly(VBGE-*co*-NPMI)］とエトキシエチレン鎖［Poly(VEEGE-*co*-NPMI)］に代わると，T_g はそれぞれ約40℃と約50℃ほど低くなった。これは，VE単位側鎖の柔軟性が増すにしたがって，たわみやすさが増したためと推定される[19,20]。一方，Poly(VEGE-*co*-NPMI)，Poly(VBGE-*co*-NPMI)およびPoly(VEEGE-*co*-NPMI)の T_d は，300℃以上であり，NPMI単位の組成が増すにしたがって高くなり，耐熱性の向上が見られた。このようにNPMI単位の5員環構造をポリマー主鎖に導入することにより，高い耐熱性を有するビニルエーテル単位からなるエポキシ樹脂が得られた。

4. 4 Poly(VEGE-*co*-NPMI)，Poly(VBGE-*co*-NPMI)および Poly(VEEGE-*co*-NPMI)の硬化物の物性

コポリマー中のエポキシ基と硬化剤の4,4'-ジアミノジフェニルメタン（DADPM）との反応を行い，硬化物を作製した。硬化反応は，コポリマーと DADPM｛[ポリマー中のエポキシ基]$_0$/[DADPM 中の活性水素]$_0$＝1.0｝のアセトン-THF 溶液からテフロン容器を用いてキャストし，自立膜を作製した後，180℃で5時間加熱した。

Poly(VEGE-*co*-NPMI)，Poly(VBGE-*co*-NPMI)および Poly(VEEGE-*co*-NPMI)の硬化エポキシ樹脂は，淡褐色に着色したが，透明であった。硬化エポキシ樹脂の T_g は，Poly(VEGE-*co*-NPMI)では227℃，Poly(VBGE-*co*-NPMI)では201℃，Poly(VEEGE-*co*-NPMI)では約169℃であり，硬化前のコポリマーと比較してそれぞれ約100℃高くなった。しかし，これらの硬化エポキシ樹脂の T_g は，VE 単位の側鎖にエチレン鎖を有する Poly(VEGE-*co*-NPMI)に比べ，Poly(VBGE-*co*-NPMI)または Poly(VEEGE-*co*-NPMI)では26℃または58℃低かった。このように硬化エポキシ樹脂の T_g は，VE 単位の側鎖置換基の柔軟性に依存することがわかった。一方，Poly(VEGE-*co*-NPMI)，Poly(VBGE-*co*-NPMI)および Poly(VEEGE-*co*-NPMI)の硬化エポキシ樹脂の T_d は，326～337℃であり，耐熱性に優れていることがわかった。

硬化エポキシ樹脂の接着性能を調べるために，引張せん断接着強さを JIS-K6850 規格[21,22]に準じて測定した。引張せん断接着強さの試験方法を図4に示す。コポリマーと DADPM 混合物の25％ THF 溶液（jER828 と DADPM 混合物は約70％ THF 溶液）を規定の Al 板試験片に塗布して乾燥後，180℃で5時間硬化反応を行い，試験片を作製した。このような Al 板試験片を用いて引張せん断接着強さを測定した。そこで，コポリマー中のエポキシ基含有量（コポリマー1g 当たり）と硬化エポキシ樹脂の引張せん断接着強さの関係を図5にプロットした。Poly(VEGE-*co*-NPMI)の引張せん断接着強さは，エポキシ基含有量が2.92 mmol/g では4.56 N/mm^2，2.56 mmol/g では1.75 N/mm^2，2.00 mmol/g では0 N/mm^2 であり，コポリマー中のエポキシ基の含有量が少なくなるにつれて引張せん断接着強さは低下した。さらに，エポキシ基の含有量が同程度の Poly(VEGE-*co*-NPMI)(2.56 mmol/g)，Poly(VBGE-*co*-NPMI)(2.62 mmol/g)，

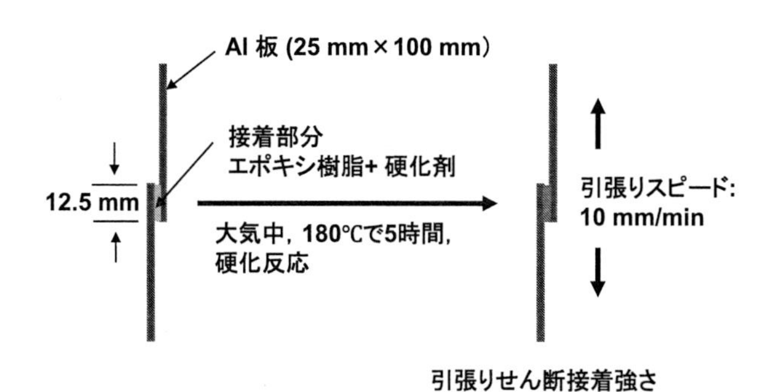

図4 引張りせん断接着強さ試験方法（JIS 規格 K6850）[21]

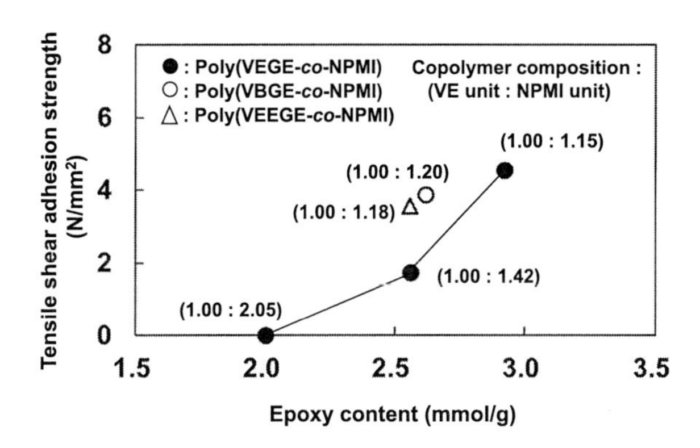

図5　硬化したエポキシ樹脂の引張せん断接着強度に及ぼす共重合体中のエポキシ基含有量の影響
●：Poly(VEGE-*co*-NPMI)，No.19（エポキシ基含有量，2.92 mmol/g），No.20（エポキシ基含有量，2.56 mmol/g），No.22（エポキシ基含有量，2.00 mmol/g）；○：Poly(VBGE-*co*-NPMI)，No.23（エポキシ基含有量，2.62 mmol/g）；△：Poly(VEEGE-*co*-NPMI)，No.24（エポキシ基含有量，2.56 mmol/g)。No. は表1の試料番号。

およびPoly(VEEGE-*co*-NPMI)(2.55 mmol/g）の硬化エポキシ樹脂の引張せん断接着強さを比較すると，

Poly(VBGE-*co*-NPMI)：3.89 N/mm^2 ≳ Poly(VEEGE-*co*-NPMI)：3.56 N/mm^2
　　> Poly(VEGE-*co*-NPMI)：1.75 N/mm^2

の順となり，引張せん断接着強さは，コポリマー中のVE単位側鎖置換基の種類に依存し，エチレン鎖よりもブチレン鎖やエトキシエチレン鎖のような柔軟な置換基を持つ方が高かった。

次に，硬化エポキシ樹脂板の力学物性を引張試験により測定した。結果を図6に示す。エポキシ基含有量が同程度のPoly(VEGE-*co*-NPMI)(エポキシ含有量：2.52 mmol/g)，Poly(VBGE-*co*-NPMI)(2.62 mmol/g)，Poly(VEEGE-*co*-NPMI)(2.55 mmol/g）の硬化エポキシ樹脂の引張強度を比較すると，

Poly(VBGE-*co*-NPMI)：27.6 MPa > Poly(VEEGE-*co*-NPMI)：25.3 MPa
　　> Poly(VEGE-*co*-NPMI)：21.2 MPa

の順であった。初期ヤング率（0.25%～0.50%）は，

Poly(VBGE-*co*-NPMI)：1.62 GPa > Poly(VEEGE-*co*-NPMI)：1.54 GPa
　　> Poly(VEGE-*co*-NPMI)：1.44 GPa

の順である。このように硬化エポキシ樹脂の引張強度および初期ヤング率は，VE単位側鎖に導入された置換基がブチレン鎖であると最も高く，次いでオキシエチレン鎖，そしてエチレン鎖であることがわかった。従って，これらエポキシ樹脂の硬化物の引張強度と初期ヤング率が高いほ

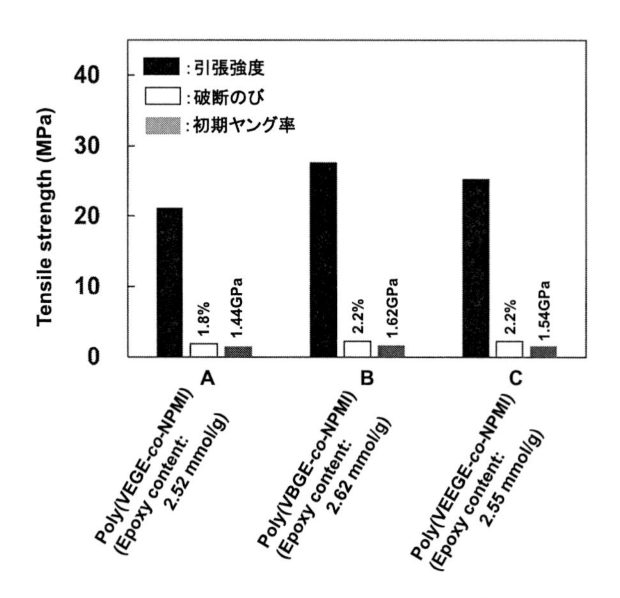

図6　硬化したPoly(VEGE-*co*-NPM)，Poly(VBGE-*co*-NPMI)およびPoly(VEEGE-*co*-NPMI)の機械的性質

(A)No.21，(B)No.23，(C)No.24。No. は表1の試料番号。

ど，引張せん断接着強さが高いことがわかった。硬化エポキシ樹脂の弾性率が高い程，引張せん断接着強さが高くなる傾向は，他のエポキシ樹脂でも報告されている[23]。一方，破断伸びはいずれのコポリマーも1.8〜2.2%と同程度であった。

また，Poly(VEGE-*co*-NPMI)の引張りせん断強さを市販のビスフェノール型エポキシ樹脂(jER828)，二液混合エポキシ系接着剤およびアロンアルファ®接着剤のそれと比較した（図7)。引張せん断接着強さは，Poly(VEGE-*co*-NPMI)ではエポキシ基含有量に依存して，1.75 N/mm^2（エポキシ基含有量：2.56 mmol/g)，4.56 N/mm^2（エポキシ基含有量：2.92 mmol/g）であるが，市販のビスフェノール型エポキシ樹脂（jER828)（エポキシ基含有量：5.29 mmol/g）では，7.65 N/mm^{2}であった。このように硬化エポキシ樹脂の引張せん断接着強さは，第一には樹脂中のエポキシ基含有量に依存することがわかった。その他，市販の二液混合エポキシ系接着剤とアロンアルファ®接着剤の引張せん断接着強さは，それぞれ10.69 N/mm^{2}と9.05 N/mm^{2}であり，Poly(VEGE-*co*-NPMI)の方がやや低かった。

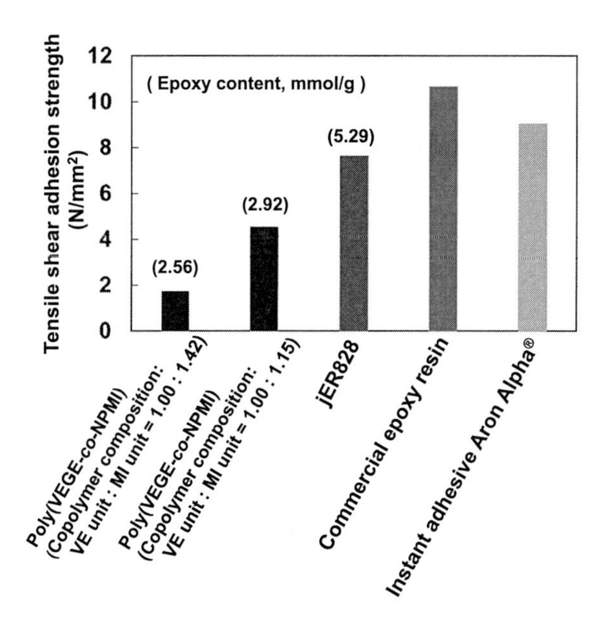

図7　硬化した Poly(VEGE-*co*-NPMI)と汎用接着剤の引張りせん断接着強度の比較

No.20（エポキシ基含有量，2.56 mmol/g），No.19（エポキシ基含有量，2.92 mmol/g），市販 jER828（エポキシ基含有量，5.29 mmol/g），市販エポキシ樹脂，市販瞬間接着剤アロンアルファ®。No. は表1の試料番号。

4. 5　まとめ

VEGE または VBGE または VEEGE と NPMI の AIBN によるラジカル共重合を60℃，ベンゼン中で行い，M_n が 99,600～250,000 のポリマーを収率 90％以上で得た。生成ポリマーの構造は，VEGE 単位または VBGE 単位または VEEGE 単位と NPMI 単位からなる共重合体であることがわかった。得られたコポリマーの T_g は，約 64～205℃であり，コポリマー中の VE 単位の組成が増すにしたがって低くなり，ビニルエーテル単位の側鎖置換基の柔軟性が増すにしたがって低下した。また，これらコポリマーの T_d は，300℃以上と非常に高く，耐熱性に優れたエポキシ樹脂だとわかった。これらエポキシ樹脂と反応性エポキシ基と多官応性芳香族アミンとの硬化反応により，高い T_g を有する新規の耐熱性エポキシ硬化樹脂が得られた。また，これら硬化エポキシ樹脂の引張りせん断接着強さは，コポリマー中のエポキシ基含有量に依存して変わるが，エポキシ基含有量が同様な Poly(VEGE-*co*-NPMI)，Poly(VBGE-*co*-NPMI)および Poly(VEEGE-*co*-NPMI)について比較すると，Poly(VBGE-*co*-NPMI) > Poly(VEEGE-*co*-NPMI) > Poly(VEGE-*co*-NPMI)の順となり，VE 単位側鎖置換基の柔軟性と極性が引張せん断接着強さに影響することがわかった。

文　　献

1) 宮入裕夫，総説　エポキシ樹脂　最近の進歩 I，413，エポキシ樹脂技術協会（2009）
2) 平松徹，“よくわかる炭素繊維コンポジット入門”，41，日刊工業新聞社（2015）
3) 井塚淑夫，“炭素繊維－複合化時代への挑戦：炭素繊維複合材料の入門　～先端産業部材への応用”，24，繊維社（2012）
4) 喜多裕一，岸野和夫，中川浩一，日本化学会誌，**3**，264(1996)
5) 喜多裕一，岸野和夫，中川浩一，日本化学会誌，**4**，375(1996)
6) 北村倫明，井本慎也，中西秀高，高橋　悠，WO2017188031A1(2017)
7) 山田正盛，高瀬巌，高分子化学，**23**，348(1966)
8) 山田正盛，高瀬巌，三島敏夫，高分子化学，**24**，326(1967)
9) H. K. Hall Jr., A. B. Padias, *J. Polym. Sci., Part A: Polym. Chem.*, **39**, 2069(2001)
10) G. Odian, “Principles of Polymerization”, 3rd edition, p.485, Wiley-Interscience Publication (1991)
11) M. Sasano, T. Nishikubo, *Kobunshi Ronbunshu*, **47**, 597(1990)
12) 小栗彩葉，本柳仁，箕田雅彦，高分子学会予稿集，**62**(2)，3053(2013)
13) M. Sawamoto, E. Takeuchi, T. Hashimoto, T. Higashimura, *J. Poly. Sci., Part A: Polym. Chem.*, **25**, 2717(1987)
14) M. Urushisaki, T. Hashimoto, T. Sakaguchi, *Kobunshi Ronbunshu*, **76**, 98(2019)
15) M. Urushisaki, T. Hashimoto, T. Sakaguchi, *J. Fiber Sci. Technol.*, **76**, 351(2020)
16) M. Matsuda, K. Satoh, M. Kamigaito, *Macromolecules*, **46**, 5473(2013)
17) K. Nishimori, M. Ouchi, M. Sawamoto, *Macromolecular Rapid Communications*, **37**, 1414(2016)
18) 西森加奈，寺島崇矢，大内誠，高分子学会予稿集，**67**(1)，13(2018)
19) M. Ohara, T. Hashimoto, M. Urushisaki, T. Sakaguchi, T. Sawaguchi, D. Sasaki, *Kobunshi Ronbunshu*, **67**, 143(2010)
20) L. E. Nielsen, “Koubunshi no rikigakuteki seishitsu”, Translated by S. Onogi, Kagaku doujin, 11(1965)
21) JIS K6850，接着剤－剛性被着材の引張せん断接着強さ試験方法（1999）
22) N. Tanaka, *Yousetsu gakkaishi*, **70**, 34(2001)
23) 三刀基郷，図解でなっとく！接着の基礎と理論，114，日刊工業新聞社（2012）

第3章　エポキシ樹脂複合材料

1　シランカップリング剤で修飾した窒化ホウ素粒子複合エポキシ樹脂の複合構造の変化と熱伝導率への影響

岡田哲周[*1]，門多丈治[*2]，平野　寛[*3]，上利泰幸[*4]

1. 1　はじめに

高分子材料の熱伝導率は金属やセラミックスと比べて非常に低く，従来より断熱材として広く利用されてきた。しかし今世紀に入り，エレクトロニクス分野の発展により，電子機器の高性能化・高出力化の一方，小型化・高発熱密度化が進行し，放熱の問題が大きく注目されている。そこで，成形性に優れた高分子材料の高熱伝導化が望まれてきたが，現在そのニーズはさらに大きく拡大している[1)]。

高分子材料の高熱伝導化には，高分子自身の高熱伝導化と，高熱伝導性フィラーとの複合化などの方法が挙げられるが，成形性など他の物性とのバランスやコスト面などを考慮し，実用的には後者が採用されることが多い。また，複合化するフィラーとして，導電性と電気絶縁性のものがあるが，エレクトロニクス分野での利用を踏まえて，電気絶縁性のフィラーを複合した高分子材料の研究が多い[2)]。用いられる粒子としては，シリカ，アルミナ，酸化マグネシウム，六方晶系窒化ホウ素（hexagonal Boron Nitride, h-BN）などが挙げられ，その中でも比較的高熱伝導性が得やすいh-BN粒子を用いた複合高分子材料の開発が数多く行われている[3~5)]。

h-BN粒子では，表面の官能基である水酸基やアミノ基は端面部分に集中し，平板面部分にはほとんどないため，板面と樹脂の親和性が小さく，高分子との複合化の際に問題となる[6~15)]。そこで，高分子の平界面との親和性を向上させるため，h-BN粒子への表面修飾に関する研究が種々行われている[7, 8)]。

h-BN粒子をシランカップリング剤で表面修飾して用いることで，その複合高分子材料の熱伝導率を改善できるという報告もあるが[16~22)]，その効果の理由が不明な報告も多い。特にh-BN粒子の複合高分子材料の熱伝導率は，板状粒子であるh-BN粒子の配向の影響が大きいが，そ

---

* Akinori OKADA　(地独)大阪産業技術研究所　物質・材料研究部　主任研究員
* Joji KADOTA　(地独)大阪産業技術研究所　物質・材料研究部　研究室長
* Hiroshi HIRANO　(地独)大阪産業技術研究所　物質・材料研究部　研究部長
* Yasuyuki AGARI　(一社)大阪工研協会　常務理事

れらについて十分に考慮せずに表面修飾による熱伝導率の改善だけで議論している報告例が多く，その効果の真偽が判別できない。

そこで本稿では，熱伝導率に加えて，粒子の配向度，空隙率を評価し，複合構造を総合的に考慮することで，h-BN 粒子複合高分子材料の熱伝導率に及ぼすシランカップリング剤修飾の影響について検討した結果を紹介する。

1.2 シランカップリング剤による h-BN 粒子表面の修飾

シランカップリング剤による修飾処理は，既報のとおりに湿式法で行った[23)]。シランカップリング剤で表面修飾した h-BN 粒子について，粒子表面の状態を評価する方法として，熱重量分析（TG/DTA），走査型電子顕微鏡（SEM）観察，フーリエ変換赤外分光法（FT-IR），浸透速度法によるぬれ性評価などを行った。ここではその評価のうち一部を紹介する。

1.2.1 走査型電子顕微鏡（SEM）による表面観察

低修飾量の h-BN 粒子の表面は，未修飾の h-BN 粒子の表面と同様に滑らかであり，差は認められなかった（図 1(a)）。しかし，大過剰量のアミノ系シランカップリング剤で修飾した h-BN 粒子表面の観察画像（図 1(b)）では，明らかに表面状態が異なっていた。すなわち，大過剰量のアミノ系シランカップリング剤で修飾した h-BN 粒子表面には粒状の隆起が認められ，粒子表面にシランカップリング剤が大量に修飾して，シランカップリング剤層が多層になっていることが確認できた。

また，平板状の h-BN の端面が大きく盛り上がっており，多くのシランカップリング剤分子が端面を起点として修飾していると考えられる。これは，h-BN 粒子の水酸基は結晶構造上，平板上粒子の端面に多く存在するため，そこに多くのアミノ系シランカップリング剤分子が修飾したためと考えられる。また，端面以外の平板面でもシランカップリング剤で修飾され，盛り上がっているところが認められた。これは h-BN 粒子の板面部分に結晶欠陥があり，そこにあるホウ酸の水酸基と反応した可能性が考えられる。

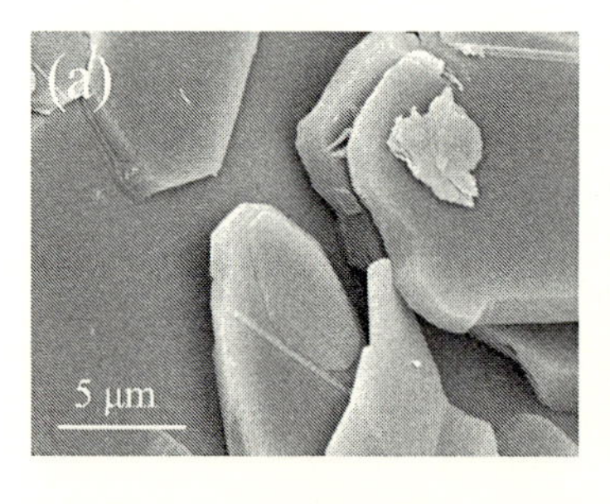

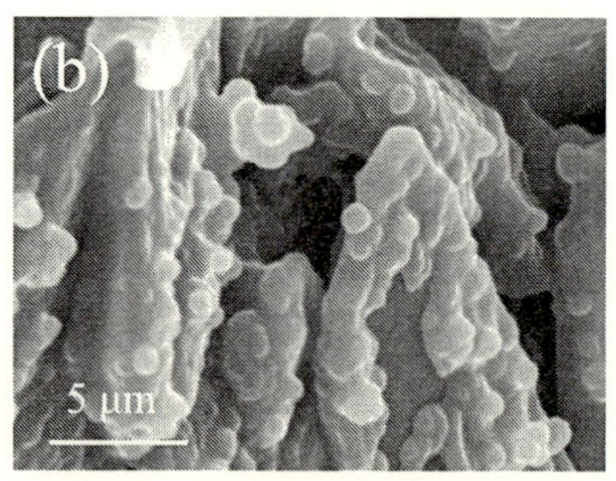

図 1　h-BN 粒子表面の SEM 観察写真 (a) 未修飾 h-BN 粒子，(b) 大過剰量のアミノ系カップリング剤で修飾した h-BN 粒子
（岡田哲周，門多丈治，平野寛，上利泰幸，科学と工業，96(9)，280（2022）より許可を得て転載）

1. 2. 2　浸透速度法によるぬれ性評価

表面修飾したh-BN粒子について，粒子表面のぬれ性を評価する方法の一つとして，浸透速度比較法がある[24]。この方法では，ガラス管に充填した試料粉体中に下部から溶媒が浸透するとき（図2），時間的に増大する試料ガラス管の重量を，溶媒の重量減少として天秤で測定すると，図3のように直線的に変化する。そこで，トルエン，エタノールを溶媒として，その直線の傾きから求めた各溶媒の浸透速度の比から，表面処理h-BN粒子の表面のぬれ性を評価した。

測定結果から，未修飾の状態ではわずかに親水性であったh-BN粒子表面が，表面修飾を施すことによって疎水性に変化していることがわかった。すなわち，表面修飾によって［疎水性］/［親水性］比が大きい値に変化した。これは，h-BN粒子表面の水酸基がシランカップリング剤分子で被覆されたためと考えられ，シランカップリング剤で修飾することで，h-BN粒子の表面がエポキシ樹脂などの有機分子と親和性が大きくなることが期待された。

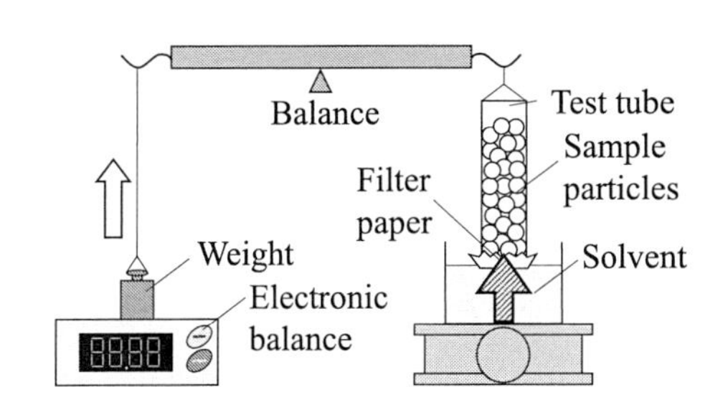

図２　浸透速度比較法によるぬれ性評価装置の模式図

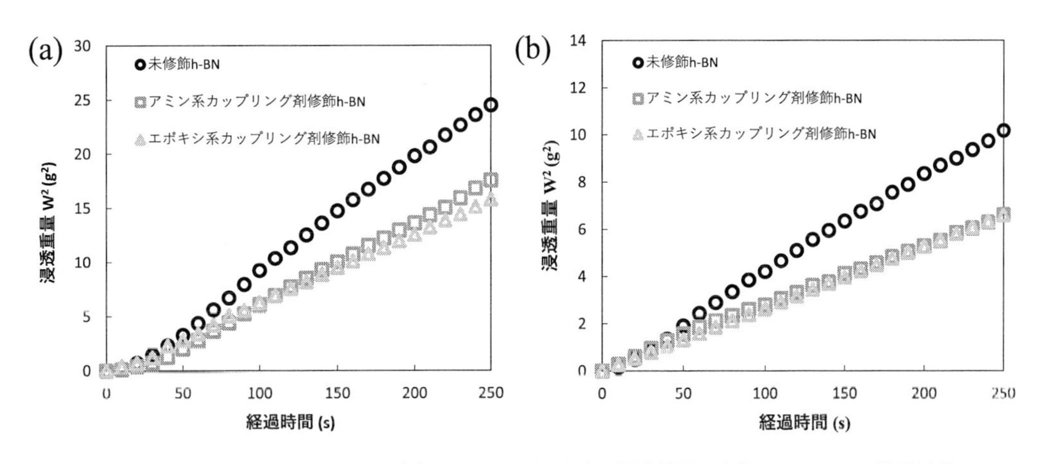

図３　種々のh-BN粒子に対する(a)トルエンの浸透重量測定結果，(b)エタノールの浸透重量測定結果

（岡田哲周，門多丈治，平野寛，上利泰幸，科学と工業，96(9)，281（2022）より許可を得て転載）

1. 2. 3 カップリング剤被覆量と被覆形式の評価

h-BN 粒子へのカップリング剤被覆の様子および，有機分子へのぬれの改善については，1.2.1 と 1.2.2 で述べたとおりである。

通常，無機粒子表面を被覆できるシランカップリング剤量は，粒子全表面を修飾しても粒子試料の 1 wt％程であることが多く，端面を中心に修飾される h-BN 粒子を用いたとき，粒子全体を一層だけで被覆する量は，さらに少ないかもしれないが，まだ検討途上にある。

そこで，我々はカップリング剤の被覆量とその被覆の形式の評価について，他の方法でも検討している。まず，TG/DTA 測定から，種々の重量変化パターンを調べ，低温側での変化を物理的に吸着したカップリング剤オリゴマーに，高温側での変化を化学的に吸着（化学結合）したカップリング剤に各々分類してきた[23]。さらに，熱分解 GC-MS による定量分析結果と TG/DTA による分析結果を組み合わせることで，粒子表面に反応したカップリング剤の官能基数の推定も可能とした[14, 25]。

これらの研究を進めることで，界面層の構造を明らかにし，複合材料の熱伝導率に与える影響や力学特性，耐熱衝撃性や耐水性の向上など，高性能化のための詳細な知見を深めていきたい。

1. 3 h-BN 粒子複合エポキシ樹脂の複合構造および熱伝導率の評価

未修飾 h-BN 粒子とシランカップリング剤で修飾した h-BN 粒子を，種々の割合でエポキシ樹脂と複合し，注型法で成形した後，その複合材料の熱伝導率を測定した。そして，それらの複合構造を調べ，熱伝導率測定の結果と比較検討し，複合エポキシ樹脂の熱伝導率に与える影響因子について考察した。

種々の無機粒子複合高分子材料中では，複合量が増大するほど，混合時に無機粒子同士が相互作用を起こし，粒子の分散などに影響を及ぼすことが知られている[26]。混合時に粒子同士があまり衝突しない低充填領域（分散領域），混合時に粒子同士の衝突が大きく増加し配向が生じやすくなる領域（接触領域），粒子粉体の隙間に相当する量よりも入るべき高分子の量が少なく空隙を生じやすくなる領域（近接領域）について，これらの複合構造の特徴を考慮しながら，熱伝導率の測定結果について紹介する。

1. 3. 1 複合エポキシ樹脂中の h-BN 粒子の配向度

複合エポキシ樹脂中の h-BN 粒子の配向評価は，熱拡散率測定での熱流方向と垂直な試料面について，広角 X 線回折測定を行い評価した。

複合エポキシ樹脂内の h-BN 粒子の配向度（OD）は，式(1)を用いて評価した。

$$\mathrm{OD} = [\text{h-BN の(002)面ピーク強度}] / [\text{h-BN の(100)面ピーク強度}] \quad (1)$$

ここで，OD の値が 0 に近くなるほど測定した試料面に対して垂直方向に配向していることを表す。また，OD の値が 6.23 のときに理論的にランダムに配向していると考えられている[27]。

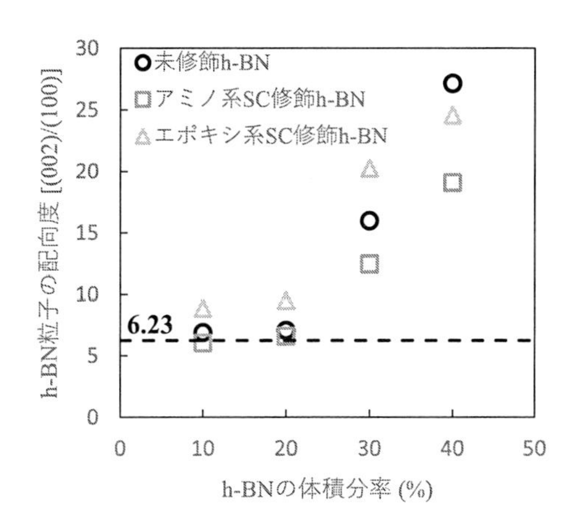

図4　各種のh-BN粒子を複合したエポキシ樹脂中のh-BN粒子配向度

（岡田哲周，門多丈治，平野寛，上利泰幸，科学と工業，96(9), 282（2022）より許可を得て転載）

各種のh-BN粒子を充填した複合材料中のh-BN粒子の配向度をX線回折測定から求めた結果を図4に示す。

h-BN粒子充填量が10 vol%および20 vol%の場合の複合エポキシ樹脂では，配向度の値は理論的なランダム配向に近い値であった。したがって，h-BN粒子が板状形状であることによる複合エポキシ樹脂の熱伝導率への大きな改善効果が期待される。

一方，20 vol%よりも大きい充填量の領域では，いずれのh-BN粒子を用いた場合も配向度の値が大きくなり，いずれのh-BN粒子も試料の面内方向に配向していることが確認できた。このことから複合エポキシ樹脂中のh-BN粒子は，熱拡散率測定時の熱流方向に対して垂直な方向に配向していると考えられる。

1. 3. 2　複合エポキシ樹脂の空隙率

各種のh-BN粒子を充填した複合エポキシ樹脂の空隙率を図5に示す。未修飾h-BN粒子を充填した複合エポキシ樹脂では，充填量の増加とともに空隙率が大きく増加した。これは，未修飾h-BN粒子とエポキシ樹脂との界面の親和性（ぬれ性）があまりよくないため，その界面に空気が存在し，その量が充填量の増加とともに増大するために空隙率が増加したと考えられた。しかし，シランカップリング剤で修飾したh-BN粒子を充填した複合エポキシ樹脂の空隙率は，いずれのシランカップリング剤を用いた場合でも，充填量の増大に伴う増加は見られなかった。これは，修飾h-BN粒子と樹脂との界面での親和性が高いため，界面に残る空気がほとんどなかったと考えられる。特に板状粒子であるh-BN粒子が配向したときに，粒子が重なり合って狭い空間が形成されるが，界面の親和性が高いため，その隙間に毛細管効果で樹脂が入り込み，空隙率を低く保つことができたと考えられる。一方で，未修飾のh-BN粒子を複合したエポキシ樹脂中では，h-BN粒子とエポキシ樹脂の親和性が悪く，配向した板状粒子間に樹脂が入り込

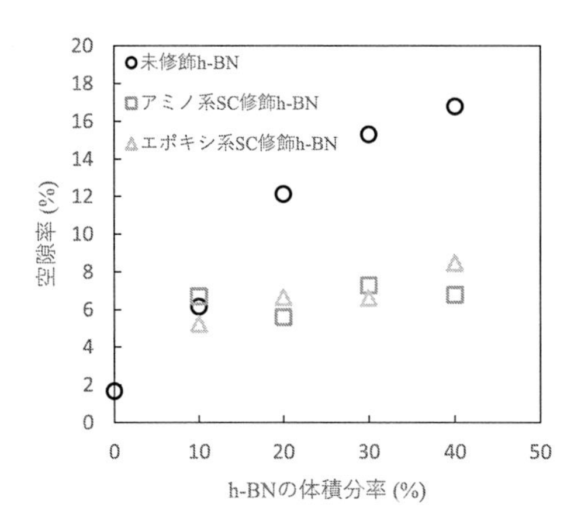

図5　各種のh-BN粒子を複合したエポキシ樹脂の空隙率

（岡田哲周，門多丈治，平野寛，上利泰幸，科学と工業，**96**(9), 283（2022）より許可を得て転載）

めず，充填量の増大とともに複合樹脂の空隙率が増大したと考えられる。

1. 3. 3　複合エポキシ樹脂の熱伝導率

各種のh-BN粒子を充填した複合エポキシ樹脂の熱伝導率を図6に示す。いずれのh-BN粒子を用いた場合でも，20 vol%までの充填量では熱伝導率に差がなかった。これは，前項で述べたように，この充填量までは配向度や空隙率にあまり差がなかったことから，熱伝導率に差がなかったと考えられる。20 vol%の充填量では，未修飾h-BN粒子を用いた場合に，空隙率は少し増大したが，熱伝導率への影響はあまりなかった。したがって，分散領域では，樹脂の影響が主体のため，表面修飾の有無が複合エポキシ樹脂の熱伝導率へほとんど影響しなかった。

20 vol%を超える充填領域（接触領域）では，未修飾のh-BN粒子を充填した場合には，充填量が増加してもあまり熱伝導率が増大しなかった。一方，シランカップリング剤で修飾されたh-BN粒子を用いた場合には，いずれのシランカップリング剤でも，未修飾のh-BN粒子を用いた場合よりも熱伝導率が顕著に大きくなった。この現象は，空隙率の結果(1.3.2)とあわせて考えると以下のように説明できる。

シランカップリング剤で修飾されたh-BN粒子と樹脂の親和性は大きいため，配向したh-BN粒子の狭い隙間にも樹脂が入り込むことができ，空隙の効果が発現しなかった。一方，未修飾h-BN粒子の場合には，未修飾h-BN粒子とエポキシ樹脂との界面の親和性が小さいため成形時に樹脂が入り込むことができず，高分子よりも熱伝導率が2桁小さい空気が多く残り，断熱効果が発現し，熱伝導率が抑制されたものと考えられた。

一方，シランカップリング剤の種類によって配向度が少し異なっていたにも関わらず，熱伝導率はあまり影響を受けなかった。これは，h-BN粒子の配向度が十分大きいためと考えられる。すなわち，三村ら[4)]や筆者ら[5)]の研究の結果と合わせて考えると，熱流方向に対して垂直な方向

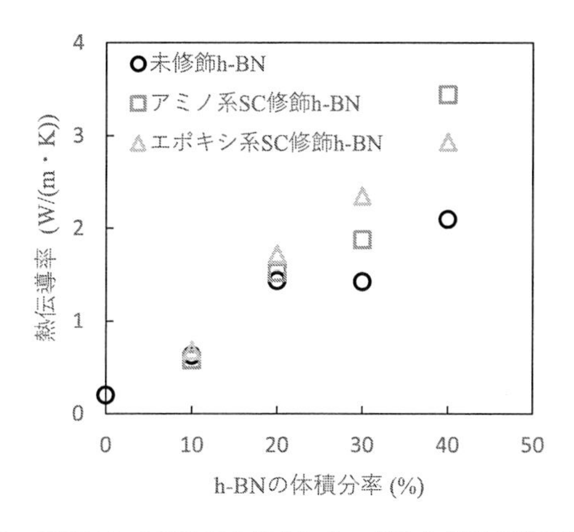

図6　各種のh-BN粒子を複合したエポキシ樹脂の熱伝導率

（岡田哲周，門多丈治，平野寛，上利泰幸，科学と工業，96(9), 283（2022）より許可を得て転載）

に十分配向した場合，配向度の変化が熱伝導率にあまり影響を与えなくなるためと推測した。

さらに，筆者らが提案した複合材料の熱伝導モデル[28]の，本実験結果への適用を試みた。その熱伝導モデルでは，複合材料の熱伝導率（λ）は式(2)で表される。

$$(\lambda/\lambda_1) = (\lambda_2/C_1\lambda_1)^{C_2V} \quad (2)$$

ここで，λ_1とλ_2は，エポキシ樹脂とh-BN粒子の熱伝導率であり，Vがh-BN粒子の体積分率である。また，C_1は通常は1であり，C_2は複合形態によって変化する特性係数である。そこで，式(2)は式(3)のように変形できる。

$$\ln\lambda = C_2V\ln(\lambda_2/\lambda_1) + \ln\lambda_1 \quad (3)$$

式(3)では，複合材料の熱伝導率の対数値がh-BN粒子の体積分率と直線関係になることを意味している。

そこで，複合材料の熱伝導率の対数値をh-BN粒子の体積分率に対してプロットした（図7）。20 vol%までの領域（分散系）では，直線関係を示す。これは，分散系の領域ではh-BN粒子がランダムに配向していたので，ランダム配向系の複合構造となったためである。またこの図より，h-BN粒子をランダム配向させることで，複合樹脂の熱伝導率を40 vol%で10 W/(m・K) まで向上できることが予測された。

しかし，それ以上の充填領域では直線関係から外れ，熱伝導率がいずれのh-BN粒子を用いた場合でも小さかった。これは，h-BN粒子が熱伝導率測定時の熱流方向と垂直な方向に配向したため，熱伝導率が小さくなったと考えられる。また，この領域で未修飾のh-BN粒子を用いた場合では，修飾h-BN粒子を用いた場合よりも，複合材料の熱伝導率が小さくなった。このことより，h-BN粒子の表面修飾によって樹脂界面との親和性を高めることで空隙率を減少さ

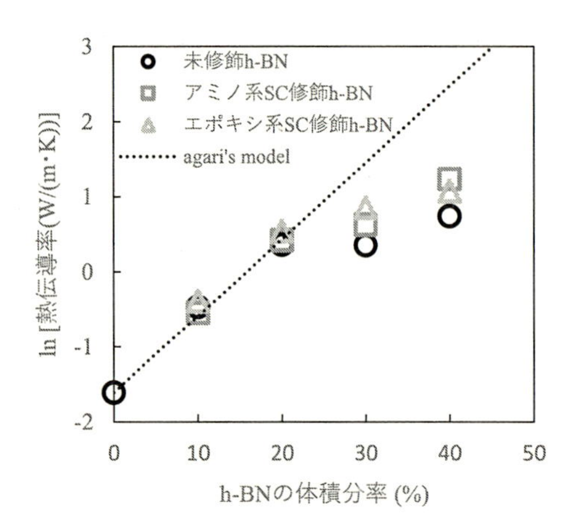

図7　各種h-BN粒子を複合したエポキシ樹脂の熱伝導率に対する熱伝導モデルの適用
（岡田哲周，門多丈治，平野寛，上利泰幸，科学と工業，**96**(9), 284（2022）より許可を得て転載）

せ，複合材料の熱伝導率を改善できることがわかった。

一方で，20 vol%までの充填領域で，表面修飾 h-BN 粒子を充填した場合と未修飾粒子を充填した場合で，熱伝導率の差が存在しないことから，エポキシ樹脂と h-BN 粒子との界面での接触熱抵抗の影響は検知できないほど小さいと考えられた。

1. 4　おわりに

h-BN 複合エポキシ樹脂の熱伝導率におよぼすシランカップリング剤修飾の影響について紹介した。

分散領域（20%以下）では，表面修飾の有無によらず，熱伝導率に差は見られなかった。これは，いずれの h-BN 粒子を充填した場合でも，粒子がランダムに配向し，空隙率もほぼ同じ値であり，複合構造に差がなかったことから，樹脂の影響が主体のため，表面修飾の影響を受けずに同様な熱伝導率となったと考えられた。

接触・近接領域において，表面修飾した粒子を充填した試料では，未修飾粒子を充填した試料よりも熱伝導率の値が大きくなった。これは，複合エポキシ樹脂の空隙率の低減によるもので，面内方向に配向した h-BN 粒子間の空隙が狭くなり，表面修飾した粒子とエポキシ樹脂との高親和性のために，毛細管効果が発現して樹脂が入り込み，熱伝導率の値が小さい空気が入り込むことを抑制し，断熱効果が発現しなかったためと考えられた。

以上，h-BN 粒子充填高分子複合材料の熱伝導率について，まず h-BN 粒子の配向度が大きく影響すること，表面修飾によって改善する空隙率も重要な要因となることがわかった。

文　　献

1) 上利泰幸，高分子，**67**, 65(2018)
2) 上利泰幸，プラスチックスエージ，**67**(7), 65 (2021)
3) H. Ishida, S. Rimdusit, *Thermochim. Acta*, **320**, 177(1998)
4) 三村研史，正木元基，中村利絵，西村隆，電子情報通信学会論文誌 C，J95-C, 434(2012)
5) A. Okada, J. Kadota, H. Hirano, T. Fujiwara, J. Inagaki, Y. Yada, Y. Agari, IPC2014, 5P-G5-107a (2014)
6) 渡利広司，日本接着学会誌，**50**, 96(2014)
7) M. T. Huang, H. Ishida, *Surf. Interface Anal.*, **37**, 621(2005)
8) K. Watanakui, H. Manuspiya, N. Yanumet, *Colloids Surf. A Physicochem. Eng. Asp.*, **369**, 203(2010)
9) G-W. Lee, M. Park, J. Kim, J. I. Lee, H. G. Yoon, *Composites, Part A*, **37**, 727(2006)
10) 幾田信生，"第92回大阪市立工業研究所報告"（1991，大阪市立工業研究所）
11) 中村吉伸，永田員也，"シランカップリング剤の効果と使用法"，サイエンス&テクノロジー社（2006）
12) 花ケ崎裕洋，大崎俊彦，末永博義，西部工業技術センター研究報告，**49**, 70(2006)
13) K. Watanakui, H. Manuspiya, N. Yanumet, *J. Appl. Polym. Sci.*, **119**, 3234(2011)
14) H. Hirano, J. Kadota, T. Yamashita, Y. Agari, *Int. J. Chem. Environ. Eng.*, **6**, 29(2012)
15) W. Zhou, J. Zou, X. Zhang, A. Zhou, *J. Compos. Mater.*, **48**, 2517(2014)
16) 山田保治，三木真湖，日本ゴム協会誌，**86**, 135(2013)
17) C. Pan, K. Kou, Q. Jia, Y. Zhang, G. Wu, T. Ji, *Composites Part B*, **111**, 83(2017)
18) 松下泰典，桐谷秀紀，山﨑正典，上利泰幸，平野寛，特開 2013203770
19) C. Yuan, B. Duan, L. Li, B. Xie, M. Huang, X. Luo, *ACS Appl. Mater. Inter.*, **7**, 23(2015)
20) J. Inseok, S. Kyung-Ho, Y. Il, K. Hyeon, K. Juseong, K. Wan-Ho, J. Sie-Wook, K.Jae-Pil, *Colloids Surf., A: Physicochem. Eng. Asp.*, **518**, 64(2017)
21) W. Jaehyun, K. Myeongjin, K. Jooheon, *Appl. Surf. Sci.*, **529**, 147091 (2020)
22) Z. Yiran, T. Rui, Y. Wei, W. Jiale, Z. Jie, Z. Chong, L. Jun, B. Xingming, *Polym. Compos.*, **41**, 4727(2020)
23) 岡田哲周，門多丈治，平野寛，上利泰幸，科学と工業，**96**(9), 275(2022)
24) 上利泰幸，今田康司，上田明，科学と工業，**66**, 110(1992)
25) 平野寛，"シランカップリング剤の最新技術動向"，58-69，シーエムシー出版（2020）
26) Y. Agari, A. Ueda, M. Tanaka, S. Nagai, *J. Appl. Polym. Sci.*, **40**, 929(1990)
27) K. Sato, Y. Tominaga, Y. Hotta, Y. Imai, *Compos. Part A: Appl. Sci. Manuf.*,**154**, 106776 (2022)
28) Y. Agari, A. Ueda, S. Nagai, *J. Appl. Polym. Sci.*, **49**, 1625(1993)

2　現場重合型熱可塑エポキシ樹脂を用いた熱可塑性 CFRP 中間基材の開発

奥村　航*

2. 1　はじめに

2官能エポキシモノマーと2官能フェノール系モノマーのモノマー混合物に触媒を添加し，触媒作用で選択的に直鎖状に重合することで熱可塑性ポリマーとなる熱可塑エポキシ樹脂が上市されている。一般に熱可塑性樹脂は重合が完了しているポリマーとして市場に出回っているのに対し，上記の熱可塑エポキシ樹脂は，熱硬化性樹脂の様に重合前のモノマーとして販売されており，成形直前に触媒を添加し，加熱成形中に重合してポリマー化することから「現場重合型」熱可塑エポキシ樹脂[1)]と呼ばれている。

一方，炭素繊維複合材料（以下，CFRP）の分野では，長らく熱硬化性樹脂がマトリックス樹脂として用いられてきたが，生産性の向上や二次加工性の観点から，熱可塑性樹脂をマトリックス樹脂に代替する動きが活発化している。特にスタンパブルシート[2)]，もしくは，オルガノシート[3)]と呼ばれる熱可塑性 CFRP の板を中間基材（以下，スタンパブルシートとする）とし，それを熱プレス成形することで，数分での賦形が可能となり飛躍的な生産性の向上が可能となった。

しかしながら，スタンパブルシートの成形自体は，ポリマーの溶融粘度が高く，炭素繊維束に含浸する時間を短縮できないため成形時間を高速化できないといった課題がある。さらに，炭素繊維束には炭素繊維の１本１本が離散しない様に主にエポキシ系のサイジング剤が塗布されており，熱可塑性樹脂の種類によってはこのサイジング剤との相性が悪く物性低下を招くため，予めサイジング剤を処理する必要もある。

これらの課題解決のため，上述の現場重合型熱可塑エポキシ樹脂をスタンパブルシートのマトリックス樹脂とする研究開発を行った[4)]。ポリマーより溶融粘度が著しく低いモノマーを炭素繊維束に含浸することで成形時間の短縮を図ること，また，エポキシ系サイジング剤と相溶性のあるエポキシ樹脂を用いることでスタンパブルシート製造時におけるサイジング剤処理工程の省略が期待できる。本稿ではこの研究開発の結果について紹介する。

2. 2　現場重合型熱可塑エポキシ樹脂

現場重合型熱可塑エポキシ樹脂にナガセケムテックス社製の XNR6850A（以下，主剤とする）と XNH6850EY（以下，触媒Ａとする），もしくは，XNH6850B（以下，触媒Ｂとする）を用いた。図１に反応式を示す。主剤は２官能エポキシ系モノマーと２官能フェノール系モノマーとを１：１のモル比で混合して成るモノマー混合物であり，変性脂肪族ポリアミン系の触媒

＊　Wataru OKUMURA　石川県工業試験場　繊維生活部　主任研究員

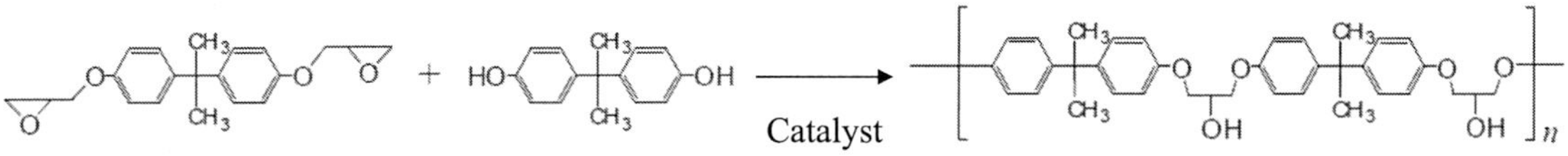

$$\text{(bisphenol A diglycidyl ether)} + \text{HO–(bisphenol A)–OH} \xrightarrow{\text{Catalyst}} [\ \cdots\ ]_n$$

図1　現場重合型熱可塑エポキシ樹脂の重合反応

A，もしくは，芳香族リン系の触媒Bの存在下，重付加機構によって成形現場で重合させて直鎖状ポリマーを得る仕組みである。主剤と触媒の重量比は50：1での混合が推奨されており，推奨重合温度150℃での重合時間は触媒Aで60 min，触媒Bで5 minとされている。

主剤は2官能フェノール系モノマー成分が結晶状態であるので白色をしており，室温で硬い水飴の様な状態にある。この主剤を100℃に加熱すると，結晶が溶解して透明色になり，かつ，高い流動性を示す。この様な状態で触媒を添加しても，ほとんど重合せず，高い流動性を示したままの状態を保持する。さらに，室温まで冷却すると，重合が進行しない状態で固形となる。さらに再度100℃以上に加熱することで再溶融することを確認している。本研究開発では，主剤を100℃に加熱した状態で，触媒A，もしくは，触媒Bを添加し，17 min間攪拌したものを実験に用いた（以下，触媒添加モノマーとする）。主剤と触媒との重量比は触媒Aで50：1とし，触媒Bで100：1，200：1の重量比を検討した。但し，推奨重合温度150℃下，比率50：1で主剤に触媒Bを添加したところ，急激な重合反応とそれに伴う発熱が連鎖的に起こる，いわゆる「熱暴走」が発生した。我々の検討では，少なくとも50：1の比率の触媒Bを手作業で主剤に添加して実験を進めることは困難と判断し，触媒Bに関し50：1の比率は検討から除外した。

2. 3　モノマーの炭素繊維織物への含浸時間

図2にアントンパール社製動的粘弾性装置MCR702により測定した主剤と比較試料として熱可塑性ポリマーであるMFR75のポリプロピレンの溶融粘度を示す。ここで，MFR75のポリプロピレンは主にメルトブロー用途として用いられており，熱可塑性ポリマーとしては比較的溶融粘度が低いものとなる。現場重合型熱可塑エポキシ樹脂の推奨重合温度150℃での主剤の溶融粘度は11×10 mPa･sであるのに対し，200℃の時のポリプロピレンの溶融粘度は36×10^4 mPa･sであり，想定される成形温度において約3桁溶融粘度が異なる。また，Institut de Soudure社製Easypermにより測定した炭素繊維織物（東レ社製T700SC-12K-50C使用，目付200 g/m^2）のV_f（CFRPの炭素繊維体積分率）＝50％時の含浸係数kは6.73×10^{-14} m^2であった。

この溶融粘度と含浸係数を用い，式(1)で表現されるDarcy則，および，式(2)で0.1 mmの炭素繊維織物（厚み100 μm）に熱可塑エポキシ樹脂の主剤とポリプロピレンが含浸する時間を見積もった。

$$u_z=-\frac{k}{\eta}\cdot\frac{\partial P}{\partial z} \tag{1}$$

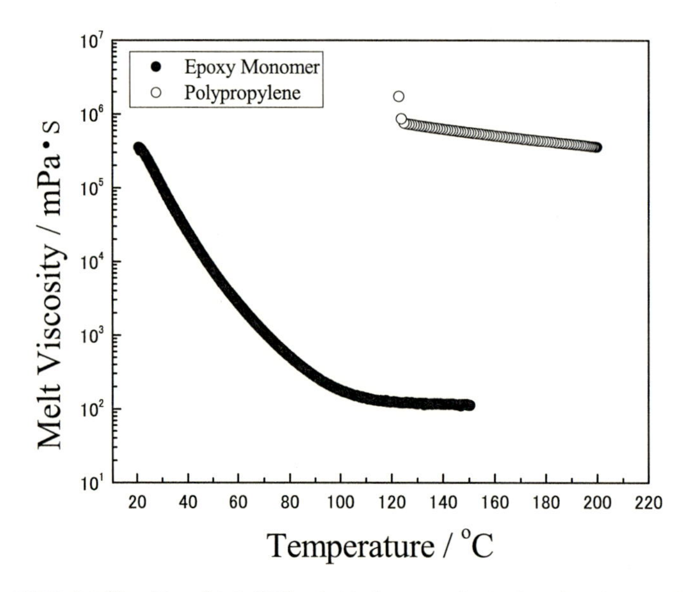

図２　現場重合型熱可塑エポキシ樹脂の主剤（モノマー）とポリプロピレンの溶融粘度

$$v_z = (1 - V_f)u_z \qquad (2)$$

ここで，u_z（m/s）は炭素繊維織物の厚み方向への樹脂の見かけの流速，η（Pa･s）は溶融粘度，k（m^2）は含浸係数，$\partial P/\partial z$（Pa/m）は炭素繊維織物の厚み方向の圧力勾配を示す。また，v_z（m/s）は炭素繊維織物の厚み方向への樹脂の含浸速度を示す。ここで，含浸係数kはV_fが増加するに伴って減少することが知られているが，計算を簡単にするためV_f=50％時の含浸係数$k=6.73\times10^{-14}$ m^2を定数として計算すると共に，樹脂が均一に基材に含浸すると仮定している。

計算結果を図３に示す。上述の様に仮定が多く，実際には炭素繊維織物と樹脂を加熱している間に重合による粘度変化と基材への含浸とが同時に起こる複雑な挙動をしている。従って，本稿では計算結果の有効数字は１として取り扱う。図３より，本研究で用いたモノマーの溶融粘度はポリプロピレンより３桁低いため，炭素繊維への含浸速度に関してもポリプロピレンより約３桁速い。また，成形圧力１MPa以上ではモノマーの炭素繊維織物への含浸時間が１s未満になる可能性が示された。以上の結果より，熱可塑性ポリマーに代わり熱可塑性モノマーを用いることで炭素繊維織物への含浸速度を大幅に向上できることが数値計算上示された。

2．4　成形時間と分子量の関係

100℃の触媒添加モノマーをシリンダーで図４に示すように炭素繊維織物基材へ線状に塗布しその基材を10 ply積層・熱プレス成形してスタンパブルシートを試作した。ここで，炭素繊維織物基材に付着しているサイジング剤の除去等は特に行っていない。熱プレス温度は150℃，プ

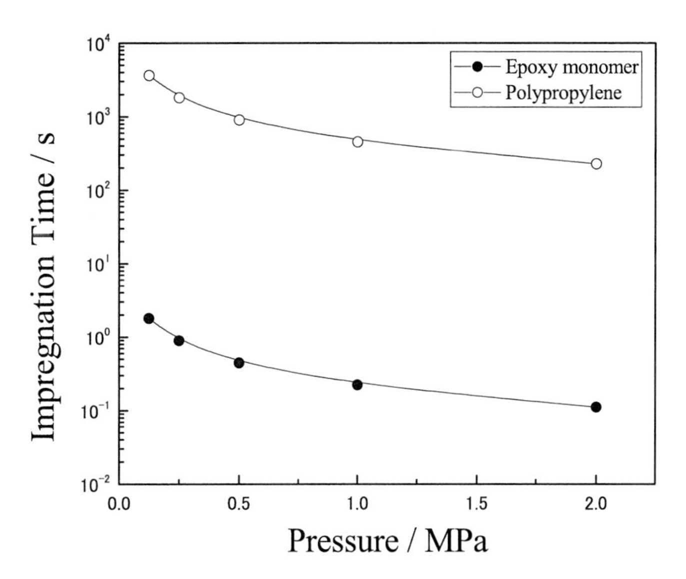

図3　ダルシー則から計算した炭素繊維織物基材への現場重合型熱可塑エポキシ樹脂の主剤（モノマー）とポリプロピレンの含浸速度

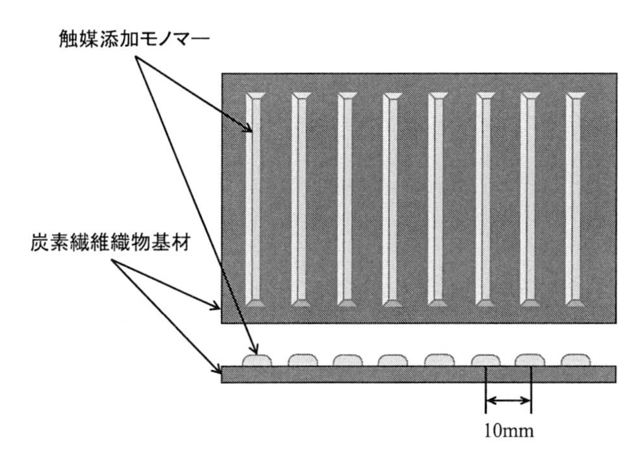

図4　炭素繊維織物基材への触媒添加モノマー線状塗布の模式図

レス圧力は1.5 MPaで一定とし，成形時間を変化させた。ここで，150℃で成形したスタンパブルシートは加圧したまま室温まで金型を冷却してから取り出しているが，金型の冷却時間（約30 min）は成形時間に含めていない。成形条件をまとめたものを表1に示す。得られたスタンパブルシートのマトリックス樹脂の分子量分布を島津製作所社製高速液体クロマトグラフProminenceに送液ユニットLC-20ADを取り付け，スタンパブルシート70 mgにテトラヒドロフランを加え2.5 gの溶液にし，Shodex社製カラムKF-803（分子量1,000～50,000まで測定可能）とShodex社製カラムKF805（分子量50,000～2,000,000まで測定可能）を直列に連結し，40℃で測定した。

触媒Aを用いて成形した試料番号1～6の分子量分布を図5に示す。成形時間の増加に伴い分子量のピーク値は高分子量側にシフトし，成形時間15 min以上で分子量の対数（以下，log M.W.と称す）は4.0以上，成形時間60 minでlog M.W.は4.25に達する。また，90 min以上では，log M.W.が5.25から5.5付近に僅かにショルダーが観察される。また，主剤と触媒Bの比率を200：1，および，100：1で成形した試料番号7～12の分子量分布を図6に，試料番号

表1　スタンパブルシートの成形条件と炭素繊維体積分率 V_f および空隙率 V_v

Sample Number	Catalyst Type	Ratio of MainAgent to Catalyst	Press Molding Condition Pressure (MPa)	Temperature (℃)	Time (min)	V_f (%)	V_v (%)
1	A	50：1	1.5	150	7.5	56	0.9
2	A	50：1	1.5	150	15	55	0.9
3	A	50：1	1.5	150	30	57	0.9
4	A	50：1	1.5	150	60	56	0.9
5	A	50：1	1.5	150	90	54	1.1
6	A	50：1	1.5	150	120	54	0.5
7	B	200：1	1.5	150	7.5	53	1.1
8	B	200：1	1.5	150	15	52	0.7
9	B	200：1	1.5	150	30	52	0.7
10	B	200：1	1.5	150	60	53	0.7
11	B	200：1	1.5	150	90	53	0.8
12	B	200：1	1.5	150	120	53	0.9
13	B	100：1	1.5	150	2.5	48	0.9
14	B	100：1	1.5	150	7.5	47	1.0
15	B	100：1	1.5	150	15	49	0.8
16	B	100：1	1.5	150	22.5	49	0.7
17	B	100：1	1.5	150	30	49	1.0
18	B	100：1	1.5	150	60	47	1.0

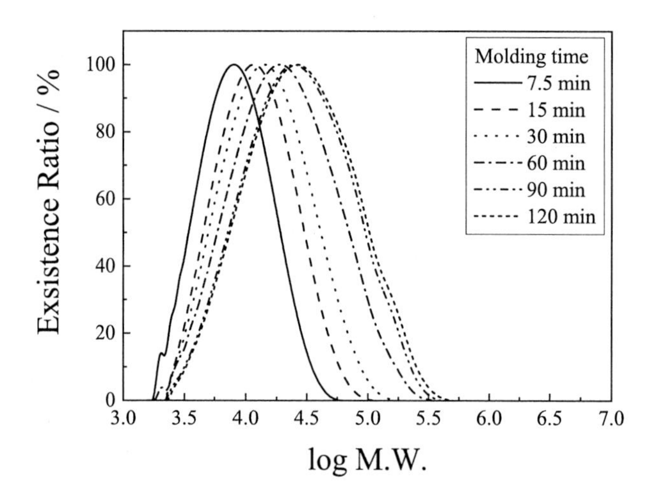

図5　主剤：触媒A＝50：1で種々の時間で成形したスタンパブルシートのマトリックス樹脂の分子量分布

13～18の分子量分布を図７に示す。触媒Ｂ（200：1），および，触媒Ｂ（100：1）での試料は触媒Ａの試料と同様，いずれも成形時間の増加に伴い分子量のピーク値は高分子量側へシフトする。但し，触媒Ａでの試料とは異なり，触媒Ｂ（200：1）での試料では，より短時間の成形時間 7.5 min で log M.W. は約 4.0 になっており，成形時間 30 min で log M.W. は 4.25 に達した。また，触媒Ｂ（100：1）での試料では成形時間 2.5 min で log M.W. は 4.25 以上となった。また，触媒Ｂ（200：1）での試料では成形時間 30 min 以上で，触媒Ｂ（100：1）での試料では成形時間 15 min 以上で高分子量側に明瞭なショルダーが確認できる。いずれの分子量分布でも成形時間が長くなると確認できる高分子量側のショルダーに関しては，成長したポリマー鎖同

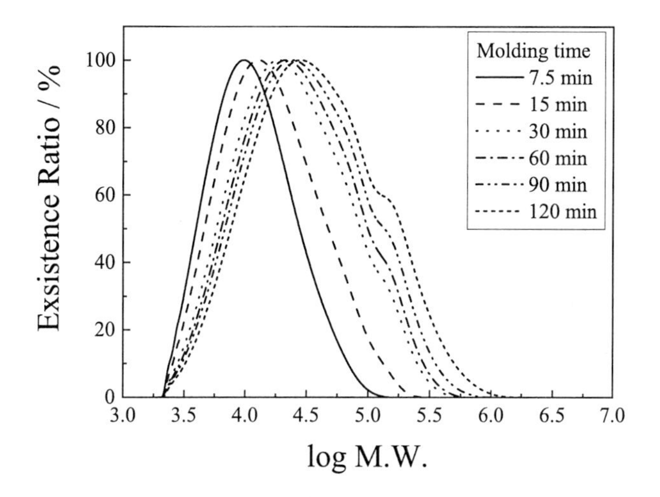

図６　主剤：触媒Ｂ＝200：1 で種々の時間で成形したスタンパブルシートのマトリックス樹脂の分子量分布

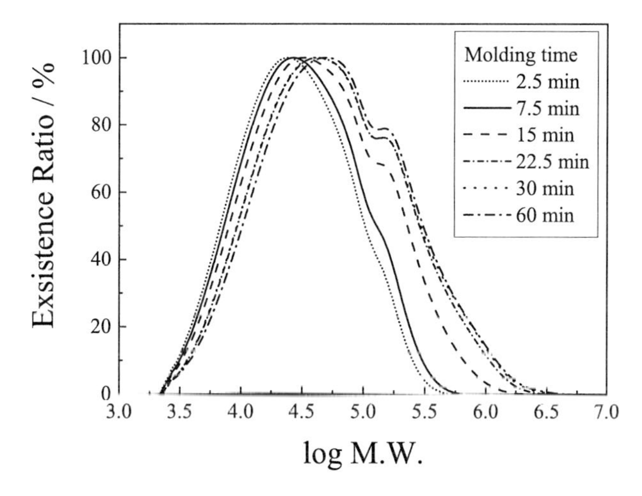

図７　主剤：触媒Ｂ＝100：1 で種々の時間で成形したスタンパブルシートのマトリックス樹脂の分子量分布

士が連結して2倍長のポリマー鎖が形成されている可能性が考えられる。

2. 5　熱可塑性CFRPの力学的性質

スタンパブルシートの3点曲げ試験は島津製作所社製万能試験機AG-100KNplusに3点曲げ治具を取り付けて行った。試料寸法を幅15 mm×長さ100 mmとし，支点間距離80 mm，クロスヘッドスピード5 mm/minで，曲げ強度と曲げ弾性率について5回の平均値を求めた[5)]。また，炭素繊維密度ρ_f=1.8 g/cm^3，熱可塑エポキシ樹脂密度ρ_r=1.2 g/cm^{3}とし，アルキメデス法によりスタンパブルシートの重量w_0，及び，密度ρ_cを測定すると共に，電気炉に入れたスタンパブルシートを400℃，8 h加熱して樹脂成分を完全に燃焼させ，残留した炭素繊維の重量w_1から式(3)により炭素繊維重量含有率W_fを算出すると共に，式(4)から炭素繊維体積分率V_f，式(5)から樹脂の体積分率V_r，式(6)から空洞率V_vをそれぞれにより算出した[6)]。得られたV_fおよびV_vは成形条件と合わせて表1に記載した。

$$W_f = \frac{w_1}{w_0} \times 100 \tag{3}$$

$$V_f = \frac{W_f \rho_c}{\rho_f} \tag{4}$$

$$V_r = \frac{(100 - W_f)\rho_c}{\rho_r} \tag{5}$$

$$V_v = 100 - (V_f - V_r) \tag{6}$$

触媒Aを用いて成形した試料番号1～6の3点曲げ試験の結果を図8に示す。図8より，曲げ弾性率は成形時間に関らず，約54 GPaで一定であった。一方，曲げ強度は成形時間60 minまでは成形時間の増加に伴い増加していき，最大曲げ強度は955 MPaに達した。しかしながら，成形時間90 min以上になると曲げ強度は減少した。主剤と触媒Bの比率を200：1で成形した試料番号7～12の3点曲げ試験の結果を図9に，主剤と触媒Bの比率を100：1で成形した試料番号13～18の結果を図10に示す。触媒Aでの試料と同様に，曲げ弾性率は成形時間に関らず，触媒B（200：1）での試料では約52 GPa，触媒B（100：1）での試料では約50 GPaと一定となった。一方，曲げ強度は触媒B（200：1）での試料では成形時間30 minまで，触媒B（100：1）での試料では成形時間15 minまで成形時間の増加に伴い増加していき，触媒B（200：1）での試料では最大曲げ強度は975 MPa，触媒B（100：1）での試料では最大曲げ強度は964 MPaとなった。但し，触媒Aでの試料と同様に触媒B（200：1）での試料，および，触媒B（100：1）での試料のいずれも最大曲げ強度となった成形時間より長い成形時間では曲

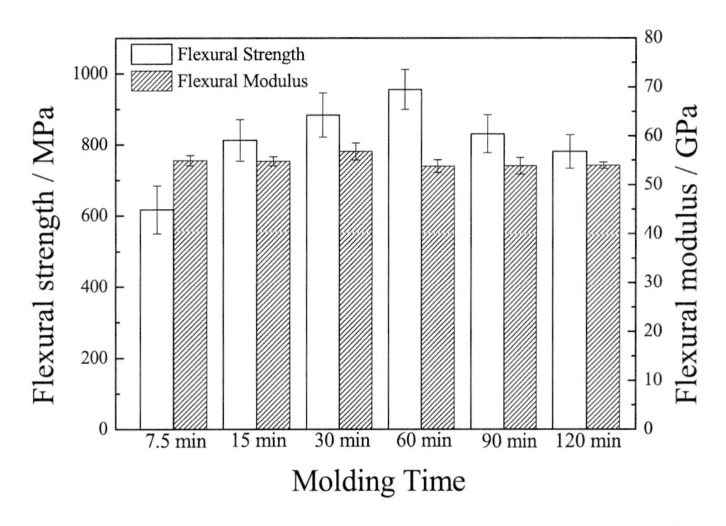

図８　主剤：触媒Ａ＝50：１で種々の時間で成形したスタンパブルシートの曲げ特性

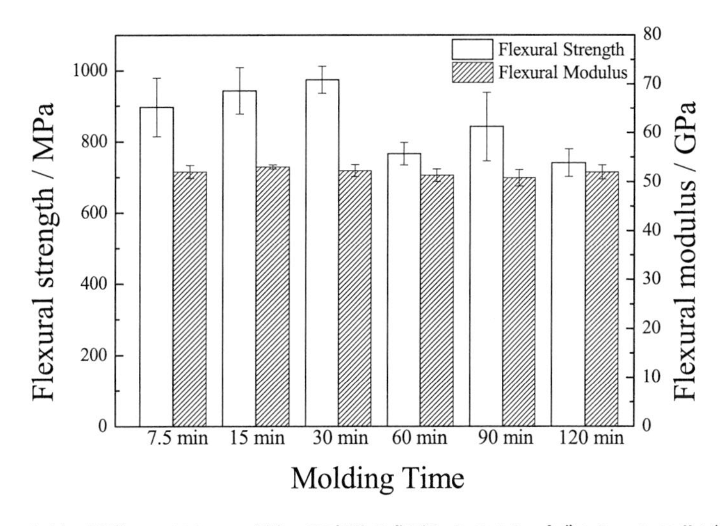

図９　主剤：触媒Ｂ＝200：１で種々の時間で成形したスタンパブルシートの曲げ特性

げ強度が減少した。

これらの力学的性質の発現機構について考察する。まず，曲げ弾性率については，触媒Ａ，触媒Ｂ（200：1），触媒Ｂ（100：1）のいずれの系においても，その系内で成形時間に関らずほぼ一定の値となっている。表１より，その系内で V_f はほぼ一定であり，微小変形下での力学的性質である弾性率は分子量の変化に関らず，複合則に則った挙動を示すものと考えることができる。これに対し，曲げ強度はやや複雑な挙動になる。まず，曲げ強度の発現には V_v[7]や炭素繊維と樹脂との界面接着性[8]が寄与するとの報告がある。しかしながら，表１より，その系内での V_v はほぼ一定であり，界面接着性についてもサイジング剤の処理は行っておらず，樹脂も同じであ

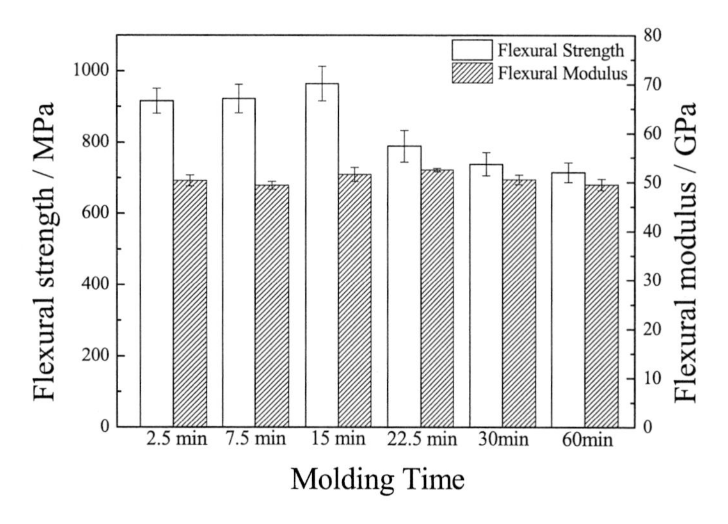

図10　主剤：触媒B＝100：1で種々の時間で成形したスタンパブルシートの曲げ特性

ることから，本研究で検討した系ではこれらの影響は大きくないと考えることできる。最も影響を及ぼすと考えられるのが4項で言及した分子量分布である。即ち，モノマーが重合して分子量が増加するに伴い，マトリックス樹脂自体の強度が増加し，それに伴いスタンパブルシートの強度も増加しているものと考えることができる。しかし，成形時間が長くなると分子量が増加しているにも拘わらず曲げ強度が低下に転じた。加熱時間がある程度以上に延長された場合にスタンパブルシートの曲げ強度が低下する原因については，未だ不明であり，現在調査中である。しかしながら，本研究開発の目的はスタンパブルシートの連続生産を実現するための短時間重合条件の確立であるため，長時間加熱のデータは使用されないことが想定される。また，工業的には上述の様に触媒の種類や主剤と触媒の比率によって重合時間を制御できることが重要であり，特に触媒B（100：1）の系では成形時間2.5 minで曲げ強度が900 MPaを超えており，十分実用に堪える値となっている。これらの結果から，本手法によりスタンパブルシートの生産性向上が達成できることが分かった。

2. 6　まとめ

本稿では，現場重合型熱可塑エポキシ樹脂を用いた熱可塑性CFRPの中間基材（スタンパブルシート）の研究開発の紹介を行った。従来，熱硬化性のエポキシ樹脂をマトリックス樹脂としたCFRPが用いられてきたが，上述のように現場重合型熱可塑エポキシ樹脂をマトリックス樹脂として適用することで，熱硬化性エポキシ樹脂では困難であった生産性や二次加工性への課題に対応できるようになった。また，炭素繊維とマトリックス樹脂の界面接着性を向上させるために，炭素繊維に付着したエポキシ系サイジング剤の処理を特にしなくても良く，サイジング剤処理工程を省略できるのが長所の一つである。著者が所属している石川県工業試験場では，石川県内企業と共同で研究開発や商品開発を行っているが，この現場重合型熱可塑エポキシ樹脂をマトリックス樹脂とした熱可塑性 CFRP 製品が既にいくつか上市されており，現在でもこの樹脂を用いた研究開発や商品開発を行っている。一方で，熱可塑性樹脂であるが故の耐熱性等の課題があり，今後更なる現場重合型熱可塑エポキシ樹脂の改良・改善が望まれる。本稿が読者の研究開発あるいは商品開発の一助になれば幸いである。

謝辞

本稿は JSPS 科研費 JP 19K05049，JST，COI，JPMJCE1315 の助成を受けた研究の内容を含む。また，本稿掲載にあたり，文献4)について *J. Fiber Sci. Technol* の発行者である繊維学会から掲載許可を受けた。

文　　献

1)　西田裕文，日本接着学会誌，**51**(12)，516(2015)
2)　O. Rozant, P. -E. Bourban, J.-A. E. Manson, *Composites Part A*, **31**(11), 1167(2000)
3)　L. Sisca, *et al.*, *Polymers*, **12**(12), 2801(2020)
4)　奥村航ほか，*J. Fiber Sci. Technol.*, **77**(7), 188(2021)
5)　JIS K7074，「炭素繊維強化プラスチックの曲げ試験方法」
6)　JIS K7075，「炭素繊維強化プラスチックの繊維含有率及び空洞率試験法」
7)　W. Okumura, H. Hasebe, M. Kimizu, O. Ishida, H. Saito, *SEN-I GAKKAISHI*, **69**(9), 177(2013)
8)　E. Sugimata, O. Ishida, T. Tsukegi, H. Ueda, W. Okumura, H. Hasebe, D. Mori, K. Uzawa, *J. Fiber Sci. Technol.*, **76**(2), 88(2020)

3　炭素繊維／エポキシ樹脂積層材料への自己修復性付与

真田和昭[*1]，納所泰華[*2]

3. 1　はじめに

繊維強化ポリマー（fiber reinforced polymer, FRP）は，ガラス繊維や炭素繊維等の強化材とポリマー（高分子材料）が複合化された材料である。その中でも炭素繊維強化ポリマー（carbon fiber reinforced polymer, CFRP）は，近年，優れた比強度・比剛性を有していることから，航空宇宙，自動車等幅広い分野への適用拡大が期待され，内部微視構造設計技術，成形加工技術等に関する研究開発が活発に進められている。しかし，使用中のFRPには微小な破壊（損傷）が容易に発生・蓄積し，突発的な破損を引き起こすという問題点があり，FRPの信頼性確保が課題となっている。一方，FRP廃棄物は年々増加する傾向にあり，環境負荷が大きくなっているのが現状である。環境負荷低減のためには，FRPを長期間使用し廃棄物を低減することが最善の方策である。最近，これらの課題を解決するために，FRP自体に損傷を修復する機能（自己修復機能）を付与しようとする研究開発が国内外で活発に行われている。ここでは，自己修復性を有するFRPの設計コンセプトと国内外の研究開発事例を紹介するとともに，本研究室で実施しているマイクロカプセルによる炭素繊維／エポキシ樹脂積層材料への自己修復性付与の研究事例について概説する。

3. 2　国内外の自己修復FRPの研究開発事例

表1に示すように，FRPの自己修復は，マトリックス樹脂の種類により様々な手法が提案されているが[1)]，エポキシ樹脂のような熱硬化性樹脂の場合は，修復剤（接着剤）によりき裂面を接着する手法が多数報告されている。以下に，これまで報告されたFRPの自己修復に関する研究開発事例を分類して示す。

3. 2. 1　中空繊維に液体の修復剤を閉じ込める方法

Dry[2)]は，修復剤を内包した中空繊維を用いて熱硬化性樹脂に自己修復性を付与する手法を提案している（図1）。これは，熱硬化性樹脂とともに破壊した中空繊維から修復剤および硬化剤（あるいは修復剤のみ）が流出し，き裂に浸透し硬化して，き裂面を接着する手法である。

Bleayら[3)]は，外径15 μm，内径5 μmのガラス中空繊維とエポキシ樹脂を用いて作製した積層材料を対象に，衝撃試験を行い，衝撃後圧縮強度に対する自己修復効果について検討してい

＊1　Kazuaki SANADA　富山県立大学　工学部　機械システム工学科　教授

＊2　Yasuka NASSHO　富山県立大学　工学部　機械システム工学科　助教

表1　ポリマーの種類による自己修復方法の分類

マトリックス	修復タイプ	修復方法	発表年	最大修復率	評価方法	修復条件
熱可塑性	分子	分子相互拡散（熱）	1979	120%	破壊靱性	7-8 min at 115℃
		分子相互拡散（溶媒）	1990	100%	破壊靱性	4-5 min at 60℃
		可逆的結合	2001	100%		＜1 min at 30℃
		分子鎖末端の再結合	2001	98%	引張強度 分子量	600 h at 大気中
		光誘起	2004	26%	曲げ強度	10 min at 100℃
	構造	ナノ粒子	2004	き裂成長遅延	形態観察	大気中
熱硬化性	分子	分子鎖の再配列	1969	100%	形態観察	10 min at 大気中
				100%	破壊靱性	150℃
		熱的可逆性架橋反応	2002	80%	破壊靱性	30 min at 115℃ then 6 h at 40℃
		イオンの媒介による修復	2006	75%	引張強度	12 h at 大気中
	構造	マイクロカプセル	1997	213% 93% 14%	疲労抵抗 破壊靭性 引張強度	大気中 24 h at 大気中 24 h at 大気中 then 24 h at 80℃
		熱可塑性接着剤	2005	65%	衝撃強度	1 h at 160℃
		形状記憶合金	2002			
		膨潤による修復	2005			

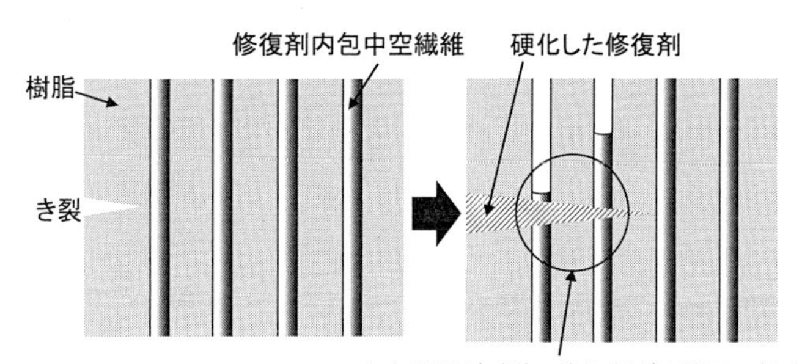

図1　中空繊維を用いる手法

る。Pang と Bond[4, 5]は，中空繊維に内包する修復剤の容量増大による自己修復効果向上を目指し，外径 60 μm のガラス中空繊維を用いて作製したガラス繊維／エポキシ樹脂積層材料を対象に，衝撃負荷後の 4 点曲げ試験を行い，曲げ強度に対する自己修復効果を検討している。また，紫外線蛍光剤を用いて，損傷領域への修復剤の流出状況を観察している。Trask ら[6, 7]は，外径 60 μm のガラス中空繊維を用いて作製したガラス繊維/エポキシ樹脂積層材料および炭素繊維／エポキシ樹脂積層材料を対象に，衝撃負荷後の 4 点曲げ試験を行い，曲げ強度に対する自己修復効果について検討している。Zainuddin ら[8]は，外形 1 mm と 0.8 mm のガラス中空繊維を用いて作製したガラス繊維／エポキシ樹脂積層材料を対象に，衝撃試験を行い，衝撃吸収能に対する自己修復効果について検討している。以上のように，中空繊維を用いた手法に関しては，細い中空繊維で大量の修復剤を内包し，FRP の強度低下を最小限にする技術の確立を目指して，研究開発が進められている。

3. 2. 2　マイクロカプセルに液体の修復剤を閉じ込める方法

White ら[9]は，修復剤を内包したマイクロカプセルを用いて熱硬化性樹脂に自己修復性を付与する手法を提案している（図 2）。これは，熱硬化性樹脂とともに破壊したマイクロカプセルから放出された修復剤が，き裂に浸透し，熱硬化性樹脂中に分散した硬化触媒と接触することにより硬化して，き裂面を接着する手法である。

Kessler ら[10]は，修復剤としてジシクロペンタジエン（DCPD）を内包したマイクロカプセルと，Grubbs 触媒を混合したエポキシ樹脂を含浸したプリプレグを用いて自己修復性を付与したガラス繊維／エポキシ樹脂積層材料を対象に，モードⅠ層間破壊靭性試験を行い，層間破壊靭性に対する自己修復効果について検討している。Yin ら[11]は，エポキシ系の修復剤を内包したマイクロカプセルと，潜在性の硬化触媒を混合したエポキシ樹脂を含浸したプリプレグを用いて自己修復性を付与したガラス繊維／エポキシ樹脂積層材料を対象に，モードⅠ層間破壊靭性試験を行い，層間破壊靭性に対する自己修復効果について検討している。Patel ら[12]は，DCPD を内包したマイクロカプセルとパラフィンワックスで造粒した Grubbs 触媒を用いて自己修復性を付与し

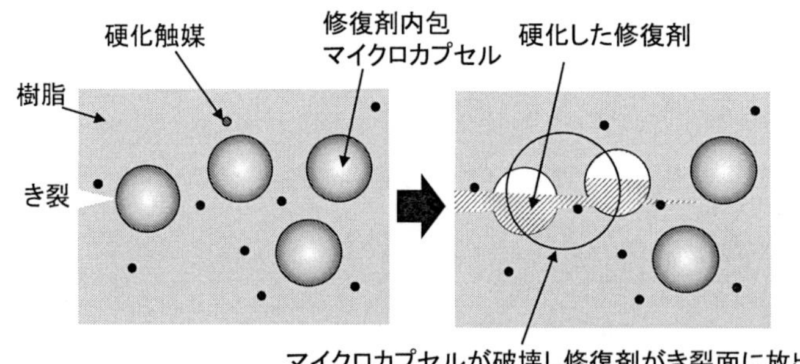

図 2　マイクロカプセルを用いる手法

た織物ガラス繊維／エポキシ樹脂積層材料を対象に，衝撃後圧縮試験を行い，圧縮強度に対する自己修復効果について検討している。以上のように，マイクロカプセルを用いた手法に関しては，FRP内にマイクロカプセルを均一配置するための粒径制御等の内部微視構造設計が重要である。

3.2.3　細管ネットワークに液体の修復剤を閉じ込める方法

中空繊維やマイクロカプセルを用いた手法では，一度破壊が生じると，その箇所では再度自己修復性を発現できないという問題点がある。近年，人体の血管のように，材料内部に細管ネットワークを構築して，外部から連続的に修復剤を供給することで，損傷の繰り返し自己修復を実現しようとする研究が行われている。Williams ら[13]は，細管ネットワークを有するFRPの実現を目指し，材料の破損モードについて検討し，細管ネットワークの信頼性確保について考察している。Olugebefola ら[14]は，細管ネットワークの設計・最適化手法，加工方法等について検討している。また，自己冷却，自己センシング等の自己修復以外の機能を付与できる可能性についても言及している。Coope ら[15]は，細管ネットワークを形成して自己修復性を付与した炭素繊維／エポキシ樹脂積層材料を対象に，モードI層間破壊試験を行い，層間破壊靭性に対する自己修復効果について検討している。また，繰り返し破壊させた場合の自己修復効果についても議論している。以上のように，細管ネットワークを用いた手法に関しては，FRP内に細管ネットワークを構築する技術と修復剤の連続供給システム等の組み込み技術の確立が重要であり，多くの課題が残されているのが現状であるが，非常に興味深いアプローチであり，今後の研究進展が期待される。

3.2.4　固体の修復剤を用いる方法

固体の修復剤を用いて自己修復性を付与する手法は，損傷部を加熱して固体の修復剤を溶融させ，き裂に浸透させた後，再び修復剤を固化させて，き裂面を接着することで実現している（図3）。Zako と Takano[16]は，マトリックス中に粒径 50 μm の室温で粉末状のエポキシ樹脂の粒子

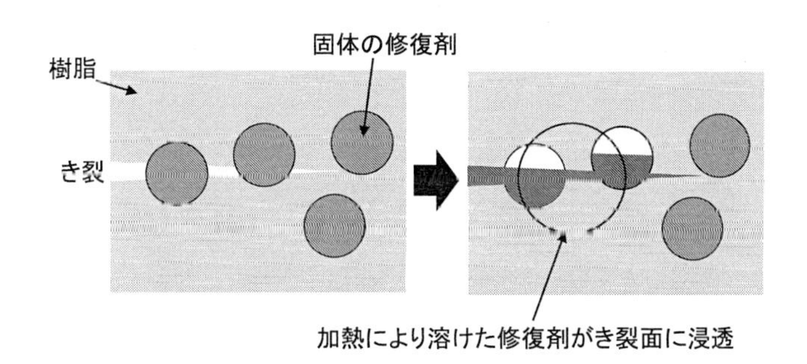

図3　固体の修復剤を用いる手法

を分散させたガラス繊維／エポキシ樹脂積層材料を対象に，3点曲げ試験および疲労試験を行い，剛性および強度に対する自己修復効果を検討している。Hayes ら[17]は，マトリックス中に熱可塑性樹脂を分散させたガラス繊維／エポキシ樹脂積層材料を対象に，衝撃試験を行い，初期と修復後の損傷領域の大きさで自己修復効果を評価している。

熱的可逆性架橋反応を生じる樹脂を利用してき裂面を接着する方法も提案されている。Park ら[18]は，Diels-Alder 反応を生じるビスマレイミドテトラフラン（2MEP4F）をマトリックスとして用いた CFRP を対象に，3点曲げによるショートビーム試験を行い，層間はく離の繰り返し自己修復効果について検討している。また，通電による炭素繊維の発熱を利用した加熱方法を提案し，その有効性を検証している。以上のように，固体の修復剤による FRP への自己修復性付与の手法に関しては，修復剤を溶融させたり，反応させたりするための加熱手法の開発が重要となっている。

3. 2. 5 形状記憶合金を用いる方法

形状記憶合金を利用してき裂を閉じる力を発生させることで，損傷の自己修復性を付与しようとする研究が行われている（図4）。Hamada ら[19]は，形状記憶合金ワイヤーを複合化したアクリル樹脂の曲げ試験を行い，曲げ強度に対する自己修復効果を検討している。Bor ら[20]は，ガラス繊維強化ポリマー（glass fiber reinforced polymer，GFRP）の層間はく離を形状記憶合金ワイヤーで自己修復するための内部微視構造を提案し，応力解析を行って，その有効性を検証している。以上のように，形状記憶合金を用いた FRP への自己修復性付与の手法に関しては，き裂を閉じるために必要な変形量を適切に形状記憶合金に記憶させる必要があり，その評価手法の確立が重要となっている。

3. 3 マイクロカプセルによる炭素繊維／エポキシ樹脂積層材料への自己修復性付与

本研究室では，炭素繊維ストランドを空気で広げた開繊炭素繊維ストランドと，修復剤（DCPD）内包マイクロカプセルを用いて炭素繊維／エポキシ樹脂積層材料（自己修復 CFRP 積

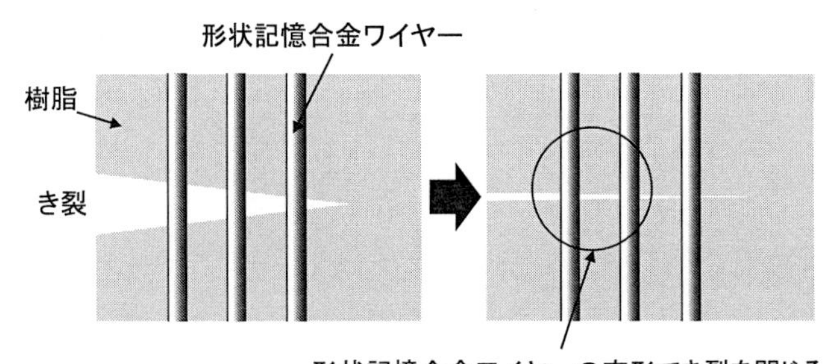

図4　形状記憶合金ワイヤーを用いる手法

層材料）を作製し，ショートビーム法による層間せん断試験を行った[21)]。図５にDCPD内包マイクロカプセルの外観を示す。マイクロカプセルは，真球状を有しており，作製条件によって，粒径を20 μmから500 μm程度まで変化させることが可能である。本研究では，平均粒径120 μmのマイクロカプセルを用いた。図６に自己修復CFRP積層材料の内部微視構造のイメージ図を示す。開繊炭素繊維を用いることで，繊維間の隙間にマイクロカプセルが凝集なく均一配置する内部微視構造を形成することが可能となる。また，開繊炭素繊維を用いたCFRP積層材料は，従来の炭素繊維を用いた場合に比べて，マトリックス樹脂の微視破壊，層間はく離等が生じにくく，力学特性が向上することが多数報告されているため，優れた初期特性と高い自己修復能力を両立したCFRP積層材料の実現が期待できる。

図７に示すショートビーム試験片を用いて，図８に示す３点曲げによる層間せん断試験を行った。試験片幅bは10 mm，試験片厚さhは2〜3 mmとした。試験温度は室温，試験速度は1 mm/minとし，試験時の荷重および変位はデータロガーを用いてパソコンに記録した。初期試験は，最大荷重を示した後，明確な荷重降下が生じた時点で，負荷を中断した。除荷後，試験機から試験片を取り外し，発生したき裂が閉じる程度に万力で締め付け，室温で24 h放置して，き裂面に放出された修復剤を半硬化させた。そして，万力から取り外し，80℃で24 h加熱して，修復剤を完全に硬化させた。修復後試験は，試験片の変位が初期試験で得られた最大荷重時の変位を超えるまで負荷した。見掛けの層間せん断強度τ_Cは次式より求まる。

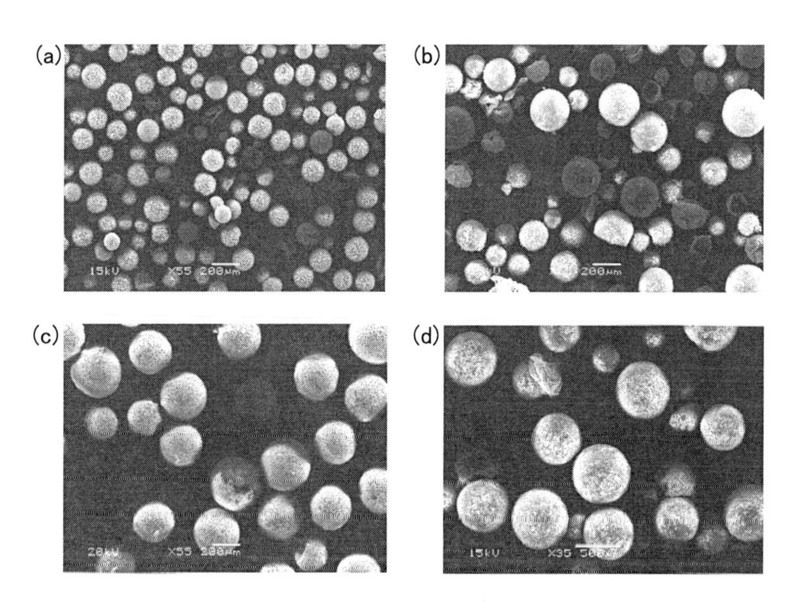

図５　DCPD内包マイクロカプセル：(a) 100 μm；(b) 200 μm；(c) 300 μm；(d) 500 μm

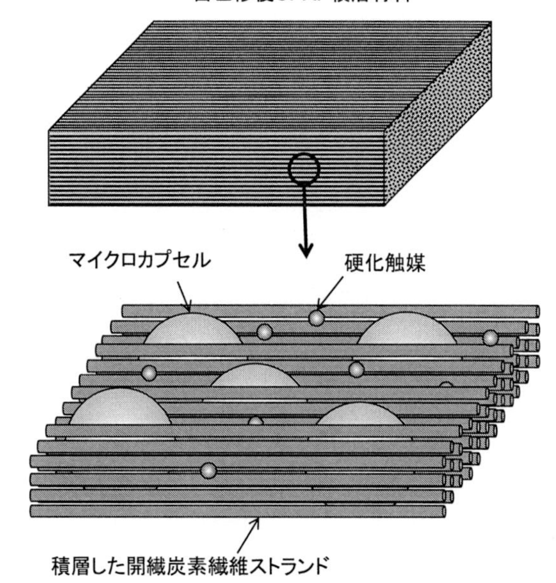

図6　自己修復 CFRP 積層材料の内部微視構造のイメージ図

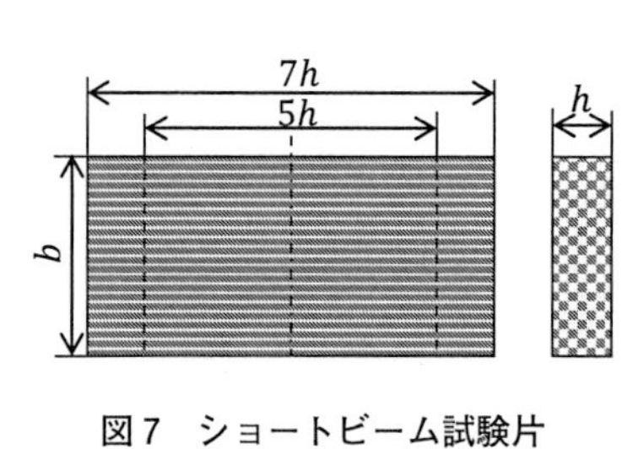

図7　ショートビーム試験片

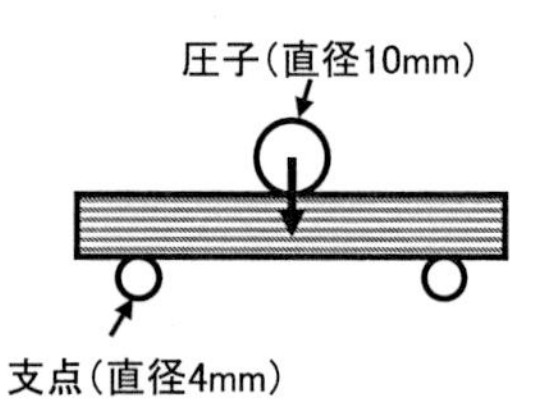

支点間距離の短い曲げ試験片（ショートビーム試験片）に3点曲げ負荷

試験片中立面にせん断応力が発生

層間せん断破壊の発生

図8　3点曲げショートビーム法による層間せん断試験

$$\tau_C = \frac{3P_C}{4bh} \tag{1}$$

ここに，P_C は最大荷重である。修復後の見掛けの層間せん断強度は，初期試験中断までの負荷の程度に影響を受け，比較が困難であるため，修復率 η は，自己修復CFRP積層材料およびリファレンスCFRP積層材料（マイクロカプセルを含有しているが自己修復しないCFRP積層材料）の荷重-変位曲線から得られる初期試験の最大荷重時におけるひずみエネルギー（荷重-変位曲線下の面積）を用いて，次式のように定義した。

$$\eta = \frac{U_C^{\mathrm{healed}} - U_C^{\mathrm{damaged}}}{U_C^{\mathrm{virgin}} - U_C^{\mathrm{damaged}}} \tag{2}$$

ここに，U_C^{virgin} は初期試験で得られるひずみエネルギー，U_C^{healed} は修復後試験で得られるひずみエネルギー，U_C^{damaged} は損傷後試験で得られるひずみエネルギーである。

図9はリファレンスCFRP積層材料の層間せん断試験で得られた初期・損傷後の荷重-変位曲線を示したもので，マイクロカプセル重量分率を10 wt%から40 wt%に変化させた場合である。初期の荷重-変位曲線は，マイクロカプセル重量分率の増大に伴い初期の傾きが減少し，最大荷重も減少した。また，損傷後の荷重-変位曲線は，初期の傾きが減少し，最大荷重も減少し

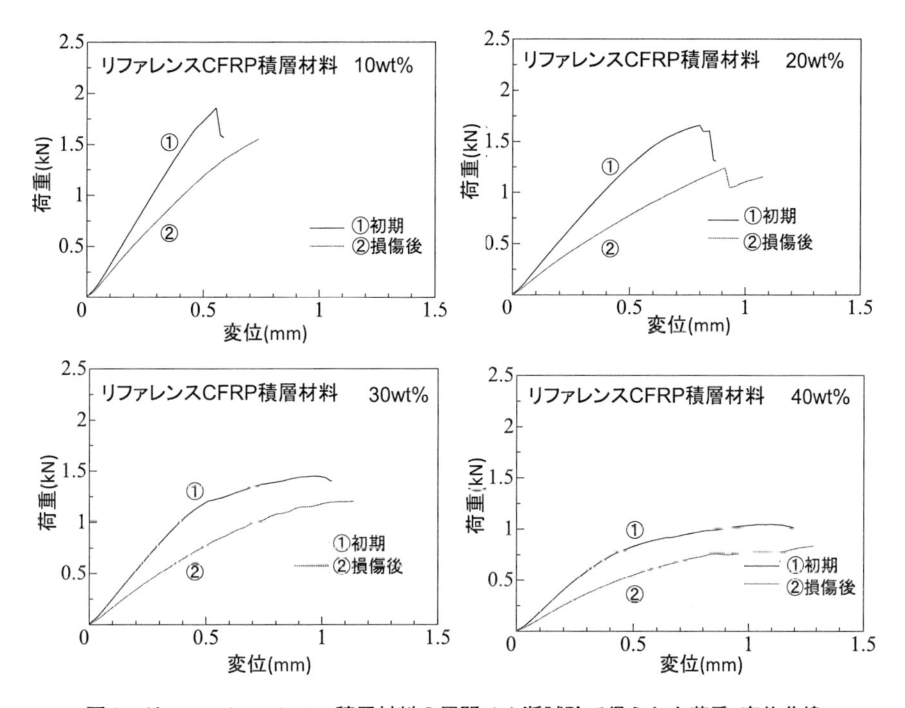

図9　リファレンスCFRP積層材料の層間せん断試験で得られた荷重-変位曲線

た。図 10 は自己修復 CFRP 積層材料の層間せん断試験で得られた初期・修復後の荷重-変位曲線を示したもので，マイクロカプセル重量分率を 10 wt%から 40 wt%に変化させた場合である。マイクロカプセル重量分率の増大に伴い初期の荷重-変位曲線と自己修復後の荷重-変位曲線がほぼ同様な挙動を示し，自己修復効果が認められた。

図 11 に自己修復 CFRP 積層材料の初期試験で得られた見掛けの層間せん断強度と修復率に及ぼすマイクロカプセル重量分率の影響を示す。見掛けの層間せん断強度は，マイクロカプセル重量分率の増大に伴い著しく低下した。これは，マイクロカプセルの増大に伴い，マトリックスの強度が低下したためと考えられる。一方，修復率は，マイクロカプセル重量分率の増大に伴い増大した。これは，より多くのマイクロカプセルが存在することにより，十分な修復剤が放出され，広範囲の微視き裂を接着したためと考えられる。見掛けの層間せん断強度と修復率の間でトレードオフの関係があることが明らかとなった。

自己修復 CFRP 積層材料中の損傷進展挙動と修復剤の浸透状況を把握するために，DCPD に蛍光染料を混合した平均粒径 30 μm，120 μm，250 μm のマイクロカプセルを用いて損傷の可視化を試みた[22]。図 12 は，蛍光染料を添加した平均粒径 250 μm のマイクロカプセルを 20 wt%分散させたリファレンス CFRP 積層材料の損傷領域観察結果を示したもので，(a)は紫外線未照射で観察した結果，(b)は紫外線照射で観察した結果である。き裂は紫外線を照射すると発光し，マイクロカプセルから放出された修復剤がき裂面に浸透している様子が確認できた。

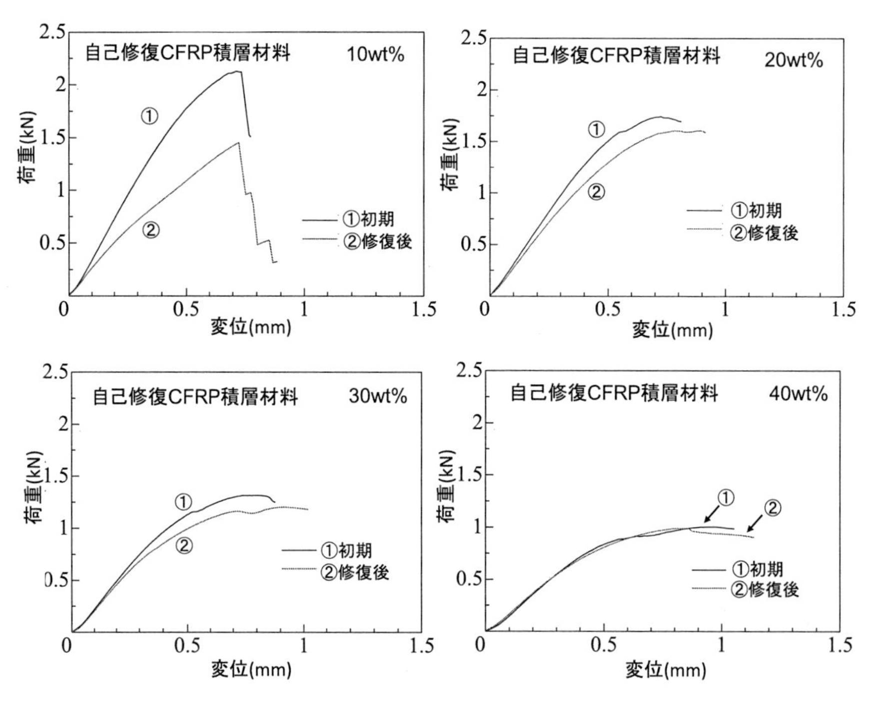

図 10　自己修復 CFRP 積層材料の層間せん断試験で得られた荷重-変位曲線

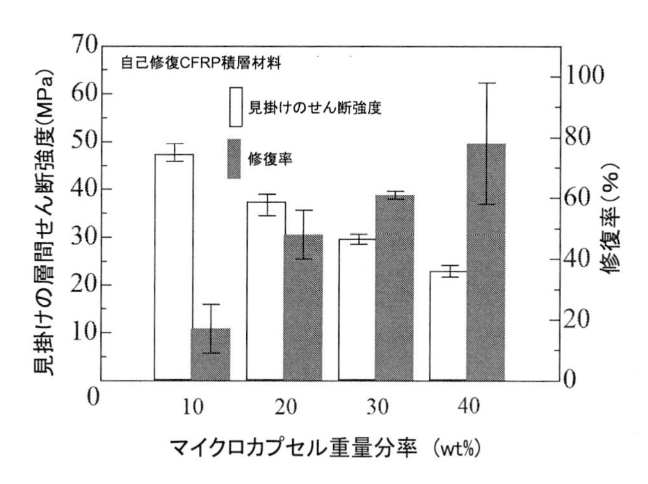

図 11　見掛けの層間せん断強度・修復率に及ぼすマイクロカプセル質量分率の影響

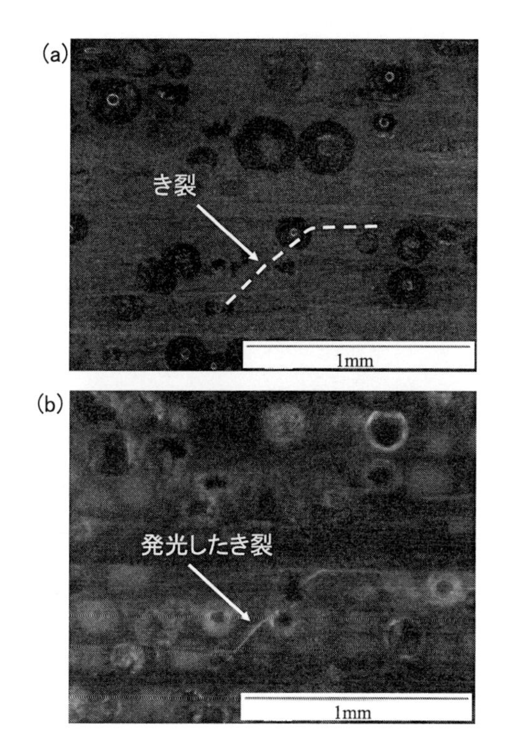

図 12　平均粒径 250 µm のマイクロカプセルを用いたリノァレンス CFRP 積層材料の損傷領域：
(a) 紫外線未照射；(b) 紫外線照射

図 13 は，図 12 と同様な結果であり，平均粒径 120 μm のマイクロカプセルを用いた場合である。平均粒径 120 μm のマイクロカプセルを用いた場合も，き裂は紫外線を照射すると発光し，マイクロカプセルから放出された修復剤がき裂面に浸透している様子が確認できた。図 14 は，図 12 と同様な結果であり，平均粒径 30 μm のマイクロカプセルを用いた場合である。き裂は紫外線を照射してもほとんど発光しなかった。これは破壊されたマイクロカプセルが少なく，修復剤がき裂面へ十分に放出されていないことが要因と考えられる。従って，マイクロカプセルの粒径は，自己修復性発現に重要な材料設計条件であることが明らかとなった。今後，高い初期強度と高い自己修復性を両立できる内部微視構造の設計指針を検討し，自己修復 CFRP 積層材料の実現を目指す予定である。

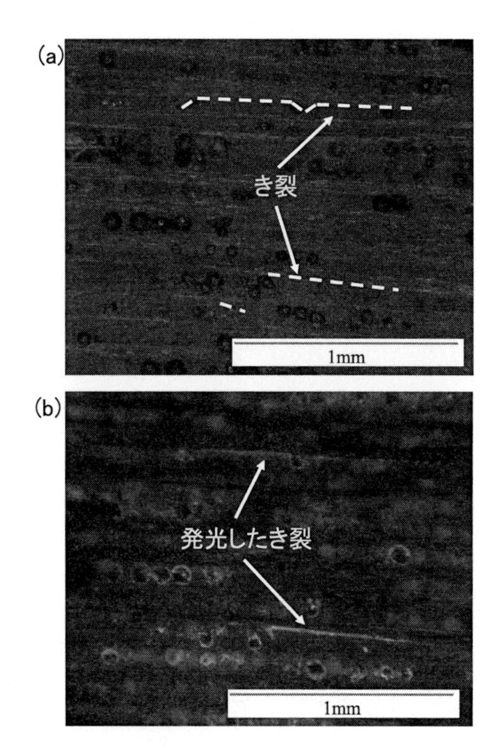

図 13　平均粒径 120 μm のマイクロカプセルを用いたリファレンス CFRP 積層材料の損傷領域：
(a)紫外線未照射；(b)紫外線照射

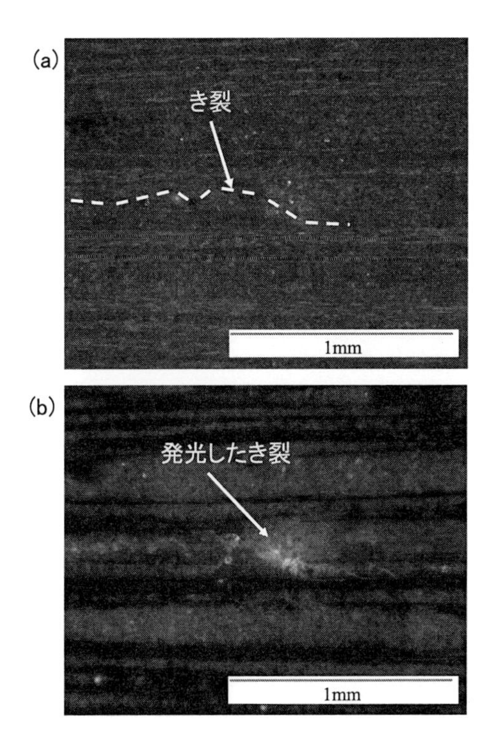

図14　平均粒径30 µmのマイクロカプセルを用いたリファレンスCFRP積層材料の損傷領域：
(a)紫外線未照射；(b)紫外線照射

3. 4　おわりに

本研究室で実施しているマイクロカプセルを用いた自己修復CFRPの研究開発の現状について紹介した。FRPは，不均質な内部微視構造を有し，損傷・破壊挙動が複雑なため，ポリマー単体の場合に比べて，高い効果を発現する自己修復性を付与することは困難である。しかし，自由に材料設計できるというFRPの利点を生かして，多くの自己修復性付与の手法が提案され，実用化に向けた開発が進んでいる。特に，CFRPの利用分野はより一層拡大し，信頼性・耐久性に対する要求は厳しくなり，環境負荷への配慮も必須となるため，CFRPへの自己修復性付与は必要不可欠になると予想される。なお，本研究の遂行にあたり，㈱ニッセイテクニカには，マイクロカプセルの製造において，多大なるご協力を頂きました。また，本研究の一部は，JSPS科研費（JP15K05683）の助成を受けて実施致しました。ここに感謝の意を表します。

文　献

1) D. Y. Wu, S. M. Meure, D. Solomon, *Progress in Polymer Science*, **33**, 479(2008)
2) C. Dry, *Composite Structures*, **35**, 263(1996)
3) S. M. Bleay, C. B. Loader, V. J. Hawyes, L. Humberstone, P. T. Curtis, *Composites:Part A*, **32**, 1767(2001)
4) J.W. C. Pang, I. P. Bond, *Composites Science and Technology*, **65**, 1791(2005)
5) J. W. C. Pang, I. P. Bond, *Composites:Part A*, **36**, 183(2005)
6) R. S. Trask, G. J. Williams, I. P. Bond, *Journal of the Royal Society Interface*, **4**, 363(2007)
7) G. J. Williams, R. S. Trask, I. P. Bond, *Composites: Part A*, **38**, 1525(2007)
8) S. Zainuddin, T. Arefin, A. Fahim, M. V. Hosur, J. D. Tyson, Ashok Kumar, J. Trovillion, S. Jeelani, *Composite Structures*, **108**, 277(2014)
9) S. R. White, N. R. Sottos, P. H. Geubelle, J. S. Moore, M. R. Kessler, S. R. Sriram, E. N. Brown, S. Viswanathan, *Nature*, **409**, 794(2001)
10) M. R. Kessler, N. R. Sottos, S. R. White, *Composites:Part A*, **34**, 743(2003)
11) T. Yin, L. Zhou, M. Z. Rong, M. Q. Zhang, *Smart Materials and Structures*, **17**, 015019(2008)
12) A. J. Patel, N. R. Sottos, E. D. Wetzel, S. R. White, *Composites:Part A*, **41**, 360(2010)
13) H. R. Williams, R. S. Trask, A. C. Knights, E. R. Williams, I. P. Bond, *Journal of Royal Society Interface*, **5**, 735(2008)
14) S. C. Olugebefola, A. M. Aragón, C. J. Hansen, A. R. Hamilton, B. D. Kozola, W. Wu, P. H. Geubelle, J. A. Lewis, N. R. Sottos, S. R. White, *Journal of Composite Materials*, **44**(22), 2587(2010)
15) T. S. Coope, D. F. Wass, R. S. Trask, I. P. Bond, *Smart Materials and Structures*, **23**, 115002(2014)
16) M. Zako, N. Takano, *Journal of Intelligent Material Systems and Structures*, **10**, 836(1999)
17) S. A. Hayes, W. Zhang, M. Branthwaite, F. R. Jones, *Journal of Royal Society Interface*, **4**, 381(2007)
18) J. S. Park, T. Darlington, A. F. Starr, K. Takahashi, J. Riendeau, H. T. Hahn, *Composites Science and Technology*, **70**, 2154(2010)
19) K. Hamada, F. Kawano, K. Asaoka, *Dental Materials Journal*, **22**(2), 160(2003)
20) T. C. Bor, L. Warnet, R. Akkerman, A. Boer, *Journal of Composite Materials*, **44**(22), 2547(2010)
21) 真田和昭，陶山丈順，納所泰華，材料，**66**(4)，299(2017)
22) 納所泰華，廣岡進之介，真田和昭，材料，**70**(6)，457(2021)

4 “表面処理剤フリー”エポキシ樹脂/ZrO_2ナノ粒子ハイブリッドの光学特性

榎本航之[*1]，菊地守也[*2]，川口正剛[*3]

4. 1 はじめに

エポキシ樹脂は万能性の高い熱硬化性樹脂であり，接着用途のみならず塗料，電気電子，土木，建築など幅広い分野で活用されている[1)]。また，エポキシ樹脂は有機材料の中では比較的屈折率が高いため光学接着剤やLEDの封止剤など光学用途にも利用されている。封止剤においては，光の取り出し効率は封止剤の屈折率の増加によって向上するが[2)]，エポキシ樹脂も他の有機材料と同様に屈折率の制御は難しい。これを克服する1つの手法に有機無機ハイブリッド化があげられる。しかし，透明性が必要な光学材料は技術的に難易度が最も高く，特に1 mm以上の圧膜の光学材料の成功例はほとんどないのが実状である。屈折率が異なる成分を混合した場合，散乱が起こり容易に不透明化するためである。この散乱は，5 nm以下の光学補強微粒子（NPs）を凝集させることなく樹脂中にナノ分散できて初めて大きく抑制できる。これを達成するための高分子分散剤や反応性表面処理剤を用いた高度な界面設計が数多く報告されている[3~15)]。

ところで，無機有機ハイブリッド化による光学特性の向上には避けては通れない“トレードｰオフ”の関係がある。補強NPsと有機樹脂との分散・親和性を高めるためには有機表面処理剤は必要不可欠と考えられる。しかし一方で，用いる表面処理剤も有機化合物であるため屈折率がそれほど高くなく，その結果，表面処理を施した光学補強NPsの有効（実効）屈折率の低下を引き起こす。有効屈折率は，NPsのサイズが小さくなればなるほど顕著に低下する。以下には，有機表面処理したNPsの有効屈折率がどの程度まで減少するのかについて補強剤NPsの粒子径（D）の関数として見積もってみる。滑らかな表面を持つ直径Dの単分散な球状のNPs表面上で表面処理剤1分子の占有面積Aは(1)式で与えられる[16)]。

$$A=\frac{6M_{\mathrm{Modifier}}}{\rho_{\mathrm{Modifier}}N_{\mathrm{A}}D}\left(\frac{1}{W_{\mathrm{Modifier}}}-1\right) \tag{1}$$

ここで，M_{Modifier}とρ_{Modifier}はそれぞれ表面処理剤のモル質量と密度，N_{A}はアボガドロ数，W_{Modifier}は表面処理剤の重量分率である。また，表面処理剤の体積分率（ϕ_{Modifier}）とNPsの体積

＊1 Kazushi ENOMOTO （国研）理化学研究所 創発物性科学研究センター 研究員
＊2 Moriya KIKUCHI 山形大学 工学部 技術専門職員
＊3 Seigou KAWAGUCHI 山形大学 大学院有機材料システム研究科 教授

分率（ϕ_{NP}）は(2)式の関係がある。

$$\phi_{NP}{}^{-1} = 1 + \frac{6M_{Modifier}}{A\phi_{Modifier}N_A D} \tag{2}$$

波長 589.3 nm（D 線）における表面処理した NPs の有効屈折率（$n_{D,\ Modified\ NP}$）は，ローレンツ-ローレンツの有効媒質理論から次のように見積もることができる。

$$\frac{n_{D,\ Modified\ NP}{}^2 - 1}{n_{D,\ Modified\ NP}{}^2 + 2} = \phi_{NP}\frac{n_{NP}{}^2 - 1}{n_{NP}{}^2 + 2} + \phi_{Modifier}\frac{n_{Modifier}{}^2 - 1}{n_{Modifier}{}^2 + 2} \tag{3}$$

ここで，n_{NP}，$n_{Modifier}$ は D 線における NPs と表面処理剤の屈折率である。図 1 には，(1)～(3)式を用いてラウリン酸（LA，$n_D = 1.4304$，$\rho = 0.883$ g/cm^3）修飾した NPs として ZrO_2（$n_D = 2.15$）と TiO_2（$n_D = 2.537$）の場合について，NPs の有効屈折率（$n_{D,\ Modified\ NP}$）と表面処理剤の体積分率 $\phi_{Modifier}$ の粒子径（D）依存性の計算結果を示す。ただし，$A = 0.4$ nm^2/個を用いた。LA-NPs 中の表面処理剤の $\phi_{Modifier}$ は $D < 10$ nm から D の減少と共に急激に増加し，一方で有効屈折率は急激に減少していることが分かる。$D \approx 5$ nm 程度の NPs を用いてのハイブリッド化を考えると，この計算結果は，表面処理は NPs を高分子中にナノ分散させるためには必要ではあるものの，屈折率を増加させるという点からは必ずしも良いアプローチではないことが分かる。この“屈折率-分散のジレンマ”を克服するために，筆者らは「表面修飾剤を使わない」ハイブリッド化に着目した[16]。その考え方は，1. 二官能性（または多官能性）モノマーを表面処理剤として用い，モノマー表面処理化 NPs モノマー分散液を得る。2. NPs モノマー分散液を直接（共）重合させることで，表面処理剤フリーの有機無機ハイブリッド化を実現する。この手法の可能性を確認するために，無機 NPs の表面官能基化に必要な多官能性と親水性溶媒（水など）に対する適度な安定性の両方の特性を持つエポキシドが選択された（図 2）。本稿では，図 3 に

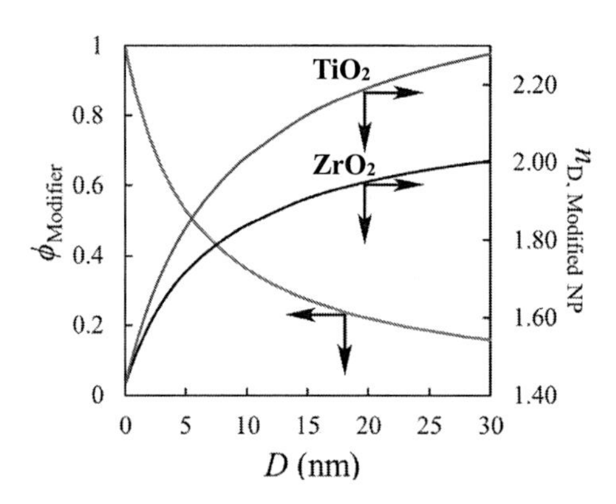

図 1　ラウリン酸（LA）修飾 NPs の屈折率（$n_{D,\ Modified\ NP}$）の粒子径（D）依存性

修飾剤：ラウリン酸（$n_D = 1.4304$，$\rho = 0.883$ g/cm^3），表面被覆率：$A = 0.4$ nm^2/個，無機 NPs：ZrO_2（$n_D = 2.15$）とアナターゼ TiO_2（$n_D = 2.537$）。

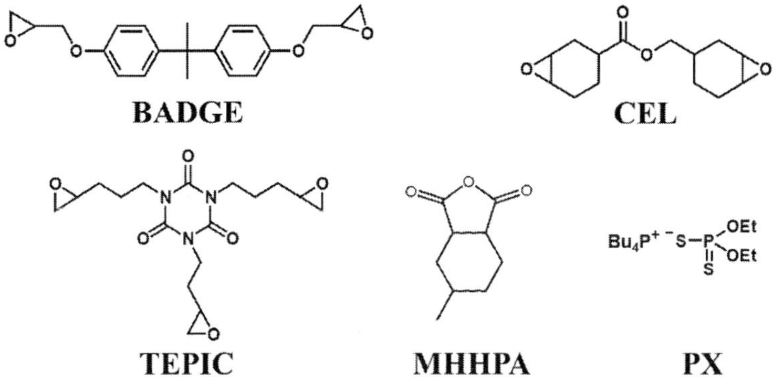

BADGE　CEL

TEPIC　MHHPA　PX

図２　本研究で使用したエポキシモノマー（BADGE，CEL，TEPIC），硬化剤（MHHPA），および触媒（PX）の化学構造

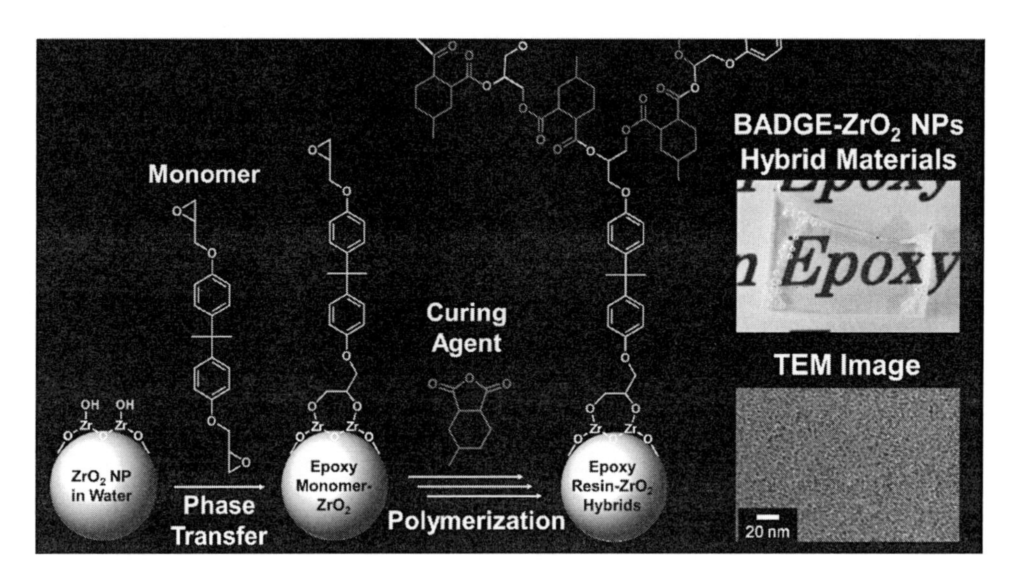

図３　表面処理剤フリー有機無機ハイブリッド化のスキーム

示すように ZrO_2 NPs とエポキシポリマーとの表面修飾剤フリーハイブリッド化と得られるハイブリッド材料の光学特性について紹介する。

4．2　実験

4．2．1　試薬

数平均直径 $D_n=3.11$ nm で少量の酢酸を含む ZrO_2 NPs（$n_D=2.1$-2.2）の水分散液（固形分 11.4 wt%，pH 3.04）を用いた。ビスフェノール A ジグリシジルエーテル（BADGE；BADGE

のオリゴマー，数平均重合度1.6，エポキシ当量：180～194 g/eq.，粘度：11,500～13,500 mPa·s（25℃），商品名：YD128）は日鉄ケミカル＆マテリアル㈱から供給された。3,4-エポキシシクロヘキシルメチル-3',4'-エポキシシクロヘキサンカルボキシレート（CEL；エポキシ当量：128-145 g/eq.，粘度：100～600 mPa·s，製品名：CEL2021P）はダイセル㈱から提供された。また，1,3,5-トリス(2-(オキシラン-2-イル)エチル)-1,3,5-トリアジナン-2,4,6-トリオン（TEPIC；エポキシ当量：125-145 g/eq.，粘度：6,000～9,000 mPa·s，製品名：TEPIC-VL）は日産化学工業㈱から提供された。4-メチルヘキサヒドロフタル酸無水物（MHHPA）は新日本化学工業㈱から，テトラブチルホスホニウム O,O-ジエチルホスホロジチオネート（PX；製品名：ヒシコーリン PX-4ET）は日本化学工業㈱から提供された。トルエン（>99.0%），*n*-ヘキサン（>95.0%），テトラヒドロフラン（THF；>99.0%），ジクロロメタン（>99.0%），アセトニトリル（>99.0%），*N,N*-ジメチルホルムアミド（DMF；>99.0%）は関東化学㈱から，メタノール（>99.5%），アセトン（>99.0%），2-プロパノール（>99.7%），酢酸（>99.7%）は和光純薬工業㈱から，1,2-エポキシドデカン（EDD；>95.0%）は東京化成工業㈱から購入したものを使用した。クロロホルム（>99.0%）は和光純薬工業㈱から購入し，水で3回洗浄した後，塩化カルシウムで蒸留して精製した。

4. 2. 2 ZrO_2 NPs 水分散液からエポキシモノマーへのワンポット疎水化・相移動

水からエポキシモノマーへの ZrO_2 NPs の疎水化と相移動は表面改質剤を使用することなく穏やかな溶媒交換法を用いて行われた[16~18]。BADGE を例に典型的な操作を以下に説明する。1.0 g の ZrO_2 水分散液を BADGE（0.080 g）を含む 5.0 mL メタノール溶液に滴下しながら添加し，透明混合物を得る。混合物を半分の体積になるまで 40℃で穏やかに蒸発させた後，反応混合物が透明になるまでメタノールを加えた。この操作を3回繰り返すとわずかに白濁した分散液になる。さらに，分散液が透明になるまでメタノールを加え，濃縮する操作を4回繰り返すと透明なメタノール分散液が得られる。この溶液にクロロホルムを加えると再び濁った分散液となるが，クロロホルムを加え濃縮する操作を5回繰り返すと透明なクロロホルム溶液が得られる。この溶液を真空下で完全に蒸発させると ZrO_2 NPs を含む透明な BADGE 溶液が得られる。この BADGE-ZrO_2 NPs は，動的光散乱（DLS），FT-IR 分光法，および固体 ^{13}C CP/MAS NMR を用いて特性評価された。修飾メカニズムを決定するために，1,2-エポキシドデカン（EDD）を用いた ZrO_2 NPs の表面修飾を行い，詳細な特性評価を行った。

4. 2. 3 エポキシ樹脂と ZrO_2 NPs とのハイブリッド化

図2で示した3種類のエポキシモノマーは酸無水物（MHHPA）と PX を触媒として用いて熱硬化させた。すべての実験においてエポキシモノマーと硬化剤の供給比はエポキシ当量に対して1等量になるように加えられた。BADGE ベースのエポキシ樹脂の典型的な調製手順を以下に示す。BADGE（0.527 g），MHHPA（0.473 g），PX（0.0080 g）を均一に混合した。反応混合物

をテフロンシートで覆われた2枚のガラス板の間にテフロン製スペーサー（厚さ1.0 mm）を挟んで組み立てたセルに移した。サンプルを真空オーブンで脱気し，窒素雰囲気下，100℃で2時間，150℃で3時間重合した。CELモノマーはBADGEと同じ条件で硬化させた。TEPICモノマーは90℃で3時間，150℃で2時間重合した。

4. 2. 4　測定

動的光散乱（DLS）は光子相関機（GC-1000，大塚電子㈱）を装備したDLS-7000（大塚電子㈱）を用いて25℃または30±0.1℃，散乱角40°～150°の範囲で測定した。積算時間は750秒で，CONTIN法を用いて平均流体力学的粒子径（D_H）と粒度分布を測定した。ZrO_2 NPsのξ-電位は電気泳動光散乱光度計（ELS 8000，大塚電子㈱）を用いて25℃の10 mM NaCl溶液中で測定した。フーリエ変換赤外分光法（FT-IR）は，FT-720分光光度計（㈱堀場製作所）を用いてKBr法で測定した。BADGEの粘度測定はEMS1000（京都電子製作所）を用いて，20～100℃の範囲で行った。BADGEの屈折率は多波長アッベ屈折率計（DR-M4，ATAGO社製），熱重量分析（TGA）は，TGA4000（Perkin Elmer）を用いて行った。約3 mgの質量のサンプルを20 mL/分の窒素気流下，10℃/分の速度で800℃まで加熱した。示差走査熱量測定（DSC）はDSC4000（Perkin Elmer）を用いて行った。質量約3 mgのサンプルを50～250℃の間で10℃/分の速度で3回の加熱・冷却サイクルの間に測定した。^{1}H NMRおよび^{13}C NMRスペクトル（$CDCl_3$）および固体^{13}C CP/MAS NMRスペクトルは，JNM-ECX400分光計（JEOL㈱）を用いて測定された。透過型電子顕微鏡（TEM；JEM-2100，JEOL）を用いて照射電圧200 kVで観察した。試料はモノマー分散液をクロロホルムで希釈し，ELS-C10 STEM Cu100Pグリッド（応研商事㈱）上に滴下し，蒸発させることによって作成した。ZrO_2 NPsのハイブリッド材料への分散状態は厚さ約20 nmの超薄切片のTEM測定から評価した。

X線小角散乱（SAXS）測定はNANO-Viewer（㈱リガク）を用い，入射X線波長λ=0.15428 nm，試料-検出器間距離653 mmとして25℃で行った。散乱ベクトルqは$4\pi \sin\theta/\lambda$（2θは散乱角）と定義され，粉末ベヘン酸銀のブラッグ反射を用いて校正された。

ハイブリッド材料の透明性は紫外可視分光光度計（日本分光㈱，V-530 UV/vis分光光度計）を用いて評価した。測定試料は一辺1 cm，厚さ200 μm～1 mmの正方形とし，波長範囲200 nm～800 nm，室温で測定した。

エポキシ樹脂の密度はアルキメデス水中置換法（AD-1653，㈱エー・アンド・デイ）により18℃で測定した。置換液には脱イオン水を用いた。液体の密度はDMA4500密度計（Anton Paar GmbH）を用いて25℃で測定した。

ハイブリッド材料の屈折率とアッベ数はプリズムカプラー（Metricon Co：473 nm，594 nm，653 nm）を用いて室温で測定した。測定サンプルは一辺が5 mm以上の正方形である。試料の屈折率はスネルの法則から求めた。

$$n_P \sin\theta_C = n \sin\frac{\pi}{2} = n \qquad (4)$$

ここで，n_p，nはそれぞれプリズムと試料の屈折率，θ_c，プリズムと試料の臨界角である。アッベ数ν_Dは以下の式から算出した。

$$\nu_D = \frac{n_D - 1}{n_F - n_C} \qquad (5)$$

ここで，n_D，n_F，n_Cは，それぞれ589 nm，486 nm，656 nmの屈折率である。これらの値は，実験で測定された3つの屈折率の値を用いてコーシーの分散式から求められた。ハイブリッド材料の熱光学係数（TOC；dn/dT）は，Abbemat 650屈折計（Anton Paar GmbH）を用いて10～70℃の範囲で測定した。

4.3 結果と考察

4.3.1 ZrO_2 NPsの水からエポキシモノマーへの相移動

BADGE，CELおよびTEPICを表面改質剤およびマトリックスとして利用できるかの可能性についてZrO_2 NPsの非存在下で水やアルコールなどに対するエポキシ基の化学的安定性について調べた。その結果，40℃のメタノール中，酢酸（AcA）を含む水溶液からクロロホルムに溶媒交換を行ってもIRスペクトルに全く変化はなく，表面改質中エポキシ基の化学的安定性は保たれていることが分かった。ZrO_2 NPs存在下でエポキシモノマーへの相移動を，BADGEの重量分率F_{BADGE}値が23.1～91.0 wt%の範囲で調査した。BADGEは水と混合しないためメタノールの蒸発に伴って最初は相分離するが，メタノールの蒸発およびメタノール添加のプロセスを数サイクル行った後にはわずかに懸濁したメタノール分散液になった。これは，メタノールと共に水が留去されBADGEがZrO_2 NPsと反応したためである。さらに，メタノールの添加と蒸発の数回の溶媒置換を行った後は透明なメタノール溶液（ナノ分散液）が得られた。透明なメタノール分散液にクロロホルムを加えると再び濁った分散液になるが，混合溶媒中のクロロホルムの体積分率が増加するにつれて分散液の濁度は徐々に減少し，透明なクロロホルム分散液が得られた。その溶液を40℃の高真空下でクロロホルムを恒量になるまで完全に除去すると，透明な粘性のZrO_2 NPs BADGEナノ分散液が得られた。CEL-ZrO_2およびTEPIC-ZrO_2の分散液も同様の手順で得ることができた。

表1は，F_{Epoxy} = 23.1 wt%でBADGE-ZrO_2，CEL-ZrO_2，TEPIC-ZrO_2 NPsの過剰なエポキシを除去した後乾燥して得られるエポキシ-ZrO_2 NPs粉末の再ナノ分散性（濃度1 wt%）の結果を示した。比較のためにラウリン酸修飾ZrO_2 NP（LA-ZrO_2）の結果も示した[17]。エポキシ-ZrO_2 NPsは，ウンドデシル鎖で覆われたLA-ZrO_2よりもわずかに低い分散性を示したが，THF，クロロホルム，DMSOなどのいくつかの有機化合物中で再ナノ分散可能であった。また，

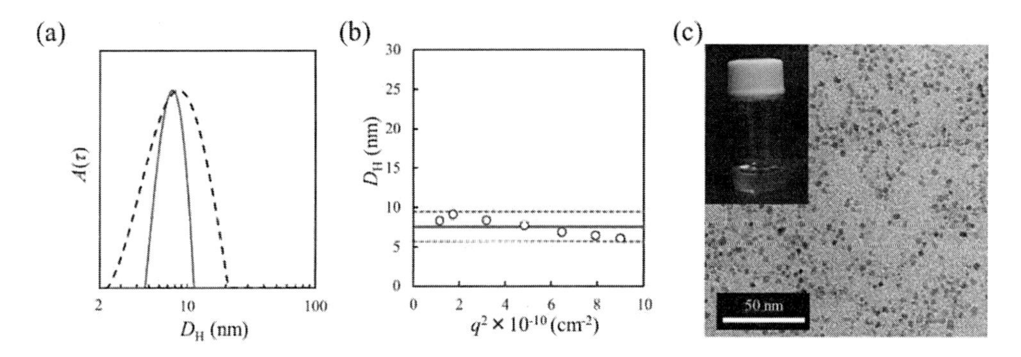

図４　(a)25℃の水中における元の ZrO_2 NP（破線）および BADGE 中に分散した BADGE-ZrO_2（実線）の DLS 曲線，(b)BADGE 中における BADGE-ZrO_2 の角度依存性，および(c)$CHCl_3$（0.1 w/w）からキャストした BADGE-ZrO_2 の TEM 画像。挿入図は BADGE-ZrO_2 NP モノマー分散液（5.0 w/w）の光学写真。

エポキシ-ZrO_2 NPs はエポキシモノマーだけでなく，硬化剤である 4-メチルヘキサヒドロフタル酸無水物（MHHPA）およびそれらのモノマー混合物にも再ナノ分散できることが分かった。

粘性のある BADGE モノマーへの BADGE-ZrO_2 NPs の再ナノ分散を確認するために DLS 測定を行った。図４(a)は，水に分散させた元の ZrO_2 NPs（25℃）と BADGE-ZrO_2 NPs（F_{BADGE}＝50 wt％）を BADGE に分散させたもの（30℃）の DLS 曲線を示す。30℃での BADGE の粘度（5120 mPa·s）と屈折率（632.8 nm で 1.5653）の値を DLS 解析に用いた。図４(a)の結果は，完全乾燥後においても BADGE-ZrO_2 NPs が一次粒子として BADGE 中に再ナノ分散していることを強く支持し，水分散液からクロロホルムへの相移動と疎水化を同時に達成できていることを示している。図４(b)は，BADGE 中の BADGE-ZrO_2 NPs の散乱角度依存性であり，D_H 値が q^2 に対してプロットされている。ここで q は $4n_0\pi \sin(\theta/2)/\lambda$ として定義される散乱ベクトルである。ここで n_0 は 30℃での BADGE の屈折率，θ は散乱角である。破線は平均 D_H 値（7.6 nm）からの 25％の誤差（±1.9 nm）を示している。この図より，BADGE 分散液において NPs の並進拡散が測定されていることを示すものである。図４(c)は，クロロホルムからキャストした BADGE-ZrO_2 NP 分散液の TEM 像と BADGE-ZrO_2 NPs（F_{BADGE}＝50 wt％）を含む BADGE 溶液（5.0 w/w）の光学写真であり，ZrO_2 NPs のナノ分散性を強く支持している。

4.3.2　水からエポキシモノマーへの相移動のメカニズム

相移動のメカニズムとエポキシ基と ZrO_2 NP 表面との結合様式を明らかにするために，単官能エポキシドである 1,2-エポキシドデカン（EDD）を表面処理剤として用いて ZrO_2 NPs の表面改質を行ったところ，透明な EDD-ZrO_2 NPs クロロホルム分散液（F_{EDD}＝50 wt％）が得られた。EDD-ZrO_2 NPs は完全に乾燥させた後でも LA-ZrO_2 と同様の再ナノ分散性を示した（表

1)。図5(a)はクロロホルム中のEDD-ZrO_2 NPsのDLS曲線であり，ナノ分散性が確認された($D_H = 9.6$ nm)。アセトンで過剰量のEDDを除去した後のEDD-ZrO_2 NPsのFT-IRスペクト

表1　エポキシ改質 ZrO_2 NPsの再ナノ分散性の結果

Solvent	SP[a] $(MPa)^{1/2}$	再ナノ分散性[b]				
		BADGE-ZrO_2	CEL-ZrO_2	TEPIC-ZrO_2	EDD-ZrO_2	LA-ZrO_2[17]
n-Hexane	14.9	×	×	×	○	○
Diethyl ether	15.1	×	×	×	△	○
Cyclohexane	16.8	×	×	×	△	×
Toluene	18.2	△	△	△	○	○
Ethyl acetate	18.6	△	△	△	○	○
THF	18.6	○	△	△	○	○
Benzene	18.8	△	△	△	○	○
Chloroform	19.0	○	○	○	○	○
Dichloromethane	19.8	○	△	○	○	○
Acetone	20.3	△	△	△	×	×
DMF	21.7	○	△	○	×	×
2-Propanol	23.5	×	△	△	×	×
Acetonitrile	24.3	△	△	△	×	×
DMSO	24.6	○	○	○	×	×
Ethanol	26.0	△	△	△	×	×
Methanol	29.7	×	○	△	×	×
Water	47.9	×	×	×	×	×
MHHPA	-	○	○	○	×	×

a）溶解度パラメーター，b）濃度は約1 wt%。　○はナノ分散，△は部分的な分散，×は分散なし。

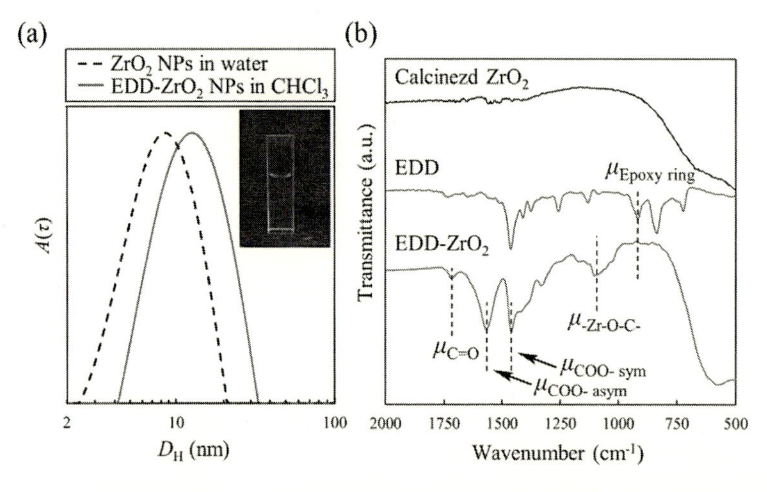

図5　(a) $CHCl_3$ 中のEDD修飾 ZrO_2 NPs（実線）および水中の元の ZrO_2 NPs（破線）のDLS曲線，(b)焼成 ZrO_2 NPs(上)，EDD(中)，およびEDD-ZrO_2 NPs(下)のFT-IRスペクトル

ルを図5(b)に示す。比較のためにEDDおよび焼成ZrO_2 NPsのスペクトルも示す。図4(b)で見られるように，EDD-ZrO_2 NPsのスペクトルには1456および1558 cm^{-1}に2つの強いピークが観察される。これらはZrO_2 NP表面に二座型で結合したカルボキシレート基の対称および非対称伸縮振動に起因するもので，もともと水分散液で入っていた酢酸（AcA）から来るものである[14~18]。カルボキシレート基はEDDによる表面改質後も残存していた。また，1720 cm^{-1}にも小さなピークが観察され，AcAとEDDによって生成したエステルに起因するものと考えられる。

興味深いことに，EDD-ZrO_2 NPsではEDDのエポキシ環に起因する915 cm^{-1}のピークは完全に消失し，その代わりに1100 cm^{-1}付近に新しいブロードなピークが観測された。このピークはエポキシ分子とZrO_2 NPsの表面との化学結合に関連した-Zr-O-C-[19, 20]の伸縮振動に対応する。3種類のエポキシモノマーのスペクトルにおいてもエポキシ環に起因するピークが著しく減少し，1100 cm^{-1}付近に新しいブロードなピークが現れていた。したがって，エポキシ基はZrO_2 NPsと反応し，表面に化学的に固定されていると結論される。

図6(a)には，精製したEDD-ZrO_2 NPs（F_{EDD}＝50 wt％）の^{13}C CP/MAS NMRスペクトル，図6(b)，(c)および(d)には，$CDCl_3$中のEDD-ZrO_2 NPs，ジルコニウム(IV)テトラブトキシド，およびEDDの^{13}C NMRスペクトルを示した。図6(d)の45 ppm(b)および50 ppm(a)のピークはEDDのエポキシ基のメチンおよびメチレン炭素に起因するものであるが，図6(b)のEDD-ZrO_2 NPsでは完全に消失している。一方，図6(a)に示すようにEDD-ZrO_2 NPsの固

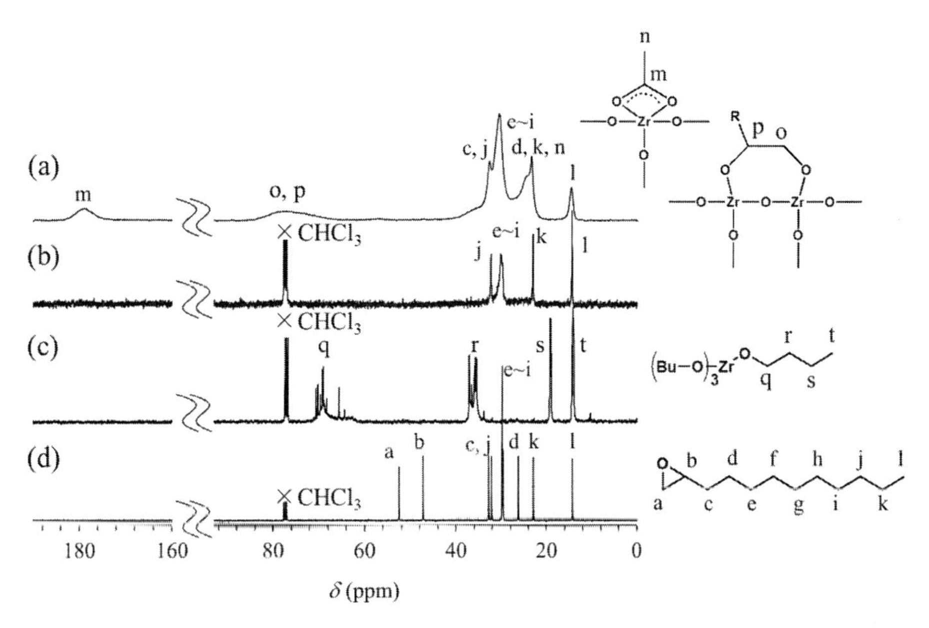

図6　(a)EDD-ZrO_2 NPsの^{13}C CP/MAS NMRスペクトル，(b)EDD-ZrO_2 NPs，(c)ジルコニウム(IV)テトラブトキシド，(d)EDDの^{13}C NMRスペクトル（$CDCl_3$中）

体 ^{13}C CP/MAS NMR スペクトルでは 70〜80 ppm の範囲にブロードなピークが新たに観測された。このピークを特定するためにジルコニウム(VI)テトラブトキシドの ^{13}C NMR スペクトルを図 6(c)に示す。69 ppm のピーク(q)は，ジルコニウムに結合したオキシメチレン炭素(q)に帰属される。したがって，図 6(a)の 70〜80 ppm の幅広いピークは ZrO_2 NPs の表面でジルコニウムと結合しているオキシメチレンまたはオキシメチン炭素（**o** および **p**）と帰属され，EDD と ZrO_2 NPs から形成する結合様式が図 6 に示す 7 員環構造であると推定される。

EDD-ZrO_2 NPs の溶液状態と固体状態での ^{13}C NMR スペクトルの違いも興味深い考察を与える。図 6(b)では，エポキシ基近傍のメチレン炭素に起因する 26 ppm(d)と 32 ppm(c)のピークが消失し，アルキレン炭素（e〜i）に起因するピークも ω 末端の炭素（j, k, l）のピークよりはるかに小さくなっている。これは，溶液 NMR 測定において ZrO_2 NP に結合した部位近傍の運動性が低いためと考えられる。これとは対照的に，図 6(a)の固体 NMR ではピーク（c〜i）の強度は ω-メチル炭素(l)の強度よりもはるかに大きい。この観察結果は頭部基としてのエポキシが ZrO_2 NPs に結合しているという考えを支持している。

IR および NMR 測定の結果は，相移動の際にエポキシ基が ZrO_2 NPs 表面と反応し，エポキシモノマーにナノ分散可能なエポキシ官能基化 ZrO_2 NPs が得られていることを支持する。スキーム 1 に反応機構を示した。Bandosz ら[21]は，ホスホノチオエート化合物を用いて水酸化ジルコニウムの酸性度を評価し，ジルコニウム原子上のモノ，ジ，トリヒドロキシル基の pK_a 値を 5.5，6.5，9.5 と決定した。使用した ZrO_2 NPs は AcA（$pK_a = 4.7$-4.8）によって部分的にプロトン化された形態（Ⅰ）で水中に分散していると考えられる。事実，ZrO_2 NP の ξ-電位は 10 mM NaCl 中で 27.0 mV であった。水中で水分子に囲まれたオキソニウムイオン（Ⅰ）は求核性が低いためエポキシ基とはほとんど反応しない。水からメタノールへの緩やかな溶媒交換により水が抜けていくとカルボキシレートが二座配位で ZrO_2 NPs に結合する（Ⅱ）。メタノール中では ZrO_2 NPs 表面のヒドロキシ基はエポキシドと反応し，対応する開環アルコールを生成する（Ⅳ）。この反応はメタノール分率の増加と触媒としての ZrO_2 表面へのエポキシドの配位によって促進される（Ⅲ）。開環したヒドロキシル基を有するメタノール ZrO_2 NPs（Ⅳ）分散液が得られる。さらに，メタノール（比誘電率＝32.6）からクロロホルム（4.8）のような誘電率の低い溶媒に交換されると生成した水酸基が NPs 表面を向くようになる。これは，界面エネルギーや水素結合が最小化されるためである（Ⅴ）。最後にエポキシ由来の水酸基は，ZrO_2 NPs 上の水酸基と縮合し，7 員環構造を生成する（Ⅵ）。この縮合は減圧・高温下で促進される。

4. 3. 3　エポキシモノマーと ZrO_2 NPs の表面処理剤フリーハイブリッド化

ハイブリッド化はエポキシ修飾 ZrO_2 NPs を含むエポキシモノマーと，硬化剤としての MHHPA との共重合によって行われた。共重合は触媒としてテトラブチルホスホニウム O,O-ジエチルホスホロジチオネート（PX）の存在下，硬化温度 100℃で 2 時間，150℃で 3 時間行われた[18]。表 2 に共重合結果を示す。F_{ZrO_2} は仕込みの ZrO_2 NP の重量含有率を示す。図 7 は合成

(I) in Water　(II) in MeOH　(III) in MeOH

(IV) in MeOH　(V) in MeOH/$CHCl_3$　-H_2O　(VI) in $CHCl_3$

スキーム１　EDD を表面処理剤に用いた ZrO_2 NPs の表面改質メカニズムの提案

表２　BADGE-ZrO_2／エポキシハイブリッド材料の調製結果

Run[a]	F_{ZrO_2} (wt)	透明性[b]	T_{d5} (℃)	W_{ZrO_2} (wt%)	ϕ_{ZrO_2} (vol)	n_{473}[c]	n_{594}[c]	n_{653}[c]	Δn[d]	ν_D
1-1	0	○	362	−	−	1.5496	1.5400	1.5337	0.0000	36.9
1-2	3	○	358	0.9	0.2	1.5512	1.5395	1.5357	0.0002	34.1
1-3	5	○	368	5.5	1.4	1.5538	1.5421	1.5375	0.0007	35.0
1-4	10	○	349	14.7	4.1	1.5725	1.5582	1.5569	-0.0022	44.3
1-5	20	○	325	25.5	7.9	1.5908	1.5776	1.5733	0.0017	36.4
1-6	30	○	317	35.6	12.1	1.6142	1.6004	1.5948	0.0024	33.1
1-7	40	○	307	43.2	16.0	1.6305	1.6165	1.6122	0.0016	37.6
1-8	50	○	303	54.7	23.2	1.658	1.6432	1.6385	0.0011	36.5
1-9	60	○	316	63.7	30.5	1.6992	1.6838	1.6753	0.0033	29.5
1-10	70	○	311	71.1	38.1	1.7290	1.7134	1.7048	-0.0014	32.2
1-11	75	○	342	73.8	41.3	1.7812	1.7650	1.7625	−	−

a）硬化温度：100℃で２時間，150℃で３時間。
b）○：透明，×：濁り。
c）波長＝473 nm，594 nm，653 nm における屈折率（横電界（TE）モードで測定）。
d）$\Delta n = n_{TE} - n_{TM}$，ここで n_{TE} と n_{TM} はそれぞれ TE モードと横磁場（TM）モードでの屈折率。

した厚さ1 mmのハイブリッド材料（BADGE-ZrO_2）の光学写真である（Run 1-1～1-7）。F_{ZrO_2}＞50 wt%ではBADGE-ZrO_2 NPモノマー分散液の粘度が上昇するため厚さ1 mmのセルへの導入が困難になった。Run 1-8と1-9は滴下キャスト法を用い，run 1-10と1-11のサンプルにはスピンコーティング法を用いた。すべてのZrO_2含有量において透明なBADGE-ZrO_2ハイブリッド材料が得られた。図8には，BADGE-ZrO_2ハイブリッド材料のTGA曲線を示す。ハイブリッド材料中のZrO_2の正味含有量（W_{ZrO_2}）は，TGA曲線における800℃での各残渣（$W_{Hybrids}$）の値から決定された。図8で見られるように，ZrO_2-フリーのBADGEエポキシ樹脂は800℃でもN_2フロー下では完全には燃焼しない（$W_{BADGE\ epoxy}$＝3.3 wt%）。したがって，W_{ZrO_2}（%）はその分を考慮して次式を用いて計算された。

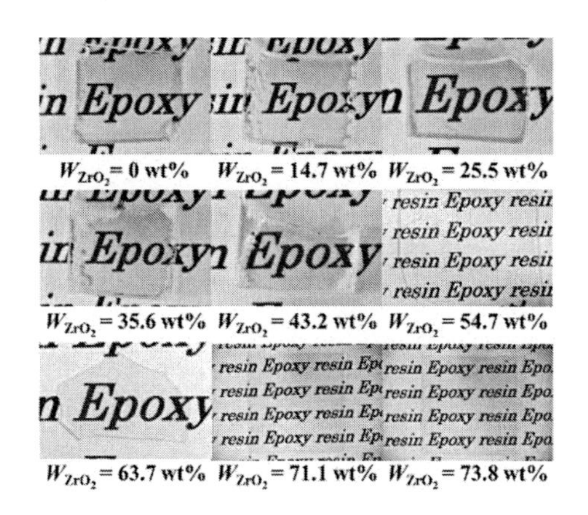

図7　表面処理剤フリーハイブリッド化で作製したBADGE-ZrO_2ハイブリッド材料の写真

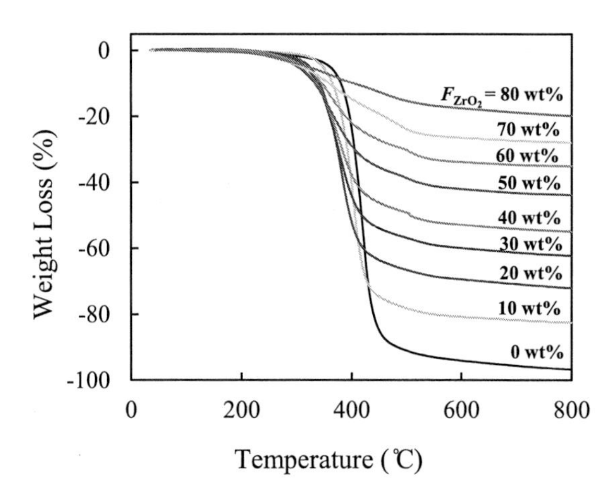

図8　表面処理剤フリーハイブリッド化で作製したBADGE-ZrO_2ハイブリッド材料のTGA曲線

$$W_{ZrO_2}(\%) = \left(1 - \frac{100 - W_{Hybrids}}{100 - W_{BADGE\ epoxy}}\right) \times 100 \quad (7)$$

決定した W_{ZrO_2} の値は F_{ZrO_2} の値と実験誤差内でよく一致した。CEL および TEPIC についてもエポキシモノマーの種類に関係なく光学的に透明なハイブリッド材料の調製に成功した。

4. 3. 4　ハイブリッド材料のナノ構造評価

エポキシ樹脂内の ZrO_2 NP の分散状態は，厚さ約 20 nm の超薄切片の TEM 観察に基づいて評価された。図9には BADGE-ZrO_2 ハイブリッドの TEM 像を示した。また，図10および図11には CEL-ZrO_2 および TEPIC-ZrO_2 ハイブリッドの TEM 像を示した。いずれの画像も ZrO_2 NPs が凝集することなくエポキシ樹脂のネットワークからなる連続相にナノ分散している様子が観察された。ネットワーク中の ZrO_2 NPs のナノ分散状態をさらに確認するために，厚さ1 mm のハイブリッド（Run 1-2）について SAXS 測定を行った。SAXS における過剰散乱強度 $\Delta I(q)$ は粒子内散乱関数 $P(q)$ と粒子間散乱関数 $S(q)$ の積として表される。希釈状態条件下では $S(q)=1$ であり，$\Delta I(q)$ は $P(q)$ に等しいと考えられる。図12は BADGE エポキシ樹脂（3.0 wt%）中の ZrO_2 NP の SAXS データから得られた $k\Delta I(q) / \Delta I(0)$ 対 q のプロットを示している。ここで k は縦軸のシフト係数であり，$\Delta I(0)$ は $q=0$ における $\Delta I(q)$ の値である。比較のために水中にナノ分散している元の ZrO_2 NPs の SAXS プロファイルも示した。BADGE ベースのハイブリッドの SAXS プロファイルは水中の ZrO_2 NPs のプロファイルと完全に重なっており，ZrO_2 NPs が一次粒子として凝集することなくエポキシ樹脂中にナノ分散していることを支持する。

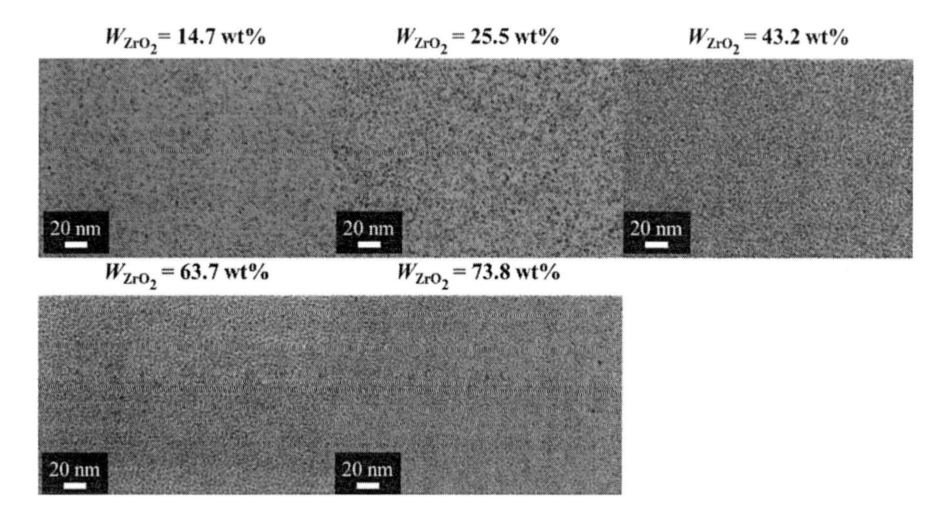

図9　厚さ約 20 nm の BADGE-ZrO_2 ハイブリッドの TEM 像

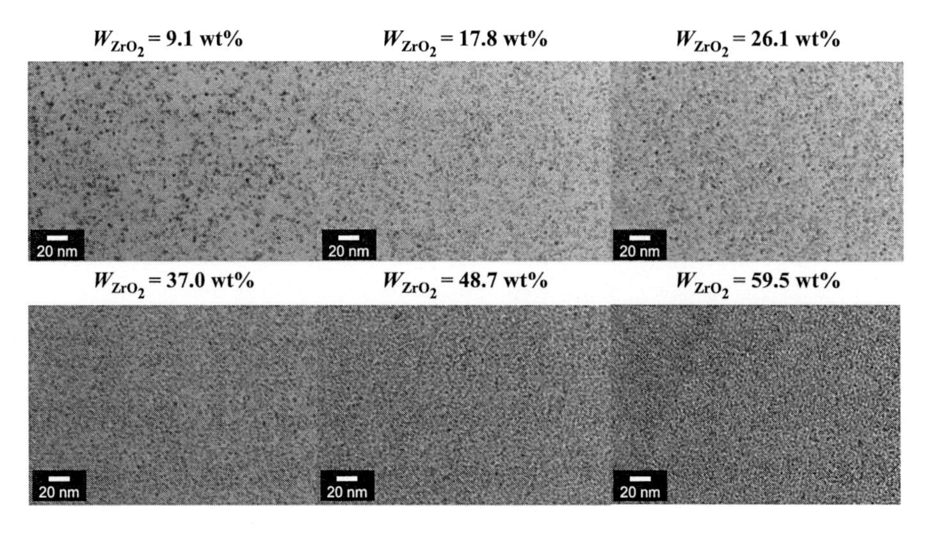

図 10　厚さ約 20 nm の CEL-ZrO_2 ハイブリッドの TEM 像

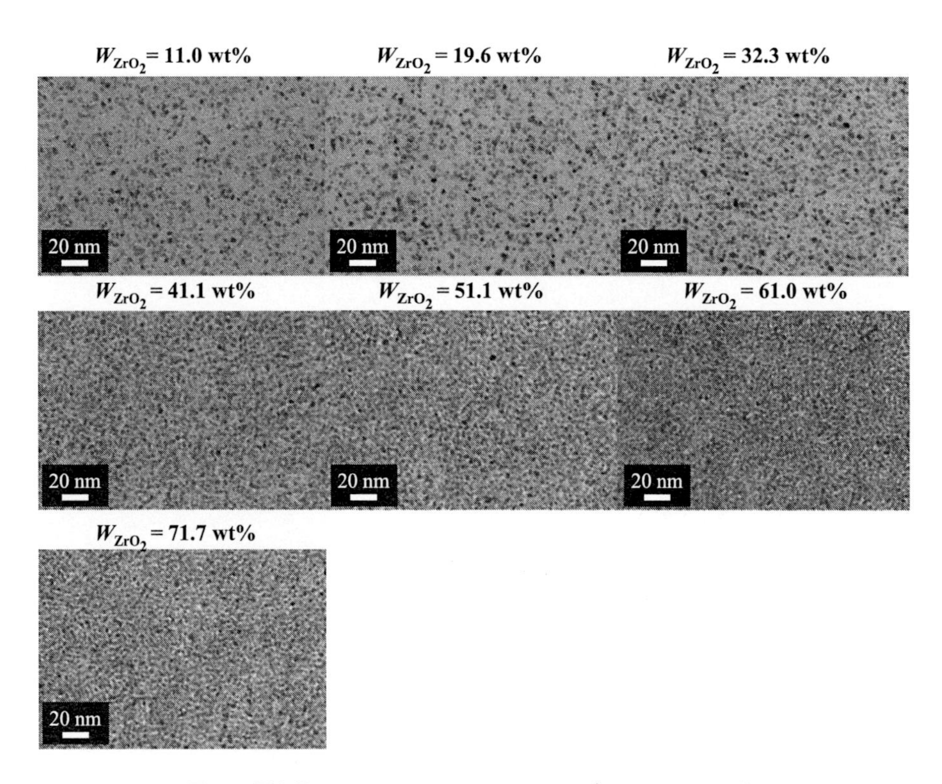

図 11　厚さ約 20 nm の TEIPIC-ZrO_2 ハイブリッドの TEM 像

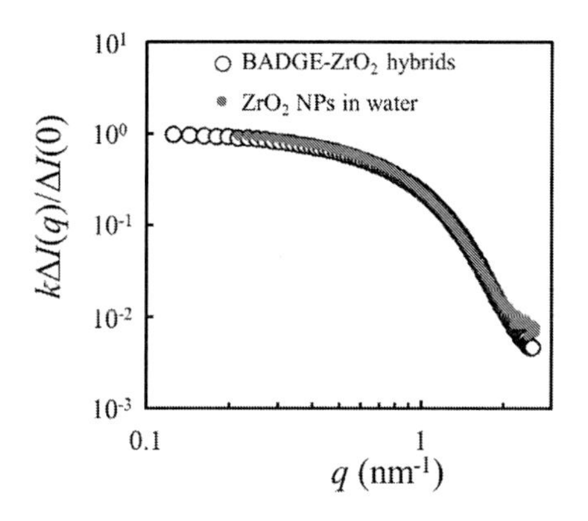

図12　3 wt% ZrO_2 NPsを含むBADGEベースのハイブリッド（Run 1-2）とZrO_2 NPs水分散液のSAXSプロファイル（kは縦軸のシフト係数）

4. 3. 5　ハイブリッド材料の光学特性

図13には，BADGE-ZrO_2ハイブリッドの594 nmにおける屈折率（n_{594}）とアッベ数（ν_D）対W_{ZrO_2}のプロットを示す。ハイブリッド材料の屈折率は，W_{ZrO_2}の増加とともに増加していることが分かる。測定したn_{594}のW_{ZrO_2}依存性は(8)式で表されるローレンツ-ローレンツの有効媒質展開理論と比較された。

$$\frac{n^2-1}{n^2+2}=\phi_{ZrO_2}\frac{{n_{ZrO_2}}^2-1}{{n_{ZrO_2}}^2+2}+\phi_{AcA}\frac{{n_{AcA}}^2-1}{{n_{AcA}}^2+2}+\phi_m\frac{{n_m}^2-1}{{n_m}^2+2} \tag{8}$$

ここで，ϕとnの添え字「ZrO_2」，「AcA」，「m」は，それぞれZrO_2 NPs，AcA，エポキシ樹脂マトリックスの値を示す。ハイブリッド材料中のZrO_2の体積分率（ϕ_{ZrO_2}）は(9)式で表される。

$$\phi_{ZrO_2}=\frac{\dfrac{W_{ZrO_2}}{\rho_{ZrO_2}}}{\dfrac{W_{ZrO_2}}{\rho_{ZrO_2}}+\dfrac{W_{ZrO_2}\left(\dfrac{w_{AcA}}{w_{ZrO_2}}\right)}{\rho_{\text{Acetic acid}}}+\dfrac{1-W_{ZrO_2}\left\{1+\left(\dfrac{w_{AcA}}{w_{ZrO_2}}\right)\right\}}{\rho_{\text{Epoxy}}}} \tag{9}$$

w_{AcA}およびw_{ZrO_2}の値はBADGE-ZrO_2 NPs中のAcAおよびZrO_2の重量分率を示す。ZrO_2 NPsの密度は25℃で5.2 g/cm³と実験的に決定された[16)]。エポキシ樹脂の密度はアルキメデス水中置換法を用いて，BADGE樹脂に対して1.3 g/cm³，CEL樹脂に対して1.25 g/cm³，TEPIC樹脂について1.3 g/cm³と決定された。図13の実線は(8)式と(9)式から計算した理論曲線であり，実験値とほぼ完全に一致する。また，アッベ数ν_DのW_{ZrO_2}依存性は屈折率の線形

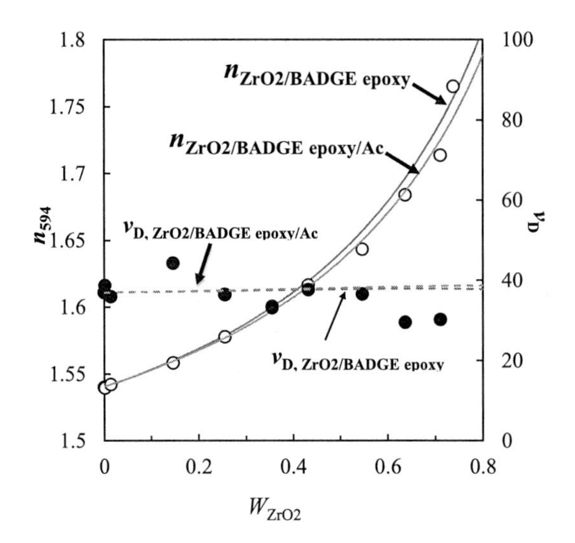

図 13　BADGE ベースのエポキシ ZrO_2 ハイブリッド材料の波長 594 nm における屈折率 n_{594}（○）および n_D（●）と W_{ZrO_2} のプロット

実線と破線は式(8)～(10)から計算された理論曲線である。

仮定から予想される(10)式で表される。

$$n_\lambda = \frac{(n_D - 1)(589.3 - \lambda)}{170.2\nu_D} + n_D \tag{10}$$

破線は(8)～(10)式から計算された理論値であり，BADGE-ZrO_2 ハイブリッドの ν_D もこの半経験則によって定量的に記述されることが分かった。図 14 はエポキシ系ハイブリッドの n_D および ν_D の値を市販の有機光学ポリマー（●）および含硫黄ポリマー（■）の値[22~30]，ならびに PMMA-ZrO_2（○）および PSt-ZrO_2（□）ハイブリッドの値[16]と比較したものである。本稿で紹介したハイブリッド化は，有機ポリマーの n_D と ν_D のトレードオフ関係から逃れることができる有望なアプローチであるといえる。

4. 3. 6　ハイブリッド材料の屈折率の温度依存性

光学用途における屈折率の温度依存性の制御も重要な課題の１つである。有機材料よりもはるかに低い温度依存性を持つ無機 NPs の導入はこの目的に適した方法と考えられている。屈折率の温度依存性は熱光学係数（TOC；dn/dT）として定義される。図 15(a)～(c)は 10～70℃の温度範囲における BADGE-ZrO_2 ハイブリッド（W_{ZrO_2}＝0, 35.6, 63.7 wt%）の波長依存，図 15(d)～(f)はハイブリッドの n_D の温度依存性を示している。データは若干ばらついているが $-dn_D/dT$ の値は W_{ZrO_2}＝0，35.6，63.7 wt%の場合でそれぞれ 1.33×10^{-4}/K，1.32×10^{-4}/K，0.958×10^{-4}/K と求めることができる。BADGE-ZrO_2 ハイブリッドの $-dn_D/dT$ 値は ZrO_2 NPs

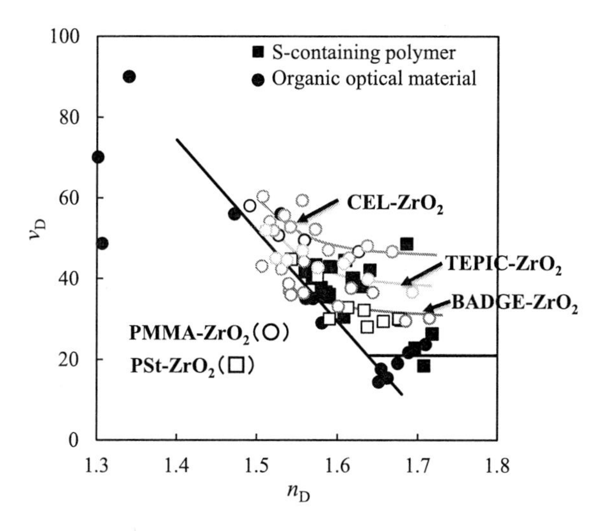

図14　エポキシ系ハイブリッド材料の n_D と ν_D の関係。市販の有機光学ポリマーの値（●）と硫黄含有ポリマーについて報告されている文献値（■）[22~30]，およびPMMA-ZrO_2 とPSt-ZrO_2 のハイブリッドの値[16]

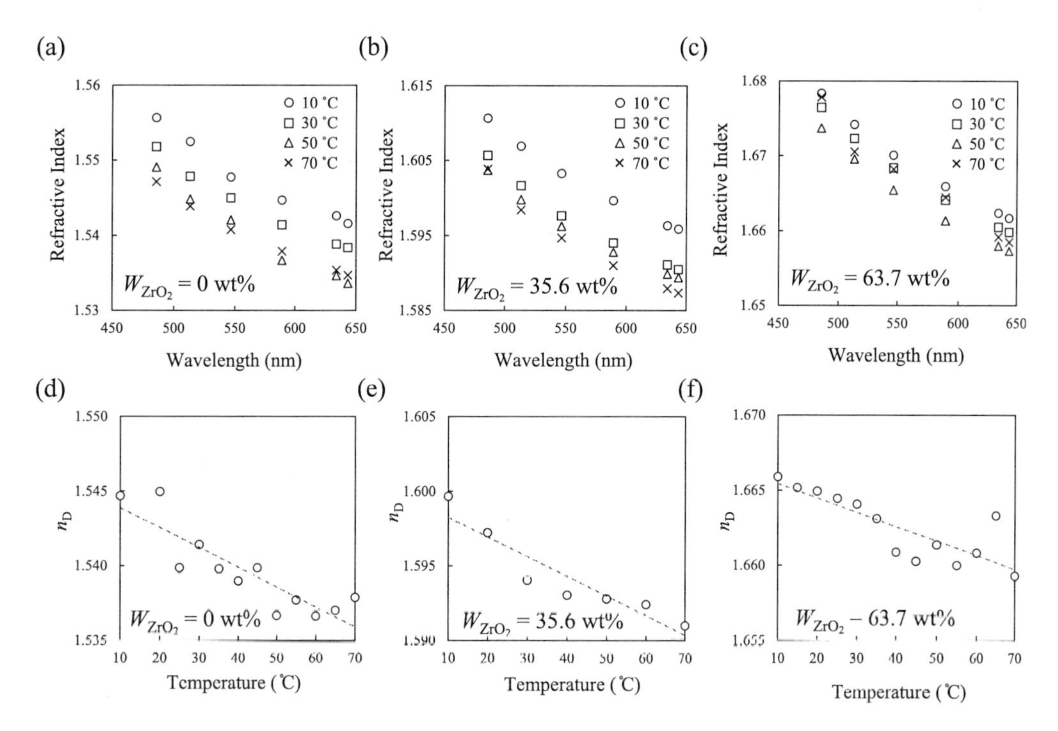

図15　(a)～(c)様々な温度におけるBADGE-ZrO_2 ハイブリッドの屈折率の波長依存性；(a) W_{ZrO_2}=0 wt%，(b) W_{ZrO_2}=35.6 wt%，(c) W_{ZrO_2}=63.7 wt%，(d)～(f) n_D の温度依存性；(d) W_{ZrO_2}=0 wt%，(e) W_{ZrO_2}=35.6 wt%，(f) W_{ZrO_2}=63.7 wt%

を 63.7 wt%充填すると 72%まで減少させることができる。この減少は一見低いように見えるが PMMA（1.15×10^{-4}/K），PSt（1.64×10^{-4}/K）[31]，PC（0.9-1.4×10^{-4}/K）などの典型的な有機ポリマーの値よりも低い[32, 33]。最近，Gao ら[34]は有機無機ハイブリッド化における $\mathrm{d}n/\mathrm{d}T$ の理論を報告し，それをシリカ NPs-ハイパーブランチポリイミド系に適用した。その論文によると，光学的に透明なポリマー材料の屈折率の温度依存性は以下のように記述されている。

$$\frac{\mathrm{d}n}{\mathrm{d}T}=\frac{(n^2+2)(n^2-1)}{6n}\left(\frac{1}{\rho}\frac{\mathrm{d}\rho}{\mathrm{d}T}+\frac{1}{\alpha}\frac{\mathrm{d}\alpha}{\mathrm{d}T}\right)$$

$$=-\frac{(n^2+2)(n^2-1)}{6n}(\beta-\Phi) \tag{11}$$

ここで，α と β はそれぞれ線膨張と体積膨張の温度係数であり，Φ は電子分極率の温度係数である。Φの項は有機材料では無視できるので，(11)式は(12)式で表される。

$$\frac{\mathrm{d}n}{\mathrm{d}T}=\frac{(n^2+2)(n^2-1)}{6n}\beta \tag{12}$$

β の値は，BADGE エポキシ樹脂の n_{D}（1.540）および $\mathrm{d}n/\mathrm{d}T$（1.33×10^{-4}/K）の実験値から 20.3 ppm/K と計算される。ZrO_2 NPs ハイブリッドに対する $(\mathrm{d}n/\mathrm{d}T)_{\mathrm{Hybrid}}$ は加成性を考慮すると(13)式で与えられる。

$$\left(\frac{\mathrm{d}n}{\mathrm{d}T}\right)_{\mathrm{Hybrid}}=\phi_{\mathrm{ZrO_2}}\left(-\frac{(n_{\mathrm{ZrO_2}}{}^2+2)(n_{\mathrm{ZrO_2}}{}^2-1)}{6n_{\mathrm{ZrO_2}}}(\beta_{\mathrm{ZrO_2}}-\Phi_{\mathrm{ZrO_2}})\right)$$

$$+\phi_{\mathrm{BADGE}}\left(-\frac{(n_{\mathrm{BADGE}}{}^2+2)(n_{\mathrm{BADGE}}{}^2-1)}{6n_{\mathrm{BADGE}}}\beta_{\mathrm{BADGE}}\right) \tag{13}$$

図 16 は$\Phi_{\mathrm{ZrO_2}}$を 10^{-4}，10^{-5}，10^{-6}/K と仮定して(13)式から理論値と実験値を比較したものである。$\beta_{\mathrm{ZrO_2}}$ の値は ZrO_2 NPs の等方膨張すなわち $\beta_{\mathrm{ZrO_2}}=3\alpha_{\mathrm{ZrO_2}}$ に基づいて計算されている。$\Phi_{\mathrm{ZrO_2}}$ が 1.0×10^{-5}/K のとき理論線は実験値と比較的一致する。SiO_2，B_2O_3，Al_2O_3，ZnO，BaO，PbO，TiO_2 のような多くの無機金属酸化物の Φ 値は，20-40℃の温度範囲で 1.73×10^{-5}/K，1.39×10^{-5}/K，2.22×10^{-5}/K，3.94×10^{-5}/K，3.61×10^{-5}/K，1.94×10^{-5}/K と報告されている[35]。ZrO_2 NPs も同程度の値であると思われる。従って図 16 の実験データは道理にかなっており，ハイブリッド材料の屈折率の温度依存性も加成則が成り立つものと考えられる。

4. 3. 7 ハイブリッド材料の透明性

最後にハイブリッド材料の透明性について議論する。図 17(a)に BADGE-ZrO_2 ハイブリッド

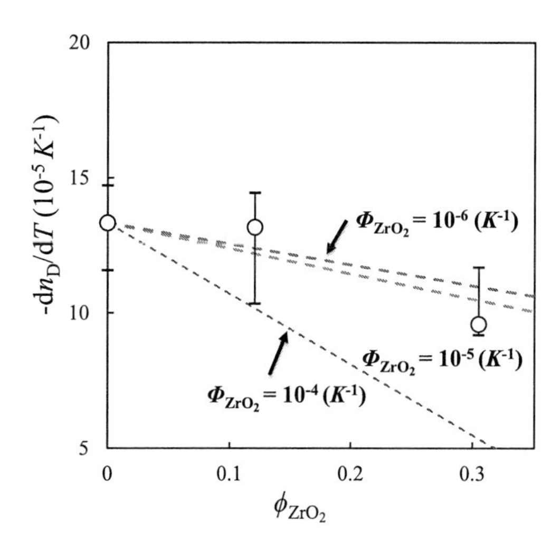

図 16　BADGE-ZrO_2 ハイブリッドの－dn_D/dT の実験データと理論との比較

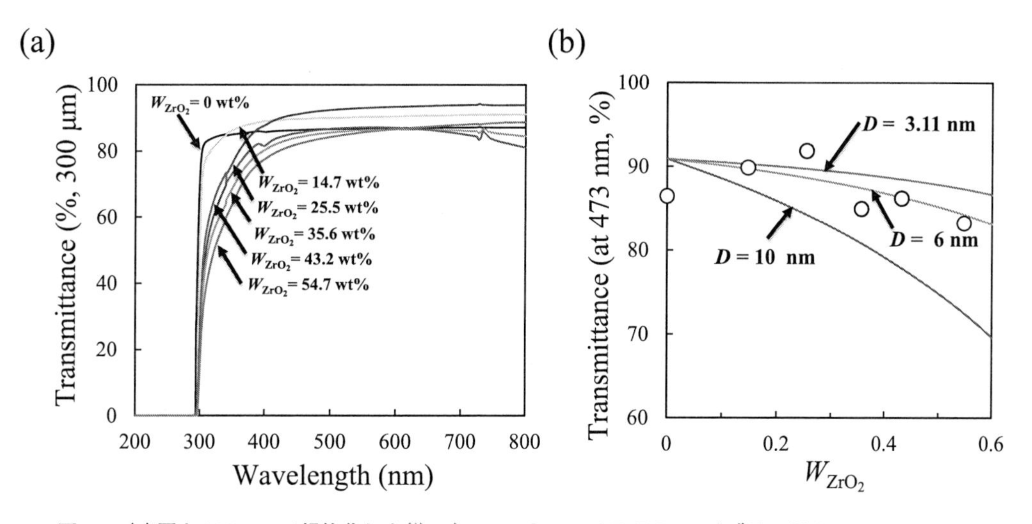

図 17　(a)厚さ 300 μm で規格化した様々な W_{ZrO_2} の BADGE-ZrO_2 ハイブリッドの UV-vis スペクトル，(b)473 nm における透過率の実測値と(14)～(16)式から計算される理論曲線の比較

の UV-vis スペクトルを 300 μm の厚さで規格化したものを示す。本手法で合成された BADGE-ZrO_2 ハイブリッドは，広い可視領域にわたって透過性は十分に高く，W_{ZrO_2} = 54.7 wt%であっても 473 nm での透過率は 83.9%であった。ZrO_2 NP を含むハイブリッド材料の透過率（T）は(14)，(15)式で表される。

$$T=\frac{I_1}{I_0}=F^2\exp(-St) \tag{14}$$

$$F=\frac{4n}{(n+1)^2} \tag{15}$$

ここで，Fはフレネル反射の透過定数，tは試料の厚さである。ハイブリッドの屈折率nは(8)式から計算される。また，変数SはZrO_2 NPsからのレイリー散乱による消衰係数であり，(16)式で表される。

$$S=\frac{4\phi_{ZrO_2}\pi^4D^4{n_m}^4}{\lambda^4}\left[\frac{\left(\frac{n_{ZrO_2}}{n_m}\right)^2-1}{\left(\frac{n_{ZrO_2}}{n_m}\right)^2+2}\right]^2 \tag{16}$$

ここで，Dはマトリックス中のZrO_2 NPの直径である。図17(b)は波長473 nmにおけるBADGE-ZrO_2ハイブリッドの透過率をW_{ZrO_2}に対してプロットしたものである。曲線は，$D=3.11$ nm，$D=6.0$ nm，$D=10$ nmを用いて計算した理論値である。実験値はZrO_2 NPsの一次サイズ$D_n=3.11$ nmと2個程度が繋がった$D=6$ nmの理論線に近いような結果が得られ，試料の表面粗さを考慮すると，ZrO_2 NPsがエポキシネットワーク中にナノ分散していることを支持する結果である。

結論として，ここで紹介した表面修飾剤を使わないハイブリッド化技術は優れた光学特性を持つエポキシ樹脂ベースのハイブリッド材料を得るための効果的で汎用性の高い方法である。

4. 4　結論

本稿では，ZrO_2 NPsと様々なエポキシ系ポリマーとの表面修飾剤を使用しないハイブリッド化について紹介した。開発された方法は，エポキシ官能基化とZrO_2 NPsの疎水化が同時に達成される段階的な溶媒交換法を介して，水分散性ZrO_2 NPのエポキシモノマーへの「ワンポット」相移動によって達成された。EDD修飾ZrO_2 NPsのFT-IRおよび^{13}C CP/MAS NMR測定の結果からZrO_2 NPs上の表面水酸基とEDDが反応して7員環構造を形成していることが確認された。この方法を用いると，表面処理剤を用いることなく，さまざまなエポキシ樹脂ネットワークにZrO_2 NPsをナノ分散させることができる。エポキシ樹脂ネットワーク中のZrO_2 NPsのナノ分散は，TEM，SAXS，およびUV-vis測定から確認された。ハイブリッド材料の屈折率，アッベ数，熱光学係数，透過率などの光学特性を徹底的に評価し，現在知られている理論で定量的に説明できることが明らかとなった。表面改質剤フリーのハイブリッド化プロセスは，有機材料で一般的に観察される n_D と ν_D の間のトレードオフ関係に制約されることなく，様々なエポキシベースのハイブリッド材料を合成するための魅力的な方法の１つとして期待される。

謝辞

エポキシ樹脂の密度測定にご協力いただいた山形大学グリーン材料・先端加工研究センター（GMAP）のY. Zhao 博士と伊藤浩志教授に謝意を表します。また，^{13}C CP/MAS NMR 測定において技術的支援をいただいた山形大学の水口氏に感謝します。本研究は，文部科学省科学研究費補助金 新学術領域研究「元素ブロックを基盤とした新規高分子材料（No.2401）」（課題番号 JP25102506 および JP15H00721）の助成を受けて行われたものである。

文　　献

1）エポキシ樹脂技術協会，総説 エポキシ樹脂，**1**，1(2003)
2）F.W. Mont, J.K. Kim, M.F. Schubert, E.F. Schubert, R.W. Siegel, *J. Appl. Phys.*, **103**, 08312(2008)
3）中條善樹監修，有機-無機ナノハイブリッド材料の新展開，シーエムシー出版（2009）
4）高分子学会編，透明プラスチックの最前線，p.196，NTS（2012）
5）高分子学会編，高機能透明ポリマー材料，p.92，NTS（2012）
6）T. Otsuka, Y. Chujo, *Polym. J.*, **40**, 1157(2008)
7）T. Otsuka, Y. Chujo, *Polymer*, **50**, 3174(2009)
8）T. Otsuka, Y. Chujo, *Polym. J.*, **42**, 58(2010)
9）Y. Imai, A. Terahara, Y. Hakuta, K. Matsui, H. Hayashi, N. Ueno, *Euro. Polym. J.*, **45**, 630(2009)
10）M. Ochi, D. Nii, M. Harada, *Mater. Chem. Phys.*, **129**, 424(2011)
11）P. T. Chung, C. T. Yang, S. H. Wang, C. W. Chen, A. S. T. Chiang, C. -Y. Liu, *Mater. Chem. Phys.*, **136**, 868(2012)
12）P. Tao, Y. Li, R. W. Siegel, L. S. Schadler, *J. Appl. Polym. Sci.*, **130**, 3785(2013)
13）W. A. K. Mahmood, M. M. R. Khan, M. H. Azarian, *J. Non-Cryst. Sol.*, **378**, 152(2013)
14）一条裕輔，松本睦，箱崎翔，榎本航之，西辻祥太郎，鳴海敦，川口正剛，ケミカルエンジニヤリング，**57**，948(2012)
15）一条裕輔，松本睦，箱崎翔，榎本航之，齋藤悠太，鳴海敦，川口正剛，ネットワークポリマー，**34**，185(2013)
16）K. Enomoto, M. Kikuchi, A. Narumi, S. Kawaguchi, *ACS Appl. Mater. Interfaces*, **10**, 13985(2018)
17）K. Enomoto, Y. Ichijo, M. Nakano, M. Kikuchi, A. Narumi, S. Horiuchi, S. Kawaguchi, *Macromolecules*, **50**, 9713(2017)
18）榎本航之，菊地守也，鳴海敦，川口正剛，*高分子論文集*，**72**, 82-898(2015)

19) M. Ochi, D. Nii, M. Harada, *J. Mater. Sci.*,**45**, 6159(2010)
20) J. Zhao, W. Fan, D. Wu, Y. Sun, *J. Non-Cryst. Solids*, **261**, 15(2000)
21) T. J. Bandosz, T. M. Laskoski, J. Mahle, J. Mogilevsky, G.W. Peterson, J. A. Rossin, G. W. Wagner, *J. Phys. Chem. C.*, **116**, 11606(2012)
22) R. Okutsu, Y. Suzuki, S. Ando, M. Ueda, *Macromolecules*, **41**, 6164(2008)
23) J. Liu, J. W. Y. Lam, B. Z. Tang, *Chem. Rev.*, **109**, 5799(2009)
24) H. U. Simmrock, A. Marthy, L. Dominguez, W. H.Meyer, G. Wegener, *Angew. Chem. Int. Ed.*, **28**, 1122(1989)
25) T. Kohara, *Macromol. Symp.*, **101**, 571(1996)
26) T. Matsuda, Y. Funae, T. Yamamoto, T. J. Takaya, *Appl. Polym. Sci.*, **76**, 45(2000)
27) R. Okutsu, S. Ando, M. Ueda, *Chem. Mater.*, **20**, 4017(2008)
28) K. Kawauchi, K. Sasagawa, S. Kobayashi, *Jpn. Kokai Tokkyo Koho* JP 07165859, 1995 [Chem. Abstr. 1995, 123, 342702z]
29) T. Okubo, S. Kohmoto, M. Yamamoto, *J. Appl. Polym. Sci.*, **68**, 1791(1998)
30) T. Higashihara, M. Ueda, *Macromolecules*, **48**, 1945(2015)
31) P. Thomas, B. S. Dakshayini, H. S. Kushwaha, R. Vaish, *J. Adv. Dielect.*, **5**, 1550018：1-11(2015)
32) H. F. Mark, *Encyclopedia of Polym. Sci. Tech.*, **13**, 780(1965)；1, 801, Interscience, New York.
33) U. S. Precision Lens Inc., The Handbook of Plastic Optics (1973)
34) H. Gao, D. Yorifuji, Z. Jiang, S. Ando, *Polymer*, **55**, 2848(2014)
35) H. Toratani, T. Izumitani, *Jpn. J. Opt.*, **11**, 372(1982)

5 エポキシ樹脂複合材料の高強度化のための湿式せん断プロセス

冨永雄一[*1]，佐藤公泰[*2]，今井祐介[*3]，波多野　諒[*4]

5. 1 はじめに

エポキシ樹脂は最も汎用性の高い熱硬化性樹脂の一つであり，接着剤，塗料，コンクリート補修材，プリント基板，繊維強化プラスチックなどの構造材料として広く使用されている。エポキシ樹脂は，優れた機械的・熱的・電気的・化学的特性を持つことに加え，フィラーとの良好な密着性，様々な手法で硬化できることから，自動車，航空宇宙，風力エネルギー，および土木用途などのポリマー系複合材料のマトリックス樹脂として広く利用されている[1,2)]。エポキシ樹脂複合材料の機械的特性や機能性を向上させるためには，炭素やセルロースなどの繊維，酸化アルミニウム（アルミナ）などのセラミックス粒子をフィラーとして用いることが有効である。エポキシ樹脂複合材料の物性は，マトリックスであるエポキシ樹脂とフィラーの界面に大きく影響を受けるため，先進的な材料開発のためには高度な界面制御が必要となる。近年では，特にフィラーがナノサイズ化しており，表面積が非常に大きいため，界面制御がより重要となっている。また，ナノフィラーは表面エネルギーが非常に高く，凝集しやすいため，マトリックスとなるエポキシ樹脂中にナノフィラーを分散させることも重要となる。本稿では，湿式せん断プロセスとして，図1に示す湿式ジェットミル（Wet-Jet Milling, WJM）や回転ディスクミル（Wet-Rotating Disc Milling, WRDM）を用い，セラミックスナノ粒子やバイオマスナノファイバーをエポキシ樹脂中に分散させ，界面密着性および複合材料の機械的特性を改善した，筆者らの取り組みについて概説する。

5. 2 セラミックスナノ粒子の解砕とエポキシ樹脂との界面密着性向上を同時に実現する湿式ジェットミルプロセスの開発

セラミックス粒子とエポキシ樹脂の界面密着性を向上させるために，シランカップリング剤などの化学的な表面改質は有効な手法であることが知られている。しかし，乾燥したセラミックス

* Yuichi TOMINAGA　(国研)産業技術総合研究所　マルチマテリアル研究部門　主任研究員

* Kimiyasu SATO　(国研)産業技術総合研究所　マルチマテリアル研究部門　主任研究員

* Yusuke IMAI　(国研)産業技術総合研究所　マルチマテリアル研究部門　研究グループ長

* Ryo HATANO　名古屋市工業研究所　システム技術部　製品技術研究室　研究員

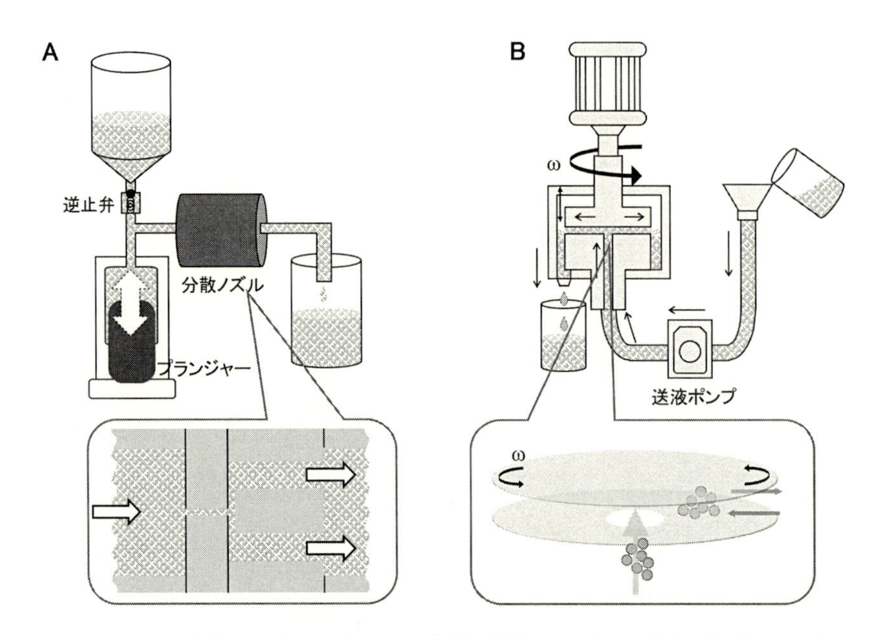

図1　湿式せん断プロセス装置の概要図：(A)湿式ジェットミル，(B)回転ディスクミル

ナノ粒子は強く凝集しているため，解砕，表面改質，洗浄，乾燥，エポキシ樹脂との複合化といった製造工程が多く，かつ各工程のナノ粒子の再凝集を抑制しなければならない。そこで，筆者らは，WJMを利用し，ナノ粒子の解砕と同時に表面修飾を実現することで，エポキシ樹脂との簡便な複合化プロセス開発が可能であると考えた（図2A）。WJMでは，プランジャーによって溶液やスラリーを吸引した後，超高圧ポンプで微細な流路に高圧で通液することで，せん断力やキャビテーションなどが発生する。WJMはメディアレスプロセスであり，粒子表面を損傷することなく解砕でき，かつ高いせん断力などによってシランカップリング反応が効率的に起こることが予想される。アルミナナノ粒子（メジアン径29.2 nm）とヘキシルトリエトキシシラン（HexTEOS）や3-グリシドキシプロピルトリエトキシシラン（GOPTES）を含むスラリーをWJM処理した結果，フーリエ変換赤外線分光法（FTIR）のスペクトルにおいて，ヒドロキシ基に起因するピーク強度が増加し，アルミナ表面が活性化していることが示唆され，撹拌したのみのアルミナと比較してシランカップリング剤のグラフト密度が増加した（図2B，D）。また，シランカップリング剤の添加に依らず，WJMによってアルミナナノ粒子が一次粒子まで解砕していることが確認できた（図2C）。次に，表面修飾したアルミナスラリーからエポキシ樹脂複合材料の複合化プロセスを検討した。乾燥したアルミナナノ粒子をエポキシ樹脂と複合化した乾燥プロセスでは，乾燥時に一部のナノ粒子が凝集していた。一方，アルミナスラリーにエポキシ樹脂を添加した後に溶媒を除去するin-situプロセスでは，ナノ粒子の再凝集を抑制していることが分かった。結果として，WJM処理とin-situプロセスを組み合わせることで，従来の撹拌

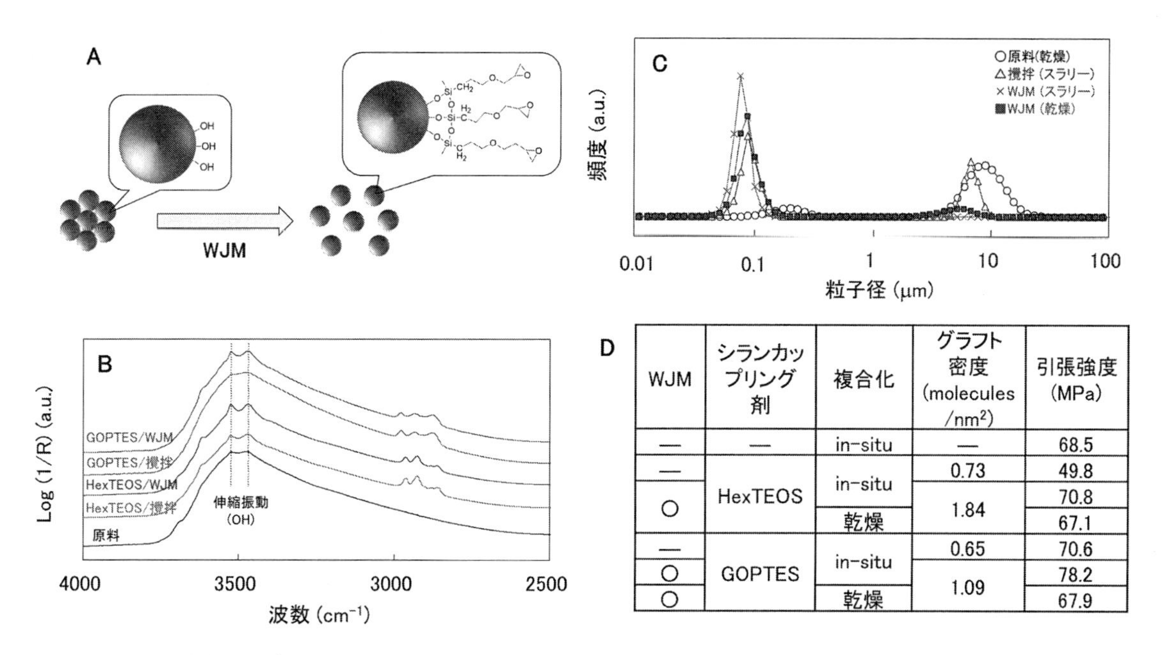

WJM	シランカップリング剤	複合化	グラフト密度 (molecules/nm²)	引張強度 (MPa)
—	—	in-situ	—	68.5
—	HexTEOS	in-situ	0.73	49.8
○		in-situ	1.84	70.8
		乾燥		67.1
—	GOPTES	in-situ	0.65	70.6
○		in-situ	1.09	78.2
○		乾燥		67.9

図2　(A)湿式ジェットミルによるナノ粒子の解砕・表面修飾の概念図，(B)各プロセスで作製したナノ粒子のFTIRスペクトル，(C)スラリーの粒度分布，(D)エポキシ樹脂複合材料の複合化プロセスと物性

と乾燥プロセスと比較して，引張強度が42％向上した（図2D)。本手法により，ナノ粒子の解砕と表面修飾を同時に実現することで，エポキシ樹脂複合材料の機械特性を向上させるための有効な方法が確立された[3)]。

WJMプロセスにより，ナノ粒子の解砕と表面修飾に成功した一方で，複合材料の破断面を観察すると，ナノ粒子の抜けた穴やナノ粒子表面が露出しており，界面から破壊していることが分かった。また，「ナノ粒子の解砕と表面処理」，「ナノ粒子とエポキシ樹脂の混合」の2つの工程が必要であり，より簡便にナノ粒子の分散と界面密着性向上を実現できるプロセスが必要であることが示唆された。そこで，WJMプロセスの高いせん断力に着目し，図3Aに示すように，エポキシ樹脂を含むスラリー中でナノ粒子にせん断力を付与することで，ナノ粒子が分散と同時に活性化し，エポキシ樹脂がナノ粒子表面に強固に吸着すると推察した。アルミナ，二酸化ケイ素（シリカ)，酸化マグネシウム（マグネシア）をナノ粒子として用い，WJM時のエポキシ樹脂の有無，処理圧力，分散媒の種類がエポキシ樹脂吸着量および，エポキシ複合材料の機械特性に及ぼす影響について調査した。WJM時のエポキシ樹脂の有無について，WJM処理後にエポキシ樹脂を添加した場合，ナノ粒子表面にエポキシ樹脂はほとんど吸着しなかったのに対し，WJM処理時にエポキシ樹脂を含む場合，ナノ粒子表面にエポキシ樹脂に起因するピークがFTIRスペクトルで観察された。定量的に評価するため，熱重量測定での重量減少量からエポキシ樹脂吸着

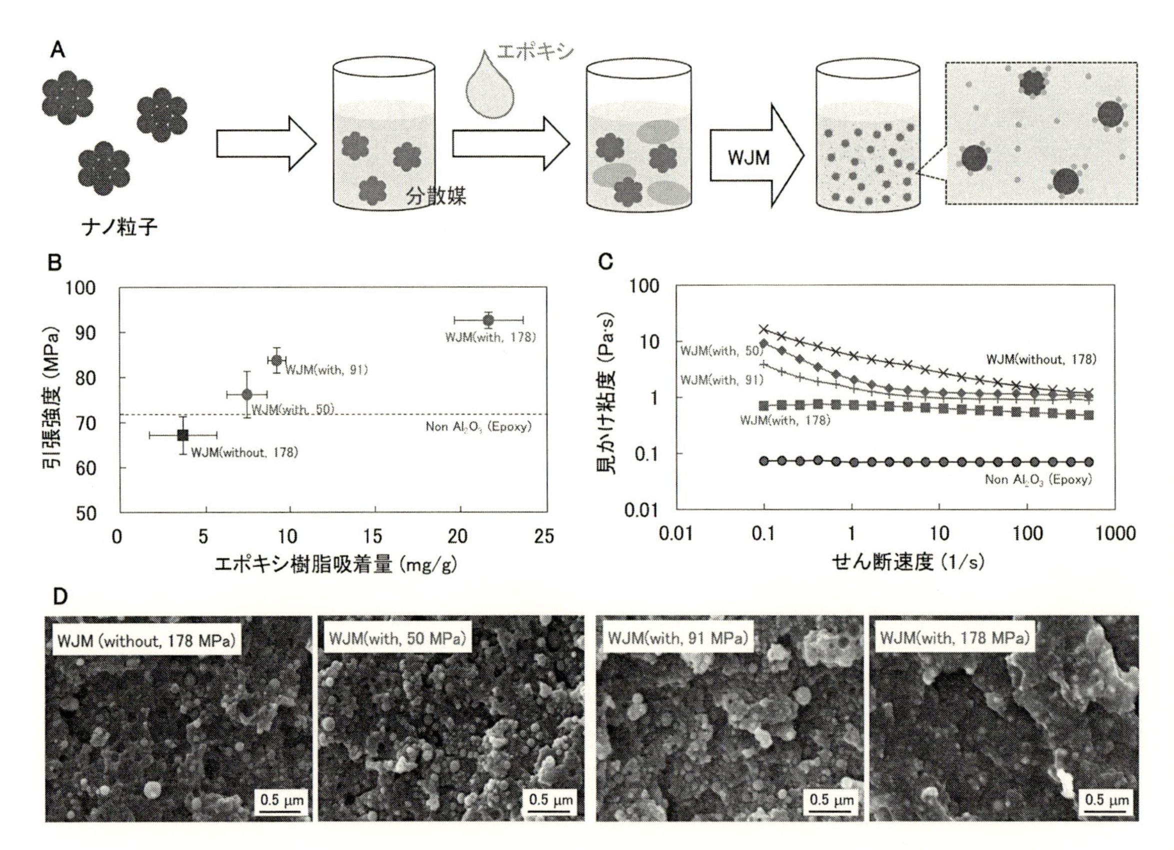

図3　(A)湿式ジェットミルによるナノ粒子の解砕とエポキシ被覆の概念図，(B)エポキシ樹脂吸着量に対する複合材料の引張強度，(C)ナノ粒子/エポキシ樹脂ペーストの粘弾性挙動，(D)ナノ粒子/エポキシ樹脂複合材料の引張試験後の破断面

量を算出した結果，エポキシ樹脂存在下でのWJM処理により，アルミナ表面に吸着されたエポキシ樹脂吸着量は3.7から21.7 mg/gに大幅に増加した（図3B）。さらに，エポキシ樹脂吸着量はWJM処理圧力が高くなるほど増加し，それに伴い，エポキシ樹脂複合材料の成形性が改善した（図3C）。これは表面にエポキシ樹脂が強く吸着することで，アルミナナノ粒子同士の相互作用を抑制したことを示している。本プロセスで作製したエポキシ樹脂複合材料の引張強度は，アルミナで67.1から92.5 MPa，シリカで90.7から105.4 MPa，マグネシアで58.1から86.7 MPaと全てのナノ粒子で大幅に増加した。実際，破断面を観察したところ，引張強度が低いサンプルでは，アルミナナノ粒子が抜け落ちた穴が多数観察され，アルミナナノ粒子とエポキシ樹脂界面で破壊が起こっていることが示唆された。一方で，引張強度が高いサンプルでは，アルミナナノ粒子がエポキシ樹脂に包埋され表面が露出しておらず，破壊が界面からではなくエポキシ樹脂から起きていることが示唆された（図3D）。これらの結果は，WJM処理による，アルミナナノ粒子表面へのエポキシ樹脂の吸着が複合材料の機械的特性の向上に寄与したことを示唆している。この挙動は，シリカやマグネシアでも同様であった。また，興味深いことに，分散媒として エポキシ樹脂を溶解するメチルエチルケトンよりも，溶解しないエタノールの方が，エポキシ樹脂吸着量および複合材料の引張特性が改善した。WJM処理によりエポキシ樹脂が酸化物セラミックスナノ粒子表面に吸着するメカニズムについて考察すると，エポキシ樹脂は貧溶媒であるエタノール中では乳化する。乳化したエポキシ樹脂液滴とナノ粒子は，せん断力やキャビテーションによって近接・接触する。エポキシ樹脂とナノ粒子間には水素結合やファンデルワールス力などの相互作用が働くため，スラリー中のエポキシ樹脂液滴は，エタノール中に拡散するよりもナノ粒子表面で安定に存在すると考えられる。また，乳化したエポキシ樹脂液滴の粒子サイズはWJM圧力が高いほど低下するため，エポキシ樹脂液滴とナノ粒子との接触頻度が増加し，より強い相互作用により，WJM圧力が高いほどエポキシ樹脂吸着量と引張特性が向上したと考えられる。このように，ナノ粒子の解砕・活性化，エポキシ樹脂の乳化，エポキシ樹脂とナノ粒子の水素結合等の相互作用により界面密着性が向上することが分かった。以上のように，WJMプロセスにより，ナノ粒子の解砕とエポキシ樹脂との密着性向上を同時に実現し，高強度なエポキシ樹脂複合材料の開発に成功している[4]。

5.3　バイオマスナノファイバーの解繊とマトリックス中での分散を同時に実現する回転ディスクミルプロセスの開発

バイオマス由来のセルロースやキトサンなどの天然多糖類のナノファイバーは，軽量かつ強度に優れ，生産・廃棄処理における環境負荷が小さいことから，エポキシ樹脂複合材料の有望なフィラーの候補である。ナノファイバーを補強用フィラーとして用いる場合，ナノファイバーのアスペクト比とエポキシ樹脂中での均一な分散が極めて重要である。一方で，ヒドロキシ基を多数持つバイオマスナノファイバーは，ナノファイバー同士の強い水素結合により乾燥時に凝集し，エポキシ樹脂に再分散させることは極めて困難である。そこで，筆者らは，バイオマスナノファイバー水分散液を両親媒性のエポキシ樹脂と混合し，WRDM処理することで，バイオマスナノファイバーが解繊と同時にエポキシ樹脂中に分散すると考えた（図4A）。WRDMは，二枚の円盤が平行に配置されており，円盤間の距離を狭め，上部の円盤が高速で回転することで，高せん断力を付与することが可能である。WRDMによるナノファイバーの解繊効果を検証するため，バイオマスナノファイバーの一つであるキトサンナノファイバー水分散液をWRDM処理した結果，キトサンナノファイバーのアスペクト比は58％増加し，キトサンフィルムの引張特性も改善した（図4B）。次に，バイオマスナノファイバーとエチレングリコールジグリシジルエーテル（EGDGE）をWRDMで複合化した。ここで，バイオマスナノファイバーとして，セルロースとキトサンを用いた。キトサンとは，エビ・カニなどの甲殻類から取り出したキチンに化学処理を施し，アセトアミド基を脱アセチル化したものである。キトサンはセルロースと類似した分子構造であるが，アミノ基を持っている点でセルロースと異なる。各バイオマスナノファイバーとEGDGEを混合し，硬化挙動を観察した結果，アミノ基を持つキトサンナノファイバー

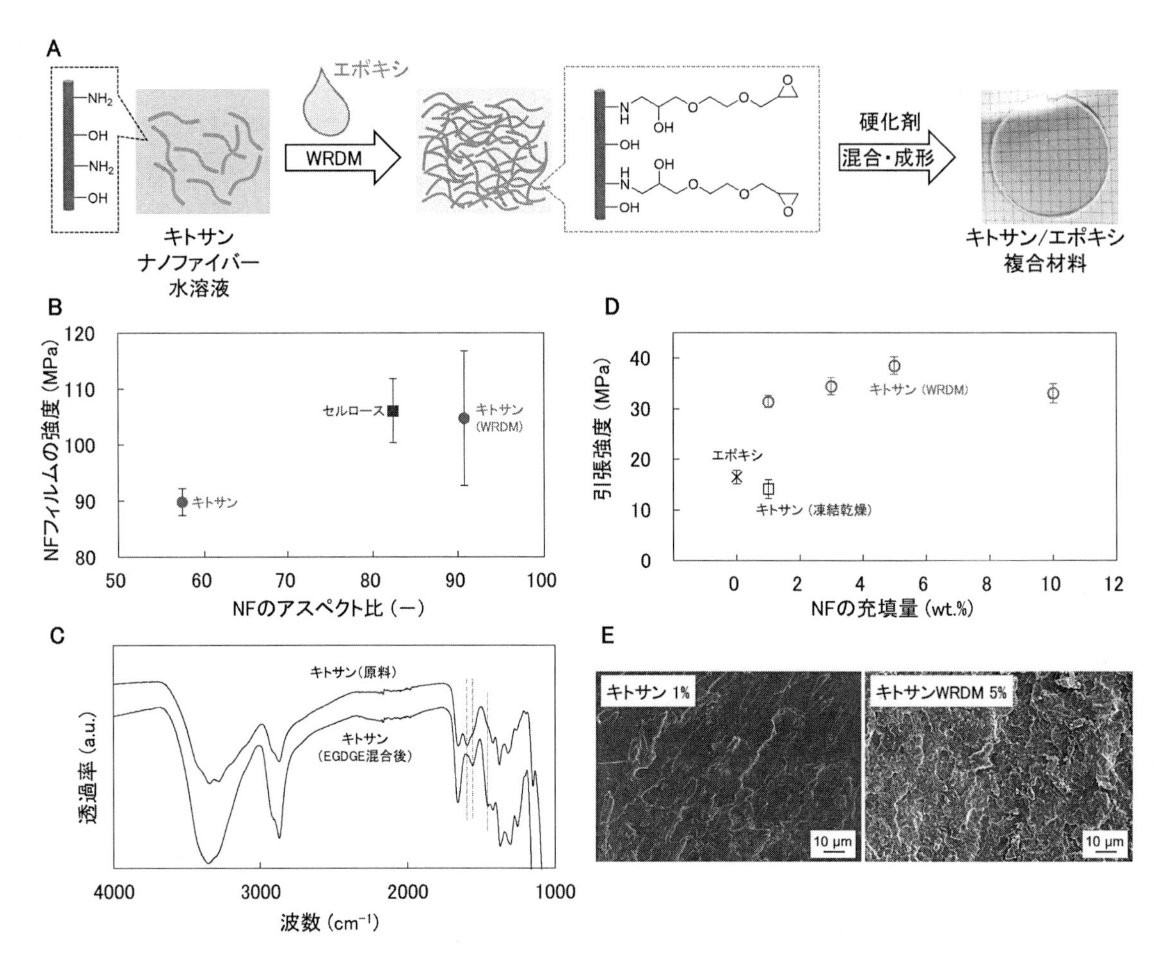

図4 (A)回転ディスクミルによるナノファイバーの解繊とエポキシ樹脂との共有結合形成の概念図，(B)ナノファイバーのアスペクト比に対するナノファイバーフィルムの引張強度，(C) EGDGE 混合前後のキトサンナノファイバーの FTIR スペクトル，(D)キトサンナノファイバーの充填量に対するエポキシ樹脂複合材料の引張強度，(E)キトサン/エポキシ樹脂複合材料の引張試験後の破断面

では，硬化時間が減少したことに加え，アミノ基とエポキシ基が共有結合していることが分かった（図 4C）。さらに，WRDM 処理による解繊によって，アミノ基の活性水素とエポキシ基の反応率は 22.9 から 33.9％に増加した。本プロセスでは，解繊と同時にキトサンナノファイバー表面にエポキシ樹脂層が形成されるため，乾燥時の凝集を抑制することが可能となる。結果として，素材自身の強度はセルロースナノファイバーの方が高いにも係わらず，エポキシ樹脂複合材料の強度はキトサンナノファイバーの方が高かった。キトサンナノファイバーの充填量を最適化することで，エポキシ樹脂複合材料の引張強度は 16.5（ナノファイバー未添加）から 38.5 MPa に大きく増加した（図 4D）。凍結乾燥したキトサンナノファイバーから作製した複合材料の引

張強度は 14.1 MPa であるため，本プロセスがバイオマスナノファイバーとエポキシ樹脂の複合化プロセスとして非常に有効であることを示している。以上のように，WRDM プロセスにより，バイオマスナノファイバーの解繊とエポキシ樹脂中への分散を同時に実現し，エポキシ樹脂複合材料の高強度化に成功している[5)]。

5．4　おわりに

本稿では，エポキシ樹脂複合材料の高強度化のための湿式せん断プロセスについて紹介した。エポキシ樹脂は幅広い分野で利用されているが，軽量かつ高強度な材料へのニーズは高く，更なる高強度化が求められている。今後は，エポキシ樹脂の中でもニーズの高いビスフェノールタイプの疎水性のエポキシ樹脂と種々のフィラーとの複合化プロセスを開発し，エポキシ樹脂複合材料の物性改善に努めていきたい。

文　　献

1）F.A. Gonçalves *et al., J. Mater. Sci.*, **57**, 15183-15212（2022）
2）S. Sasidharan *et al., Ind. Eng. Chem. Res.*, **59**, 12617-12631（2020）
3）C. Zhang *et al., J. Compos. Mater.*, **55**, 521-530（2021）
4）Y. Tominaga *et al., Ceram. Int.*, **49**, 31658-31665（2023）
5）R. Hatano *et al., Cellulose*, **30**, 6333-6347（2023）

第4章　エポキシ樹脂の活用

1　電気電子分野

1. 1　電子部品としてのエポキシ樹脂

高橋昭雄*

2019年から2020年にかけて適用が開始された通信規格5Gは，IoTやビッグデータ，AI，ロボットそして自動運転の発展により第4次産業革命の中核を形成しつつある。さらに，5G高度化と2030年頃に予想される6Gが，バイオテクノロジーを駆使したスマートセルインダストリーを取り込みSociety 5.0実現に繋がると予想されている[1,2]。これらを現実化しているのは，高周波デバイスが駆使されるスモールセル基地局そして5G対応のスマートフォン，スマートウォッチ，ドローン等のエッジデバイスである。そして，データセンターで使用されるメインフレーム，ミニコンピュータ，サーバー等の各種コンピュータや端末機器の飛躍的な高機能化と高性能化である[3]。データセンター，スパコン内部構造，部品実装基板を図1に示す。これらのエレクトロニクス機器には，配線ルールで3〜5 nmを確立している最先端の半導体チップが採用される。これら半導体チップが搭載される半導体封止材及び多層プリント配線板などの実装材料には，エポキシ樹脂が使用されている。

1. 1. 1　エレクトロニクス実装

エレクトロニクス実装即ち半導体チップの高密度実装について図2を用いて説明する。エレクトロニクス機器の高性能，高機能化は，半導体チップの高性能化はもとより，それらの半導体チップを如何に高密度かつ高効率に実装して機能させるかにより達成される。CPU，GPUそしてメモリ等の機能を有する各種半導体チップは，再配線が形成されたインターポーザに搭載され半導体部品として機能する，所謂，チップレットがパッケージ基板に実装されている。これらのパッケージ基板がマザーボードと称されるプリント配線板に搭載されエレクトロニクス機器に使用されている。チップレットは，システム化された半導体の役割を果たすマルチチップモジュールであり，半導体パッケージは，アンテナ，センサー，アプリケーションプロセッサ等として機

＊　Akio TAKAHASHI　横浜国立大学　大学院工学研究院　非常勤教員／
岩手大学　客員教授

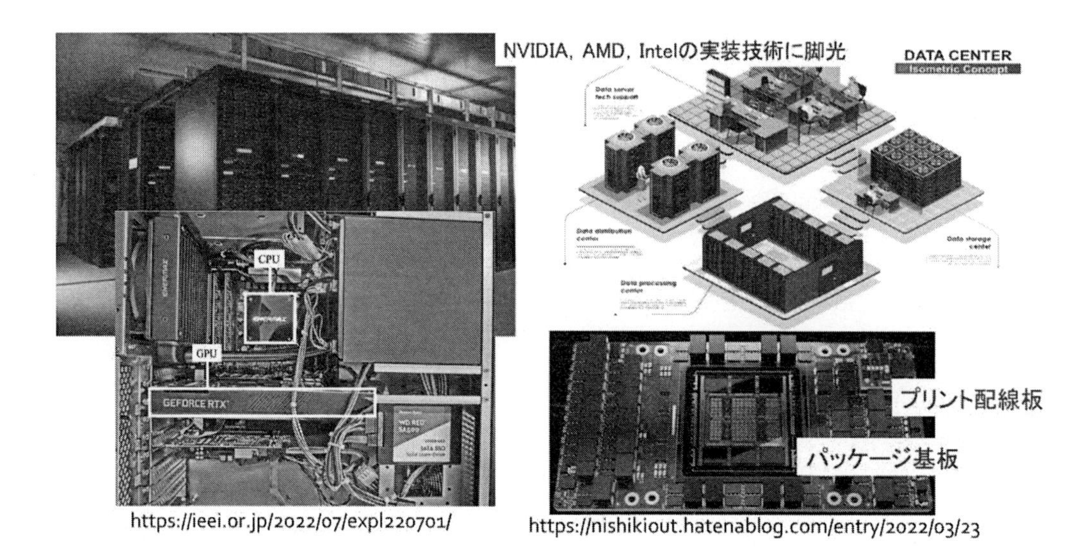

図1　データセンター，スパコン内部構造，部品実装基板

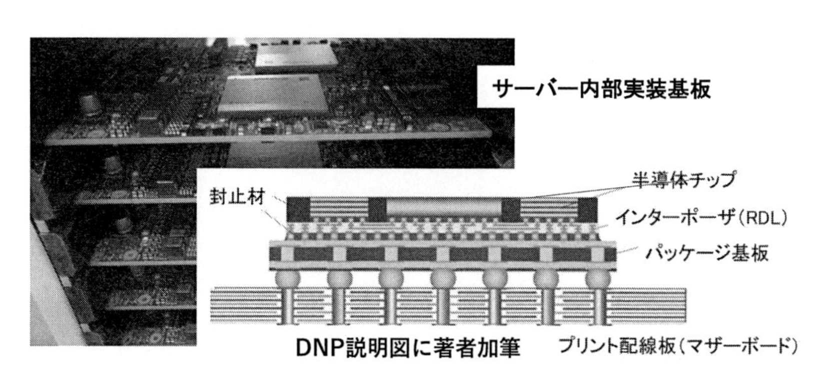

図2　半導体チップ高密度実装構造と事例

能する。プリント配線板（マザーボード）は，これら半導体パッケージを装置として機能させるグローバルな信号伝送の役割を担っている。図2に示すプリント配線板，パッケージ基板，インターポーザのRDLと称される再配線層そして封止材に高分子材料が使用されている。エポキシ樹脂は，封止材料及びプリント配線板，パッケージ基板等の積層材料に使用され重要な役割を担っている。

1. 1. 2　封止材料

半導体チップ実装部の概要を図3に示す。緑色の多層プリント配線板上にインターポーザを介して半導体チップが実装されている。実際の半導体チップは黒く見える封止材料で覆われており，外部環境から保護されている。半導体封止部の断面を図4に示す。封止材料は，主としてエポキシ樹脂とシリカ充填材からなり，半導体チップを外部環境から守る役割を果たしている。半導体チップの表面は，さらにポリイミドの保護膜で覆われている。半導体封止材は，EMCとも称されエポキシモールディングコンパウンドの略称でも呼ばれており，エポキシ樹脂が重要な役割を果たしている。半導体パッケージの機能は，表1に示すように半導体チップから発生する信号の電気的インターコネクト及びそして放熱等の熱的なインターコネクトである。そして，ハンドリングストレスなどの外部応力に対する機械的ディスインターコネクトや腐食防止などの

図3　半導体チップ実装部の概要

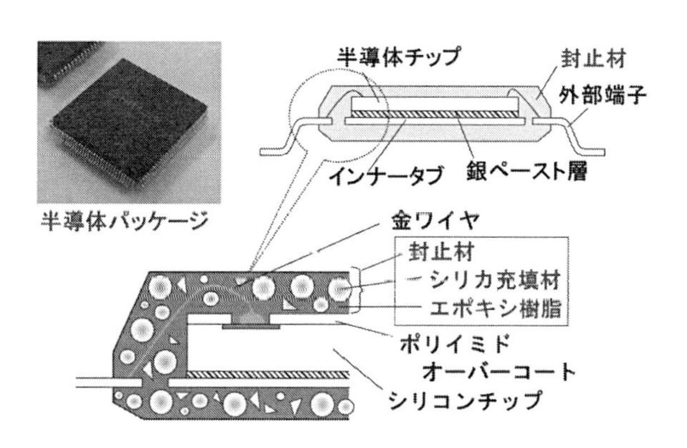

図4　半導体封止部の断面構造

表1 半導体パッケージの機能

項目	機能の内容
(1) 電気的インターコネクト	・信号の伝播 ・電源の供給 ・テスト用プローブ
(2) 熱的インターコネクト	・放熱路の形成 ・冷却性能の向上
(3) 機械的ディスインターコネクト	・耐ハンドリングストレス ・外部応力からの保護
(4) 化学的ディスインターコネクト	・外部雰囲気からの腐食防止

化学的なディスインターコネクトである[4]。エポキシ樹脂は，電気的，熱的インターコネクトでは，絶縁体として，そして機械的，化学的要因から半導体チップを守るディスインターコネクトとして，主役を担っている。図5に封止材料の構成と役割そして組成例を示す。シリカを主成分とするフィラーが75～88 wt%であり，エポキシ樹脂及び硬化剤は11～20 wt%である。封止材に使用されるエポキシ樹脂及びフェノール系硬化剤を表2，3に示す。配合量は，20 wt%以下の少量であるが封止材性能の鍵を握っている。一般に，クレゾールノボラック型（OCNクレノボ型）エポキシ樹脂をフェノールノボラック（PN）で硬化させる樹脂が使用されてきた。半導体チップの高性能化，高集積，システム化に伴い低熱膨張，高耐熱等の性能が要求され，ビフェニル型やアラルキル骨格の導入，多官能型など，それぞれ特徴のあるエポキシ樹脂とフェノール硬化剤が配合されている。

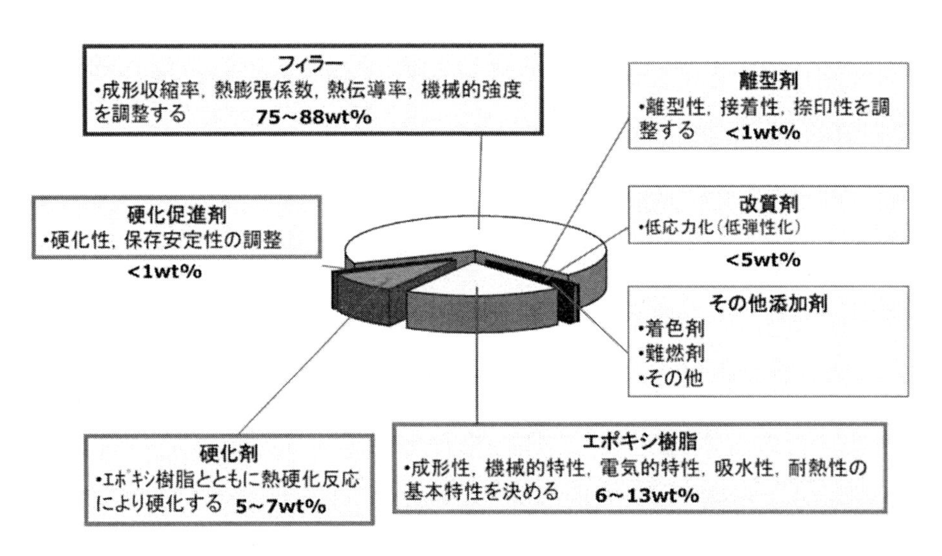

図5 封止材料の構成と役割そして組成例

表２　封止材料に使用される主なエポキシ樹脂

種類	構造	特徴
OCN型 クレノボ型	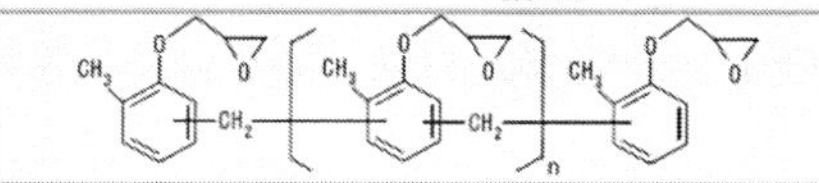 CH_3 O O CH_3 O O CH_3 O O CH_2 CH_2 n	標準
ﾋﾞﾌｪﾆﾙ型 Biphenyl型	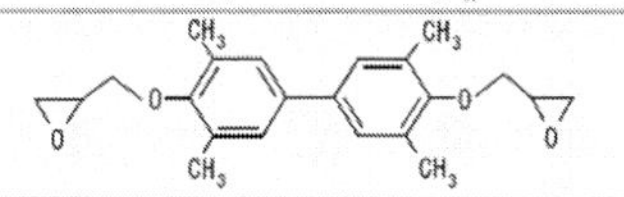 CH_3 CH_3 O O O O CH_3 CH_3	低粘度 （低膨張、低吸湿） 薄型PKG用
DCP型/DCPD型 Di-Cyclo Pentadiene	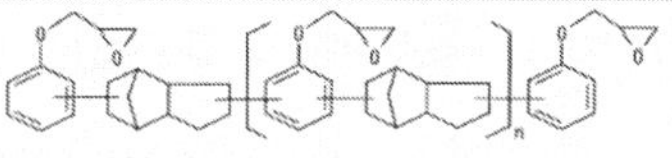 O O O O O O n	中粘度 低吸湿
多官能型（MF型）	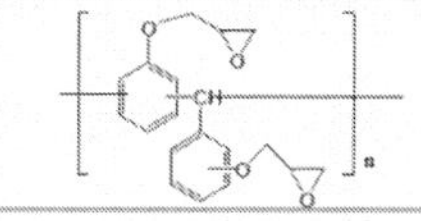 O O CH O O n	高Tg BGA用途
その他 （新規ｴﾎﾟｷｼ樹脂）	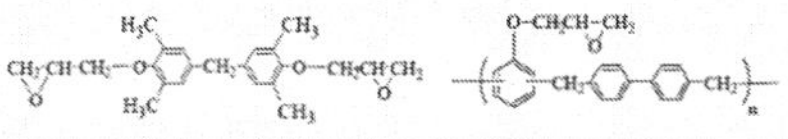 H_3C CH_3 CH_2-CH-CH_2-O CH_2 O-CH_2CH-CH_2 O O H_3C CH_3 O-CH_2CH-CH_2 O CH_2 CH_2 n	超低粘度 高難燃性

表３　封止材料に使用される主なフェノール系硬化剤

種類	構造	特徴
PN型 (Phenol Novolak)	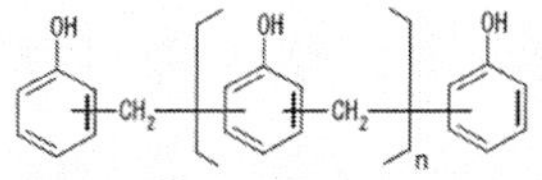 OH OH OH CH_2 CH_2 n	標準
低吸湿型 フェノールアラルキル型	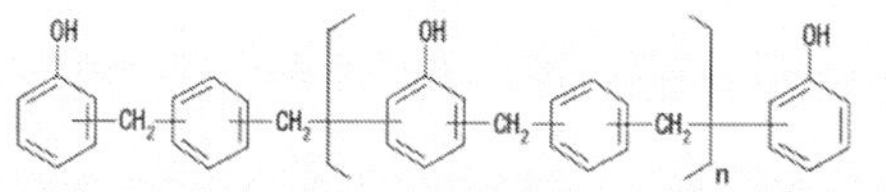 OH OH OH CH_2 CH_2 CH_2 CH_2 n	低吸湿
多官能型（MF型）	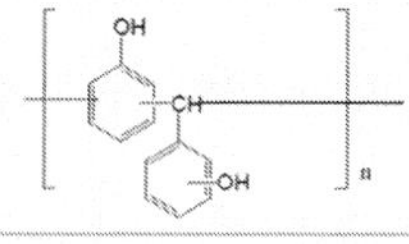 OH CH OH n	高Tg
その他 新規樹脂	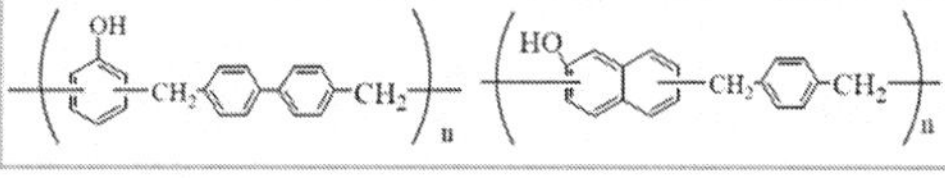 OH CH_2 CH_2 n HO CH_2 CH_2 n	高難燃性 低吸湿

封止材の製造プロセスとモールドプロセスを図６，７に示す。エポキシ樹脂，無機充填材，その他の素材が120～130℃の加熱下で二軸押出混合機等により溶融混合される。均一混合が目的であるが，封止材は未硬化即ち，B-ステージで取り出される。その後，必要に応じてタブレット状に加工されて，出荷前は，硬化阻害等を防ぐ目的で低温，低湿度管理下で保存される。モー

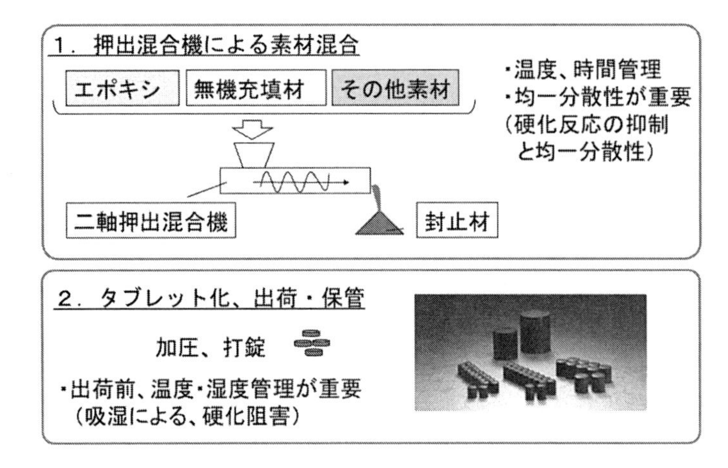

図6　封止材の製造プロセス

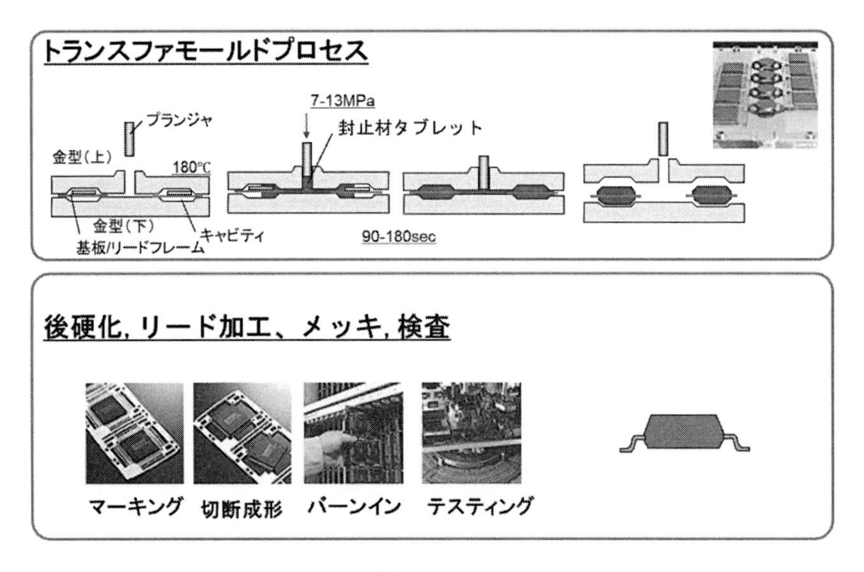

図7　封止材のモールドプロセス

ルドに関しては，トランスファモールドとコンプレッションモールドがあるが，ここではトランスファモールドについて説明する。170～180℃に加熱された金型内に封止材タブレットが挿入され，90～180秒程度で溶融，流動そして固化（ゲル化）状態となり成形される。ゲル化した成形物は金型から取り出された後，170～180℃で1～2時間加熱により後硬化される。切断加工の後，バーンイン，テスト工程を得て製品となる。

図8に2 nm世代半導体チップレットパッケージ設計・製造技術[5]を示すように，CPU，GPUのような制御用素子とHBMのような記憶用素子を高集積にシステム実装したチップレット構造では，封止材は微細接続信頼性の要となる材料である。チップとインターポーザの接続面には，液状エポキシ樹脂を使用したCUF（キャピラリーアンダーフィル）と呼ばれる液状封止材が適用されている。図9に固形封止材と液状封止材の比較を示す[6]。

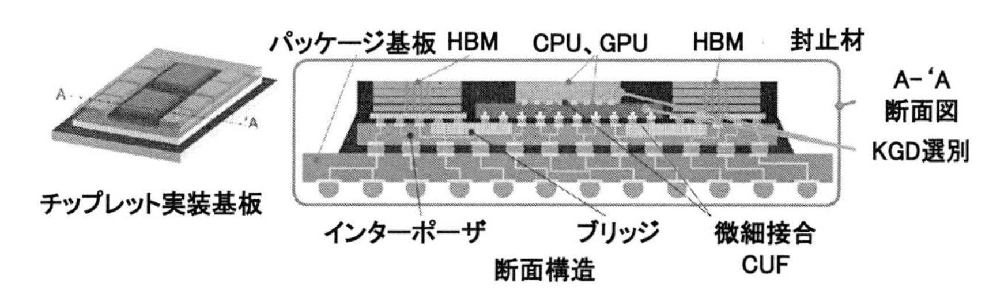

図8　2 nm世代半導体チップレットパッケージ設計・製造技術

項目	固形封止材	CUF
使用される半導体PKG	ワイヤボンディングPKG 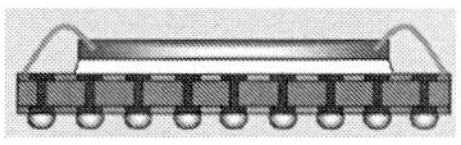	フリップチップPKG 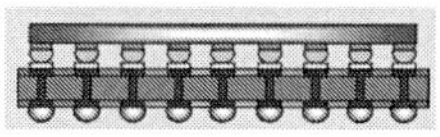
PKGの特徴	汎用品で丈夫 多量に安価に生産できる 様々な電気製品、自動車に使用	先端品で高性能、小型化に有利 コストが高い パソコン、スマートフォンに使用
使用方法	金型を用いてトランスファー成形 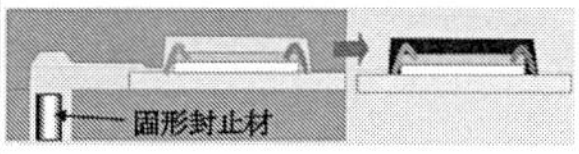 固形封止材	ディスペンス 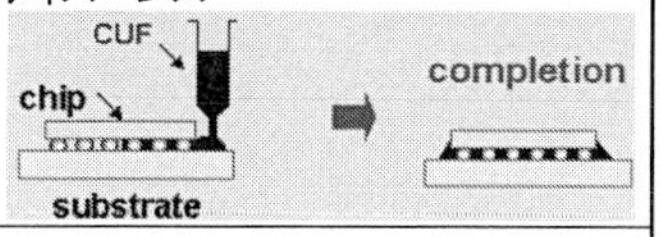 CUF chip substrate completion
要求特性	成形性（ボイドや使用時の不具合なきこと、反り量が少ないこと） 信頼性（種々の長期使用試験に不良発生なきこと）	

図9　固形封止材と液状封止材の比較

1. 1. 3　積層材料

積層材料は，図2に示したパッケージ基板やマザーボード用プリント配線板用材料の総称である。配線板へ導入当初は，フェノール樹脂であったが，現在，エポキシ樹脂が主役となり，広く使用されている。プリント配線板の種類と構造を図10に示す。片面及び両面に配線を有する片面，両面プリント配線板がある。多層プリント配線板は，3層以上の配線を有するプリント配線板の総称である。各層の配線信号を結ぶために，スルーホールで導通化しているスルーホール多層配線板とコア基板上に，各配線層間の導通が必要な部分のみマイクロビアで接続するビルドアップ多層配線板がある。高密度微細配線が要求されるパッケージ基板には，ビルドアップ多層配線板が広く採用されている。そのほか，フィルム状のフレキシブル配線及び固い基板と組み合わせたリジットフレキシブル配線板そしてコアに金属を使用したメタルコア配線板等がある。封止材料用として表2，3で紹介されたエポキシ樹脂が適用されているが，積層材料に要求される性能は大きく異なる。

積層材料の製造方法を図11に示す。エポキシ樹脂，硬化剤，硬化促進剤からなる樹脂組成物を溶媒に溶かした溶液を，補強材となるガラスクロスに含侵させる。この時，樹脂組成物は溶媒に溶解することが必要となる。そのほか，充填剤などの添加剤も使用されるが，樹脂成分には溶媒への溶解性が必須条件となる。ガラスクロスに含侵したのち，乾燥炉を通して溶媒が送風乾燥される。溶媒の乾燥温度で，樹脂成分は反応するがゲル化しないB-ステージ（半硬化）状態になり，プリプレグと呼ばれる。プリプレグは，加熱により溶融して流動性を示す。上下に銅箔を配置して加熱，加圧下，成形して銅張積層板が製造される。プリプレグ，銅張積層板は，製品としてプリント配線板の製造会社に出荷される。

銅張積層板の片面あるいは両面に，配線部をエッチングにより形成した片面及び両面プリント配線板が形成される。紙面の都合上，詳細は省略するが，銅張積層板を用いずに絶縁層に無電界

■ 片面ﾌﾟﾘﾝﾄ配線板
■ 両面ﾌﾟﾘﾝﾄ配線板
■ 多層ﾌﾟﾘﾝﾄ配線板
　◆スルーホール多層配線板
　◆ビルドアップ多層配線板
■ ﾌﾚｷｼﾌﾞﾙﾌﾟﾘﾝﾄ配線板
■ その他
　◆ﾘｼﾞｯﾄﾞﾌﾚｯｸｽ配線板
　◆ﾒﾀﾙｺｱ配線板

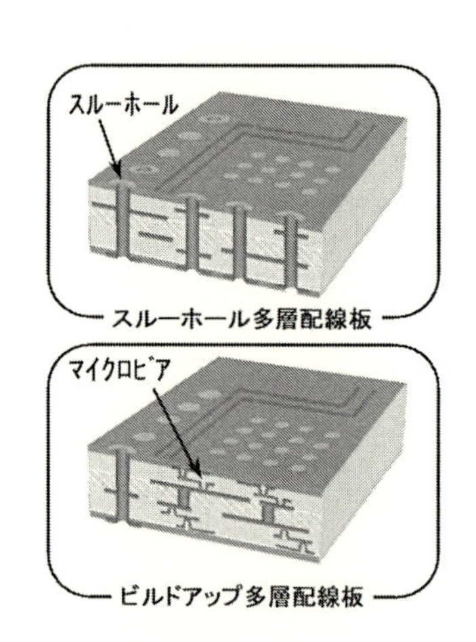

図10　プリント配線板の種類と構造

及び電界銅めっきで直接に配線部を形成するアディティブ法や SAP と呼ばれるセミアディティブ法による配線形成法も採用されている。図 12 に多層プリント配線板の製造方法を示す。以上のように，作製された配線板あるいは配線シートを複数枚，プリプレグを介して加熱，加圧下，接着して多層配線板が製造される。従って，エポキシ樹脂には，図中に示した流動性，硬化性，接着性に加えてその後の厳しい製造プロセスに対応する耐薬品性，寸法安定性，そして部品搭載時の耐熱性，製品としての電気特性，機械特性，難燃性等の性能が要求される。

微細配線の多層化には，フィルム状のエポキシ樹脂を絶縁層にマイクロビアを介して配線を積み上げるビルドアップ多層板が採用され，主として図 2 のパッケージ基板に採用されている。PET フィルム上に，B-ステージ状のエポキシ樹脂組成物を作製して保護フィルムで覆った材料が絶縁層として使用されている。半導体チップに近い部分に使用されるため，耐熱性，機械特性に加え絶縁性が要求され，更には，高周波化に対応する低誘電特性が要求されている。

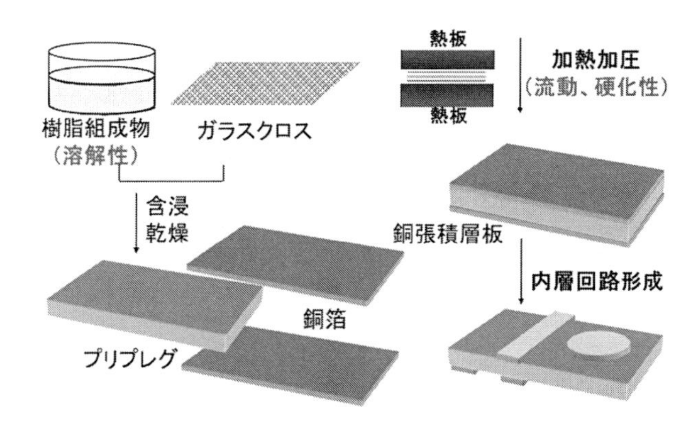

図 11　積層材料及びプリント配線板の製造方法

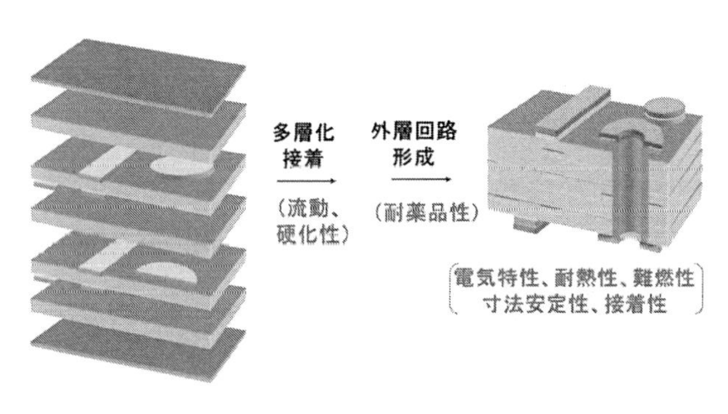

図 12　多層プリント配線板の製造方法

1. 1. 4　低誘電損失化

NTT ドコモのホワイトペーパーによれば，図 13 に示すように通信規格 5G の新周波数帯として 50 GHz に達する高周波領域が割り当てられている。さらに 6G では 300 GHz の高周波領域での割り当てが計画されており，標準化ロードマップで 2023 年まで基礎研究フェーズに位置付けられている[7]。

図 14 に示すように，従来，主として実装材料に使用されてきたエポキシ樹脂やポリイミドは，1 GHz を超えると誘電損失が大きくなるため，10 GHz でも損失の小さいフッ素樹脂に近い周波数特性が要求される。

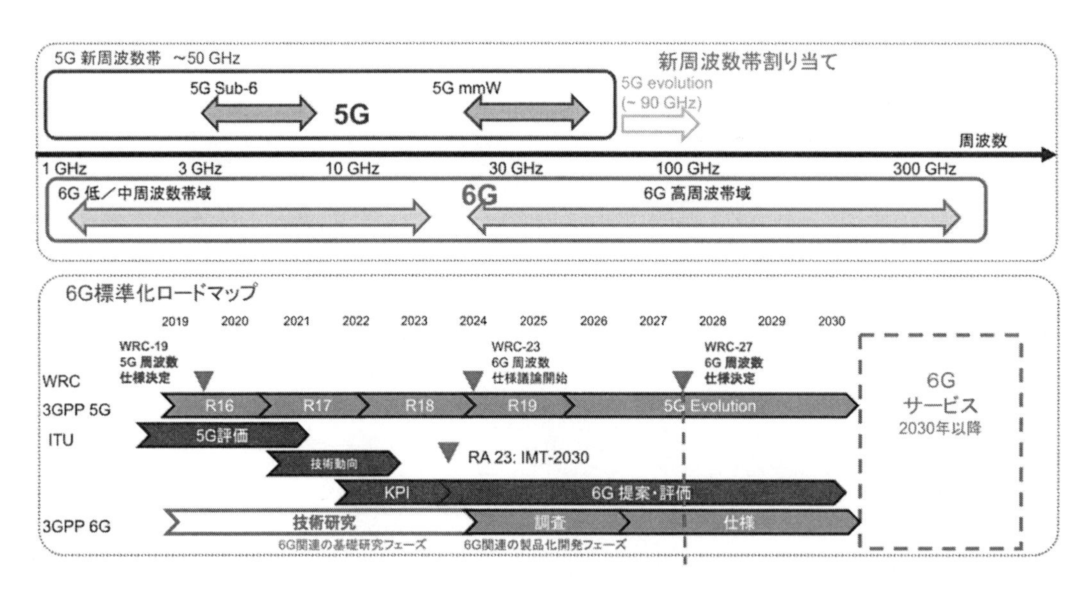

図 13　6G に向けた周波数の拡大と標準化ロードマップ

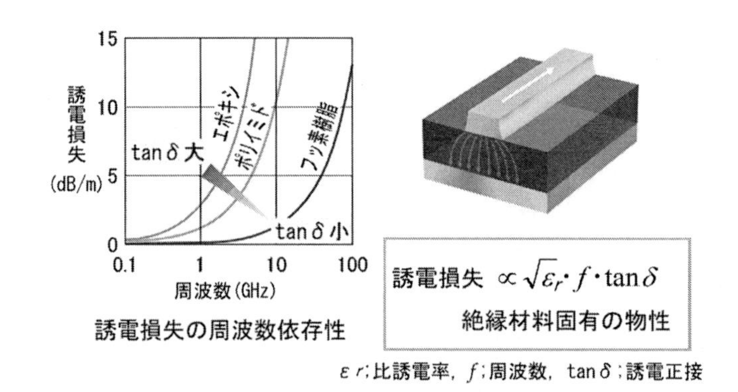

図 14　樹脂材料の誘電損失と周波数の関係

$$誘電損失 \propto \sqrt{\varepsilon_r} \cdot f \cdot \tan\delta \qquad (1)$$

ε_r：絶縁層の比誘電率，f：周波数，$\tan\delta$：誘電正接

実装用樹脂材料には，比誘電率（ε_r）の低減だけではなく，誘電正接（$\tan\delta$）の低減が求められる。特に，$\tan\delta$ は周波数（f）が MHz オーダーから GHz オーダーへと飛躍的に大きくなる高周波領域では，そのまま誘電損失に結び付くため重要な特性である。勿論，ε_r も低い値が要求される。ε_r は，もう一つ重要な誘電特性である。5G 高度化そして 6G に向けて大きな課題となる超低遅延性は，信号の高速伝送の達成にある。配線ルールで 3～5 nm が適用される高性能 LSI を超高密度に実装するパッケージ基板，プリント基板は，やはり微細配線の高密度化を達成すると共に，信号伝送速度の向上が強く求められる。

図 15 にエポキシ樹脂ビルドアップ材（ABF）の低誘電性化を示す。エポキシ樹脂の低誘電損失化は，味の素社のビルドアップ材 ABF により，試みられている。DIC からも提案されている活性エステル硬化エポキシ樹脂の適用により，周波数 5.8 GHz で ε_r が 3.3 で $\tan\delta$ が 0.0044 の材料が製品化されている。このほか，エポキシ樹脂の低誘電損失化への取り組みは別項を参照されたい。

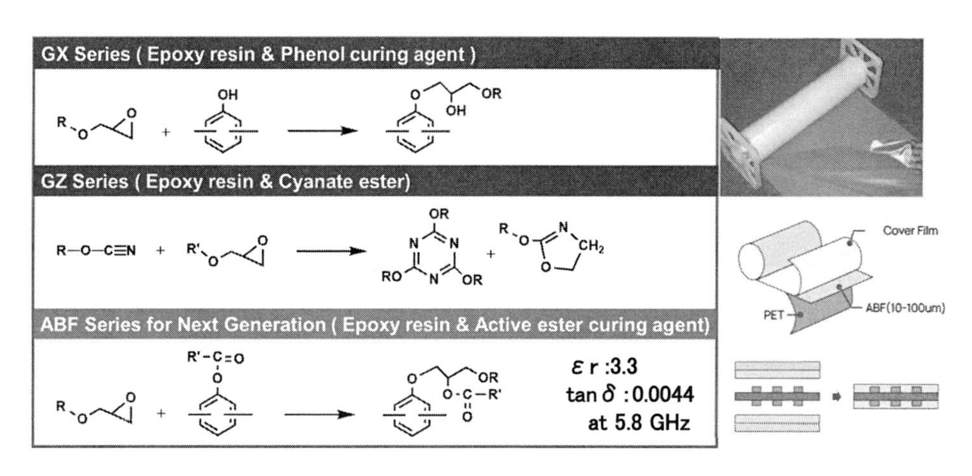

図 15　エポキシ樹脂ビルドアップ材（ABF）の低誘電性化

1. 1. 5　耐熱化，高熱伝導化

1. 1. 5. 1　高耐熱化

炭酸ガス排出量の削減目標は，2010 年時点の 570 億トン/年から，2050 年までに 140 億トン/年となっている。その削減量 430 億トン/年の主要技術分野は，EV，HV など自動車，風力・太陽光発電，家電・産業機器などであり，その約 50%の分野でパワーデバイスが活躍している[8]。

これを背景に世界のパワーデバイス市場は，2023年の3兆円から2035年の13兆4千億円と，4.5倍に成長する[9)]。この動きは，環境対策を重視する日米首脳の交代により加速しており，日本では2050年に，カーボンニュートラル実現を目標に掲げている[10)]。パワーデバイスは，シリコン（Si）半導体が主体として使用されているが，低損失化，高耐圧化，高温動作化の観点から，シリコンカーバイト（SiC）とガリウムナイトライド（GaN）のワイドバンドギャップ（WBG）半導体が注目されている[11)]。発電から電力消費に至るSiCパワーデバイスへの期待を図16に示す。パワーデバイスがインバータやコンバータ部品として使用されるパワーモジュールの市場も大きく成長している。SiC，GaNのWBGデバイスの適用が予想される高温動作パワーモジュール用実装材料である封止材，金属放熱基板（IMB）そして，熱伝導性接着材には，エポキシ樹脂が使用されている。

パワーモジュールの技術と材料の市場動向を図17に示す。パワーモジュールは小型化，低コスト化が進み，自動車用パワーモジュールに至ってはSiCデバイスが搭載された両面直接冷却構造へと変遷すると予想される。エポキシ樹脂が使用されているパワーモジュール用実装材料である封止材，金属放熱基板（IMB）そして，熱伝導性接着材及び接合等の金属系材料は2024年にかけて年率7.8%の伸びを示している[12)]。パワーモジュールでは，数百アンペアに達する大電流が流れるパワーデバイスも使用されるため，高温に耐える耐熱性が要求される。特に，SiCパワーデバイスは，接合温度（Tj）が300℃を超えるため200℃を超える高温での作動が想定される。従って，封止材に使用されるエポキシ樹脂には200℃を超える耐熱性が要求される。

半導体部品が実装される際に，230から260℃の高温に曝される。エポキシ樹脂は，封止材ではシリカを主体として充填剤，半導体チップ，リードフレームなどの無機，金属材料との複合材料として使用される。プリント配線板も同様に，補強用のガラスクロス，配線用の銅箔と組み合

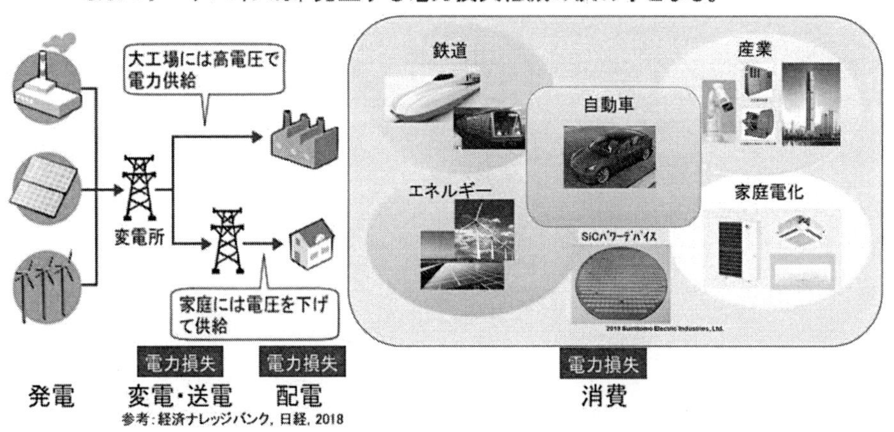

図16　発電から電力消費に至るSiCパワーデバイスへの期待

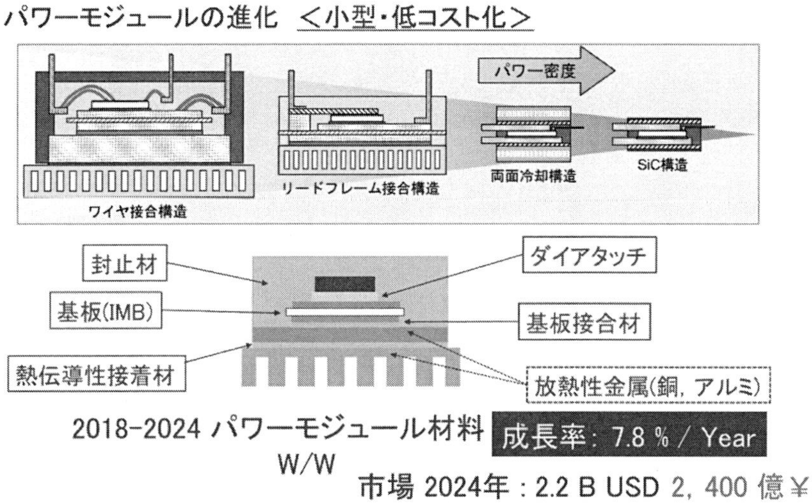

図 17　パワーモジュールの技術と材料の市場動向

わせて使用される。従って，高温暴露化での熱膨張差によって発生するストレス対策は重要課題である。このような観点から，動的粘弾性や熱膨張率の測定から求められるガラス転移温度（Tg）が物理的耐熱性の重要な目安となる。即ち，エポキシ樹脂硬化物の Tg を境に弾性率は 1 桁近く低下し，熱膨張率は 3 倍近く大きくなる。200℃に達する高温まで機械的物性が安定していることが必要でありそのための工夫がなされている。これまでは多官能型のエポキシ樹脂，例えば化学構造を表 2，3 に示すようなクレゾールノボラック型エポキシ樹脂を，やはり多官能型のフェノール樹脂であるフェノールノボラックで硬化させる，所謂，高い架橋密度により高い Tg を実現してきた。架橋密度の増加に伴い自由体積も大きくなり，その結果，熱膨張率や吸水率の増加といった電子材料として重要な特性が低下する課題があった[13,14]。これに対して，図 18，19 に示すようにエポキシ樹脂の主骨格にナフタレンやアントラセンのような多環芳香族を導入する，あるいはビフェニルのような液晶構造を導入する方法である。いずれも，主骨格の芳香環多核体のスタッキング効果を利用したパッキングによる主鎖の束縛で高い Tg が実現されている[15~23]。

一方，電子制御ユニット（ECU）が多用されるカーエレクトロニクス実装材料は，過酷な環境，特に高温下に長時間曝されるため，高温での長期耐熱性が要求される。従来の半導体部品でもヒートサイクル試験が実施されているが，要求される特性が厳しくなることが予想される。エポキシ樹脂に限らず高分子材料の長期耐熱性は，加熱減量特性が一つの目安になると考えられる。昇温加熱あるいは定温加熱条件での不可逆な化学反応による重量変化を測定するので，化学的耐熱性の評価になる。前述のように，パワーデバイス実装では近い将来，200℃付近の高温に長時間耐える耐熱性が要求される。

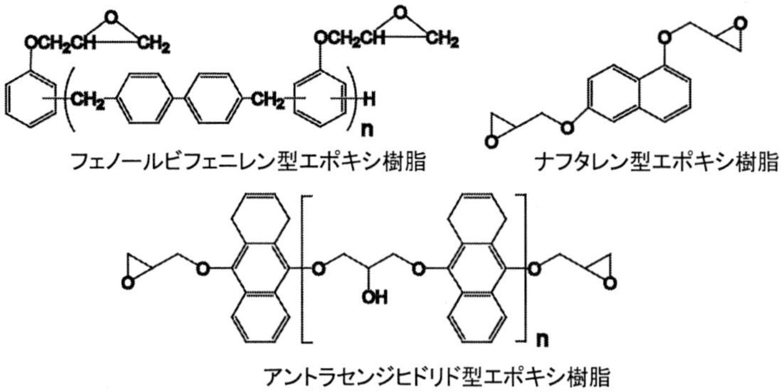

フェノールビフェニレン型エポキシ樹脂　ナフタレン型エポキシ樹脂

アントラセンジヒドリド型エポキシ樹脂

図 18　多環芳香族骨格エポキシ樹脂の一例とその化学構造

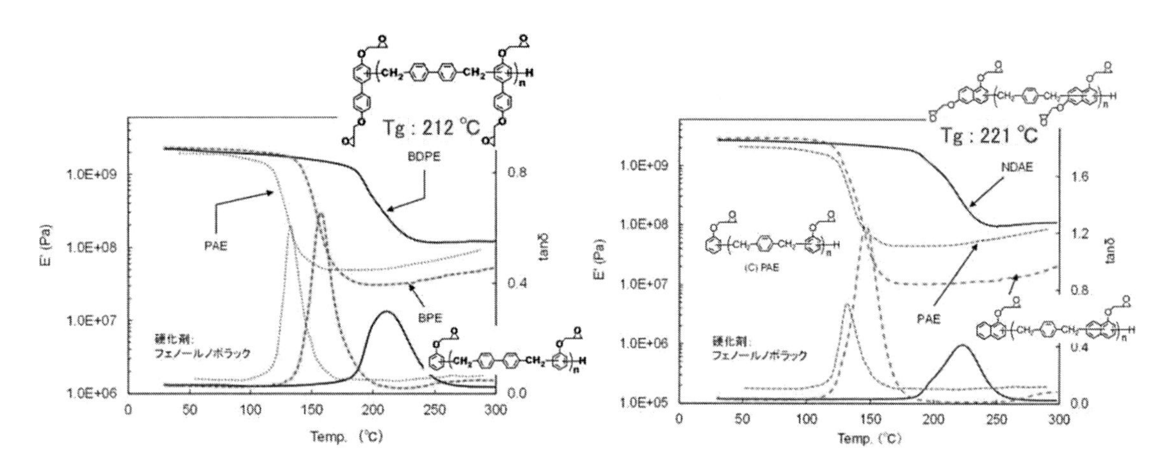

図 19　多官能性ビフェニル系とナフタレン系エポキシ樹脂硬化物の粘弾性挙動

1. 1. 5. 2　高熱伝導化

熱伝導率の向上は，窒化ホウ素（BN），窒化アルミ（AlN），アルミナ（Al_2O_3）などの高熱伝導率の無機フィラーを高充填することにより達成される。エポキシ樹脂でもこの手法が一般的であるが，パワーモジュールを含めパワーデバイスが多用されるカーエレクトロニクスでは，10 W/mK を超える高熱伝導性への要求も強い。

エポキシ樹脂の熱伝導率は通常 0.2 W/mK 以下で 20～60 W/mK を有する窒化ホウ素やアルミナより二桁も小さい。また，無機フィラーとのコンポジット材でマトリクスを形成するエポキシ樹脂としてメソゲン骨格を有するエポキシ樹脂が実用化されている。図 20 に示すように，シングルメソゲンで 0.35 W/mK，ツインメソゲンに至っては 0.96 W/mK と通常のエポキシ樹脂

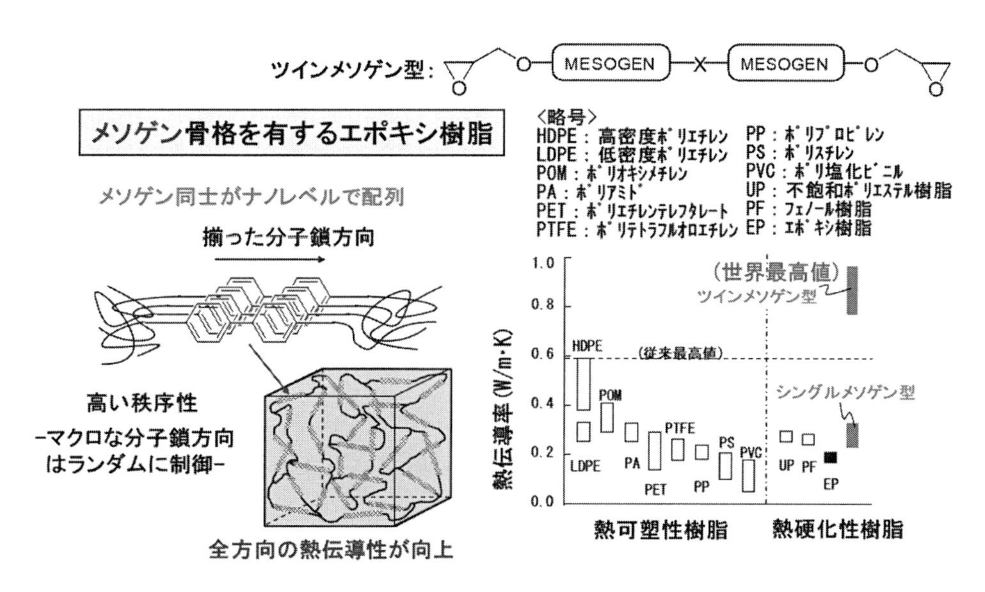

図 20　ナノ構造制御によるエポキシ樹脂の高熱伝導化

の 5 倍も大きくなることが報告されている[24]。無機フィラーの充填量を比較的少量で，高熱伝導率化が達成できるため材料の接着性，可撓性などのエポキシ樹脂が担保すべき性能への犠牲を小さくできる。メソゲン骨格を有するエポキシ樹脂は，分子間相互作用が極めて大きいため硬化物の高温物性が優れており，低熱膨張率になることも実装材料として適している。一方で，無機フィラーの充填率を高くすることによるアプローチも進んでいる。エポキシ樹脂には，無機フィラーを高充填するための溶融粘度の低減が求められる。一方，エポキシ樹脂硬化物の脆性が高くなるため，可撓性を付与するための高分子量成分を配合するポリマーアロイ化の検討が進められている。海島構造の相分離を利用した材料開発も注視する必要がある。

1. 1. 6　まとめ

エレクトロニクス実装材料に応用されているエポキシ樹脂について紹介した。特に，封止材料，積層材料は IoT，AI を駆使した DX が進められており，半導体部品の超高密度実装を実現するため寸法精度の優れた材料を指向している。特に，高周波化に伴う比誘電率，誘電正接の低減など低誘電損失化も課題となっている。また，実装密度向上に伴う高耐熱化と熱伝導率の向上が，強く望まれている。この課題は，SiC，GaN などの WBG 半導体が適用されているパワーエレクトロニクス用のエポキシ樹脂にも重要であり，それらのアプローチについても記載した。

文　　献

1）高橋健太郎，日経 NETWORK（2020.08.26）
2）中嶋厚志，2050 年の社会の姿，RIETI（2019.02.06）
3）環境省平成 30 年度 CO2 排出削減対策強化誘導型技術開発・実証事料：【5G 基地局を構成要素とする広域分散エッジシステムの抜本的省エネに関する技術開発】
4）西原幹雄，エレクトロニクス実装学会誌，1(4)，312(1998)
5）https://x.com/ogawa_tter/status/1775419752711696525
6）中村真也，エポキシ樹脂技術協会 第 47 回公開技術講座（2024.8.7）
7）昆盛太郎，JIEP 次世代配線板研究会公開研究会（2021.12.6）
8）森睦宏，日立評論，90, 1022(2008)
9）パワー半導体の世界市場予測，富士経済（2023.4）
10）2050 年カーボンニュートラルに伴うグリーン成長戦略，経済産業省資料，2020.12
11）関康和，世界を動かすパワー半導体，電気学会，p.180(2008)
12）Status of the Power Module Packaging Industry 2019, Yole Développement, July 2019
13）エポキシ樹脂技術協会編，総説エポキシ樹脂第一巻，エポキシ樹脂技術協会，p303(2003)
14）エポキシ樹脂技術協会編，総説エポキシ樹脂第三巻，エポキシ樹脂技術協会，p148(2003)
15）梶正志，第 57 回ネットワークポリマー講演討論会講演要旨集，13(2007)
16）有田和郎，小椋一郎，第 57 回ネットワークポリマー講演討論会講演要旨集，21(2007)
17）M. Harada, Y. Watanabe, Y. Tanaka, M. Ochi, *J. Polym. Sci. Part B: Polym. Phys.*, **44**, 2486(2006)
18）J. Yeob. Lee, J. Jang, *Polymer*, **47**, 3036(2006)
19）G.Pan, Z. Du, C. Zhang, C. Li, X. Yang, H. Li, *Polymer*, **48**, 3686(2007)
20）エポキシ樹脂技術協会編，総説エポキシ樹脂 最近の進歩 I，エポキシ樹脂技術協会，3-15(2009)
21）押見克彦，高機能デバイス封止技術と最先端材料，10-16，シーエムシー出版（2009）
22）大西裕一，大山俊幸，高橋昭雄，高分子論文集，**68**, 62(2011)
23）梶正史，ネットワークポリマー，**41**(4)（2020）
24）竹澤由高，ネットワークポリマー，**31**(3)（2010）

1. 2　高周波対応に向けたエポキシ樹脂の低誘電化技術

木田紀行*

1. 2. 1　はじめに

移動通信システムは，これまで約10年ごとに新世代の方式へと進化しつつ発展してきた。日本では2020年3月から第5世代移動通信システム（5G）による商用サービスが提供された。5Gには，高速・大容量，低遅延，多数端末同時接続といった技術的特長があり，自動運転，遠隔医療，スマートシティの実現等，通信を高度に活用した新たなサービスの基盤技術になると期待されている。さらに，今後あらゆるモノがインターネットに接続されるInternet of Everything（IoE）の世界が到来すれば，通信量も爆発的に増加し5Gの技術では処理できなくなることが予想されるため，世界的にもポスト5Gに向けた技術開発が活発化している。

このような背景から，コンピュータには大量の情報を高速に処理する能力がますます求められている。コンピュータを構成する部材の中でも，多くの部品を搭載し，部品相互間を電気回路で繋ぐプリント配線板（PCB）は情報処理速度に大きな影響を与える。特に次の理由から，PCBを構成する絶縁材料の低誘電化が重要課題になっている。第一に，PCB中を伝播する信号の遅延時間低減が挙げられる。一般にPCB中の信号の伝送速度は，金属配線（主に銅回路）に接触する基板材料（主に樹脂と無機フィラー等，絶縁材料の複合体）の誘電率に依存することが知られており，遅延時間（Td）は式(1)で与えられる。ここで，lは伝送距離，cは光速度，ε_rは絶縁層の比誘電率である。式(1)より，Tdを低減するためには微細配線によるlの低減および，絶縁層の低誘電化によるε_rの低減が必要になる。

$$Td = l / c \cdot \sqrt{\varepsilon_r} \qquad (1)$$

第二に，信号がPCBを伝播する際に生じる伝送損失の低減が挙げられる。伝送損失は，基板由来の誘電体損失と，金属配線由来の導体損失からなる。

誘電体損失αは絶縁材料の比誘電率（D_k）と誘電正接（D_f）に依存し，式(2)で表される。ここでKは定数，Fは信号周波数である。Fが大きくなるとαは大きくなるので，D_kとD_fを低く抑えることが必要である。D_kは平方根だが，D_fは1乗で損失に比例するため，誘電正接を低く抑えることが強く求められる。

＊　Noriyuki KIDA　三菱ケミカル㈱ スペシャリティマテリアルズビジネスグループ
アドバンストソリューションズ統括本部　技術戦略本部　情電技術部
パッケージエレクトロニクスグループ　機能材セクション
セクションリーダー

$$\alpha = K \cdot F \cdot D_f \cdot \sqrt{D_k} \tag{2}$$

誘電体自身のD_kないしはD_fが小さくても，水分子がミリ波帯において高いD_kとD_fを持つため，誘電体内に水分子が取り込まれると伝送損失が増大する。したがって，誘電体の吸湿性はできるだけ低いことが求められる。誘電特性の他にも，吸湿によりはんだリフロー工程でガスが発生して材料剥離を生じさせたり，環境試験で接着力低下による材料剥離を発生させる原因にもなるので吸湿性は低い方が良い。

ところで，信号の高周波化が進むと，表皮効果[1]によって電流が導体表面を流れるようになるため，導体損失の影響が大きくなる。銅表面を平滑化することで導体損失を低減することが可能だが，従来の銅配線に施されていた粗化処理によるアンカー効果が失われるため，銅配線と基板材料間の接着力が下がり，PCBの信頼性低下を招く。そのため誘電体の銅に対する化学接着力がより重要になってくる。

この他にも，PCBに必要な特性としては，鉛リフローはんだに対応可能な耐熱性，銅／誘電体間の熱膨張率ミスマッチを少なくするための低線膨張率，安全性・環境対応のためのノンハロゲンでの難燃性が挙げられ，加えてPCB加工性を良くするために低粘度，溶剤溶解性，他の材料との相溶性といった項目が挙げられ，種々の要求特性をバランスよく満たすことが求められる。

PCB向けの樹脂材料としては，黎明期よりエポキシ樹脂が使われてきた。エポキシ樹脂は熱硬化性樹脂の中でも適度な反応性・反応コントロールのしやすさに由来する加工性の良さを持っており，硬化物としては高い接着性・絶縁信頼性・耐熱性，そして配合によって機械物性のファインチューニングが可能であるという特徴から，精度の高い微細配線が要求されるパッケージ基板においては現在でも主流の樹脂材料である。近年，前述のような背景の中，より低誘電性の熱硬化性樹脂であるマレイミド，ビニル系樹脂等や，さらに低誘電性を追及して熱可塑性樹脂であるフッ素樹脂，液晶ポリマー，ポリフェニレンエーテル等，様々な材料の適用検討が進んでいる[2,3]。しかしこれらの樹脂も，誘電特性（特に低誘電正接）には優れるものの，加工性や接着性には課題が指摘されており[4]，特にPCBの多層化や配線の微細化への対応において十分とは言い難い状況にある。

図1に，筆者らが目指すエポキシ樹脂の開発方向を示す。本稿では，低誘電エポキシ樹脂の設計手法について解説した後，エポキシ樹脂が本来有する加工性・接着性等の特性を可能な限り維持したまま，どこまで低誘電化が可能かに挑戦した結果を，いくつかの開発事例を交えて解説する。

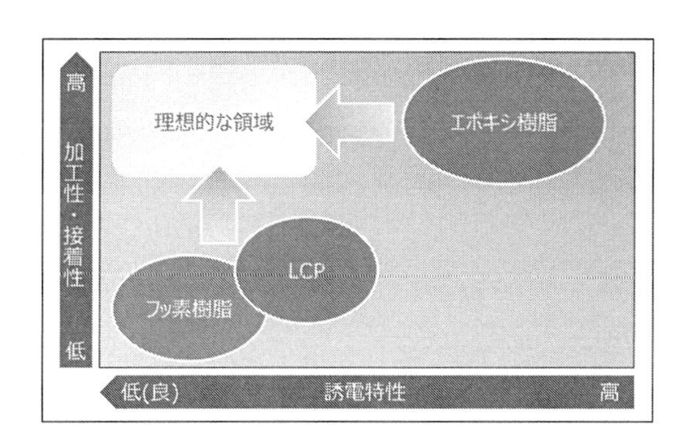

図1　筆者らが目指すエポキシ樹脂の開発方向

1. 2. 2　低誘電エポキシ樹脂とその硬化物の設計

1. 2. 2. 1　低誘電エポキシ樹脂の設計手法

物質内で電荷とそれによって与えられる力との関係を示す係数は，式(3)のように周波数分散を持つ複素誘電率 $\varepsilon^*(\mathrm{F})$ の形で表される。ここで，実部 $\varepsilon'(\mathrm{F})$ が誘電率であり，電気定数 ε_0 で割った値が比誘電率 ε_r に相当する。i は虚数単位で虚部 $\varepsilon''(\mathrm{F})$ を誘電損失率と呼び，$\varepsilon''(\mathrm{F})/\varepsilon'(\mathrm{F})=\tan\delta$ が誘電正接である。

$$\varepsilon^*(\mathrm{F})=\varepsilon'(\mathrm{F})+\mathrm{i}\,\varepsilon''(\mathrm{F}) \tag{3}$$

誘電率は物質の分極に依存するため，分子構造からある程度は理論的に予測することが可能であり，良く知られている手法として，分子を構成する原子団の電子分極（モル分極）とモル体積（表1）[5]から誘電率を推定する Clausius-Mossotti の式(4)がある。

$$\varepsilon=\frac{1+2Pm/Vm}{1-Pm/Vm} \tag{4}$$

ここで，Pm はモル分極，Vm はモル体積である。式(4)は，マクロ構造に起因する配向分極が考慮されていないため，実測値との差異はあるものの，分子設計指針を与えてくれる。式(4)より，モル分極 Pm を小さくするか，モル体積 Vm を大きくすれば良いことがわかる。代表的な原子団の Pm と Vm を表1に示す。なお，ポリマー物性の理論的推算に関しては優れた成書[5]があるので，参照されたい。

誘電正接とは誘電体に交流電場を印加した時に生じる電気エネルギー損失の度合いを表す数値であるが，誘電正接を分子構造から理論的に予測することは現在でも困難である。誘電正接の起源は，交流電場を誘電体に印加した際に生じる分極反転の遅れ（誘電緩和）である。図2に単一の緩和成分が外部交流電場を印加された場合の ε'，ε'' の周波数依存性を示す。この挙動は，交流電場下に置かれた双極子の運動から次のように説明できる。

領域Ⅰ：電場変化の時間内に双極子が完全に追随し，配向できる。そのため誘電率は大きく，

表1　Clausius-Mossotti 式に用いるパラメータ

原子団	Pm	Vm	Pm/Vm
-CH3	5.64	23.9	0.236
-CH2-	4.65	15.85	0.293
>CH-	3.62	9.45	0.383
>C<	2.58	4.6	0.561
	25.5	72.7	0.351
	25	65.5	0.382
-O-	5.2	10	0.520
-CO-	10	13.4	0.746
-COO-	15	23	0.652
-CONH-	30	24.9	1.205
-O-COO-	22	31.4	0.701
-F	1.8	10.9	0.165
-Cl	9.5	19.9	0.477
-CN	11	19.5	0.564
-CHCl	13.7	29.35	0.467
-S-	8	17.8	0.449
-OH(alcohol)	6	9.7	0.619
-OH(phenol)	20	9.7	2.062

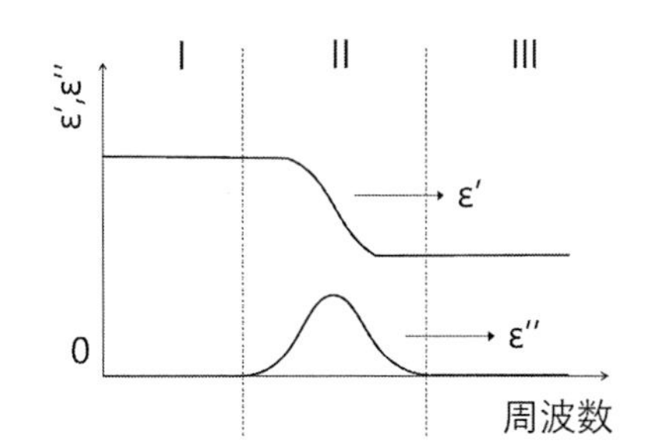

図2　外部電場による ε', ε'' の周波数依存性

誘電正接は小さい。

領域Ⅱ：電場変化の時間と双極子の反転に要する時間が近くなり，分極反転はできるものの，周波数が大きくなるにつれてだんだんと追随できなくなり双極子が配向できなくなってゆく。そのため誘電率は下がり始め，誘電正接が大きくなる。また，この領域で誘電正接は極大値をとる。

領域Ⅲ：電場変化の時間が短すぎて，双極子はほとんど動かなくなり，配向しなくなる。そのため誘電率は小さく，誘電正接は小さい。

周波数が0.1 GHz～100 GHzのオーダーでは配向分極が支配的であり，この領域では高分子中の分極反転は個々の双極子の反転（これらは分子の変位，振動，回転等の運動を伴う）が完全独立して起きるのではなく，周囲の原子団や分子から抵抗を受けながら生じる。この抵抗の大きさに応じて誘電緩和の緩和時間が決まってゆく。

そこで，エポキシ樹脂の誘電正接を下げるには，①極性を下げる，②信号周波数に対応する電場反転の時間に対し，誘電緩和の緩和時間を十分長くすることが有効であると考えられる。②は言い換えると，分子を何らかの手段で束縛することで運動性を下げれば良い。実際に，液晶ポリマー，マレイミド等，極性の高い構造を持ちながら誘電正接が低い物質は存在する。液晶ポリマーは最たる例で，高分子鎖を分子配向させることで自由空間を小さくし，分子運動性を低下させている。エポキシ樹脂は，エポキシ基自体が高極性の官能基であるために，この設計は非常に重要となる。

1. 2. 2. 2　エポキシ樹脂の低誘電硬化システム

エポキシ基は活性水素を持つ化合物と容易に付加反応を起こし結合するため，多価アミンや多価フェノール等の化合物が硬化剤として一般に使われている。また，カチオンまたはアニオンを触媒としてエポキシ樹脂に加えれば，エポキシ基同士が付加重合し，架橋してゆく。これらの反応過程で二級水酸基が生成し，金属表面に強く吸着されている水分子や，金属表面の酸化物が空気中の水蒸気と反応して生じた水酸基中と水素結合することで，エポキシ樹脂と金属が強力に接着すると考えられている[6, 7]。しかし，水酸基は高極性の官能基の最たるものであるため，低誘電性と接着性（加えてTgおよび吸水性）はジレンマの関係である。このジレンマを解決するため，高周波向けの低誘電硬化システムとして，二級水酸基の代わりにエステルを生成する活性エステル硬化剤が用いられている[8]。

1. 2. 3　低誘電エポキシ樹脂の実際の開発事例

1. 2. 3. 1　低分子タイプ

(1)フッ素原子含有エポキシ樹脂YX7760

前述の通り，フッ素を含む原子団は，低誘電化に有効であると考えられる。YX7760は，骨格中にフッ素原子を含む2官能エポキシ樹脂である。図3にYX7760の構造イメージを示す。表2に樹脂性状を示したが，YX7760は白色の固体であり，フッ素原子を導入したことにより分子量が上がっているため，ビスフェノールA型エポキシ樹脂と比べてエポキシ当量が大きめである。

物性比較には，同じく2官能であるビスフェノールA型エポキシ樹脂（製品名jER 828US，三菱ケミカル㈱製）を用いた。硬化剤は市販のポリアリレート樹脂を活性エステルとして用い，水酸基の生成を抑えた硬化系とした。誘電特性はネットワークインピーダンスアナライザー

(E8361A, Keysight Technologies 製)，空洞共振器（EM ラボ㈱製）を用いて，周波数 10 GHz にて評価した。低分子エポキシ樹脂を単純に硬化しただけでは脆いので，製膜性を付与するために高分子タイプのエポキシ樹脂を添加した。

エポキシ樹脂，硬化剤，高分子エポキシ樹脂，硬化促進剤（DMAP）をシクロヘキサノン中で混合し，ワニスを作製した。製膜性付与剤として高分子エポキシ樹脂を樹脂全体の 10 wt%，硬化促進剤は 0.5 phr 添加した。ワニスを PET フィルム上へキャストし，160℃/90 min, 200℃/90 min で硬化させてフィルムサンプル（厚さ約 50 μm）を作製した。評価結果を表 3 に示す。

YX7760 は，ビスフェノール A 型エポキシ樹脂と比較して Tg の大幅な向上が認められ，誘電特性としては D_f が僅かに改善された。また，吸水率が 1/2 へと改善された。誘電特性について

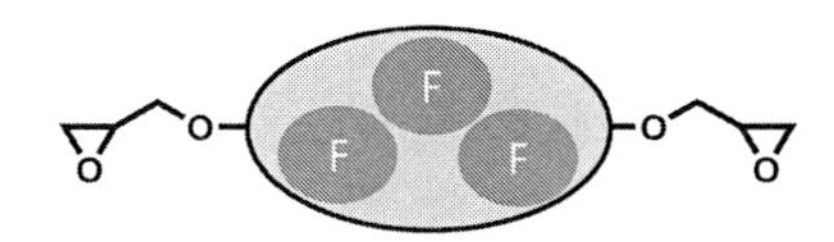

図 3　YX7760 の構造イメージ

表 2　YX7760 と YL9133 の性状

		YX7760 (フッ素含有)	YL9133 (フッ素非含有)	828US (BisA型)
外観		白色固体	無色液体	無色液体
エポキシ当量	g/eq	238	191	185
樹脂粘度 (150℃)	mPa・s	9	12	5

表 3　YX7760 と YL9133 の硬化物性

			YX7760	YL9133	828US	備考
Tg		℃	173	163	141	DSC
誘電特性	D_k	-	2.6	2.7	2.6	空洞共振法 (10GHz) @25°C, 50%Rh
	D_f	-	0.011	0.008	0.012	
吸水率		%	0.1	0.1	0.2	85℃85%168h

考察すると，C-F 結合はそもそも非常に分極が大きいため，一部にフッ素原子を導入しただけでは大きな効果は出なかったとみられる。フッ素樹脂の誘電特性が優れているのは，パーフルオロアルキル鎖においてC-F 結合の分極が互いに打ち消し合うことと，均一な構造に由来する結晶性が要因と考えられ，フッ素原子を不均一にすると逆に高誘電になることが分かっている。今回の YX7760 の結果は，フッ素導入による極性化の影響と，フッ素の静電反発によるモル体積の増加がうまくバランスされたことによると推測している。

⑵フッ素原子非含有エポキシ樹脂 YL9133

フッ素を含む化合物は価格が高いことや，環境への排出が問題視されており規制対象になっている物質も多いことから，フッ素を使わずに誘電特性の改良を試みた2官能エポキシ樹脂が YL9133 である。表2に樹脂性状を示す。YL9133 は室温で高粘稠の液体であり，エポキシ当量としてはビスフェノールA型エポキシ樹脂と同等である。

YX7760 と同様にワニスを作製し，フィルムサンプルを作製した。評価結果を表3に示す。ビスフェノールA型エポキシ樹脂と比較し，Tg は 20℃以上改善された。誘電特性においては D_f がビスフェノールA型エポキシ樹脂の 2/3 程度と低誘電性を示した。また，吸水率が半分へと改善された。

D_k は YL9133 とビスフェノールA型エポキシ樹脂で同等であることから，Pm/Vm は双方で同等と考えられる。したがって YL9133 の D_f が小さい理由は，分子骨格が電場による変動に応答しにくいため，とりわけ分子中の回転運動を抑制しているためと推定している。図4に YL9133 の構造イメージを示す。

1. 2. 3. 2　中分子タイプ

YL9133 と同様にフッ素を使わずに誘電特性の改良を試みた中分子タイプが YL9057 である。エポキシ基の存在自体が誘電特性を悪化させるので，分子骨格を嵩高くすることでエポキシ基濃度を低下させた。また，架橋密度が低下する分の物性を補い，かつ電場の変動に応答しにくくするため，剛直な構造を意識的に導入している。図5に YL9057 の構造イメージを示す。表4に YL9057 の樹脂性状を示す。

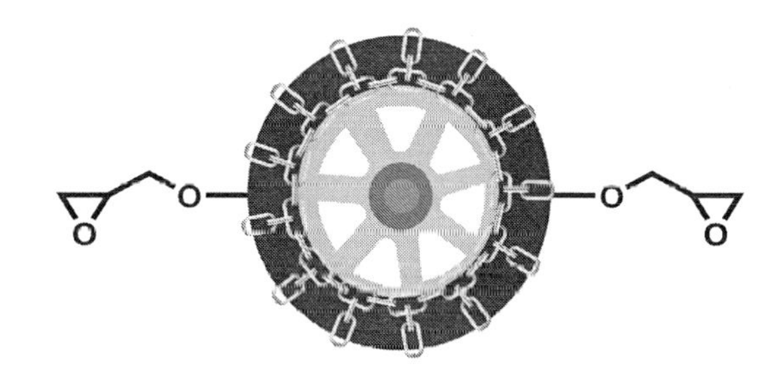

図4　YL9133 の構造イメージ

図5　YL9057の構造イメージ

表4　YL9057の性状

		YL9057	DCPD型エポキシ樹脂
外観		褐色固体	黄色固体
エポキシ当量	g/eq	450~500	245~260
軟化点	℃	86	73~83
溶融粘度	P@150℃	11	1.5~3.0
溶剤溶解性 (R/C:70-75%)	MEK	易溶	易溶
	シクロヘキサノン	易溶	易溶
	トルエン	易溶	易溶

比較対象として，回路基板用途でよく使われているジシクロペンタジエン（DCPD）型エポキシ樹脂を用いた。その他はYX7760と同様にワニスを作製し，フィルムサンプルを作製した。評価結果を表5に示す。

エポキシ当量を大きくし，架橋密度が下がった影響で，Tgはやや低めになる。特筆すべきは，誘電正接がエポキシ樹脂としては非常に低いレベルにある点である。また，極性官能基であるエポキシ基が減ったことで吸水率も下がっており，湿度の影響を受けにくいことも重要なポイントである。

このように，YL9057が誘電特性に優れたエポキシ樹脂であることは確かだが，ではエポキシ樹脂本来の物性である，金属に対する接着力はどうだろうか。同じ樹脂組成で粗化銅箔（Rz＝3.0 μm）に樹脂を厚さ20 μmで塗布し，対向に同じ銅箔を重ねて油圧プレス機で0.2 MPaの圧力でプレスし，試験片とした。表5に粗化銅箔との剥離接着強度を示す。YL9057はDCPD型エポキシ樹脂と比較して接着力が弱くなっており，エポキシ基濃度が低いことによる架橋密度の低下が凝集力の低下を招いたと考えられる。

筆者らは最近，上記Tgと剥離接着強度の改良を目指して硬化系の検討を行い，硬化剤としてカルボジイミドをハイブリッドさせることで，D_kおよびD_fは悪化させることなく，Tgと剥離

表5　YL9057を用いた硬化物の配合と物性

エポキシ樹脂		YL9057		DCPD型エポキシ樹脂	備考
硬化剤		ポリアリレート	ポリアリレート＋カルボジイミド	ポリアリレート	
硬促進剤		DMAP	DMAP	DMAP	
Tg	℃	**148**	**179**	202	DMA
誘電率D_k	-	**2.6**	**2.6**	2.7	空洞共振法（10GHz）@25°C, 50%Rh
誘電正接D_f	-	**0.007**	**0.007**	0.010	
吸水率	%	**0.3**	**0.3**	0.5	85℃/85%Rh/168h
剥離強度	N/10mm	**2**	**5**	5	180°剥離 銅箔Rz =3.0μm 接着厚さ20μm 剥離速度50mm/min

強度どちらも改善されることを見出した。表5にYL9057と硬化剤にポリアリレートとカルボジイミドを併用した硬化系の評価結果を示す。このように，硬化系を工夫して架橋密度を制御することで，低誘電特性を維持したまま所望の耐熱性や接着性を発現することができる結果となっている。

また，せん断接着強度も確認した。比較対象としてはDCPD型エポキシ樹脂に加え，代表的な多官能エポキシ樹脂である*o*-クレゾールノボラック型エポキシ樹脂を加え，硬化剤を酸無水物（製品名MH-700，新日本理化㈱製）とし，硬化促進剤は2-エチル-4-イミダゾール（製品名2E4MZ，四国化成工業㈱製）を用いた。これらの配合物をサンドブラスト銅板2枚に挟み，110℃ 3 h，140℃ 3 h硬化したものをサンプルとした。接着力の測定は，ISO4587規格に基づいてせん断モードで行った。結果を表6に示す。

YL9057は，エポキシ当量が大きい＝エポキシ基濃度が低いにも関わらず，他のエポキシ樹脂よりも銅へのせん断接着力が高いことがわかる。つまりYL9057は，誘電特性に優れるだけでなく，エポキシ樹脂に期待される接着力も併せ持った材料であることが窺える。

接着は，被着体との濡れ性や界面の化学接着力，そして接着層の粘弾性等が複雑に絡み合った現象である。エポキシ基は化学接着力に密接に関連していると言われており，エポキシ基濃度の低いYL9057は不利にも思えるが，エポキシ樹脂そのものが持つ性質を希釈してしまう硬化剤の使用量が少なくて済むため，樹脂本来の特性が発揮されている可能性もある。架橋密度が低めであることも，接着層の靭性向上に寄与していると推測している。

さらに，DCPD型エポキシ樹脂は脂肪族骨格を多く含むため，難燃性には課題がある。YL9057は芳香族骨格を多く含むため，難燃性は比較的良好である。

表6　YL9057のせん断接着力

		YL9057	DCPD型エポキシ樹脂	EOCN
エポキシ樹脂	phr	100	100	100
硬化剤	phr	36	67	79
硬化促進剤	phr	0.1	0.1	0.1
接着強度(Cu)	MPa	**10**	8	8

1. 2. 3. 3　高分子タイプ

高分子タイプのエポキシ樹脂は通常，連結部に極性の高い水酸基が生成するため，誘電特性が著しく悪化する。これを重合方法から根本的に見直し，水酸基に代わって低極性の接着性基を生成させるよう新規な手法で合成したものがYX7891T30である。YX7891T30は樹脂含量30 wt％のトルエン溶液である。図6にYX7891T30の高分子構造イメージを示す。表7にYX7891T30の性状を示している。比較対象として，三菱ケミカルの電材向け高分子エポキシ樹脂製品であるYX6954BH30とYX7200B35を用いた。いずれも溶液品となる。

これらの高分子エポキシ樹脂は自立膜を形成できるため，PETフィルムに塗布後，乾燥して評価用フィルムサンプル（厚さ約50 μm）を作製した。評価結果を表8に示す。

YX7891T30は水酸基を持たないため，エポキシ樹脂の物性の根源の一つである水素結合が存在せず，Tgが低下する。一方で吸水は大幅に減少する。そして誘電正接が，他の高分子エポキシ樹脂と比較して1/3程度まで低下していることがわかる。これは従来にない低い誘電正接である。

1. 2. 4　おわりに

本稿では，低伝送損失に求められる実装材料の特性と，元々低誘電化が得意ではないエポキシ樹脂を，本来の性質を損なわずにどこまで低誘電化できるか挑戦した結果を紹介した。フッ素樹脂，液晶ポリマー等には及ばないまでも，エポキシ樹脂として見れば従来の材料を凌駕するレベルに到達できたと考えている。しかし誘電特性はいまだミリ波への適用に十分とは言えず，更なる改良が必要である。また，誘電特性とトレードオフになる耐熱性や接着力を如何に付与するかも大きな課題である。今後もデータ伝送・処理の高速化に伴う高周波化は進んでゆくとみられるため，究極の低誘電エポキシ樹脂を目指して開発を続けたい。

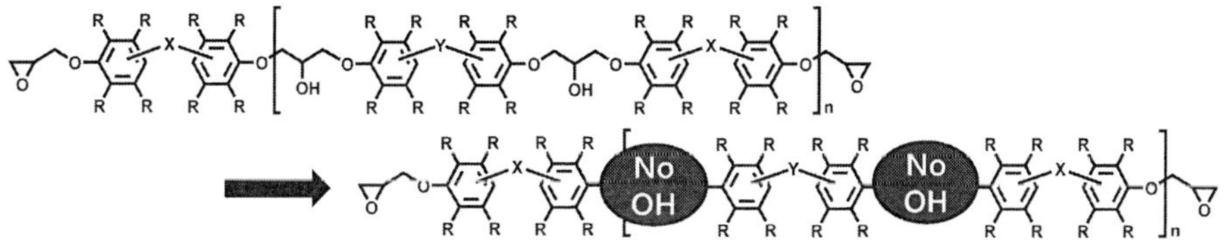

図6　YX7891T30 の構造イメージ

表7　YX7891T30 の性状

		YX7891T30	YX6954BH30	YX7200B35	備考
分子設計上の特徴		極性官能基の 生成を抑制	剛直構造	剛直かつ 疎水性の構造	
外観		褐色溶液	淡黄色溶液	淡黄色溶液	
エポキシ当量	g/eq	6,000	13,000	9,000	固形分換算
分子量	Mw	28,000	39,000	30,000	GPC(PS標準)
樹脂含量	wt%	30	30	35	
溶剤種	-	トルエン	MEK/シクロヘキサノン	MEK	

表8　YX7891T30 の物性

		YX7891T30	YX6954BH30	YX7200B35	備考
Tg(DSC)	℃	**98**	130	150	
吸水率	wt%	**0.14**	0.8	0.3	85℃/85%Rh/168h
誘電率Dk	-	**2.7**	3.0	2.6	空洞共振法（10GHz） @22°C, 35%Rh
誘電正接Df	-	**0.010**	0.030	0.029	

文　献

1）例えば，前田真一，エレクトロニクス実装技術，**29**（11），p.48（2013）
2）J. Nunoshige, *J. Jpn. Inst. Electron. Packaging*, **16**, pp.389-393（2013）
3）S. Okamoto, *Journal of The Society of Rubber Industry*, **81**, pp.85-92（2008）
4）Xiong-Yan Zhaoa, Hong-Jie Liu, *Polym. Int.*, **59**, pp.597-606（2010）
5）Van Krevelen, PROPERTIES OF POLYMERS, 3rd Ed., Elsevier（1990）
6）鈴木靖昭，化学工学，**82**（9），pp.476-479（2018）
7）柳澤誠一，国立科学博物館技術の系統化調査報告，**17**, pp.367-444（2012）
8）有田和郎，ネットワークポリマー論文集，**44**（1），pp.41-53（2023）

1.3　ナノコンポジット絶縁材料の高機能化

小迫雅裕*

1.3.1　はじめに

近年，有機／無機ナノコンポジット技術の導入により，ポリマー母材，およびマイクロサイズのフィラー（充填材）が充填された複合材料（マイクロコンポジット）の電気絶縁性を大幅に向上させることが可能となってきた。ナノコンポジット技術とは，およそ100 nm以下の無機粒子をナノフィラーとして，ベースのポリマー材に一様分散させて各種機能性を高める技術である[1~3]。複合材料へのニーズは適用先によって大きく異なる。一例をあげると，高熱伝導性かつ電気絶縁性を両立する材料に対するニーズは非常に高い。しかし，相反する両特性の双方向上は容易では無い。熱伝導性を高く維持しながら，電気絶縁性を向上できる可能性をナノコンポジット技術は有している。

そこで，筆者はナノコンポジット技術をベースとして有機／無機複合材料の電気絶縁性の観点での高機能化を検討している。表1および表2に，これまで筆者が検討した材料開発において，適用先優先の検討例および材料技術優先の検討例をそれぞれ示す。電力機器，ケーブル，回転電機，屋外絶縁，パワーモジュールなどを対象としたポリマーナノコンポジット絶縁材料開発，フィラー電界配向制御による新規機能性材料開発，新規フィラーや新規ベースポリマーの電気絶縁特性を評価している。本稿では，それらのいくつかの研究成果を紹介する。

表1　筆者が検討した適用先とポリマーナノコンポジットの種類

適用先	目的	ベースポリマー	ナノフィラー
ポリマー碍子の外皮	表面の耐浸食性の向上	シリコーンゴム	SiO_2, AlOOH
固体絶縁材料の表面塗装	抵抗率制御による帯電防止	エポキシ樹脂	カーボンナノチューブ
パワーモジュールの絶縁基板	高熱伝導材の耐電圧性の向上	エポキシ樹脂	SiO_2，Al_2O_3
エナメル線の皮膜	耐インバータサージ性の向上	ポリイミドあるいはポリエステルイミド	SiO_2，TiO_2，AlOOH
ガス絶縁開閉装置の絶縁スペーサ	小型化，沿面フラッシオーバ耐圧の向上	エポキシ樹脂	各種ナノフィラー

* Masahiro KOZAKO　九州工業大学　工学部　電気電子工学科　教授

表2　筆者が検討した材料技術と可能な適用先

材料技術	特徴・特性	可能な適用先
誘電泳動力	フィラー橋絡による充填率低下	絶縁基板，機能性デバイス
電気泳動力	フィラー分散密度の制御	電界緩和部材
ナノアルミナ塗装	導電素材の絶縁性表面処理	高熱伝導・絶縁素材
フラーレン	ポリマーの絶縁耐圧の向上	絶縁部材
炭化水素系熱硬化性樹脂	低粘度，低誘電率，低損失	モールド成形品
マイクロ発泡体	低誘電率，軽量，柔軟性	エナメル線の皮膜
中空ガラスビーズ	低誘電率，軽量	低誘電率部材
マイクロ ZnO 粒子	非線形抵抗特性	サージ吸収素子，電界緩和部材

1. 3. 2　ナノ・マイクロコンポジットの作製方法[4~6]

ナノフィラーをポリマー材にナノレベルで一様分散することは容易ではなく，ナノフィラー凝集体がポリマー中に存在すると欠陥となって絶縁性を低下させてしまう。直接分散法を用いてナノフィラーを一様分散させるためには，溶液中で強力な剪断力が必要であり，筆者は超音波式ホモジナイザー，高圧式ホモジナイザー，三本ロールミル，自転公転高速ミキサーなどを用いて検討した。これらの中では，エポキシ樹脂に対しては高圧式ホモジナイザーが最も有効だと評価している。ただし，同機を用いる際は樹脂溶液の加温による低粘度制御が重要となる。図1にナノ・マイクロコンポジットの作製方法例を示す。ナノフィラーを樹脂に均一分散させてから，マイクロフィラーを充填する。ナノフィラーを混合する際には，シランカップリング剤も適量添加している。図2にナノ・マイクロコンポジットの試料破断面の SEM 像の一例を示す。マイクロフィラーの隙間にナノフィラーが均一分散されている様子がわかる。フィラー分散状態の定量評価は非常に重要である。最近では，二次元像の画像処理を用いる手法や，FIB-SEM を用いた3次元構造解析の検討が増えている。

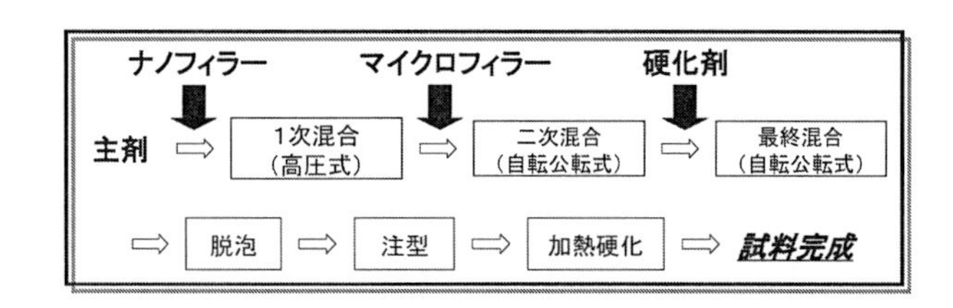

図1　ナノ・マイクロコンポジットの作製方法

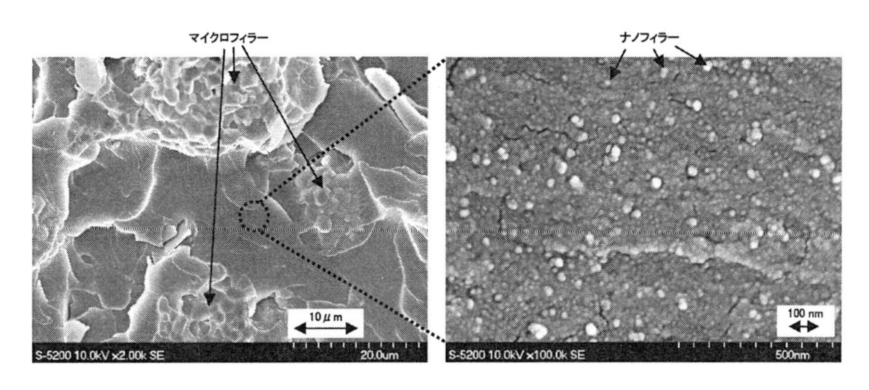

図2　ナノ・マイクロコンポジット試料の破断面の電子顕微鏡写真
マイクロフィラー：窒化アルミ（粒径：30 μm，35 vol%充填）
ナノフィラー：アルミナ（粒径：30 nm，2 vol%充填）

1. 3. 3　ナノ・マイクロコンポジットの熱伝導率[5~7]

試料の熱伝導率をレーザーフラッシュ法により評価した。図3に試料の熱伝導率のフィラー充填率依存性を示す。同図中の理論曲線はBruggemanの式から求めた。従来から言われているように，フィラーの充填率の増加により熱伝導率が増加し，実測値は理論値に概ね一致する。NMMC試料は，マイクロフィラー35 vol%とナノフィラー2 vol%の共充填されたナノ・マイクロコンポジットであるが，同じ充填率で比較するとマイクロコンポジット試料とほぼ同等の熱伝導率を有することがわかる。つまり，ナノフィラーの少量充填により熱伝導率に大きな影響は与えないことがわかる。

1. 3. 4　ナノ・マイクロコンポジットの電気絶縁性

1. 3. 4. 1　絶縁破壊強度[6, 7]

球-平板電極間に試料を挟み，絶縁液体に浸して一定昇圧の交流電圧を印加し，絶縁破壊した電圧を試料厚で割ることで，絶縁破壊強度を算出する。試料数は10点で，ワイブル分布から平均値を評価した。図4に絶縁破壊強度とフィラー充填率との関係を示す。試料厚は0.2 mmに統一している。フィラー無添加試料（Neat）にアルミナ・ナノフィラー（nA）あるいはシリカ・ナノフィラー（nS）を2～3 vol%充填すると絶縁破壊強度が約10%向上することがわかる。樹脂の熱伝導率を上げるために，アルミナ・マイクロフィラー（μA）を30 vol%充填すると絶縁破壊強度が約30%低下してしまうが，そこへ同様にアルミナあるいはシリカのナノフィラーを約1 vol%共充填すると絶縁破壊強度が低下した値から約10%向上することがわかる。マイクロフィラーの隙間にナノフィラーがナノレベルで均一分散することで電界ストレスが軽減されたと考えられる。

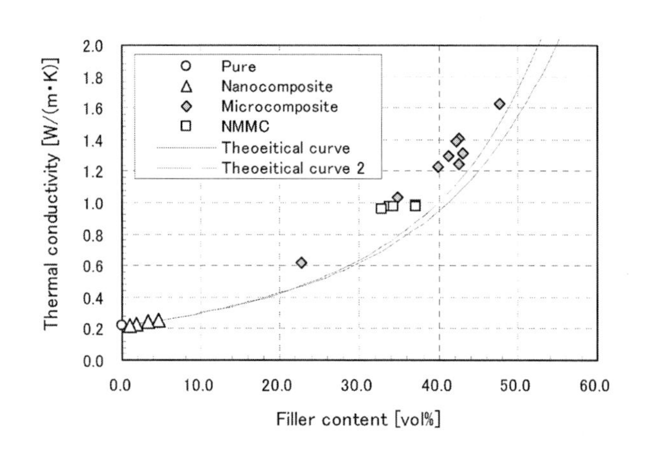

(a) 全体図

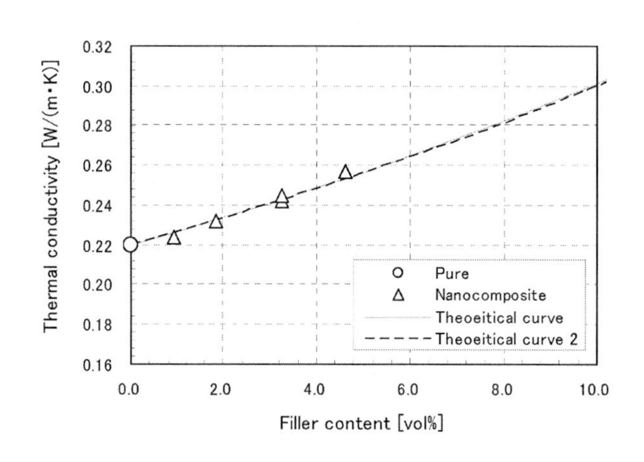

(b) 拡大図

図3 熱伝導率のフィラー充填率依存性

マイクロフィラー：窒化アルミ（粒径：30 μm）
ナノフィラー：アルミナ（粒径：30 nm）
ナノ・マイクロコンポジット NMMC：マイクロフィラー35 vol%とナノフィラー1 vol%の共充填
理論曲線1：フィラーの熱伝導率＝ 170 W/(m·K)（窒化アルミニウム）
理論曲線2：フィラーの熱伝導率＝ 30 W/(m·K)（アルミナ）

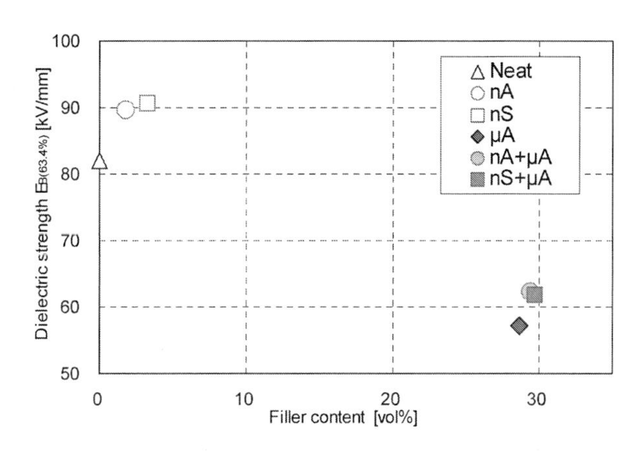

図4　絶縁耐力とフィラー充填率との関係

マイクロフィラーμA：アルミナ（粒径：10 μm）
ナノフィラーnA：アルミナ（粒径：14 nm）
ナノフィラーnS：シリカ（粒径：12 nm）
ナノ・マイクロコンポジット：nA＋μA および nS＋μA

1. 3. 4. 2　耐部分放電性[8)]

図5(a)に示すような電極を用いて試料表面に部分放電を曝して劣化を見ることで耐部分放電性を評価した。これは絶縁基板上の高電圧半導体素子を模擬したような構造である。同図(b)にフィラー無添加エポキシ（ニート）試料表面の上部電極端部の写真を示す。一定の高電圧（4.8 kV_{rms}）を上部電極に2時間印加し，部分放電劣化後の状態が同図(c)～(e)である。前項と同様に，アルミナ・マイクロフィラー30 vol%充填試料での結果は同図(d)のように1.5時間で絶縁破壊してしまったが，そこへ同様にアルミナ・ナノフィラーを約1 vol%共充填すると絶縁破壊せずに部分放電劣化のみに留まっていることがわかる。つまり，ナノフィラーが充填されることで耐部分放電性が劇的に向上された。この要因は，ナノフィラーがナノレベルで均一分散することで部分放電による樹脂の劣化が抑制されたと考えられる。

1. 3. 4. 3　耐電気トリー性[4, 5)]

図6(a)に示すような電極を絶縁液体に浸し，針-平板電極間に20 kV_{rms}一定の交流電圧（60 Hz）を印加し，絶縁破壊するまでの時間を測定することで耐電気トリー性を評価した。トリー破壊時間は，ワイブル分布を用いて評価した。トリー電極の試料数は各条件において，10～20個とした。4種類の試料のトリー破壊時間のワイブル分布を図6(b)に示す。ワイブル分布の尺度パラメータをトリー破壊時間として比較評価すると，ナノフィラーのみを2 vol%充填したナノコンポジット（NC）およびマイクロフィラーのみを35 vol%充填したマイクロコンポジット（MC）は，無添加試料よりトリー破壊時間がそれぞれ4倍および60倍延長された。更に，ナノ・マイクロコンポジット（NMMC）はマイクロコンポジットよりもトリー破壊時間がさらに2倍延長されており，今回の試料の中では最も優れた耐トリー性を有することがわかっ

た。つまり，ナノフィラーが充填されることで耐電気トリー性が劇的に向上された。ナノフィラーがナノレベルで均一分散することで電気トリーの進展を抑制し，更にトリーチャネル径の拡張を抑制した結果，寿命が延長されたと考えられる。

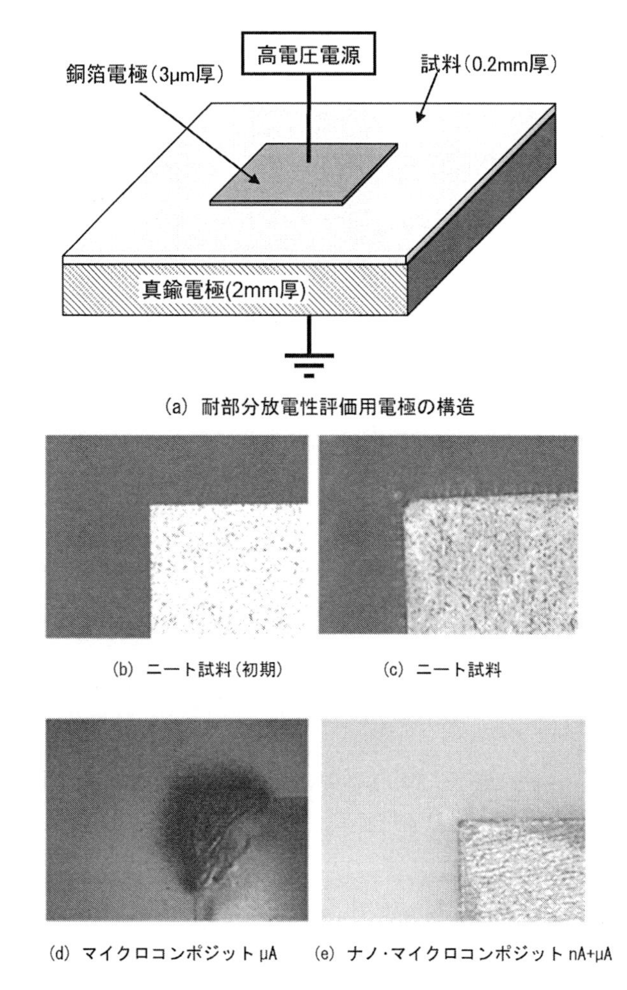

(a) 耐部分放電性評価用電極の構造

(b) ニート試料（初期）　(c) ニート試料

(d) マイクロコンポジット μA　(e) ナノ・マイクロコンポジット nA+μA

図5　耐部分放電性評価用電極および試験結果
（試料は図4と同じ）

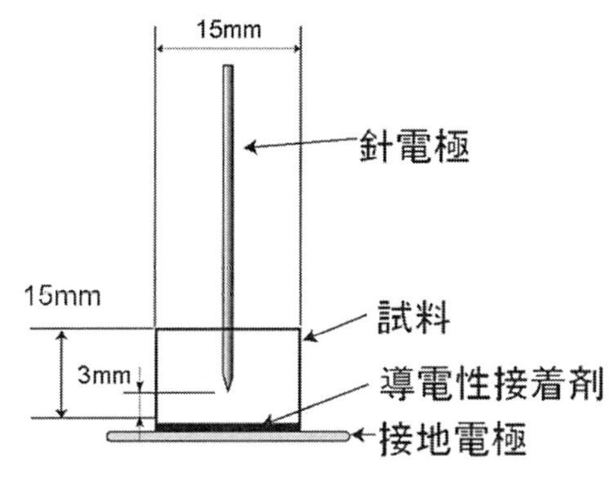

(a)　耐電気トリー性評価用電極の構造

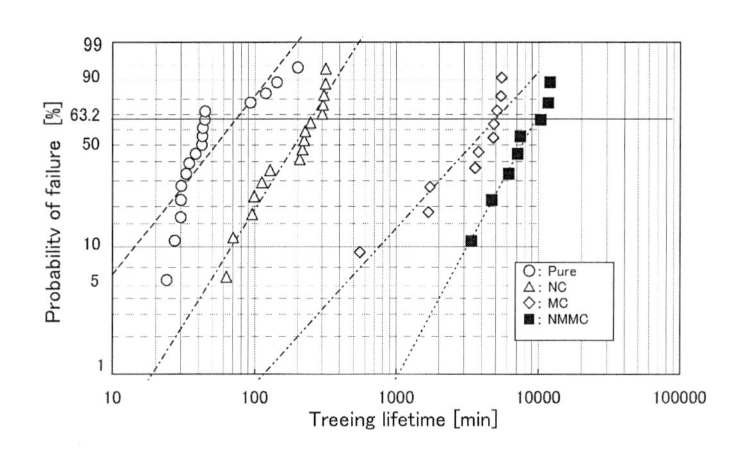

(b)　電気トリー試験による破壊時間

図6　耐電気トリー性評価用電極および試験結果
MC：窒化アルミ・マイクロフィラー（粒径：30 μm）35 vol%充填
NC：アルミナ・ナノフィラー（粒径：30 nm）2 vol%充填
NMMC：マイクロフィラー35 vol%とナノフィラー1 vol%の共充填

1. 3. 5　フィラー配向とナノコンポジットのハイブリッド[9, 10)]

1. 3. 5. 1　フィラー電界配向制御

硬化前のプレポリマー中で各種形状の粒子や繊維などのフィラーの配置を制御することによって異方性材料や機能性材料の開発が検討され，電気伝導率，誘電率，熱伝導率，機械的強度などを少ないフィラー充填率で効率的に制御したい需要がある。プレポリマー中のフィラー配置制御の手法として，電場（電界），磁場（磁界），力場の3つが考えられるが，電界の適用が比較的簡便であると筆者は考えている。プレポリマー中に電界を用いてフィラー配置制御してシート状試料を作製する検討が他機関から既にいくつか報告されており，フィラーはカーボンナノチューブなどの導電性材料，あるいはアルミナ，窒化ホウ素，チタン酸鉛などの誘電性材料を，ポリマーはエポキシ樹脂，シリコーンゴム，ポリウレタンなどが目的によってそれらの複合化が検討されている。電界は直流電圧，交流電圧，インパルス電圧のいずれかを多くは平等電界下で与え，導電性フィラーの場合は数 10～数 100 V/mm，誘電性フィラーの場合は約 1 kV/mm の電界強度が良く用いられている。プレポリマー中でのフィラー挙動の現象は，材料の組み合わせや印加電界条件で異なるが，与えられた外部電界によって生じた誘電泳動，電気泳動（直流電界の場合のみ），分極による双極子同士の粒子間相互作用などと言われている。

筆者も，シート状エポキシ樹脂試料の硬化過程中に平等電界を与えてアルミナ粒子や窒化ホウ素粒子を試料板厚方向に配列させて，その板厚方向での熱伝導率の向上を明らかにし，低フィラー化の実現に成功している[9, 10]。図 7 に，フィラー電界配向制御技術の概略図を示す。基本的には中央を切り抜いた絶縁スペーサと 2 枚の金属板を用いて所望の厚さの板状試料を成型し，樹脂の硬化反応中に交流高電圧を印加している。マイクロサイズの板状粒子あるいは球状粒子を用いて検討し，比較的大きなマイクロサイズの板状粒子が印加電界方向に配向し，鎖状構造を形成することで，熱伝導率を向上しやすい。その際，フィラー充填率は 5～35 vol%，印加電界は 0.5～2.0 kV_{rms}/mm，周波数は 50～1,000 Hz を主に用いている。

図 8 は，板状のアルミナフィラー（キンセイマテック製，平均粒径 7 μm，厚さ 0.1 μm）をエポキシ樹脂に対して 10 vol%充填して作製した試料の破断面を SEM 観察した写真である。一

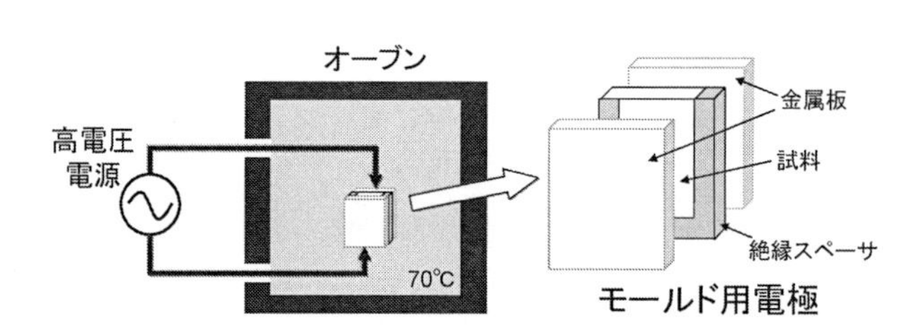

図 7　フィラー電界配向制御技術の概略図

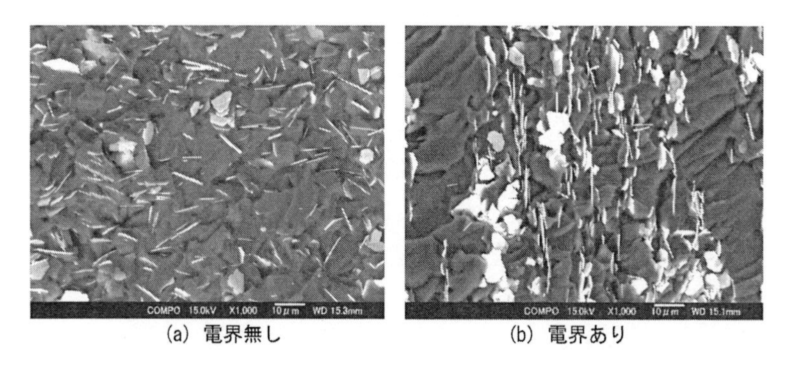

図 8　試料断面の SEM 像：(a)電界無し（一様分散），(b)電界あり（垂直方向 2 kV / mm を 1 時間印加）

様分散していたフィラーが硬化中に電界を与えることで，印加電界方向にフィラーが配向し，鎖状構造を形成している様子がわかる。その結果，図9に示すように，同試料（PおよびP-e）の熱伝導率が約2倍向上している。電界無しの時のアルミナ35 vol％充填試料の熱伝導率を，電界配向することで10 vol％充填で実現したことになる。なお，同図には35 vol％充填試料（PSおよびPS-e）の結果も併せて示しているが，この試料には増粘を抑えるために球状アルミナフィラーを共充填しているため，熱伝導率の向上率が少し抑えられている。

1．3．5．2　フィラー配向におけるナノコンポジットの効果

表3に用意した計6種類の試料内訳を示す。フィラー種はアルミナに統一し，マイクロ球状粒子（粒径10 μm）35 vol％充填試料を基本にマイクロ板状粒子（粒径：7 μm，厚さ0.1 μm）およびナノ粒子（一次粒径：7 nm）の複合，更に電界付与による熱伝導率および交流絶縁破壊強度に与える影響を検討した。図10に，各試料における熱伝導率および絶縁破壊強度の関係を示す。同図より，今回の試料条件で最も優れたものは全ての条件を付与した試料n＋μPS-eであ

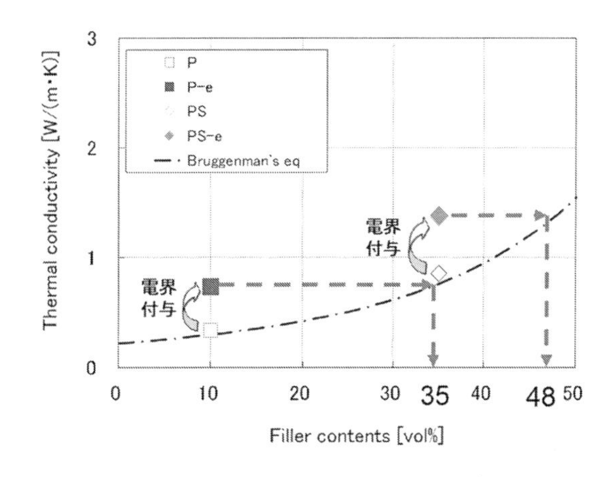

図9　エポキシ複合材の熱伝導率のフィラー電界配向効果

表3　各試料のフィラー充填率

試料名	電界 [kV/mm]	Al_2O_3 フィラー充填率 [vol%]			
		ナノ	板状マイクロ	球状マイクロ	合計
μS	-	0	0	35	35
μS-e	2	0	0	35	
μPS	-	0	7	28	35
μPS-e	2	0	7	28	
n+μPS	-	1	7	28	36
n+μPS-e	2	1	7	28	

り，マイクロ球状粒子を35 vol%充填した試料に比べて，同等の絶縁耐力を保ちながら熱伝導率が2倍向上したことになる。また，熱伝導率1.4 W/m·Kをマイクロ球状粒子で実現するには48 vol%充填が必要と推定でき，その場合，フィラーを一様分散させた一般的な複合材料では絶縁耐力の低下を招く。熱伝導性と電気絶縁性の関係は一般的にはトレードオフの関係にあるが，今回の結果は高熱伝導化に伴う絶縁耐力の低下を抑えたことになる。図11に，試料n-μPSお

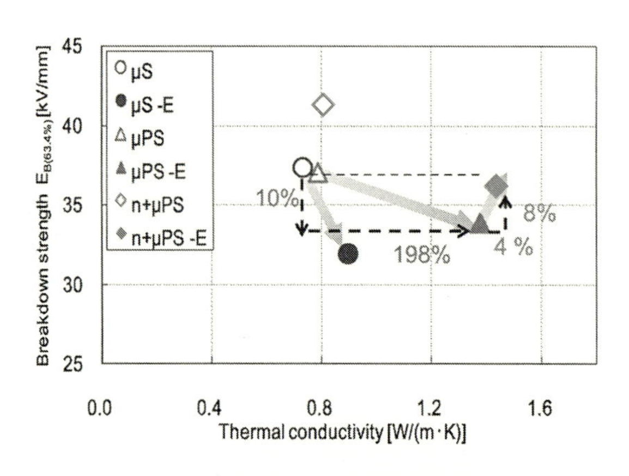

図10　各試料の熱伝導率と絶縁破壊強度の関係

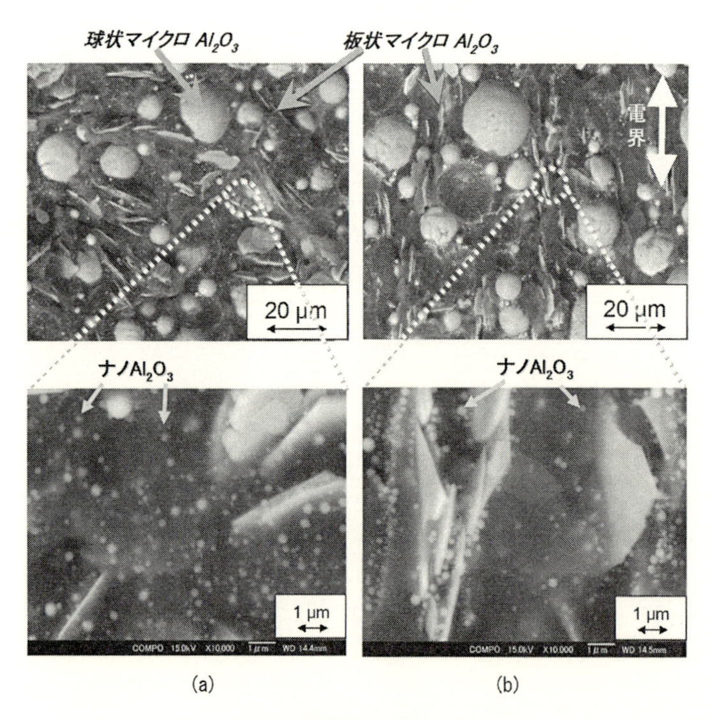

図11　試料断面のSEM像：
(a)試料n-μPS（電界無し，一様分散），(b)試料n-μPS-e（垂直方向2 kV/mmを硬化中に付与）

よび試料 n-μPS-e の破断面の SEM 像を示すが，ナノ粒子が配向されたマイクロ板状粒子の隙間に挿入された様子がわかる。このことが，絶縁破壊強度の低下を抑えたことに繋がっている。つまり，ナノ粒子は絶縁破壊強度の向上に寄与，マイクロ球状粒子は混合物の増粘抑制に寄与，マイクロ板状粒子は電界配向制御による熱伝導率向上に寄与することを示した。

1. 3. 6　複合材料バリスタの開発[11, 12]

複合材料バリスタはマイクロ(μ)バリスタ（ZnO 主成分の半導体粒子，図 12(a)）とエポキシ樹脂の複合材である。エポキシ樹脂の硬化中に電界を印加し，一粒子のバリスタ電圧 300 V/mm の μ バリスタを用いて，厚み約 0.6～3.2 mm（バリスタ電圧が 180～960 V 相当）の複合材料バリスタを作製し，エポキシ内に μ バリスタのチェーン（図 12(b)）を形成している。電場配向中のフィラー挙動のシミュレーションも行い，実測のフィラー挙動とよい一致が得られている[11)]。図 13 に，複合材料バリスタの電圧-電流（V-I）特性を示す。図が示すように，低充填でも優れた非線形抵抗特性を発現させることに成功した。この複合材料バリスタの適用対象を明確にするため連続サージに対するサージ吸収能力の解明とその制御法の検討も行っている[12)]。

1. 3. 7　ナノアルミナコーティングによる機能性絶縁材料の開発[13)]

熱伝導性フィラーとして，絶縁系と導電系に大別され，絶縁系ではアルミナや窒化アルミニウムなどがよく使われている。一方で，導電系フィラーは電気絶縁特性を考慮する必要が無いのであれば，固有の熱伝導率も高いため，更なる高熱伝導性が得られる。

そこで，アルミナ・ナノ粒子をコア材にコーティングし，導電材料が絶縁材料に転換することに成功した。コア材には，アルミニウム，銅，亜鉛，炭素，炭化ケイ素，酸化亜鉛，などで成功している。図 14 に，その一例として，アルミニウム粒子の表面に約 20 nm 厚でナノコーティ

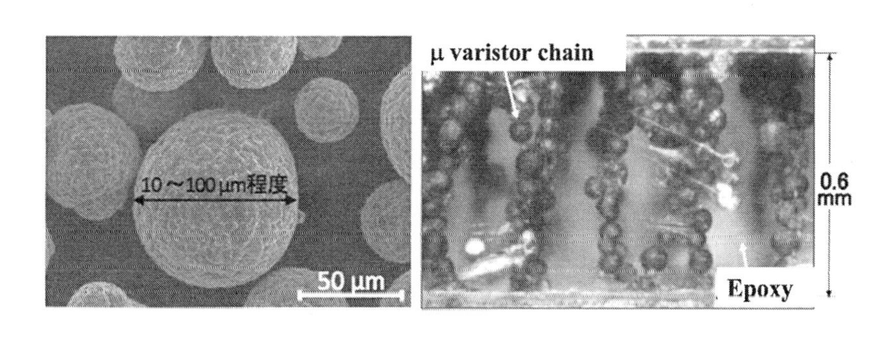

(a) マイクロバリスタ粒子　　(b) 複合材料バリスタ断面

図 12　マイクロバリスタ粒子と複合材料バリスタ断面の写真

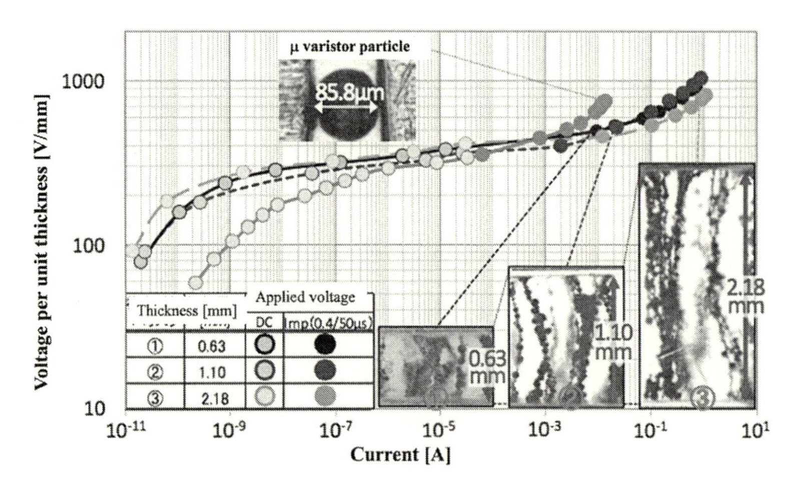

図 13　試料厚みが異なる複合材料バリスタの電圧–電流（V–I）特性

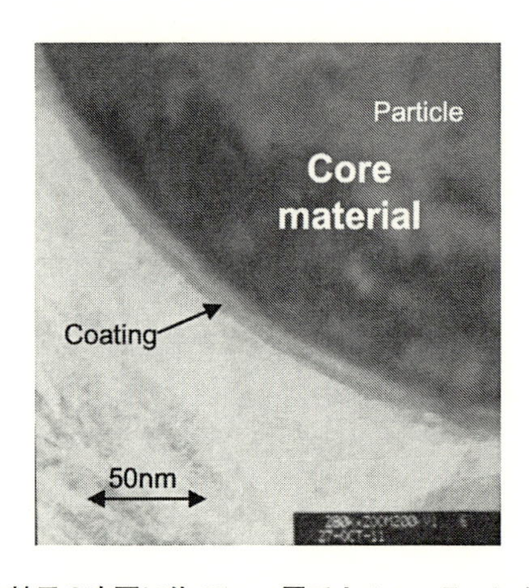

図 14　アルミニウム粒子の表面に約 20 nm 厚でナノコーティングした粒子の TEM 像

ングした粒子の TEM 観察結果を示す。ナノアルミナコートの方法は，以下の通りである。まず，アルミナ粉体と触媒として酢酸を用い水熱合成する。このようにしてナノベーマイトの分散体を作製し，そこに対象粒子を添加することで，対象粒子にナノベーマイトを湿式コーティングする。これはナノベーマイトが対象物に付着し安定になる性質を利用している。その後，それらを乾燥させ結晶化させ，固形分換算 50 nm の薄膜を対象物表面に形成させる。

ナノアルミナ被覆した黒鉛粒子（平均粒径 15 μm）をエポキシ樹脂に 24 vol%充填し，熱伝導率と体積抵抗率を評価した。エポキシ樹脂単体，被覆無し黒鉛複合，被覆あり黒鉛複合の熱伝導率はそれぞれ 0.2，0.5，0.5 W/m・K となり，一方，体積抵抗率は，10^{16}，4.9×10^{6} および

$3.2 \times 10^{15} \Omega \cdot cm$ となった。ナノアルミナ被覆が熱伝導パスに阻害せず，電子伝導パスを遮断していると考えている。

1. 3. 8　フラーレン添加による機能性絶縁材料の開発[14)]

フラーレンは閉殻空洞状の多数の炭素原子のみで構成されるクラスターの総称である。フラーレンの一次粒径は1 nmであるためポリマーへの均一分散が容易ではない。しかし，そのフラーレンをエポキシ樹脂に均一分散させることで，絶縁性フィラーとして有効であることを明確にした。フラーレンの分散にはトルエン溶剤を用いて溶解させ，樹脂に混合後に脱溶剤した。図15に，板状エポキシ樹脂試料の絶縁破壊強度におけるフラーレン充填率依存性の測定結果を示す。同図より，フラーレンの充填率の増加により絶縁破壊強度が向上することが分かる。ここでの最高充填率である0.6 wt%ではニート樹脂と比較して絶縁破壊強度が約30%向上する。なお，同試料におけるフラーレンのサブミクロンサイズ以上の凝集体は観察されていない。仮に分散粒子が1 nmと仮定すると，それらの粒子間距離は数nmと近接することになる。一方で，ミクロンサイズの凝集体が存在する試料においては，同様な向上効果が得られていない。これらのことから，フラーレン分散による絶縁破壊強度向上の要因は，フラーレンが電子受容体である効果と，ナノメートルレベルで均一分散されたことによる効果であると考えられている。そのメカニズム解明の一環として量子化学計算に着手し，フラーレンがもたらす電子トラップが有効に働いていると解釈している[15)]。今後は，更なるデータ蓄積と詳細なメカニズム解明，および応用開拓が望まれる。

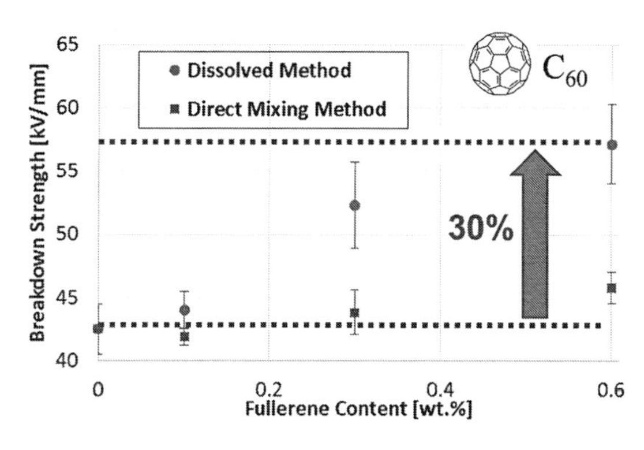

図15　板状エポキシ樹脂試料の絶縁破壊強度におけるフラーレン充填率依存性の測定結果（フラーレン添加における溶解法と直接混合法の違い）

1. 3. 9 おわりに

本稿では，ナノコンポジット技術をベースとした有機／無機複合材料の電気絶縁性の観点での高機能化の実例を紹介した。

今後，様々な移動体の電動化，特殊環境下での電気製品の利用の中で，電気絶縁材料への様々な要求レベルが高まると予想される。例えば，材料自身の高信頼度化，高熱伝導性・高耐電圧化，高耐熱性・高耐電圧化，電界緩和機能を有した高耐電圧化，超高周波帯における高熱伝導性・超低損失化などがあげられる。片方の特性が達成できても電気絶縁性が後回しになってしまう事例もあり，両方を常に見据えた材料開発が必要である。

ナノコンポジット技術は一見成熟したように思えるが，まだまだその発展可能性は秘めている。計算科学を適用した材料設計，有機・無機それぞれの新規材料の開発とそれらの複合化による更なる機能性向上が見込める。そのようなテーラーメイドな材料開発はまさに始まっている。そのためには，一つの技術では限界があり，各専門家の技術の複合化が必要になると筆者は思っている。

文　　献

1) 電気学会技術報告書，第 1051 号「ポリマーナノコンポジット材料の誘電・絶縁技術応用」(2006)
2) 電気学会技術報告書，第 1148 号「革新的なポリマーナノコンポジットの性能評価と電気絶縁への応用」(2009)
3) 先端複合ポリマーナノコンポジット誘電体の応用技術調査専門委員会編集，「ナノテク材料—ポリマーナノコンポジット絶縁材料の世界—」(2014)
4) 小迫雅裕，大木義路，向當政典，岡部成光，田中祀捷，電気学会 誘電・絶縁材料研究会，DEI-05-83, pp.17-22 (2005)
5) 小迫雅裕，岡崎祐太，大木義路，金子周平，岡部成光，田中祀捷，平成 20 年電気学会 放電/誘電・絶縁材料/高電圧 合同研究会，No. ED-08-36/DEI-08-36/HV-08-36, pp.103-107 (2008)
6) 岡崎祐太，富永卓樹，小迫雅裕，大塚信也，匹田政幸，田中祀捷，電気学会第 40 回電気電子絶縁材料システムシンポジウム，No. B-2, pp.39-44 (2009)
7) Y. Okazaki, M. Kozako, M. Hikita, T. Tanaka, 2010 IEEE International Conference on Solid Dielectrics, No. B2-28, pp.279-282 (2010)
8) T. Tanaka, M. Kozako, K. Okamoto, *Journal of International Council on Electrical Engineering*, **2** (1), pp.90-98 (2012)
9) 岡崎祐太，小迫雅裕，匹田政幸，田中祀捷，第 41 回電気電子絶縁材料システムシンポジウム，No. C-1, pp.79-84 (2010)

10）小迫雅裕，木下智志，匹田政幸，田中祀捷，平成 23 年電気学会 基礎・材料・共通部門大会，No. XVIII-3, p.397（2011）
11）Daigo Komesu, Masafumi Mori, Shinji Ishibe, Masahiro Kozako, Masayuki Hikita, *IEEE Transactions on Dielectrics and Electrical Insulation*, **23**（1）, pp.216-221（2016）
12）森匡史，米須大吾，松岡直哉，小迫雅裕，匹田政幸，石辺信治，平成 27 年電気学会 放電/誘電・絶縁材料/高電圧合同研究会，No.ED-15-018/DEI-15-018/HV-15-018，pp.49-54（2015）
13）小迫雅裕，木下智志，匹田政幸，佐藤正淳，佐藤護郎，平成 23 年電気学会 基礎・材料・共通部門大会，No.XVIII-5, p.399（2011）
14）Shota Harada, Masahiro Kozako, Masayuki Hikita, Takeshi Igarashi, Hiroaki Kaji, IEEE Int. Symp. Electr. Insul. Mat.（ISEIM）, No. P2-17, pp.654-656（2017）
15）Kotaro Ozuno, Yoshiyuki Inoue, Masahiro Kozako, Masayuki Hikita, Takeshi Igarashi, Hiroaki Kaji, *IEEE Transactions on Dielectrics and Electrical Insulation*, **28**（2）, pp.625-629（2021）

1. 4 プリント配線板用ソルダーレジスト

稲垣昇司*

1. 4. 1 はじめに

ソルダー（はんだ）レジストは，プリント配線板や半導体パッケージ基板の表層部分に施されている緑色や黒色などに着色された絶縁材料である（図 1)。はんだ付け作業の際に部品の接続部分以外にはんだがつかないようにすることからこの名が付いている。高い絶縁性以外に最外層回路の保護やめっき耐性などの特性が求められ，プリント配線板には欠かせない電子材料である。

電子部品の実装密度が低い時代では，必要な部分のみを印刷する熱硬化型や紫外線硬化型のソルダーレジストが量産されるようになったが，スクリーン印刷の印刷精度の限界から，必要な部位だけ露光し，未露光部分を現像除去するタイプのものが現在主流となっている。また，近年，スマートフォンやタブレット端末に代表されるスマートデバイスは，ますます軽薄短小化，高速通信が進み，それらに使用される絶縁材料は，高密度実装に対応した高解像性や高速処理のための低誘電特性などが求められてきている。

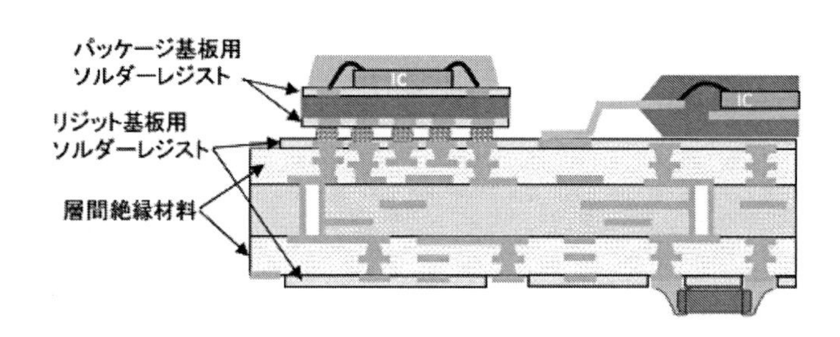

図 1　プリント配線板絶縁材料の使用箇所

1. 4. 2 ソルダーレジストの分類

図 2 に，ソルダーレジストの分類を示す。ソルダーレジストの形成方法として，部品の接続部以外の特定部分のみにスクリーン印刷（図 3）でソルダーレジストを塗布した後，熱硬化させる方式のものが最初に使われた。その後，生産性の高い紫外線硬化型が，テレビやラジオのような据置型製品に使用されたが，電子機器の小型軽量化に伴い微細化が可能な現像型が必要となり，環境とコスト面からアルカリ現像型が主流となった。

* Shoji INAGAKI　太陽ホールディングス㈱　研究本部　フェロー（シニア）

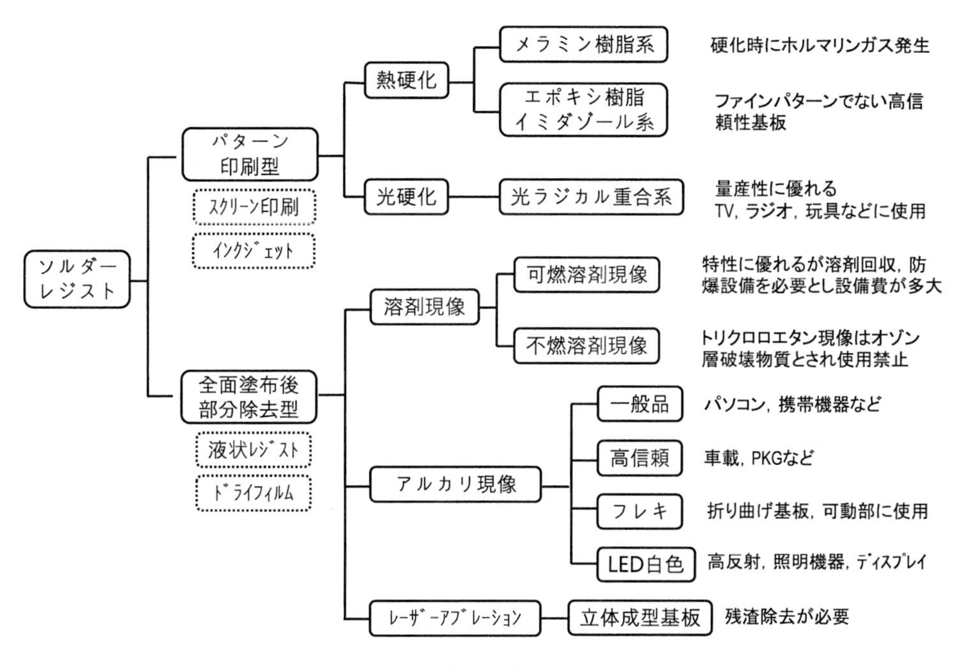

図2　ソルダーレジストの分類

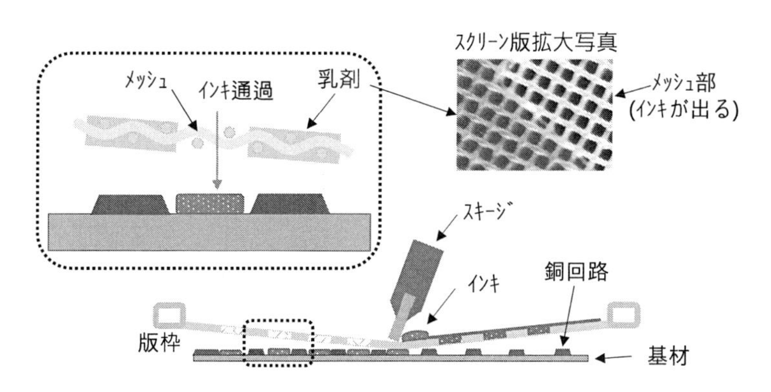

図3　スクリーン印刷によるソルダーレジスト塗布

1. 4. 3　熱硬化型ソルダーレジスト

1970年代初期，メラミン，エポキシ，アルキッド樹脂の混合系の材料（図4）をスクリーン印刷でパターン形成後，熱硬化する材料が使われていた。しかし，硬化時にホルマリンガスが発生する問題から，その後，エポキシ樹脂をイミダゾール等の硬化剤を用いて熱硬化（図5）させる材料に移り変わった。

表1に一般的な熱硬化型ソルダーレジストの組成を示す。エポキシ樹脂は，ソルダーレジストの特性を左右する重要な材料であり，厚さが1.6 mm前後の一般的なプリント配線板には，耐熱性の良好なノボラック型エポキシ樹脂が多用された。また，板厚が薄くなった場合の硬化収縮

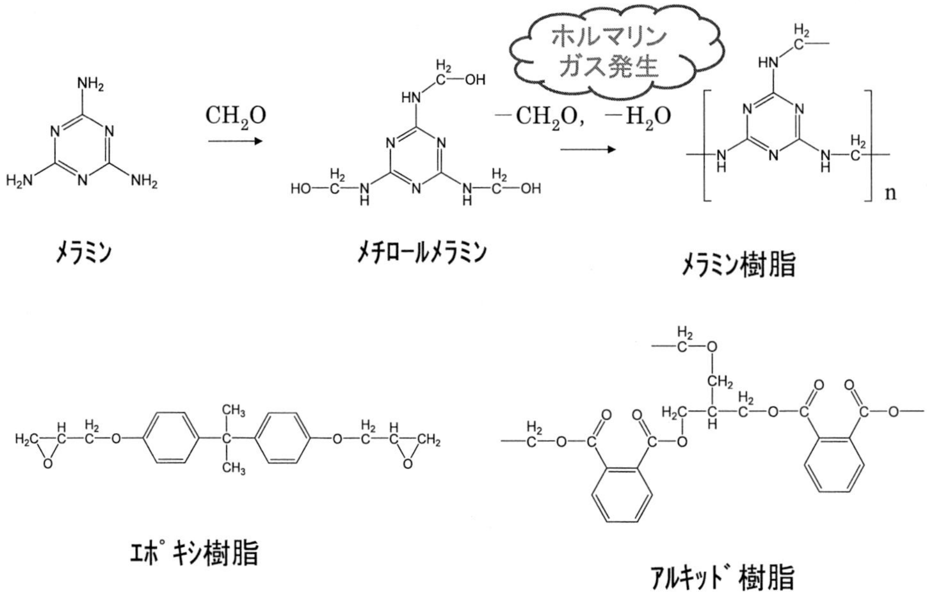

ホルマリンガス発生

CH_2O　　$-CH_2O$, $-H_2O$

メラミン　　メチロールメラミン　　メラミン樹脂

エポキシ樹脂　　アルキッド樹脂

図4　1970年代初期のソルダーレジスト

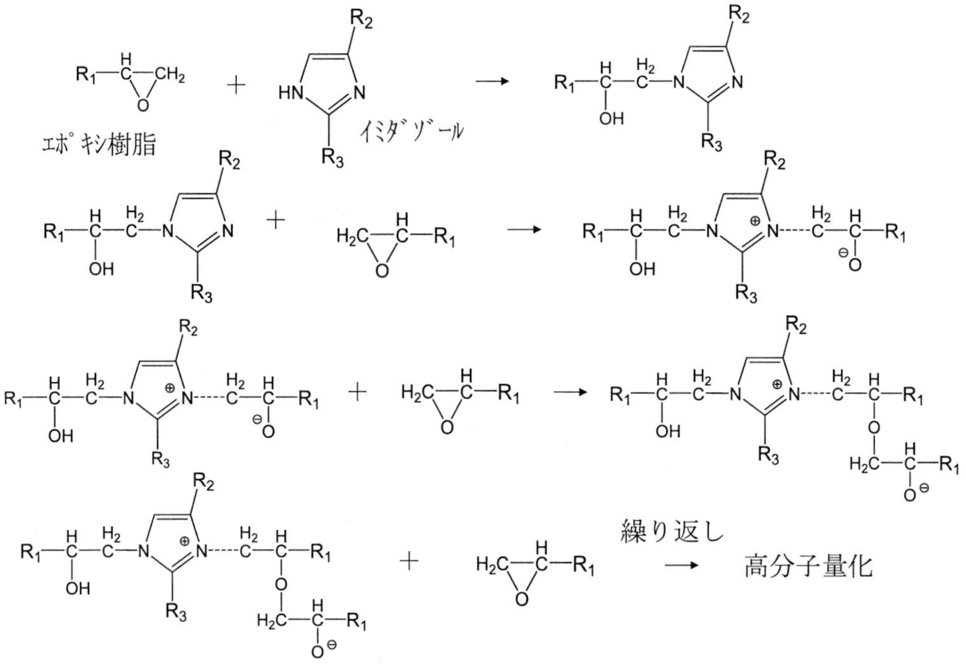

エポキシ樹脂　　イミダゾール

繰り返し → 高分子量化

図5　イミダゾールを使用したソルダーレジスト

表1　一般的な熱硬化型ソルダーレジストの組成（例）

分類	具体的な名称	重量%
樹脂	エポキシ樹脂	40
着色顔料	フタロシアニングリーン	1
体質顔料	硫酸バリウム，シリカ，タルク	34
エポキシ硬化剤	アミン化合物	2
添加剤	消泡・レベリング剤	1
有機溶剤	ジエチレングリコールモノエチルエーテルアセテート	20
	高沸点石油系溶剤	2

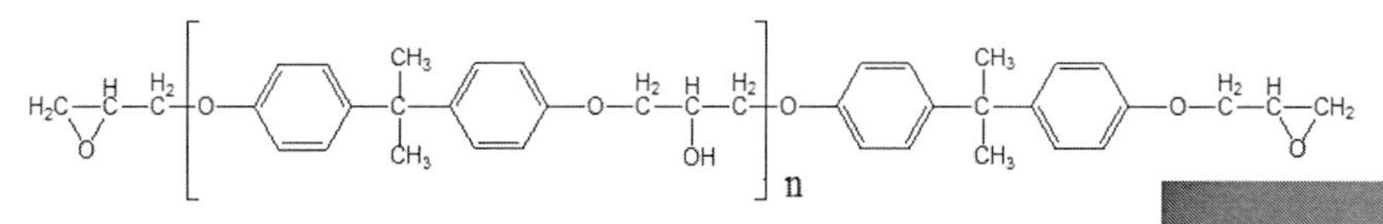

ビスフェノールA型エポキシ樹脂

可とう性良好

硬化収縮(小)

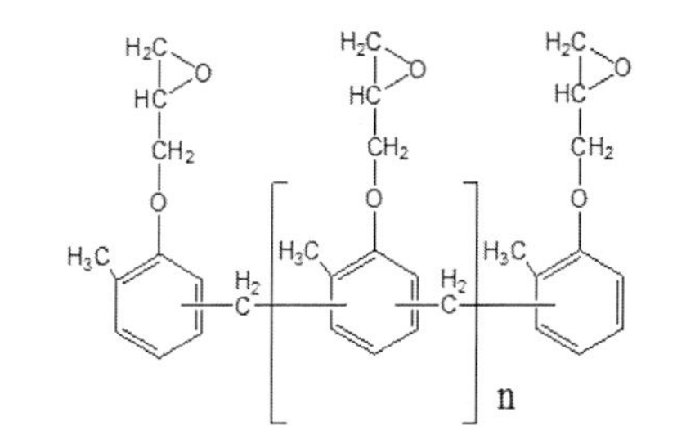

耐熱性良好

クレゾールノボラック型エポキシ樹脂

硬化収縮(大)

図6　エポキシ樹脂とその特徴

による基板の反り（図6）低減のため，ビスフェノールA型のエポキシ樹脂が使われていた。また，はんだ耐熱性や基板の反り以外に，プリント配線板の後処理として使用される酸やアルカリ，めっき液に対する耐薬品性や電気特性に影響を与える。着色のための材料として，染料は退色し易いため，はんだ耐熱での退色性に優れる顔料が使用され，体質顔料（フィラー）は，塗膜の強度や密着性，スクリーン印刷に適応したものが使用される。消泡・レベリング剤は，粘度，TIにより変更され，溶剤は，スクリーン印刷で連続印刷時の版乾きや印刷性（版離れ）により適切なものが選ばれる。

1．4．4　紫外線硬化型ソルダーレジスト

エポキシ／イミダゾール系の熱硬化型ソルダーレジストの場合，硬化に140℃の熱風循環式乾燥炉で20分の加熱処理が必要であったが，1975年頃からテレビやラジオといった一般家電の

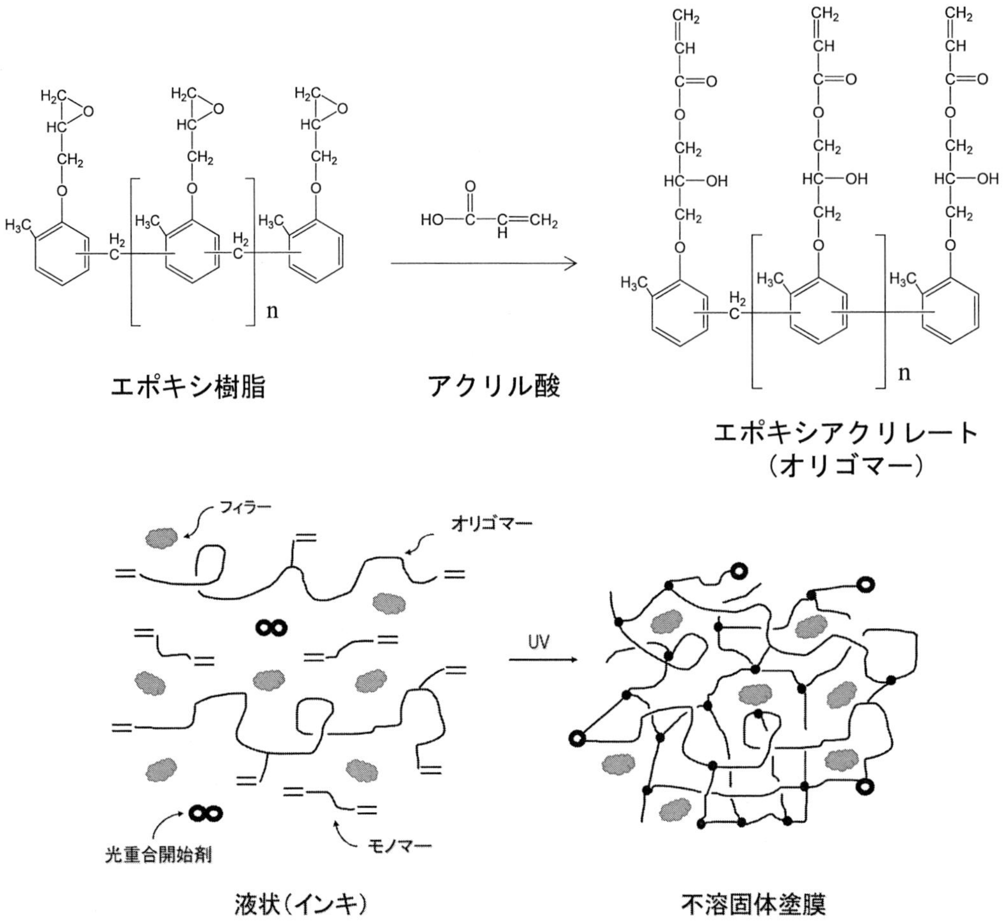

図7　紫外線硬化型ソルダーレジストのオリゴマーと硬化イメージ図

急速な需要拡大により量産性に優れた材料の開発が必要不可欠となった。テレビ，ラジオといった量産品には安価な片面紙フェノール基板が通常使われており，ソルダーレジストも硬化の速い紫外線硬化型レジストがこの頃から使われ始めた（図7)。

1. 4. 5　現像型ソルダーレジスト

電子部品の小型化から従来の印刷によるソルダーレジスト形成が困難となり，露光・現像方式のソルダーレジストが開発された。形態として，ドライフィルム型，液状の両方が市場に出回ったが，最初に量産化されたのは，カルコンの光二量化反応（図8）により露光で高分子量化し，未露光部分を可燃性溶剤で現像後，末端のエポキシ基を熱硬化させるものだった。その後，生産性を上げ，難燃性溶剤で現像可能なソルダーレジスト（図9）が量産されたが，その後，環境問題から希アルカリ水溶液で現像できるソルダーレジストが生産の主流となった。

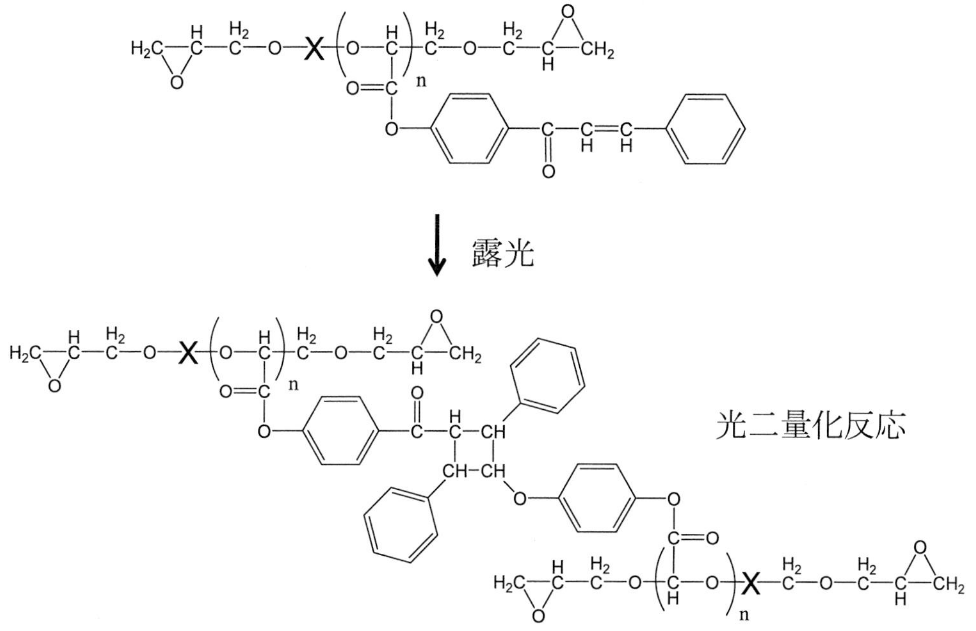

露光

光二量化反応

図8　光二量化反応を用いたソルダーレジスト

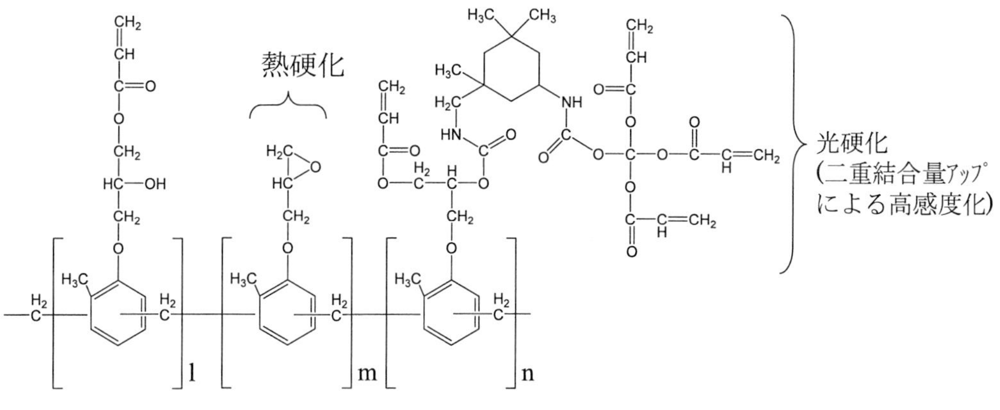

熱硬化

光硬化
(二重結合量ｱｯﾌﾟによる高感度化)

図9　高感度化された難燃性溶剤現像型ソルダーレジスト[1)]

アルカリ現像型ソルダーレジストの基本組成として，光硬化による画像形成が可能で炭酸ナトリウム水溶液等の安価で環境負荷の小さい現像液に可溶なアルカリ可溶性の感光性樹脂が主成分となり，熱硬化成分として，耐熱性や耐めっきに優れたエポキシ樹脂との組み合わせが多く使われている。

塗膜形成方法として，溶剤を含んだ材料をスクリーン印刷やスプレー，カーテンコートでプリント配線板に塗布した後，溶剤を乾燥させる。その後，図10に示すようにネガフィルムを直接密着させて，露光，現像，加熱硬化を行う。

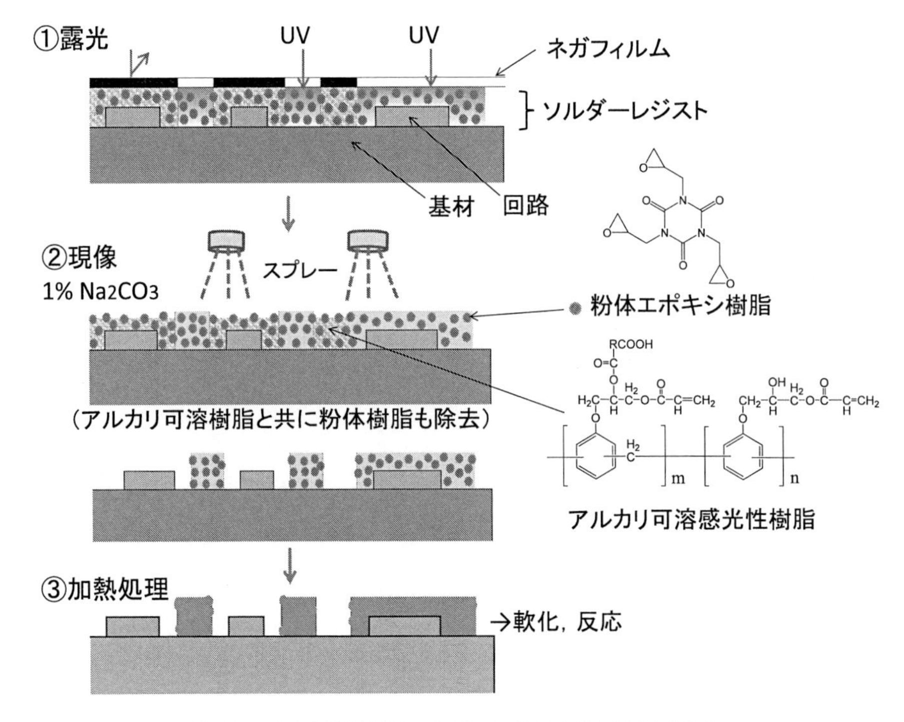

図10　アルカリ現像型ソルダーレジスト塗膜の形成方法

水溶性のエポキシ樹脂を，アルカリ現像性を良くする目的でソルダーレジスト用途に使用した場合，ソルダーレジストとして必要な電気特性や，はんだ耐熱性が得られ難いことから，非水溶性，溶剤に対し難溶解性の粉体エポキシ樹脂とアルカリ可溶性の感光性樹脂とを組み合わせた材料が最初に使われ始めた[2]。

アルカリ現像型ソルダーレジストの特徴として，現像液に溶解しない光硬化性モノマーや光重合開始剤，エポキシ樹脂など多くの材料を含むが，図11に示すようにアルカリ現像液中では，カルボキシル基を含むメイン樹脂がせっけんと類似の界面活性剤として働き，他の非水溶性成分を乳化し，未硬化部分を現像除去することが可能である。そのため，粉体エポキシ樹脂に限らず，様々な要求特性に応じたエポキシ樹脂と塗工方法に合わせた種々の添加物の選択が行われている。

また，ソルダーレジストの基本的な特性として，はんだが溶ける温度以上での耐熱性が必要である。図12に一般的なアルカリ現像型ソルダーレジストの硬化システムを示す。加熱硬化前においては1%の炭酸ナトリウム水溶液のような弱いアルカリで溶解する材料であるが，エポキシ樹脂を混合することにより，現像後の加熱処理でアルカリ可溶樹脂中のカルボキシル基とエポキシ基が反応し，最終塗膜はアルカリに不溶となる。また，高分子化により，はんだ耐熱などの物性の向上が図られる[3]。

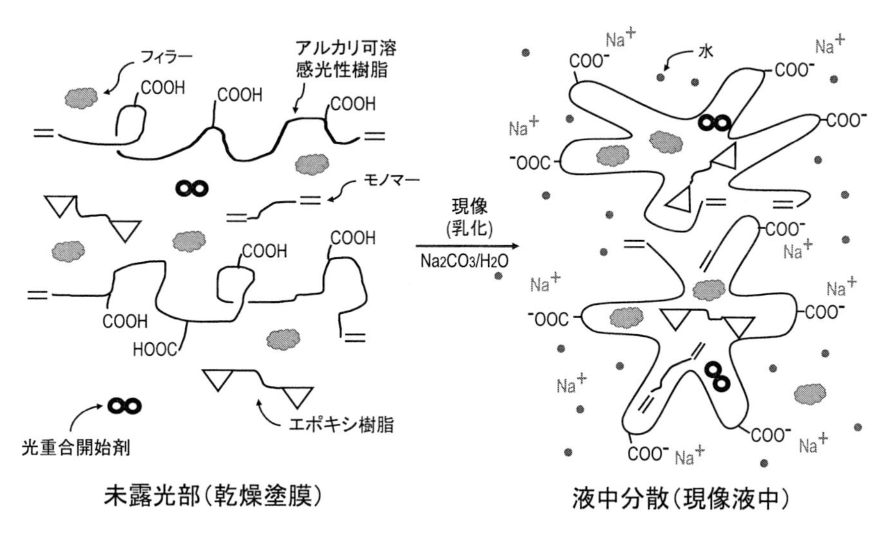

図11　現像工程での非水溶性成分の乳化

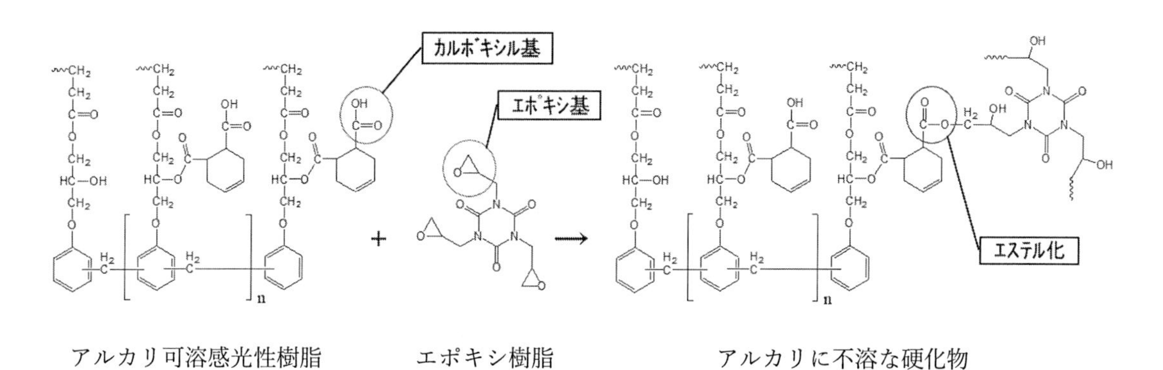

図12　後加熱（ポストキュア）によるカルボキシル基の消失

使用するエポキシ樹脂の合成にエピクロルヒドリンなどが使用された場合，樹脂中の残留塩素量によりマイグレーションの発生が顕著となることが知られており，今後，線間幅の短い高密度化された基板に対応するエポキシ樹脂は，低塩素化が必須条件となる。図13に，回路間幅100/100 μm，121℃，97% RH，DC 30 V印加によるプレッシャークッカーテストでの比較を示す。汎用品は，銅のマイグレーションが対極に伸び，ショート寸前の状況となっているが，残留塩素量を減らした対応品は，銅マイグレーションが明らかに少なくなっていることがわかる。

従来製品

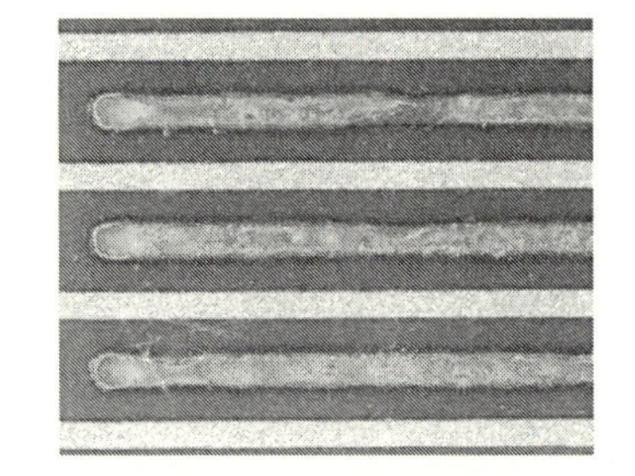

低塩素エポキシ樹脂使用品

図13　銅マイグレーションの発生比較（回路間幅100/100 μm）

1. 4. 6　多様化するソルダーレジスト

1. 4. 6. 1　高周波対応ソルダーレジスト

電子機器の高周波対応としてコアとなる基材では，PTFE（ポリテトラフルオロエチレン），LCP（液晶ポリマー），PPO（ポリフェニレンオキシド）/PPE（ポリフェニレンエーテル）などが使用されている。しかしながら，これらの樹脂に光硬化性とアルカリ現像機能を付与することは困難であり，更に，銅回路との密着性や現像性など多くの課題を有する。

そこで，汎用性が高く変性の容易なエポキシ樹脂について，光硬化性とアルカリ可溶変性を付与した樹脂と，同種のエポキシ樹脂を組み合わせて試作したソルダーレジストの誘電率と誘電正接の値を表2に示す。この中では，ジシクロペンタジエン型エポキシ樹脂変性物の誘電率が低いが，ソルダーレジストとして必要とされるはんだ耐熱性について，この時点では充分満足できるものではない。

表2　主骨格の異なるソルダーレジスト組成物の誘電特性

感光性樹脂（アクリル変性酸無水物付加）	エポキシ樹脂	誘電率※	誘電正接※	はんだ耐熱（260℃）
クレゾールノボラック型	クレゾールノボラック型	3.08	0.0291	30秒＜
クレゾールノボラック型	未添加	3.35	0.0167	＜10秒
ナフタレン型	ナフタレン型	3.10	0.0322	20秒
ジシクロペンタジエン型	ジシクロペンタジエン型	2.87	0.0230	10秒

※関東電子応用開発社製　空洞共振器（5 GHz）で測定

1. 4. 6. 2　アルカリ現像型ソルダーレジストの有機・無機ハイブリッド化

従来のフィラーを使用したソルダーレジストは，フィラーの粒径や再凝集の問題から，より微細な膜形成が困難となるため，ナノフィラーや有機・無機ハイブリッド材料は，電子材料の特性アップに有効な手段である。図14に示すシランカップリング剤は，加水分解によってシラノール（Si-OH）を生成した後，シラノール同士が徐々に縮合してシロキサン結合（Si-O-Si）となり，シランオリゴマーを形成する。副生成物として発生した水は，未反応のシランカップリング

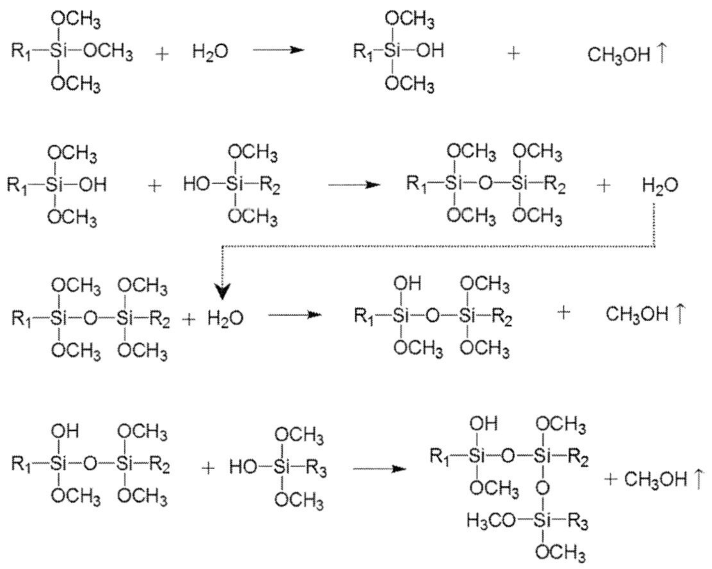

$$R_1\text{-}Si(OCH_3)_2\text{-}OCH_3 + H_2O \longrightarrow R_1\text{-}Si(OCH_3)_2\text{-}OH + CH_3OH\uparrow$$

$$R_1\text{-}Si(OCH_3)_2\text{-}OH + HO\text{-}Si(OCH_3)_2\text{-}R_2 \longrightarrow R_1\text{-}Si(OCH_3)_2\text{-}O\text{-}Si(OCH_3)_2\text{-}R_2 + H_2O$$

$$R_1\text{-}Si(OCH_3)_2\text{-}O\text{-}Si(OCH_3)_2\text{-}R_2 + H_2O \longrightarrow R_1\text{-}Si(OH)(OCH_3)\text{-}O\text{-}Si(OCH_3)_2\text{-}R_2 + CH_3OH\uparrow$$

$$R_1\text{-}Si(OH)(OCH_3)\text{-}O\text{-}Si(OCH_3)_2\text{-}R_2 + HO\text{-}Si(OCH_3)_2\text{-}R_3 \longrightarrow R_1\text{-}Si(OH)(OCH_3)\text{-}O\text{-}Si(OCH_3)(R_2)\text{-}O\text{-}Si(OCH_3)(H_3CO)\text{-}R_3 + CH_3OH\uparrow$$

図14　シランカップリング剤の加水分解，縮合反応

剤を加水分解し，縮合，加水分解を繰り返すことにより分子量を増大させていく。図15に，ジシクロペンタジエン系樹脂の変性物を有機・無機ハイブリッド化したものと，光硬化後にオキサゾリン化合物を反応させたイメージ図を示す。露光，現像後に行う加熱処理でアルカリ可溶樹脂とエポキシ樹脂との反応（図12）において水酸基が発生するのに対し，オキサゾリンを反応させた場合は，図16に示すように水酸基を発生させないため，エポキシ樹脂を使用したものに比べ低誘電化を行うことが可能となった[4)]。

1. 4. 6. 3　インクジェットソルダーレジスト

近年，省資源・省エネルギー型の電子デバイス作製技術として「プリンタブル・エレクトロニクス」が注目されている。この技術潮流への対応として，スクリーン印刷法やグラビア等の転写式印刷技術に対応する部材が検討されてきたが，印刷版を必要としないインクジェット技術が早い段階に実用化された。

その特長として，①必要部分にのみ塗布可能，②印刷版やネガフィルム等の副資材が不要，③基材一枚ごとに異なるパターンが形成可能，④基材の伸縮に合せたパターンの寸法補正が可能，⑤有機溶剤を含まないインクが一般的，等があげられる。

開発当初は，微細パターン形成と生産性の両立と，回路のエッジ部の充分な膜厚確保が困難であったが，インクジェットプリンターの進歩とインクの改良から，適応可能な基板も多くなっている。多ヘッド化による印刷スピードアップと，UV仮硬化後に熱硬化を行うことで，ソルダーレジストに必要な特性を確保することが可能となった。

インクジェット法では，必要な部分のみを選択的に被覆せることが可能なため，1.4.5で示し

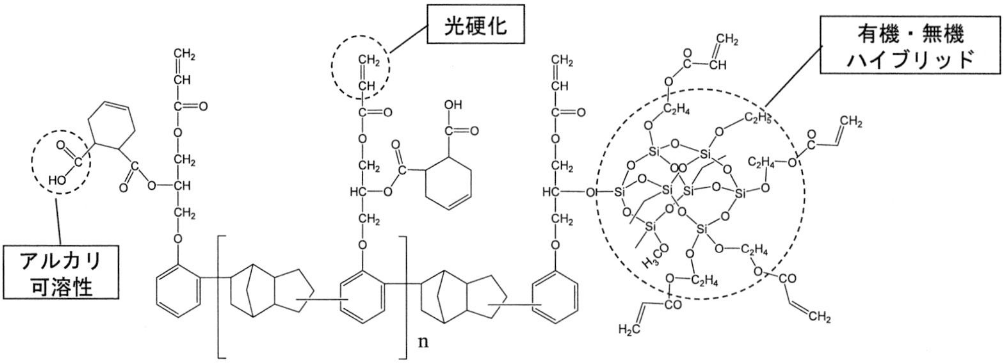

光硬化

有機・無機
ハイブリッド

アルカリ
可溶性

ジシクロペンタジエン系樹脂の変性物

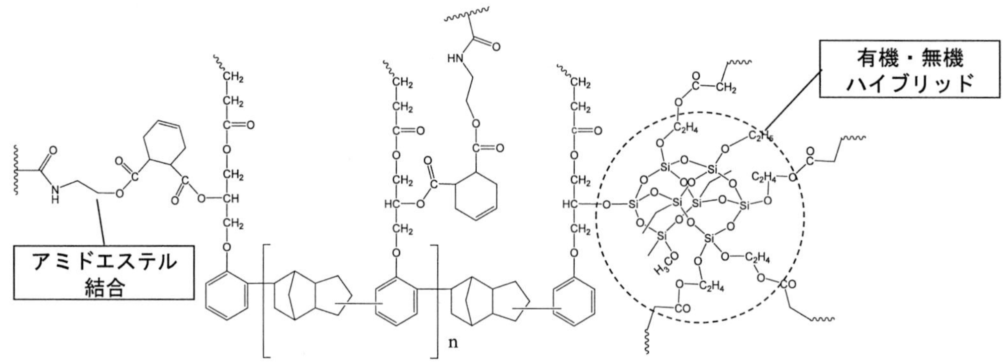

有機・無機
ハイブリッド

アミドエステル
結合

光硬化後にオキサゾリンを反応

図 15　ジシクロペンタジエン型有機・無機ハイブリッド樹脂の低誘電率化

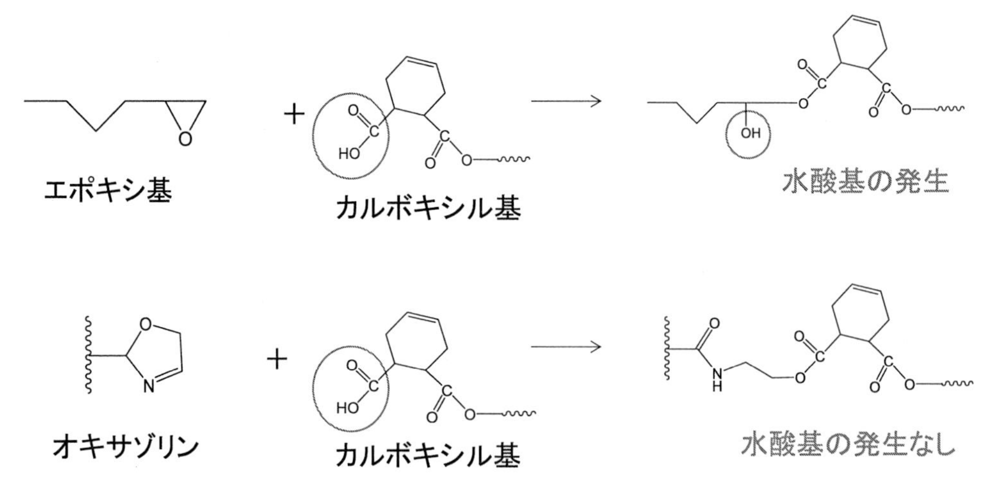

図 16　エポキシとオキサゾリンの反応生成基の違い

たアルカリ現像を可能にするための樹脂のような極性基（カルボキシル基）を必要としない。また，特性を重視した材料選択が可能なことから，電気特性などは，アルカリ現像タイプのソルダーレジストを上回るものも開発されている。

1．4．6．4　立体成形基板用ソルダーレジスト

ガラスエポキシ基板をはじめとする平面の基板から，成形材（熱可塑性樹脂）を基材とし，製品形態に合わせた自由な形状が実現可能な立体回路基板の技術について注目が集まっている（図17）。立体回路基板に微細部品を搭載するためには，実装時の不具合防止や回路保護のためにソルダーレジストの使用が必要不可欠と考えられる。現時点では熱可塑性樹脂との密着性に優れ，絶縁性，耐熱性，耐薬品性の高いソルダーレジストを用いた，部品搭載タイプの立体成形基板の車載部品やスマートデバイスへの導入検討が進んでいる。

実装のためのソルダーレジスト開口部形成方法としては，レーザー装置の性能向上および対応するソルダーレジストが開発されたことにより，レーザトリミング（アブレーション）による開口法の精度及び生産性が向上しており，実用化に近づいている。

1．4．6．5　高反射ソルダーレジスト

LED搭載基板に使われるソルダーレジストは，長時間の使用においても変化の少ない高い光反射性を有する白色ソルダーレジストが必要とされる。実装密度の低い基板は，スクリーン印刷で必要部分だけ印刷後に全面硬化させるタイプが使われるが，LEDチップの小型化に伴い露光・現像型のソルダーレジストでないと対応が難しくなっている。しかし，露光現像方式の場合ソルダーレジストのパターン形成時には，塗膜深部まで光を透過させ，また硬化後には光を塗膜表面で反射させる，相反する性質が必要とされる。そこで，白色顔料の種類（ルチル型酸化チタン）と芳香環を使用しない樹脂骨格の両面から光や熱による劣化（黄ばみ）を抑える技術が使われている。

図17　立体成形基板対応ソルダーレジスト

1. 4. 7　今後の展望

プリント配線板が電子機器に使用され，部品の実装が自動化され始めた頃から，ソルダーレジストが普及され始めた。初期の物は必要な部分だけ塗布硬化させていたものが，プリント配線板の軽薄短小化に伴い，主流が全面塗布する現像型となった。その後，再び必要部分のみに塗るプリンテッドエレクトロニクスが注目され，また，繰り返し，全面塗布した材料をレーザーで削り取る方法が実現されている。今後，3D プリンタの活用など更に多様化した工法や材料が実用化されると考えられるが，特殊な用途を除き，当面の間は生産にかかるトータルコストから，エポキシアクリレート樹脂とエポキシ樹脂を組み合わせたアルカリ現像型ソルダーレジストが最も汎用的に使われていくと考える。

文　　献

1）釜萢裕一，沢崎賢二，鈴木守夫，“インキ組成物”，特許公報平 1-39698
2）釜萢裕一，沢崎賢二，鈴木守夫，稲垣昇司，特許 2133267 号
3）稲垣昇司，大山俊幸，エレクトロニクス実装学会誌，**19**(3)，189-196(2016)
4）稲垣昇司，エレクトロニクス実装学会誌，**21**(3)，202-206(2018)

2 CFRP（複合材料）分野

2. 1 航空機における複合材利用とエポキシプリプレグの特徴

伊藤友裕*

2. 2. 1 緒言

エポキシ樹脂を主マトリックスとし，炭素繊維，ガラス繊維などの長繊維を強化材料とした繊維強化複合材料（FRP）が航空機に適用されはじめ，既に半世紀以上が経過している。航空機においては，軽量であることが常に至上命題であり，複合材料はそれを達成する上で非常に有効な材料と言える。とはいえ，汎用のエポキシ樹脂をそのまま使用して複合材料化しても航空機の各部位に求められる特性，性能を十分に満足できるものではなく，各材料メーカーにおいては求められる性能を付与するための樹脂改質，材料改善を進めてきた。航空機における複合材料の適用範囲は，この改質・改善の成果に比例して拡大してきたと考えることができる。

当社では，1973年より航空機用プリプレグの研究開発に取り組み，1980年に世界の主要航空機メーカーである米ボーイング社の認定を取得して本格生産を開始した。主に上記の二次構造用途と内装用途に適したプリプレグ材料を製造，供給してきた実績があり，ハニカムサンドイッチパネルの成形に適した樹脂配合の開発を中心に，各種用途に向けたマトリックス樹脂を開発している。これらの樹脂配合と炭素繊維やガラス繊維（シリカ，クオーツ繊維を含む），アラミド繊維を組み合わせることでプリプレグ化し，一部はその先の複合材製品化まで進めて上市している。ここでは自社プリプレグが該当する二次構造材料だけでなく，航空機に用いられる主なプリプレグの概要，特徴と，そこでマトリックスとして使用されるエポキシ樹脂配合物の改質について述べる。

2. 1. 2 複合材料の製造方法とプリプレグ

繊維強化複合材料は文字通りマトリックス樹脂と強化繊維を組み合わせることにより，それぞれの長所を活かして軽量高強度な特性を持たせた材料である。その成形法，すなわち樹脂と繊維の組み合わせ方は，現在では図1に示す通り様々な方法が提案，適用されている。その中で最も古くから現在も用いられている手法がウェットレイアップ法である。これは強化繊維とする織布上に液状の樹脂を塗布，含浸した上で，製品形状を有する成形治具上に積層して行く手法である。この手法の特長は何より簡便であることと，含浸のために特別な装置を必要としない点にあ

* Tomohiro ITO　横浜ゴム㈱　工業資材事業部　航空部品技術部　技術1グループ
グループリーダー

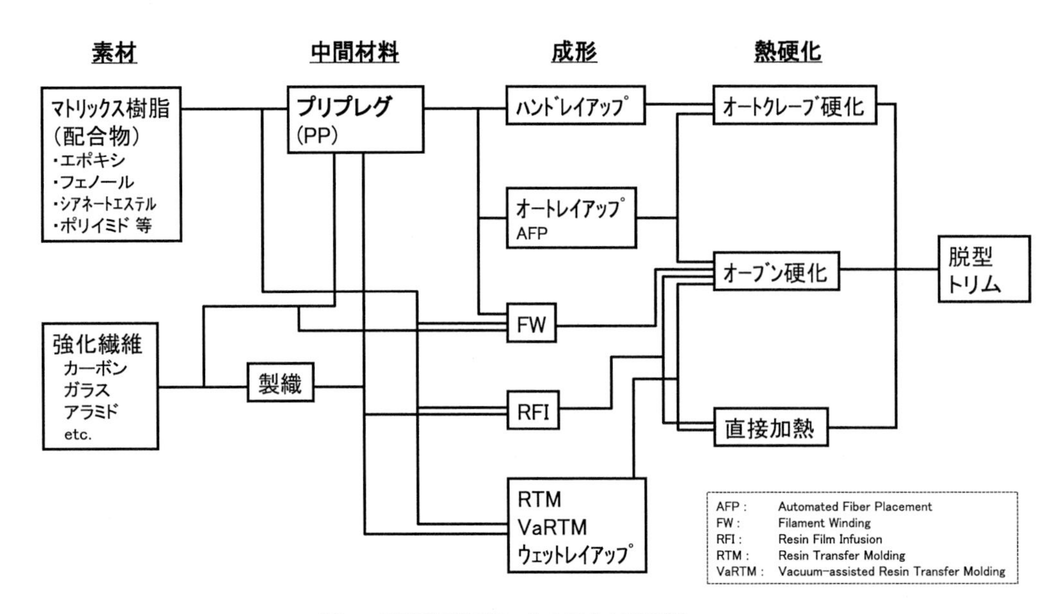

図１　熱硬化型樹脂による複合材料製造フロー

る。その反面，含浸する樹脂量の管理や製品の面積に応じて樹脂塗布工数が増大する点，また使用できる樹脂が粘度により制限される点に課題がある。エポキシ樹脂を適用する場合，広面積な製品を製造するためには室温短時間で硬化が進むような配合系の適用は難しい。ここに示した課題，特に含浸する樹脂量を適正量で管理可能な形に改善した材料がプリプレグである。

プリプレグは予め含浸装置により繊維基材に樹脂（配合物）を一定量で含浸させた複合材料用の中間材料である。このプリプレグを製品形状の成形治具上に積層し加熱硬化することにより，軽量高強度な複合材料を得ることができる。上記のウェットレイアップ手法における樹脂塗布，含浸までが完了した状態の材料として供給される形である。

プリプレグの製造方法は，樹脂配合物を溶媒により溶液化（場合によっては懸濁液化）して繊維に含浸した上，乾燥炉を通して溶剤分を揮発乾燥させる溶剤ディッピング法と，予め所定の目付（面積あたり重量）を有する樹脂フィルムを成形し，これを繊維と貼り合わせた上で加熱し樹脂を溶融して繊維に含浸させるホットメルト法の２種に大別される。前者は樹脂配合物自体の粘度によらず溶媒により溶液化することができれば，厚手の織布にも十分に樹脂を含浸させることができる点が長所であるが，含浸後の乾燥が律速となり，後者の手法に比べてライン速度が遅くなりやすい。また溶媒として有機溶剤を使用するケースが殆どであることから，環境負荷が上がりやすく，近年では溶剤回収装置の併設が必須に近い状況にある。一方の後者においては，樹脂を加熱して低粘度化することから加熱時間はできる限り短時間であることが必須であり，必然的にライン速度を上げた製造条件が求められる。また有機溶剤を使用しない製法であり，環境に優しいと言えるが，含浸前に樹脂フィルム製造工程を要する点と，厚手な織布への含浸が難しい点が短所として挙げられる。従ってプリプレグの製造方法は，使用する樹脂の性状や繊維の種類により選定することが最善である。言い換えれば，プリプレグ製造会社で有する設備の種類により，その製造方法に適した樹脂配合や繊維の選定が必要となる。ただし溶剤ディッピング法における含浸後加熱乾燥，ホットメルト法における樹脂加熱と，何れの手法においても材料を加熱する工程が必ず存在することから，エポキシ樹脂配合物を適用する際には，室温もしくはそれに近い温度で反応が急激に進行するような硬化系の適用は無理があり，潜在性を有する硬化剤の使用が必須と言える。また製造したプリプレグを保管する際には，十分な貯蔵寿命を確保するために冷凍保管を必須となる事例が殆どである。

航空機用途を目的としたプリプレグの場合には，三次元曲面形状を有する製品を成形する事例が殆どであり，そうした複雑形状に対応可能な取扱作業性が求められる。具体的には三次元曲面への積層を容易に行うことができるよう，プリプレグ材料としてのしなやかさ（ドレイプ性），粘着性（タック）を持たせる必要がある。こうした取扱作業性については，積層作業者の感覚により良否判断される要素も大きく，この調整幅を確保することも材料メーカーには求められる。

こうしたプリプレグにおける課題は，複合材製品の製造コストに直結するものであり，これを改善，解決する手法として積層工程の自動/半自動化や，プリプレグを使用しない樹脂トランスファー法（RTM），またその簡易版とも言える真空圧併用型の樹脂トランスファー法（VaRTM）の適用や筒状製品におけるフィラメントワインディング（FW）法の適用等も進んでおり，本稿冒頭で述べた通り複合材の成形方法は多様化している。しかしそれぞれの成形方法にはやはり固有の長所/短所（課題）があり，万能な製造方法と言えるものはなく，適用先製品/部品の形状や寸法，形態等に応じて適材適所的に成形方法が選定されている状況にある。プリプレグは，その中でも樹脂と繊維を組み合わせる比率を最適化かつ安定化させる上で最も有効な材料形態であり，これを積層，加熱硬化して得られる複合材料は強度特性面で高い数値を安定して得ることができる。これにより航空機における厳しい品質管理にも十分に対応することができる複合材料の製造手法として，現在も主軸に位置している。

2. 1. 3　航空機におけるプリプレグの適用分類

航空機用途でプリプレグを分類した場合，大きくは構造用途と内装用途およびそれ以外の特殊用途に大別され，構造用途においては更に一次構造用と二次構造用途に分けることができる。またプリプレグの材料形態として主に図2に示す3種があり，用途に応じて使い分けられる。

一次構造材料とは航空機の主翼，尾翼や胴体等の主構造部位に適用される材料であり，複合材料が用いられる場合には，中弾性炭素繊維を使用した高耐熱かつ高靭性の材料が選定される。またその材料形態としては繊維を織物状ではなく一方向に引き揃えたプリプレグ（UD Tape）が主に使用される。材料性能として特に主要な要求特性は耐熱剛性にあり，80～120℃（またはそれ以上）の湿潤環境下での圧縮特性が耐熱指標として評価される事例が多い。

一次構造材料として，もう一つの重要項目は耐衝撃性に代表される材料靭性の高さにあり，こ

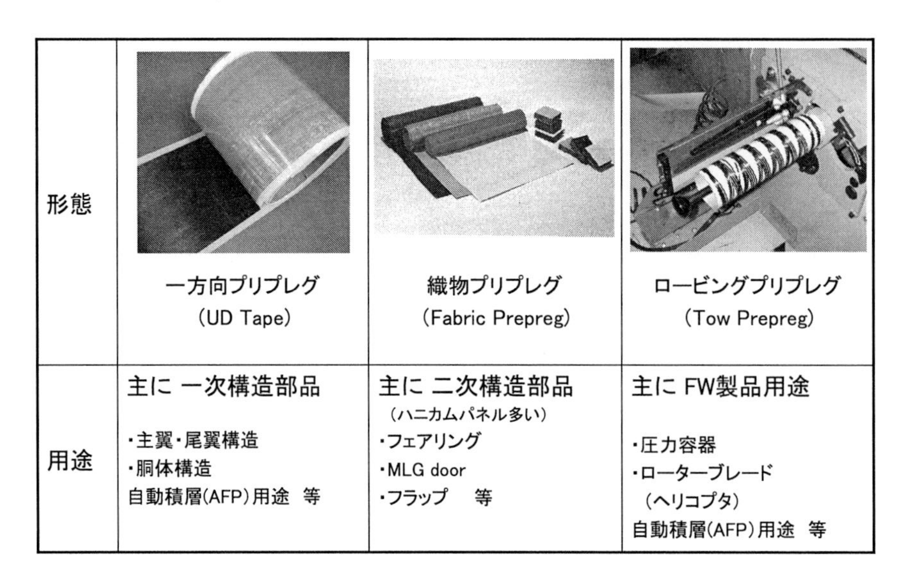

形態	一方向プリプレグ (UD Tape)	織物プリプレグ (Fabric Prepreg)	ロービングプリプレグ (Tow Prepreg)
用途	主に 一次構造部品 ・主翼・尾翼構造 ・胴体構造 自動積層(AFP)用途　等	主に 二次構造部品 (ハニカムパネル多い) ・フェアリング ・MLG door ・フラップ　等	主に FW製品用途 ・圧力容器 ・ローターブレード (ヘリコプタ) 自動積層(AFP)用途　等

図2　プリプレグの形態と主な用途

こでは直鎖の熱可塑性樹脂（スーパーエンジニアリングプラスチックス）を用いた複合材料に近いレベルの高靭性が要求される。根本的にプリプレグの積層による複合材料においては，積層された層間は樹脂のみで接着された状態であることからウィークポイントと言え，マトリックスであるエポキシ樹脂を高靭化改質するだけでは層間強度の大幅な改善は難しい。特に図3に示すような，一定エネルギーによる衝撃付与後の残留圧縮強度を測定する衝撃後圧縮試験を実施した場合には，健全な状態における圧縮強度からの低下が大きい。そこで熱可塑樹脂粒子や粗い織布等を層間に挿入することで衝撃吸収層とし，複合材料としての靭性を向上させる手法が考案され，層間補強型複合材料として航空機一次構造材料に採用されている。

二次構造材料においては，一次構造材料レベルの高靭性は要求されない代わりに軽量化への貢献要求が高くなり，適用先もハニカムサンドイッチ構造部品である割合が高い。プリプレグの材料形態としては織布状の強化繊維を使用したプリプレグが主に適用される。また一次構造材料に比べてコスト低減要求も高まることから，適用する繊維としては炭素繊維に限らずガラス繊維やアラミド繊維の織布も多く適用される。ハニカムサンドイッチパネルとは，図4に示す通りアルミ箔やアラミド繊維等により成形されたハニカムコアの両面に面材（スキン）として0.5～1 mm程度厚さに積層したプリプレグを貼り合わせて成形したパネルである。通常上記のスキン厚さに相当する複合材料は，たとえ弾性率の高い炭素繊維で補強されていてもたわみに対する剛性は得られない。そこでハニカムコアの厚みに応じたパネル厚みを持たせることにより，パネルとしての曲げ剛性を大幅に向上することが可能となる。実際に二次構造材料で要求される材料特性項目においてはサンドイッチパネルによる曲げ試験は重要な評価項目に位置付けられる

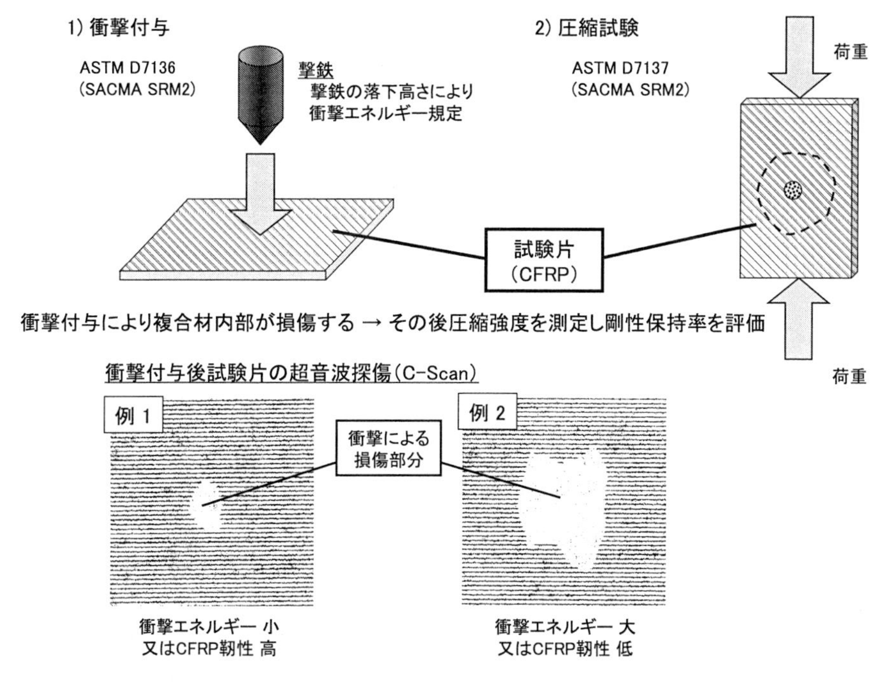

図3　衝撃後圧縮試験（CAI = Compression After Impact）

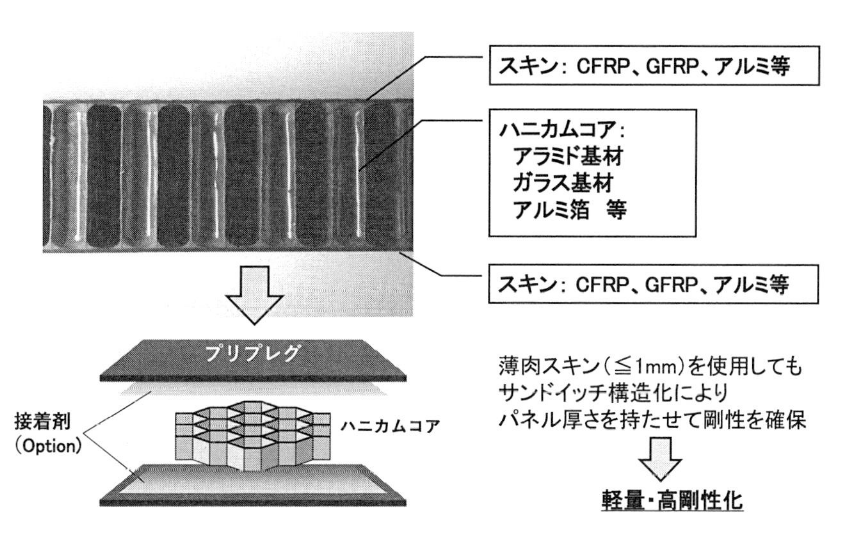

図4　ハニカムサンドイッチパネルの構成

(図5)。ハニカムサンドイッチパネルを製造する際のスキン材(プリプレグ)とハニカムコアを接着する方法として,①予め加熱硬化したスキン材とハニカムコアをフィルム接着剤により二次接着する方法,②スキンとなるプリプレグを積層する際にハニカムコア両面に接する面にフィルム接着剤を挿入して,プリプレグの硬化と同時に接着剤も硬化しコアと接着する方法,③ハニカムコアの両面に接着剤を挿入することなくプリプレグを硬化する際に流出する樹脂によりハニカムコアとも接着させる方法,の3種を挙げることができる。この中で,①は製造工数的に不利であり,また①②共にフィルム接着剤の重量増加分が不利と言え,軽量化と工数の面から③が最も望ましい形態となる。この③で使用されるプリプレグは自己接着型プリプレグと呼ばれ,最小限の樹脂量で十分な接着強度を発現させるために,高度な樹脂粘度コントロールと高い樹脂靭性が求められる。

この他,二次構造材料においても一次構造材と同様に圧縮剛性が評定とされる事例も多くあり,高温環境下での圧縮評価が要求されるが,評価温度は一次構造材の場合に比べて低く,50〜80℃の範囲にとどまる事例が殆どである。

内装用材料においては強度要求のみならず難燃性が主要要求項目となり,エポキシ樹脂を用いた複合材料ですべてを賄うことは難しい。特に民間航空機の客室に面したパネルでは,一般的な難燃指標である自己消化性に加え,乗客退避の際における視界や退路確保のために燃焼時の発煙量,発熱量を一定以下に抑えることが要求される。特に低発煙要求については,光学的に発煙濃度を測定する手法に従っており,燃焼時に黒煙を生じやすいエポキシ樹脂配合物では要求を満足することができない。このため,これらの部位にはフェノール樹脂を用いた複合材料が主に適用されている。しかし客席に面していない部位においては,強度特性の点からエポキシ樹脂による複合材料も多く使用される。

その他,構造材,内装材の分類カテゴリには入らない用途を目的としたプリプレグもあるが,それらはマトリックスとしてエポキシ樹脂を適用しない事例が多い。

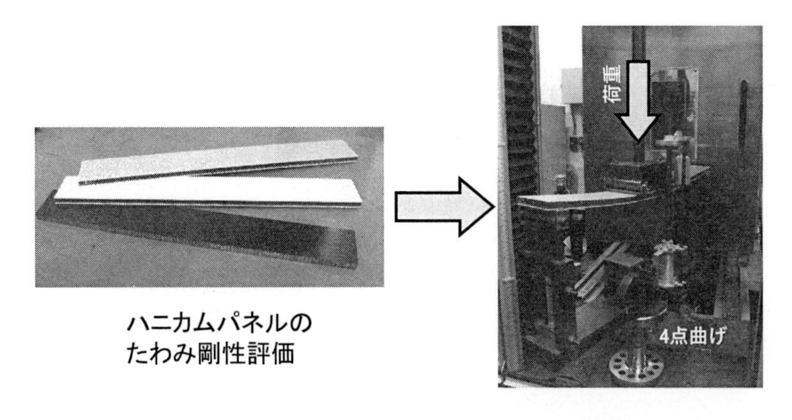

図5　ハニカムサンドイッチパネルの曲げ試験(ロングビーム曲げ試験:AMS-STD-401)

2. 1. 4　プリプレグ用エポキシ樹脂配合物の改質

エポキシ樹脂は熱硬化性樹脂の代表であり，アミンや酸無水物，フェノール系硬化剤と組み合わせて熱硬化することにより三次元架橋構造を形成して耐熱性，強度に優れたプラスチック製品となる。エポキシ樹脂の硬化物は一般的に他の熱硬化性樹脂に比べて強度，靭性が高いと言われるが，航空機用構造材料として適用する上で必要十分と言えるレベルではなく，複合材マトリックス樹脂として高耐熱化，強靭化改質が必要となる。改質の手法として，現在ではエポキシ樹脂の代表と言えるビスフェノールA型エポキシ以外にも様々な構造のエポキシ樹脂が上市されており，それらの組み合わせによる分子内アロイ化や，エポキシ樹脂以外のエラストマや熱可塑ポリマーを用いてブレンドする分子間アロイによる変性が一般的である。

耐熱性の向上においては，1つの分子中に3つ以上のエポキシ基を有する多官能型エポキシ樹脂と芳香族系のアミン硬化剤を組み合わせる配合が主となる。エポキシ樹脂配合物の耐熱評価指標としてガラス転移温度（Tg）を測定する事例も多いが，構造用途の複合材用マトリックスとしてスクリーニングを進める場合には，前述した複合材としての強度試験温度を大きく超過した高いTgを目標とする必要がある。これは，樹脂の剛性がガラス転移温度に達するよりも手前の温度領域から徐々に低下する傾向を示すためである。実際に多官能型エポキシ樹脂と芳香族アミンを組み合わせた配合物を硬化した場合には200℃を超えるTgを得ることも容易である。

一方，樹脂靭性の向上において特に改質効果が大きいのは高靭性な材料とエポキシ樹脂を組み合わせる分子間ポリマーアロイであり，硬化樹脂の相構造（モルフォロジー）を制御することにより，添加成分の有する長所とエポキシ樹脂の長所がバランスした高強度かつ高靭性な配合物を得ることができる。また耐熱性を高めたエポキシ樹脂配合物においては，樹脂の架橋密度も上がっており樹脂分子の変形自由度が低下していることから，分子内アロイによる樹脂靭性改善は期待できない。このため，異種材料の組み合わせによる分子間ポリマーアロイが非常に重要かつ有効な改質手法となる。ここでエポキシ以外の添加成分を過剰にブレンドした場合には，添加成分の特性が支配的となり，その欠点も明確に発現する。その境界は物量的な等分ではなく，成分間の相溶性や添加成分の物理的な形状等様々な要因により変動する。

ハニカムサンドイッチパネル用プリプレグの場合には，前述した通りプリプレグに含まれる樹脂によりスキン材としての強度発現のみでなくハニカムコアとの接着も賄うことができる自己接着型材料であることが，軽量化や経済面から望ましい。このためには，樹脂靭性の改質のみでなく，硬化時の樹脂流れ特性についても最適化することで，プリプレグとハニカムコアの接着性を高い強度で発現させる必要がある。具体的には，サンドイッチパネルの面板となるプリプレグとハニカムコアは六角形状で線接触する形となることから，プリプレグを熱硬化する際に流れ出た樹脂がコアの壁面上にフィレットを形成し，このフィレットにより接着面積を確保する。図6に当社の自己接着型カーボンプリプレグをスキン材としたハニカムサンドイッチパネルの断面拡大写真と樹脂フィレットの説明を示す。写真ではスキン材とハニカムコアの境界部分に樹脂のフィレットが形成されている様子が確認できる。このフィレットの形状，寸法，変形追従性（樹

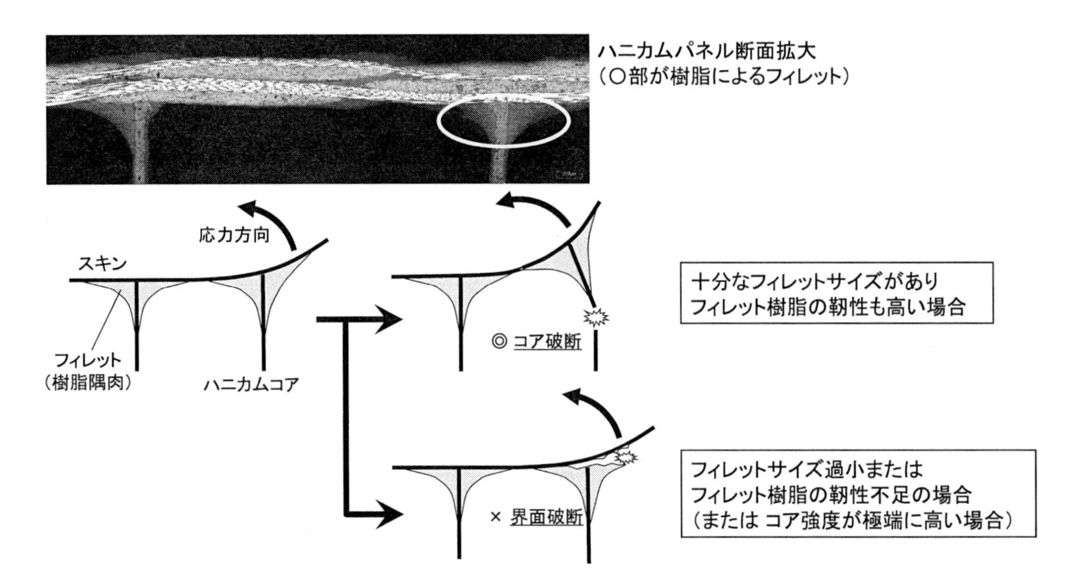

図6　ハニカムサンドイッチパネルの接着構造と樹脂靭性

脂伸び，靭性）が接着強度に大きく寄与する。ここで使用したプリプレグは，分子間ポリマーアロイによる靭性改善と分子内ポリマーアロイにより最適化した樹脂流れ特性を併せ持っており，複数の種類による繊維基材と組み合わせた形でプリプレグ製品化され長年ハニカムパネル用途他に適用されている。

2. 1. 5　エポキシ樹脂複合材料の今後

エポキシ樹脂配合物をマトリックスとした構造用途の複合材料は，航空機の一次構造にまで適用されるに至っており，その機械性能面において，ある種行き着くレベルまで達していると評価することができる。一方最近の複合材料開発においては，リサイクル性や製造に要するエネルギーの低減，更には工業的な合成品ではない天然繊維や分解容易なポリマーの活用といった，環境面に着目した開発が主流となって来ている。また設計側で高い特性要求値を設定し，ひたすらに高性能な材料を追及するのではなく，適用する材料の特性に合わせて設計要求を見直す等による設計側からのアプローチもみられる。熱硬化性樹脂であるエポキシ樹脂はそのままの成分状態によるリサイクルができないことから，熱可塑性樹脂による開発研究に比べて研究成果の発表機会も減少の傾向にある。しかし現状実際の航空機に使用され高い信頼性を得られたエポキシ樹脂複合材料が一朝一夕ですべて新材料に置き換わることは考え難い。今後もエポキシ樹脂を主マトリックスとした複合材料は構造材料の主軸として利用されて行くことを期待したい。

2. 2　エポキシフォームの特徴と CFRP 複合化技術

市川大稀[*1]，庄司卓央[*2]，田山紘介[*3]

2. 2. 1　はじめに

エポキシ樹脂は硬化後の各特性のバランスに優れており，幅広い分野で使用されている。弊社が手掛ける繊維強化プラスチック（FRP）においても，エポキシ樹脂を母材とした FRP を使用しており，特に炭素繊維強化プラスチック（CFRP）は，航空機や人工衛星，産業機器などの構造部材に採用されている。

一方で，エポキシ樹脂は比較的長い歴史を有しているが，これらを基本組成とした発泡体の報告例は少ない。弊社では長年培ったエポキシ樹脂の開発知見を活かし，エポキシ樹脂発泡体（エポキシフォーム）を開発した。

本報告では，その基本特性ならびにエポキシフォームと CFRP を複合化した製品開発事例を紹介する。

2. 2. 2　エポキシフォームの特徴

エポキシフォーム（図 1）は，エポキシ樹脂を基本組成とした硬質発泡体であり，機械物性と成形性において従来の発泡体にはないユニークな特徴を有している（図 2）。

機械物性的な特徴としては，耐熱性・熱変形特性・柔軟性などが挙げられる。耐熱性に関しては，エポキシ樹脂と硬化剤の組み合わせを最適化することでガラス転移温度が 130℃になるように設計した。熱変形特性ならびに柔軟性は，独自のエポキシ樹脂組成により達成した。この組成を適用することで，熱硬化性樹脂を使用した硬質発泡体であるにも関わらず，熱可塑性樹脂のような熱変形特性と高い柔軟性（復元性）を併せ持つことを可能にした。発泡倍率に関しても制御することが可能であり，任意の厚みにおいて 5～30 倍の範囲で発泡させることが可能である。

成形性の特徴としては，内部発泡成形・三次元形状成形・偏肉成形・極薄成形が可能なことである。一般的な硬質発泡体では難しいが，エポキシフォームは様々な形状に対して成形性に優れており，これらの特徴を活かすことで従来では必須であった機械加工による形状加工を不要とし，極薄形状・偏肉形状・複雑な凹凸形状や曲面形状といった三次元形状も容易に作製することが可能である。

＊1　Daiki ICHIKAWA　スーパーレジン工業㈱　研究開発部
＊2　Takuo SHOJI　スーパーレジン工業㈱　研究開発部
＊3　Kosuke TAYAMA　スーパーレジン工業㈱　取締役 CTO 兼 研究開発部　部長

図1　エポキシフォーム

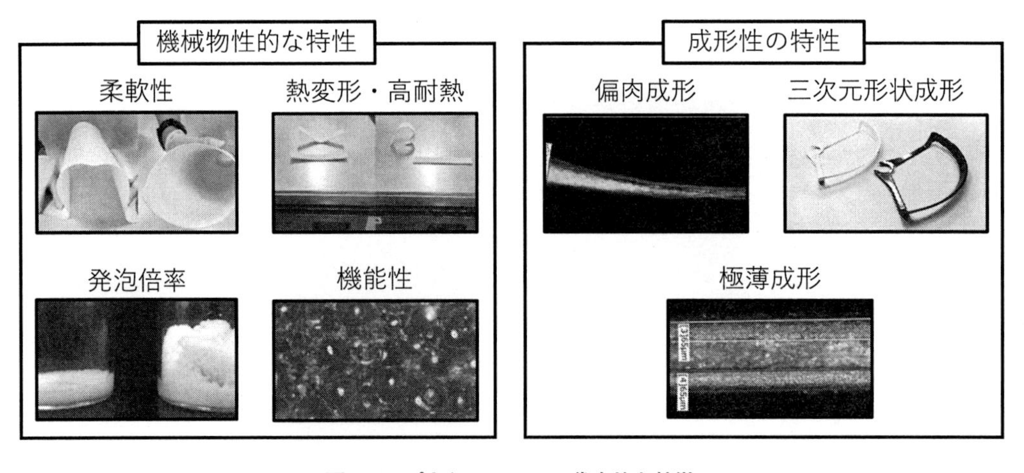

図2　エポキシフォームの代表的な特徴

2. 2. 3　エポキシフォームの基礎物性

表1はエポキシフォームの代表的な物性値である。物性評価として引張試験ならびに圧縮試験，熱分析評価としてガラス転移温度測定ならびに熱伝導率測定，その他測定としてセルサイズの測定を行った。試験片はエポキシフォームにおける密度60（kg/m^3）［20倍発泡相当］，120（kg/m^3）［10倍発泡相当］，240（kg/m^3）［5倍発泡相当］の3種類を測定対象とした。ガラス転移温度の測定は，発泡後のエポキシフォームでは測定することが困難であるため，発泡前の樹脂単体のデータを取得することとした。表1より，エポキシフォームは一般的な熱硬化性の硬質発泡体に比べて高い伸び率を示す発泡体であることが分かった。また，密度（発泡倍率）の違いによって各特性が異なるため，用途に応じた選択が可能である。

表1　エポキシフォームの代表的な物性

評価項目	試験規格	密度 (kg/m³)	240	120	60
引張試験	ASTM D 638	強度 (MPa)	3.5	2.1	0.6
		弾性率 (GPa)	103.4	63.4	23.7
		破断伸び (%)	7.4	7.7	5.0
圧縮試験	ASTM D 1621	強度 (MPa)	3.3	1.2	0.4
		弾性率 (GPa)	120.8	53.1	28.5
セルサイズ測定	−	平均サイズ (μm)	110	140	180
ガラス転移温度測定	JIS K 7095	ガラス転移温度 (℃)	131*1, *2		
熱伝導率測定	ISO 22007-6	熱伝導率 (W/m・K)	0.070	0.055	0.045

*1：発泡前の樹脂単体におけるガラス転移温度
*2：貯蔵弾性率 G' の接線交点より算出

2. 2. 4　エポキシフォームと CFRP のサンドイッチ構造体

図3はエポキシフォームと CFRP のサンドイッチ構造体の一例である。一般的な硬質発泡体をサンドイッチ構造体に使用する場合，発泡体と CFRP の母材が異なるため，その成形段階において接着剤が必要である。一方で，エポキシフォームは母材に CFRP と同じエポキシ樹脂を使用しており CFRP との材料的な相性が良いため，接着剤を使用することなく強固なサンドイッチ構造体を作製することが可能である[1)]。

構造部材においては，高剛性かつ軽量化のためにサンドイッチ構造体が使用されることが多い。CFRP のサンドイッチ構造体に使用されるコア材は，主にハニカム形状の金属やアラミド，硬質発泡体などが使用されており，その中でも特に硬質発泡体と CFRP のサンドイッチ構造体

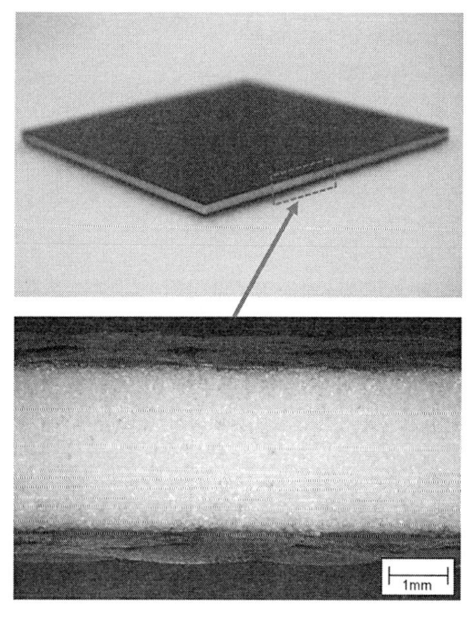

図3　エポキシフォームと CFRP のサンドイッチ構造体

表2　サンドイッチ構造体におけるシャルピー衝撃試験結果

サンプル名	試験規格	成形品厚み (mm)	試験片質量 (g)	比吸収エネルギー (J/g)
12層 CFRP（コア材なし）	JIS K 7077	3	3.30	0.44
CFRP（2層）/エポキシフォーム（5倍発泡［240 kg/m^3］）/CFRP（2層）		3	1.45	0.90
CFRP（2層）/エポキシフォーム（10倍発泡［120 kg/m^3］）/CFRP（2層）		3	1.24	0.65
CFRP（2層）/エポキシフォーム（20倍発泡［60 kg/m^3］）/CFRP（2層）		3	1.15	0.47

は，CFRP材単体よりも衝撃特性が高いことが報告されている[2~4]。そこで，硬質発泡体であるエポキシフォームとCFRPのサンドイッチ構造体における衝撃特性の評価を行った。

表2はエポキシフォームとCFRPのサンドイッチ構造体におけるシャルピー衝撃試験結果である。CFRP材との衝撃特性を比較するために，サンドイッチ構造体と同じ厚みのCFRP材（積層数：12枚）を比較対象とした。エポキシフォームとCFRPのサンドイッチ構造体は，CFRP材と同じ厚みでも積層数ならびに試験片における重量が異なるため，シャルピー衝撃試験より得られる吸収エネルギーを試験片の重量で割った比吸収エネルギーにて比較した。その結果，エポキシフォームとCFRPのサンドイッチ構造体はCFRP材と比較して，CFRPの使用量が少ないにも関わらずCFRP材と同等以上の比吸収エネルギーを有することが分かった。低発泡倍率（高密度）ほど比吸収エネルギーは大きくなる傾向にあったが，今回評価した中で最も低密度（高発泡倍率）の60（kg/m^3）［20倍発泡相当］であってもCFRP材と同等の値を示した。

これにより，エポキシフォームとCFRPのサンドイッチ構造体は，CFRP材と比較してCFRP使用量の低減が可能であり，高い衝撃特性を有しつつ発泡倍率を高くすることで更なる軽量化が可能であることが示された。

2. 2. 5　エポキシフォームの適用事例

実際にエポキシフォームを使用したCFRP-エポキシフォームサンドイッチ構造体の製品化実例ならびに現在開発検討している製品例を以降に紹介する。

2. 2. 5. 1　偏肉構造および3次元形状を有するプロペラガード

弊社では，産業用ドローンの機体をCFRPモノコック構造で製造している。ドローンの機体以外では，プロペラガードと呼ばれるプロペラを守る部品にCFRP-エポキシフォームサンドイッチ構造体が採用されている（図4）。ドローンのプロペラは，飛行中に障害物と接触すると破損し墜落する可能性があるため，プロペラの接触・破損を防ぐ目的でプロペラガードが必要とされている。しかしながら，プロペラガードをドローン本体に装着すると機体重量が増加し，可搬重量の減少やバッテリー持続時間の減少などに影響を及ぼす。そのため，軽量で高剛性かつプロペラガードとして機能する3次元形状であることが求められる。従来，上記の要求を全て達成することは技術的に困難とされており，結果的に軽量性を犠牲とした金属材料や高剛性を犠牲

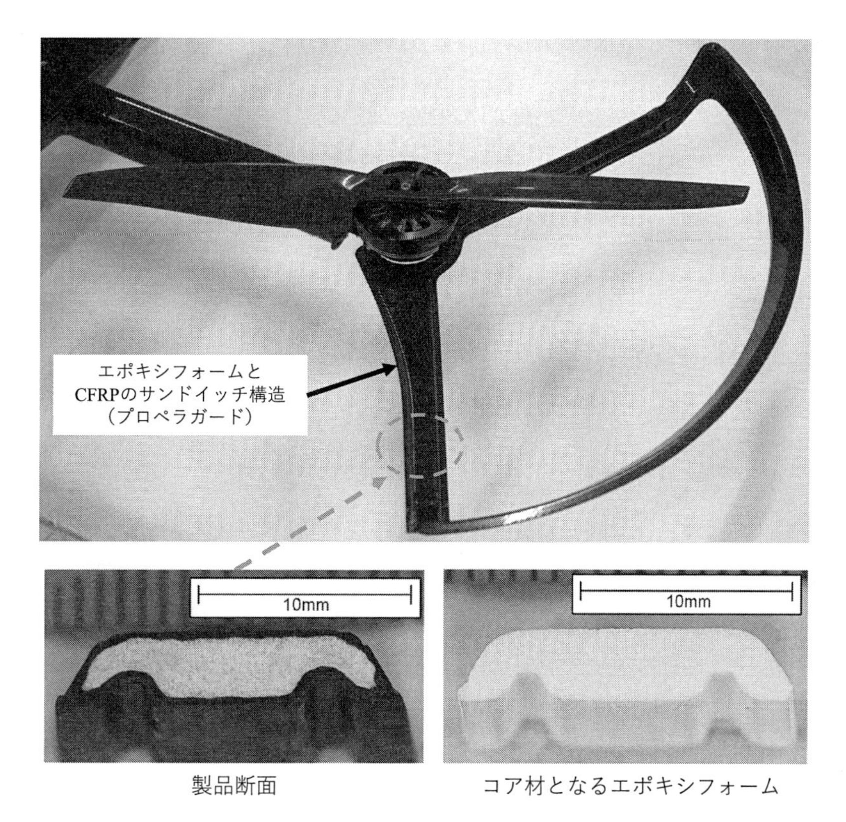

製品断面　　コア材となるエポキシフォーム

図4　採用されたプロペラガード

とした樹脂製のものが採用されていた。

しかしながら，エポキシフォームは複雑な3次元形状ならびに偏肉成形が可能であるため，軽量・高剛性なプロペラガードの実現が可能と考え開発に着手した。また，コア材であるエポキシフォームは，ある条件下において製品内側よりCFRPを加圧する内圧成形が可能である。図4は，製品化されたプロペラガードの写真である。まずエポキシフォームは型内発泡を行い，次にその表層にプリプレグを積層し，同一金型でCFRPとの一体化成形を実施した。エポキシフォームにプリプレグを積層し高温で加圧することにより，エポキシフォームは圧縮変形を伴いながら製品形状に倣っていくが，次いでプリプレグの硬化温度に達した際に，今度はエポキシフォームの体積膨張が生じる。結果として，表層のCFRP内側よりエポキシフォームの膨張圧力が作用することで高品質な成形が可能となる。

このように，エポキシフォームをコア材料としてCFRPと組み合わせたサンドイッチ構造に適用することで，高剛性でありながら大幅な軽量化を達成したプロペラガードの開発に成功した。

2. 2. 5. 2　新世代軽量パイプ「Kaleid ϕ（カレイド）®」と製品事例

弊社では，このユニークな特徴を持つエポキシフォームを使用し，円筒形状CFRP-エポキシフォームサンドイッチ構造体である新世代軽量パイプ「Kaleidφ（カレイド）®」を開発した（図5）。

円筒形状であるKaleidφは，天体望遠鏡の筐体に採用された（図6）。天体望遠鏡の筐体は，高強度・高剛性・低熱膨張・軽量であることが重要であり，特に大口径タイプは重く取り回しが悪いため，より軽さが求められる。そのため，近年CFRP製筐体が既存の金属製筐体に替わって採用されてきた。しかしながら，CFRP製にすることにより軽量化を達成できたものの，近年天体望遠鏡の高性能化に伴い部品重量が増えてきているため，更なる軽量化の市場ニーズがあった。軽量化を実現するためには，発泡体をCFRPのコア材として使用することで達成できると考えられるが，世の中に流通している硬質発泡体は柔軟性が不足しているため，円筒形状に成形することが困難である。そのため，機械加工で発泡体を薄い円筒形状にする必要があるが，難加工に伴うコストの増大により，円筒形状のCFRPサンドイッチ構造体への適用は難しいとされていた。一方で，Kaleidφはエポキシフォームの柔軟性と熱変形特性，極薄・三次元形状特性を活かすことで機械加工を行うことなく円筒形状に成形することが可能である。次に，同じ厚

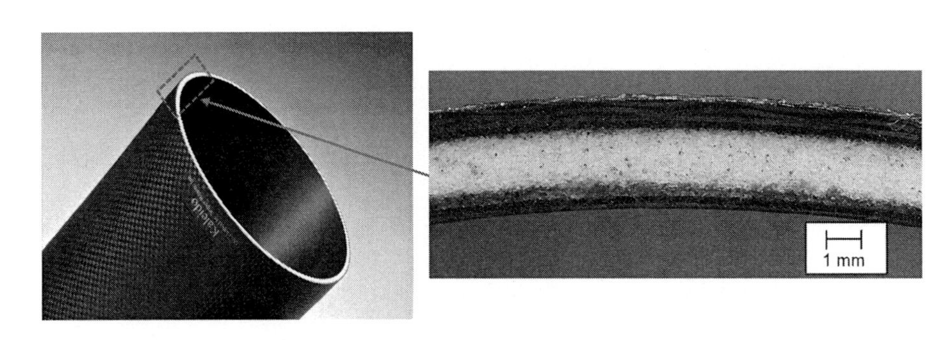

図5　新世代軽量パイプ Kaleidφ（カレイド）®

図6　大口径向けの天体望遠鏡筐体例

表3　CFRP製パイプとKaleidϕの比較

	CFRP製（従来品）	Kaleidϕ
圧縮剛性比	1	1.8
重量比	1	0.56

*：上記数値は従来品であるCFRPの値を1とした時の比較である
*：仕様により，物性は変化する

みにおけるCFRP製のパイプとKaleidϕの比較を表3に示す。CFRPの積層構成によって物性値が異なるが，Kaleidϕは従来のCFRP製パイプと比較して圧縮剛性比が1.8倍で重量が約50％低減可能である。そのため，従来のCFRP製品よりも剛性を維持した状態で更なる軽量化が可能であり，今後このような性能が求められる円筒形状製品においてKaleidϕは最適であると言える。

2. 2. 6　まとめ

開発したエポキシフォームの基本特性ならびに適用した製品事例を紹介した。

エポキシフォームは従来の発泡体にはない特徴を有しており，特に①熱硬化性樹脂の硬質発泡体でありながらも柔軟性を有すること，②熱可塑性樹脂のような熱変形加工が可能なことが挙げられる。

CFRPとの複合化では，温度依存性を示す体積膨張によりコア材でありながらスマートツールとしても利用可能であることを示した。エポキシフォームは，高耐熱性・熱変形特性・柔軟性を保持しつつ発泡倍率制御や機能性付与も容易であるため，発泡体として様々な製品に適応できる材料であると共にCFRPのコア材としても非常に使い易く，今後もCFRPの設計自由度向上に寄与する材料として期待できる。

文　　献

1）秋元英郎ほか，発泡プラスチックの成形技術と応用展開，213-220，シーエムシー出版（2022）
2）福田博ほか，新版 複合材料・技術総覧，275-293，産業技術サービスセンター（2011）
3）廣瀬康大ほか，発泡樹脂，多孔性樹脂の高強度化と応用技術，36-37，技術情報協会（2018）
4）小林宏，日本航空宇宙学会誌，20(217)，76-84(1972)

2. 3 CFRPのリサイクル

森　直樹[*1]，久保内昌敏[*2]

2. 3. 1 はじめに

炭素繊維強化プラスチック（CFRP：Carbon Fiber Reinforced Polymer）は，その軽量性，機械的特性，さらには耐腐食性などの特性から，航空宇宙，自動車，風力発電，スポーツ用品など，さまざまな分野で使用が増加している[1)]。従ってCFRPの世界市場規模は年々拡大しており，2027年には市場規模が約160億ドルに達すると言われている[2)]。この市場規模増大は，主に自動車産業での使用増加や風力発電ブレードの大型化などによるものである。なかでも自動車分野では，軽量化により燃費を向上が見込めるため，EV化による車両重量の増加や航続距離延長のためにCFRPの採用が進んでいる。

他方，CFRPは，その特性上リサイクルが困難である。特に熱溶融による再賦形が容易な熱可塑性樹脂と異なり，熱硬化性樹脂を使用したCFRPのリサイクルは難しく，多くのCFRPは使用後に焼却や埋め立てによる処分が行われている。しかし，これらの方法は環境負荷が大きく，持続可能性の観点から問題視されている。自動車産業では今後使用済みのCFRP部品が増えることが見込まれており，産業全体で2030年までにCFRP廃材は年間230,000トンに達すると予測されている[3)]。

2. 3. 2 CFRPのリサイクル技術

現在，CFRPのリサイクル技術として，マトリックス樹脂を熱分解法（パイロリシス），化学分解法（ソルボリシス）によりCF（炭素繊維）と分離する手法や，強化材を分離せずに微粉砕して補強効果の高いフィラーとして用いる機械的リサイクルなどが研究されている[4~6)]。近年，CFRPのリサイクルにおいては，特にCF（炭素繊維）を再利用可能な形で取り出すリサイクル技術が注目されている。例えば，熱分解法を用いてマトリックス樹脂を取り除いて炭素繊維を回収する技術は既にパイロットプラント運転が行われているものの，コストに加えて繊維の物性を高く保持することが課題となっている[7)]。

これらの課題を解決するために，CFRPの樹脂を効率的に除去する技術が開発されている。例えば，電気分解[8)]や超臨界流体[9)]を用いた手法は，炭素繊維を高効率で回収できるだけでなく，回収した炭素繊維を高付加価値な用途に再利用する可能性も示唆されている。特に，超臨界メタノール[10)]やアセトン[11)]を用いた技術は，樹脂と炭素繊維の効果的な分離と高付加価値な用途への

＊1　Naoki MORI　東京科学大学　物質理工学院　応用化学系
＊2　Masatoshi KUBOUCHI　東京科学大学　物質理工学院　応用化学系　教授

リサイクルを可能にする可能性を秘めている。

CFRPのリサイクルは，コストの観点，物性の観点，適用する製品の観点から包括的に検討される必要がある。その点でCFのリサイクルに加え，樹脂のリサイクルも同時に可能にする技術が求められている。CFRPのマトリックス樹脂をリサイクルする際の課題は，CFRPのマトリックス樹脂は一般に接着性が高く化学的に安定なエポキシ樹脂の使用が多いという点にある。様々な用途で使用されるエポキシ樹脂だが，その優れた材料特性が故に熱硬化性樹脂の中でもリサイクル性は乏しい。エポキシ樹脂をリサイクル可能な化学構造に変えたものは熱可塑性プラスチック材料に比べてまだまだ少なく，そのほとんどはまだ研究段階である[12)]。そのため，エポキシ樹脂を機械的，熱的あるいは化学的アプローチによりリサイクルできる技術の開発と実用化が期待される。

これまでに示されてきたエポキシ樹脂のリサイクル方法として，まず，機械的なリサイクル方法では，廃エポキシ樹脂を粉砕し，他の媒体にフィラーとして充填するものがある[13, 14)]。エポキシ樹脂単体をそのままフィラーとして充填するだけでは充填物によって強度低下を招くので，樹脂単体ではなく，エポキシ樹脂に炭素繊維やガラス繊維を含有するCFRPやGFRPを粉砕して，これを他の樹脂やコンクリートにフィラーとして添加することでリサイクルを行う研究も行われている[15～21)]。

また，GFRPをコンクリート原料の焼成に利用し，樹脂部分は燃料として熱を回収しつつ，炭素繊維やガラス繊維を強化材として再利用する手法が実証試験として行われている[22)]。樹脂は熱的リサイクルされるとはいえ，将来的にエポキシ樹脂の廃棄物量が増えていくと，樹脂自体をもう一度樹脂材料として再利用できる方法の確立が望まれる。

Okajima[23)]らは酸無水物硬化エポキシ/炭素繊維複合材料を超臨界メタノールで分解し，得られる分解生成物を再利用した。超臨界状態ではメタノールはエポキシモノマーと硬化剤の接合部のエステル結合のみを選択的に切断し，樹脂分解生成物はエポキシの分子構造を保持したままであることを明らかにした。そこで得られたエポキシ構造を含む分解生成物とバージンエポキシ樹脂と混合し，これを硬化させて物性を測定した。これらの試料においては，バージンエポキシ樹脂に対する分解生成物の比率が増加するとともに色が濃くなり，3点曲げの強度はそれに伴って減少した（図1）。

化学的なリサイクル方法では，エポキシ樹脂の化学構造にリサイクル性を付与する研究が広く行われている。例えば，エポキシ樹脂の3次元架橋構造を構成する共有結合の一部に加水分解可能なエステル結合を導入することで易分解性を発現するものである[24～28)]。Buchwalter[26)]らは，易分解性エポキシ樹脂として，脂環式エポキシ樹脂を用い3次元架橋構造の分解物の構造の制御を試みた。しかし，本来の耐熱性，耐薬品性，強度あるいは信頼性を発揮できるかどうかが課題となる。いずれにしてもリサイクル品の適用先として，分解物は再合成が必要であり，多くの場合カスケード利用されることとなる。

そこで本項では，化学的なアプローチの中でもエポキシ樹脂の構造を変えずともエポキシ樹脂

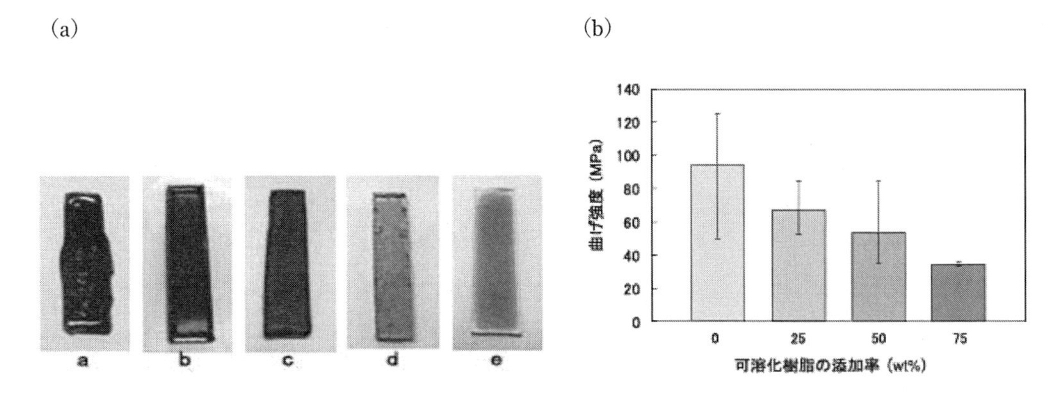

図1　(a)回収エポキシ樹脂とバージンエポキシ樹脂の再硬化。可溶化樹脂の混合割合 a：100%, b：75%, c：50%, d：25%, e：0%。(b)再硬化樹脂の3点曲げ強度と回収樹脂添加率の関係（回収樹脂：ベンチプラント処理後に回収，硬化条件：110～130℃, 30 h）[23]。

をもう一度樹脂材料としてリサイクルできる，硝酸を用いたケミカルリサイクルに関する研究内容を紹介する。

2. 3. 3　硝酸を用いたエポキシ樹脂のケミカルリサイクル

エポキシ樹脂の多くは大別すると，酸無水物で硬化されるものとアミンで硬化されるものがある。筆者らは，酸無水物系硬化剤を用いたエポキシ樹脂はアルカリ水溶液に対する耐食性が低く，アミン系硬化剤を用いたエポキシ樹脂は酸に対する耐食性が低いことを明らかにしている[29]。このため，酸無水物硬化エポキシ樹脂をアルカリで分解するか，アミン硬化エポキシ樹脂を酸で分解することでケミカルリサイクルを容易に行うことが示唆される。

2. 3. 3. 1　アミン硬化系エポキシ樹脂の酸による分解

アミンで硬化したエポキシ樹脂のリサイクル方法に関していくつかの研究事例を紹介する。まず，Ma らはアミン硬化エポキシ樹脂を過酢酸で分解し，分解物を酸無水物硬化エポキシ樹脂の触媒として使用した事例を報告している[30]。また Zabihi らは過酸化水素と酒石酸でアミン硬化エポキシ樹脂を分解し，得られた分解物をアミン系硬化剤に加えてリサイクル樹脂を作製している[31]。いずれもリサイクル樹脂の品質劣化が課題である。

2. 3. 3. 2　エポキシ樹脂の硝酸分解と酸無水物硬化系への添加リサイクル

筆者らは硝酸水溶液を用いたリサイクル方法を提案している[32, 33]。アミン硬化エポキシ樹脂の硝酸分解を行った結果，硝酸水溶液中でエポキシ樹脂は素早く反応し，粘性の高い分解物，析出結晶，そして硝酸水溶液中から有機溶媒で抽出回収できる回収物が得られた。特に抽出による回収物は，最大で元の樹脂の重量基準で 80％程回収されることが確認された。

続いて，粘性分解物および抽出回収物の分子量分布を測定した。図2に MDA(Menthanediamine)硬化ビスフェノール F 型エポキシ樹脂を，4M 硝酸により 80℃環境下で 100 時間浸漬後に得られた

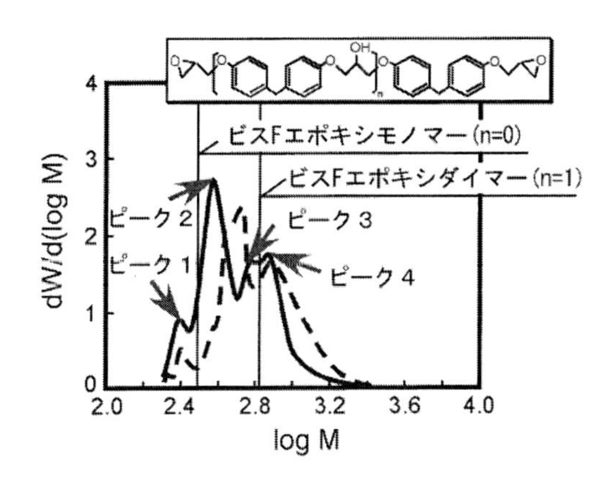

図2　4M硝酸によるビスフェノールF型エポキシ樹脂/1,8-*p*-メンタンジアミン硬化物の分解生成物の分子量分布，破線：粘性分解物，実線：有機溶媒で抽出回収された回収物[32)]

抽出回収物と粘性分解物の分子量測定結果を示す。図2より，実線で示す抽出回収物の分子量分布は，破線で示す粘性分解物の分子量分布が同じ形を保ちながら低分子量側へシフトしていることが分かった。このことから，抽出回収物はこの粘性分解物の分解がさらに進んだものであると考えられた。また，図中に示すようにビスフェノールF型エポキシ樹脂のモノマーおよびダイマーの分子量と比較したところ，粘性分解物および抽出回収物には，ビスフェノールF型エポキシ樹脂の1量体および2量体程度の主鎖骨格を残した化合物や，それらがニトロ化した化合物が混合しているものと考えられた。

これら回収物のリサイクル性を検討するため，抽出回収物を酸無水物硬化のエポキシ樹脂に混合し，その樹脂硬化物の熱的特性および，機械的強度を調べた。まず，抽出物を添加したリサイクル樹脂硬化物は，未添加の樹脂硬化物よりもガラス転移温度が上昇したことから耐熱性が向上していることが明らかになった[32)]。また機械的特性においても，リサイクル樹脂硬化物の方が未添加材よりも大きく向上することが確認された（図3）[33)]。一般的に酸無水物硬化エポキシ樹脂では，硬化の反応速度が遅いためしばしば3級アミンなどの硬化促進剤を添加するが，今回，抽出回収物にその働きを有する成分が含まれていたことで硬化促進剤の役割を果たしたことがこの耐熱性および機械的特性の向上に寄与したためと推測された[33)]。

更に，分取液体クロマトグラフィーにより図2で示された分子量のピーク毎に抽出回収物を分取し，各々を酸無水物硬化エポキシ樹脂に10%の割合で添加したリサイクル樹脂を作製し，その強度と弾性率を評価した（図4）。その結果，ピーク3および4を添加して作製されたリサイクル樹脂では，バージン樹脂よりも高い機械的特性が得られることが示された。このことから，硝酸中に溶解した分解物がさらに小さな分子量に分解される前に硝酸水溶液から抽出することで，高性能なリサイクル物を与える分解物の回収が行われることが示唆された。

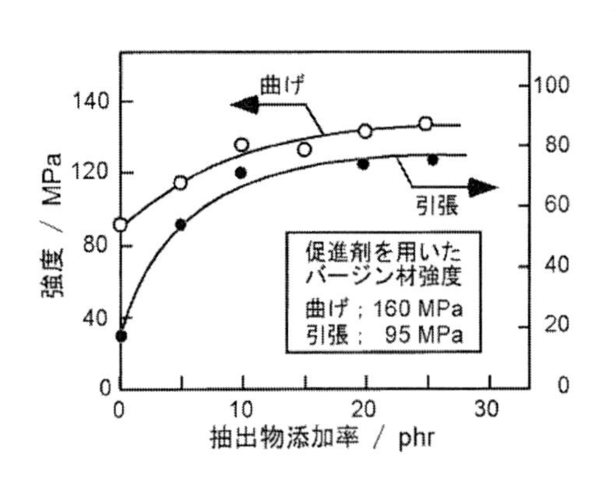

図3　リサイクル樹脂硬化物の曲げおよび引張強度[33)]

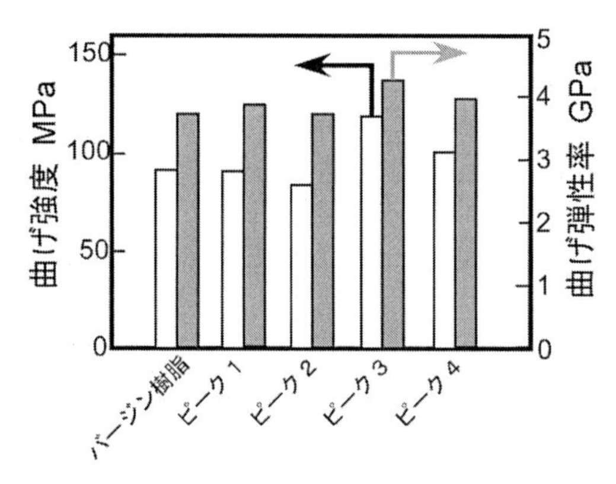

図4　抽出物ピークごとに作製したリサイクル硬化物の曲げ強度と曲げ弾性率[32)]

2. 3. 3. 3　エポキシ樹脂の硝酸分解物をアミンへ転換するリサイクル

上述のリサイクルでは，アミン硬化エポキシ樹脂の硝酸分解物を酸無水物硬化系へ適用した。これは，材料のクローズドループリサイクル実現を目指して，硝酸により分解回収されたアミン硬化エポキシ樹脂を，アミン硬化エポキシ樹脂に適用したところ強度低下したため，あえて異なる硬化剤のエポキシ樹脂へと展開した経緯がある。分解物はニトロ基を有していることから，これを水添することでアミン系硬化剤として再利用することでクローズドループリサイクルの実現を目指した研究事例を紹介する[34)]。

まずは，ビスフェノールF型エポキシ樹脂（DGEBF）と1,3-ビスアミノメチルシクロヘキサン（BAC）で構成した樹脂を，大気圧80℃環境下で4M硝酸に浸漬させて樹脂を完全分解させた。硝酸水溶液から有機溶媒で抽出回収された回収物をFD-MSを用いて分析すると（図5），分解が十分に進んでいてピクリン酸の質量と一致する大きなピークが検出された。

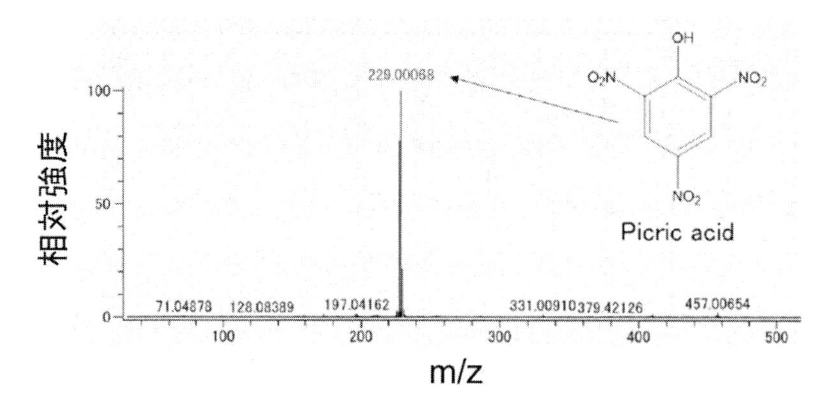

図5　4M硝酸によるビスフェノールF型エポキシ樹脂（DGEBF）/ビスアミノメチルシクロヘキサン（BAC）硬化物の分解後抽出物のFD-MSチャート[34)]

続いて，このピクリン酸を主成分として含む樹脂分解物に，触媒とともに水素をバブリングすることで水添して，ニトロ基のアミン化を試みた。これを元のDGEBF/BACに対して硬化剤の一部を置き換えた水添リサイクル樹脂を作製し（図6），引張強度及び引張弾性率を評価した。その結果，添加量が10％程度までであれば引張弾性率が元のDGEBF/BACと同等であるのに加え，引張強度は元のDGEBF/BACをむしろ上回ることが確認され，元の樹脂に対して強度を落とさずに水添リサイクル樹脂を作製することに成功した（図7）。これは水添した樹脂分解物がエポキシ基と反応することで分解物を樹脂骨格のネットワークに取り込むことができたために，引張強度の向上と引張弾性率の維持が可能であったと考えられた。

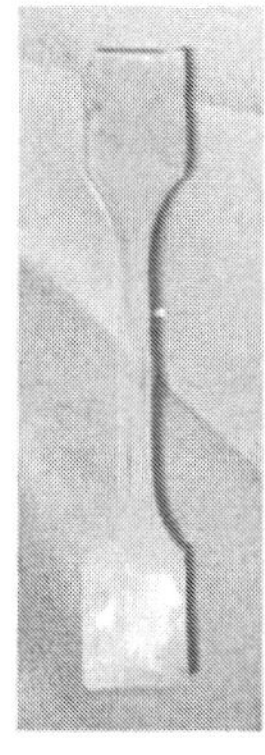
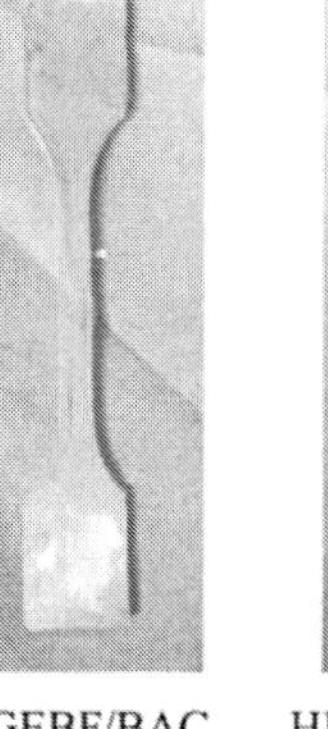

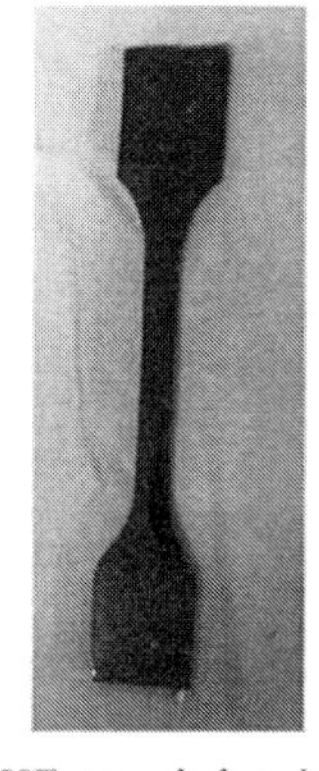

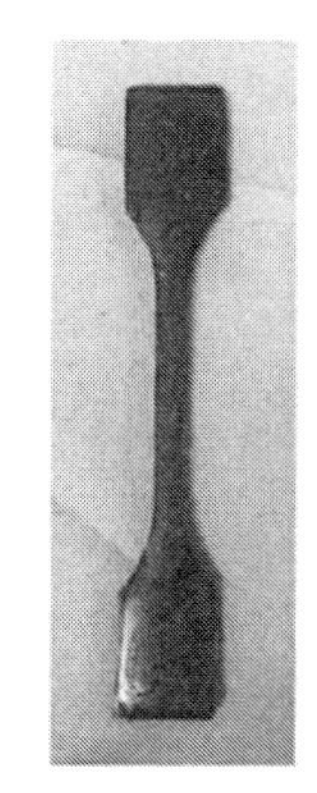

図6　（左）バージン樹脂，（中央）水添リサイクル樹脂，（右）リサイクル樹脂の写真[34]

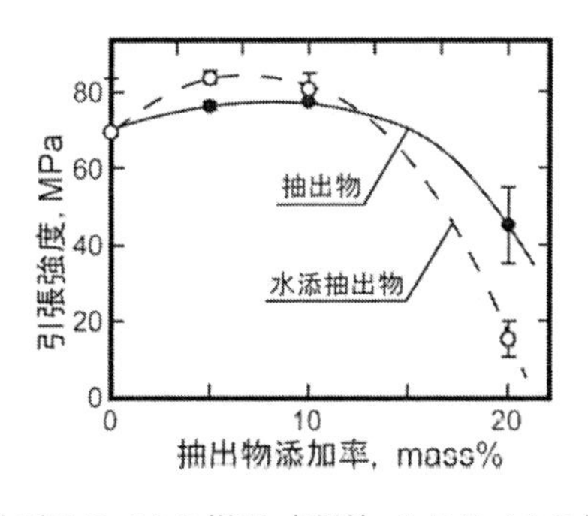

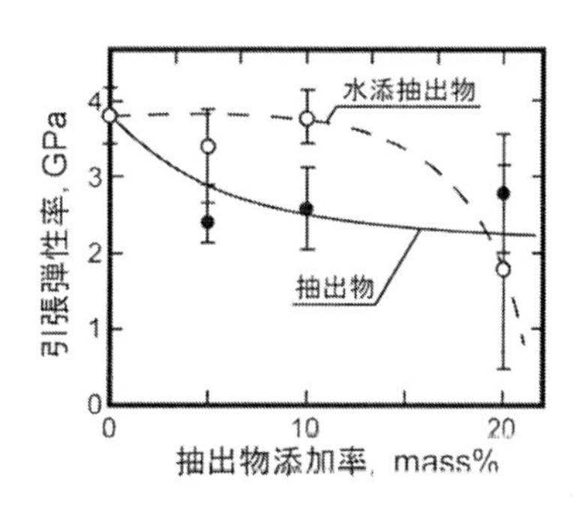

図7　水添リサイクル樹脂（破線）とリサイクル樹脂（実線）の引張強度（左）及び引張弾性率（右）[34]

2. 3. 4 硝酸分解リサイクルの CFRP への応用

上述のようにエポキシ樹脂の硝酸を用いたリサイクル方法では，強度や耐熱性の観点からエポキシ樹脂の品質劣化を招くことなく，材料としてリサイクルできる可能性が示された。この硝酸リサイクル法を，エポキシ樹脂をマトリックス樹脂とする炭素繊維強化複合材料に応用した。

2. 3. 4. 1 CFRP のプリプレグ端材を使ったリサイクル

例えば航空機をはじめとする CFRP の製造現場においては，プリプレグ（半硬化のエポキシ樹脂が含浸されたシート状の成形用中間材料）の端材が多く廃棄される。筆者らはプリプレグ材に対して，硝酸リサイクル法を用いてエポキシ樹脂を分解して炭素繊維を回収した（図 8）[35]。プリプレグは半硬化品ゆえに短時間で容易に分解し，得られたリサイクル炭素繊維を用いて再度成形した CFRP は，バージン炭素繊維から成形した CFRP よりも曲げ強度および曲げ弾性率ともにわずかながら向上することが確認された（図 9）。

2. 3. 4. 2 CFRP 廃材を使ったリサイクル

将来的に自動車を含めた広い範囲に CFRP が適用されていくとすれば，CFRP 成形品が大量に廃棄されてくる。そこで，CFRP 廃材（硬化品）からのリサイクルも検討を行っている[36, 37]。筆者らは RTM 製法により，アミン硬化のビスフェノール A 型エポキシ樹脂と複数枚積層された炭素繊維シートから成る CFRP 製自動車部品の試作廃棄品を，80℃の 8M 硝酸水溶液に浸漬

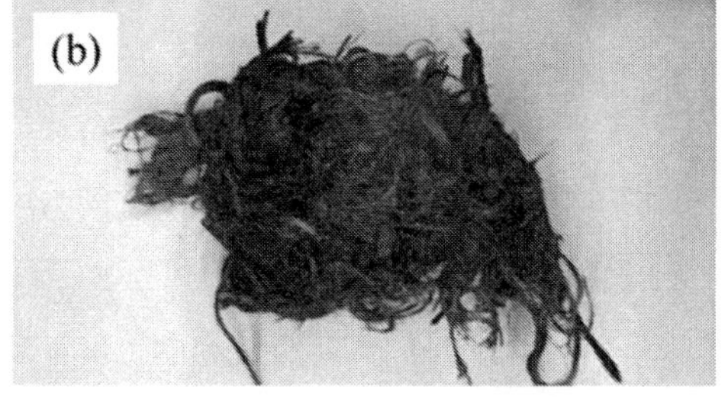

図 8　(a) プリプレグ材および (b) 硝酸リサイクル法により回収されたリサイクル炭素繊維[35]

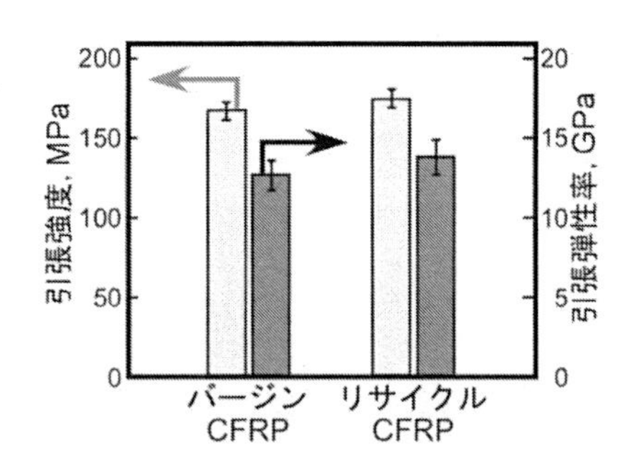

図 9　バージン CFRP およびリサイクル CFRP の引張強度と弾性率[35]

させた結果，約12時間で樹脂残渣がほとんどない炭素繊維が回収されることを確認した。また硝酸水溶液中に溶解した樹脂分解物も液液抽出操作により回収され，前述のようにピクリン酸を主体とした混合物であることが確認されている（図10）。得られた炭素繊維の，繊維自体の強度および繊維と樹脂との密着性を評価した結果，いずれも部品へ成形される前のバージン炭素繊維と比べて向上していた[37]。以上のことから，品質劣化を招かずに炭素繊維と樹脂の同時リサイクルが可能であり，炭素繊維と樹脂の双方のクローズドループリサイクルが期待できる方法であると言える。

一方で，ガラス繊維強化繊維の場合にも，同様に樹脂の硝酸によるリサイクルは可能であるが，E-ガラス繊維は耐酸性に乏しく，回収した繊維の強度は初期の10％程度であった[38]。しかし，風力タービンのリサイクルについて，他の手法によりガラス繊維の物性を保持することに成功した例が報告されている。例えば，Åkessonらは，窒素雰囲気中でマイクロ波熱分解を使用することで，引張強度の75％を保持した回収GFを得ている[39]。

2．3．4．3　CFRPの効率的なリサイクルプロセスの確立

著者らはエポキシ樹脂を短時間で効率良くCFから除去するための研究についての研究も行っている。CFRPを80℃，8M HNO_3に8時間浸漬し，引き続いて80℃，0.1M $NaHCO_3$に15分浸漬することにより，本来硝酸浸漬だけであれば16時間かかるCFRPリサイクルプロセスにかかる時間を8.3時間に短縮することに成功している。さらに，このプロセスでもリサイクルCFはバージンCFより機械的物性が上昇する結果となった（図11）[40]。これはニトロ基等の官能基がCF表面に形成されたことによるものと考えられる。

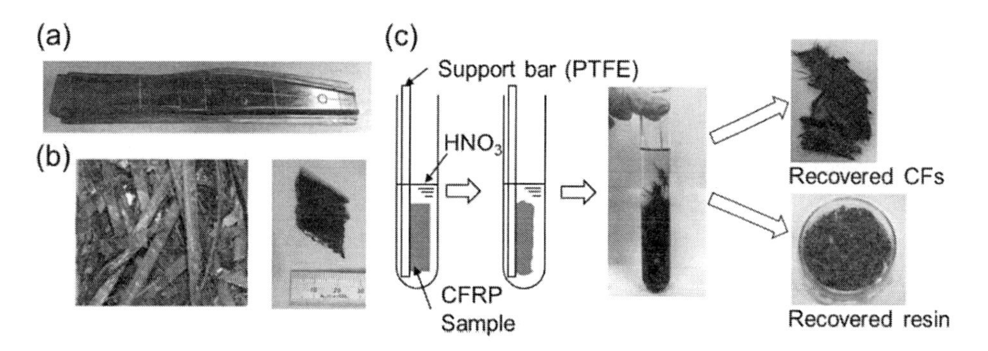

図10　(a)CFRP自動車用部品試作廃棄品，(b)CFRP試験片，(c)硝酸リサイクル法を用いて回収されたリサイクル炭素繊維およびリサイクル樹脂[37]

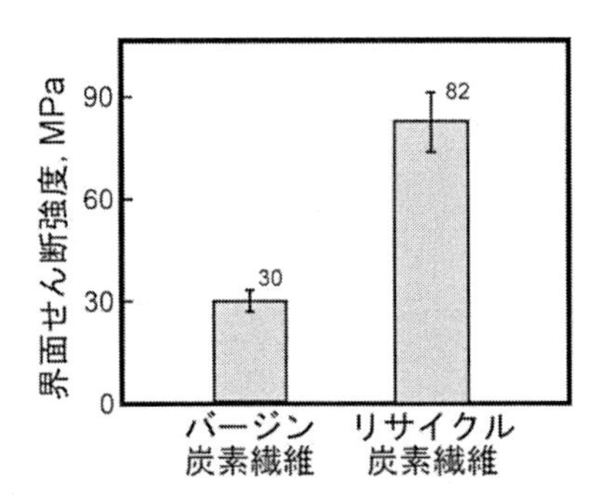

図11　バージンCFとHNO_3 8時間浸漬及び$NaHCO_3$処理後のリサイクルCFの比較[40)]

2. 3. 5　おわりに

近年，産業分野での技術革新が目覚ましい中，世界全体としてリサイクルへの関心が高まっている。これまでリサイクル困難とされてきたエポキシ樹脂に関しても，多角的な視点でのリサイクル研究が重要である。

文　　献

1）J. Zhang, G. Lin, U. Vaidya, H. Wang, *Composites, Part B: Engineering*, **250**, 110463 (2023)
2）Y. Atescan-Yuksek, A. Mills, D. Ayre, K. Koziol, K. Salonitis, *The International Journal of Advanced Manufacturing Technology*, **131**, 4345 (2024)
3）Y. Wey, S. A. Hadigheh, *Composites Part B: Engineering*, **260**, 110786 (2021)
4）P. Y. Chen, R. Feng, Y. Xi, J. H. Zhu, *Polymers*, **15**, 3508 (2023)
5）J. Wu, X. Gao, Y. Wu, Y. Wang, T. T. Nguyen, M. Guo, *Polymers*, **15**, 170 (2023)
6）S. K. Gopalraj, T. Kärki, *SN Applied Sciences*, **2**, 433 (2020)
7）P. Szatkowski, R. Twaróg, *Fibers*, **12**(8),68 (2024)
8）H. Sun, G. Guo, S. A. Memon *et al., Compos. A.: Appl Sci Manuf.*, **78**, 10 (2015)
9）W. Liu, H. Huang, H. Cheng, Z. Liu, *Fibers Polym.*, **21**, 604 (2020)
10）I. Okajima, M. Hiramatsu, Y. Shimamura, *J. Fluids*, **91**, 68 (2014)
11）I. Okajima, K. Watanabe, S. Haramiishi, *J. Supercrit. Fluids*, **119**, 44 (2017)
12）The New Plastics Economy: Rethinking the future of plastics and catalysing action, Ellen MacArthur Foundation (2017)
13）H. Sembokuya, F. Shiraishi, M. Kubouchi, K. Tsuda, *Journal of the Society of Materials Science, JAPAN*, **52**, 903 (2003)
14）H. Sembokuya, F. Shiraishi, M. Kubouchi, K. Tsuda, *Journal of Network Polymer,*

JAPAN, **24**, 13(2003)
15) S. Bayat, O. M. Jazani, P. Molla-Abbasi, M. Jouyandeh, M. Saeb, *Progress in Organic Coatings*, **136**, 105201(2019)
16) L. Yang, J. Runt, M. Kuo, K. Huang, J. Yeh, *Applied Polymer Science*, **136**, 1(2019)
17) J. M. Park, D. J. Kwon, Z. J. Wang, G. Y. Gu, K. L. Devries, *Composites, Part A: Applied Science and Manufacturing*, **47**, 156(2013)
18) C. Thomas, P. H. R. Borges, T. H. Panzera, A. Cimentada, I. Lombillo, *Composites, Part B: Engineering*, **59**, 260(2014)
19) W. Song, A. Magid, D. Li, K. Y. A. Lee, *Journal of Environmental Management*, **269**, 110766(2020)
20) M. Mastali, A. Dalvand, A. Sattarifard, *Composites, Part B: Engineering*, **112**, 74(2017)
21) C. Xiong, Q. Li, T. Lan, H. Li, W. Long, F. Xing, *Journal of Cleaner Production*, **279**, 123624(2021)
22) 東海林芳郎；強化プラスチック協会編，だれでも使えるFRP－FRP入門－，強化プラスチック協会，145(2002)
23) 岡島いづみ，佐古猛，廃棄物資源循環学会誌，**24**(5)，364(2013)
24) G. C. Tesoro, V. Sastri, *Journal of Applied Polymer Science*, **39**, 1425(1990)
25) V. Sastri, G. C. Tesoro, *Journal of Applied Polymer Science*, **39**, 1439(1990)
26) S. L. Buchwalter, L. L. Kosbar, *Journal of Polymer Science, Part A: Polymer Chemistry*, **34**, 249(1996)
27) S. Yang, J. Chen, H. Korner, T. Breiner, C. K. Ober, *Chemistry of Materials*, **10**, 1475(1998)
28) J. R. Mcelhanon, E. M. Russick, D. R. Wheeler, D. A. Loy, J. H. Aubert, *Journal of Applied Polymer Science*, **85**, 1496(2002)
29) 久保内昌敏；技術情報協会編，高分子材料の劣化・変色対策，技術情報協会，241(2021)
30) Y. Ma, C. A. Navarro, T. J. Williams, S. R. Nutt, *Polymer Degradation and Stability*, **175**, 109125(2020)
31) O. Zabihi, M. Ahmadi, C. Liu, R. Mahmoodi, Q. Li, M. Naebe, *Composites Part B: Engineering*, **184**, 107750(2020)
32) M. Kubouchi, *Journal of the Japan Society of Colour Materials*, **79**, 449(2006)
33) W. Dang, M. Kubouchi, S. Yamamoto, H. Sembokuya, K. Tsuda, *Polymer*, **43**, 2953(2002)
34) T. Hanaoka, Y. Arao, Y. Kayaki, S. Kuwata, M. Kubouchi, *ACS Sustainable Chemistry & Engineering*, **9**, 1250(2021)
35) T. Hanaoka, H. Ikematsu, S. Takahashi, N. Ito, N. Ijuin, H. Kawada, Y. Arao, M. Kubouchi, *Composite, Part B*, **231**, 109560(2022)
36) A. Sakai, W. Kurniawan, M. Kubouchi, M. Inui, A. Mizutani, T. Kuroda, *Journal of Network Polymer, JAPAN*, **43**, 198(2022)
37) A. Sakai, W. Kurniawan, M. Kubouchi, *Applied Sciences*, **13**, 3957(2023)
38) W. Dang, M. Kubouchi, T. Maruyama, H. Sembokuya, K. Tsuda, *Progress in Rubber, Plastics and Recycling Technology*, **18**, 49(2002)
39) D. Åkesson, R. Krishnamoorthi, Z. Foltynowicz *et al.*, *Polym Polym Compos*, **21**, 333(2013)
40) A. Sakai, W. Kurniawan, M. Kubouchi, *Polymers*, **15**, 170(2023)

3　接着・接合分野

3. 1　エポキシモノリスを用いる異種材接合

松本章一*

3. 1. 1　はじめに

SDGsに関連して省エネルギー・省資源化の重要性が高まり，自動車，航空機，機械部品等の軽量化を達成する解決方法のひとつとして，金属材料からポリマーや複合材料への使用部材代替やマルチマテリアル化が進められている。材料の多様化に伴って接着接合が果たす役割はますます重要となり，異種材接合技術の開発状況に注目が集まっている[1~5]。著者らは，十年ほど前からエポキシモノリスを用いた異種材接合技術の開発に取り組んできた[6~15]。本稿では，これまでの研究開発の経緯を概説した後に，最新の開発状況と今後の展望について述べる。

3. 1. 2　異種材接合技術の開発

異種材接合は，金属材料間での異種材接合と，金属材料と非金属材料間での異種材接合にわけられる。金属材料間の接合では，リベット，ねじ，ボルトなどで固定する機械的接合が主に用いられている。これら機械的接合では簡便な工具を用いた組み立てと解体が可能であり，安定した接合強度を確保できる利点がある。反面，接合部への応力集中や生産性などに課題を含む。また，同種の金属材料間の接合では，溶接やはんだ付けなどによる接合法が利用でき，短時間で固定できることや，意匠自由度も高い利点があるものの，ひずみや残留応力が生じやすい欠点もある。一方，接着接合を利用すると接合部への応力集中を緩和でき，機械的接合と異なり接合部位の平坦性に優れるなど多くの利点を活かすことができる。既に開発され実用化されている異種材接合に有効な手法として，化学処理やレーザー照射による金属表面改質を含むアンカー効果を利用した方式がある[1~5]。ただし，特殊な処理法や薬液，表面加工技術・装置などを必要とする場合があり，簡便で汎用的な接着接合のための新しい手法の開発が待ち望まれていた。著者らは，連続骨格と貫通孔を有する共連続構造を持つエポキシモノリスを利用した異種材接合法を提案し，新しい接着接合手法の開発を進めてきた[6~15]。

3. 1. 3　エポキシモノリスの特徴

モノリスは3次元的に連続した網目骨格と空隙を有する多孔材料であり，無機多孔材料であるシリカモノリスはHPLC用カラム充填材や分離・吸着材として利用されている。一方，ポリ

*　Akikazu MATSUMOTO　大阪公立大学　大学院工学研究科　教授

マーモノリスのpH安定性や機能化の優位性を活かして，セパレーター，リアクター用触媒担体，ポリマー多孔質膜，ナノポリマー材料の作製などに応用されている[16~18]。モノリスの構造はミクロ相分離を利用して作製することができ，相分離過程はスピノーダル分解と核生成・成長機構に分類できる。いずれも相分離の初期段階で濃度ゆらぎが生じ，それに続くスピノーダル分解（あるいは核生成と成長），さらにオストワルド熟成（あるいは粒子合体）により，相分離によって生成した各ドメインのサイズが変化していく。スピノーダル分解を経て相分離が進行すると共連続構造が生成し，核生成・成長機構に従うと粒子凝集構造が生成する。

エポキシモノリスの生成に用いられる重合誘起型相分離では，モノマーに対して良溶媒，ポリマーに対して貧溶媒の性質を示すポロゲンと呼ばれる細孔形成剤が使用される。相分離の進行と競争して架橋反応が進行し，相分離の途中段階で構造が固定されるため，相図のバイノーダル曲線やスピノーダル曲線と反応物組成の関係に加えて，硬化反応の速度も最終生成物の多孔構造に影響を与える。エポキシモノリス作製のためのエポキシのアミン硬化過程は，反応性の高い第1級アミンによるエポキシ基の開環反応による線状ポリマーの生成と高分子量化と，開環反応によって生成した第2級アミンとエポキシ基の反応による架橋構造の形成の2段階からなる。前者は相分離を促進し，後者はポリマーの3次元架橋によって相分離構造を固定化する働きがある。アミノ基の活性水素とエポキシのモル比（ここで，2×[1級アミノ基]/[エポキシ基]の値をγ値と呼ぶ）は重要であり，エポキシモノリスの細孔サイズを制御する重要な因子である[19~21]。

エポキシ樹脂，アミン硬化剤およびポロゲンの混合物を金属あるいはガラス板上に塗布し，加熱硬化した後，ポロゲンを水洗除去すると，シート状のエポキシモノリスが得られる[7]。反応条件に応じてエポキシモノリスの多孔構造を制御することができ，エポキシ樹脂とアミン硬化剤の比（すなわちγ値）に依存して，細孔の平均直径を1 μmから100 μm，細孔数を表面積1 mm^2あたり10から10^5の範囲で調整できる[10]。エポキシモノリスを切断して断面をSEM観察すると，空隙が内部まで連続して存在することが確認でき，BET法によるガス吸脱着や密度測定からも多孔材料であることが確かめられている[7]。また，X線CT法（3次元X線イメージング法）はX線投影画像からコンピュータ処理によって任意の3次元あるいは断面（2次元）画像を視覚化できる非破壊分析手法であり，エポキシモノリスの内部構造を直接観察するための有効な手法となる[22~24]。X線CTでは，観察対象物を180°回転させながら数100～1000枚の投影像を測定し，コンピュータ処理して回転軸と直交する複数枚の断層画像を再構成する。最近，単色性が高い長波長のX線を用いることによって，炭素繊維強化樹脂や薬剤，化学製品内部の1 μm程度の構造を高感度で非破壊観察できるようになっている。図1に，エポキシモノリスシートの3次元像と2次元像（仮想的な断面像）を示す[19]。エポキシモノリス骨格と細孔のサイズは，γ値が大きくなるほど大きくなり，それらの平均径は$\gamma=1.8$の時に数十μmに達する。細孔径のサイズが変化してもモノリス中のエポキシ占有率（あるいは空隙率）は一定であることや，モノリス内部には多孔構造が一様に材料全体に広がっていることが確認されている[19]。

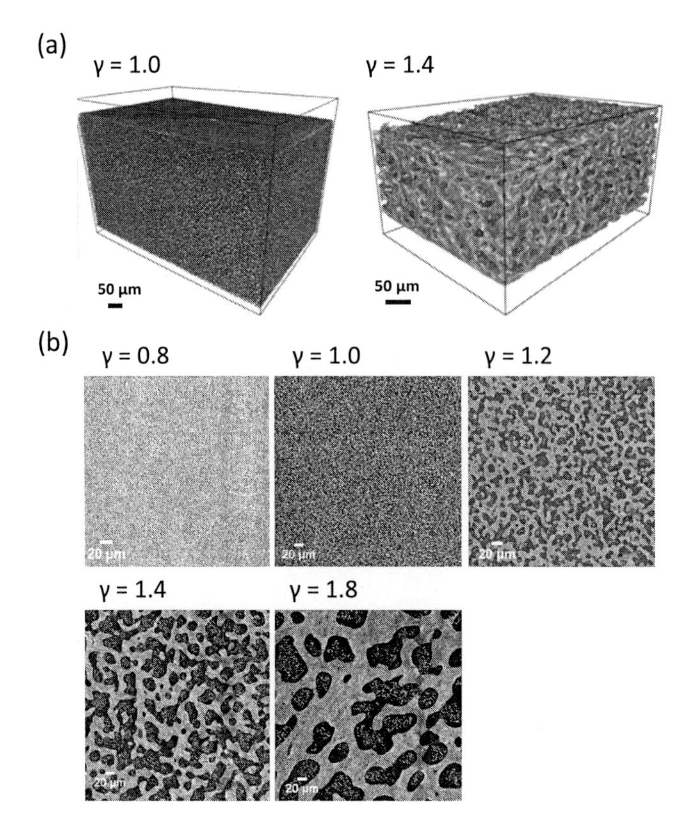

図1　X線CTによって得られるエポキシモノリスシートの(a)3次元像と(b)2次元断面像
それぞれ異なるγ値（1.0～1.8）でエポキシモノリスを作製

エポキシモノリスの熱的および機械的特性をエポキシバルク硬化物（ポロゲン不在下での加熱条件で作製した細孔を含まない硬化物）と比較すると，エポキシモノリスのガラス転移温度（T_g）およびヤング率（引張試験の初期弾性率）はそれぞれ88～126℃と477～580 MPaであり，バルク硬化物に対する値（それぞれ85～169℃と2.41～4.03 GPa）に比べていずれも低い値を示す。同一のエポキシ樹脂と硬化剤（架橋剤）の組み合わせから作製されたモノリスとバルク硬化物が異なる機械的特性を示す要因として，モノリス内部の多孔が変形機構と深く関係していることが挙げられる。引張試験においても，伸びや圧縮だけでなく，曲げや捻じれなどの複雑な変形がモノリスの変形では考慮する必要があるためである。さらに，両者のT_g値の違いから，エポキシモノリス骨格の内部にポロゲンとして用いたPEGが一部モノリス骨格内に取り込まれて可塑剤として作用している可能性が指摘されている[24)]。

また，エポキシモノリスの引張試験から得られる破断強度と破断伸びの値はそれぞれ6.9～9.6 MPaと11.8～33.5%であり，破断強度のγ値に対する依存性は比較的小さいことと対照的に，破断伸びはγ値が大きくなると飛躍的に大きくなり，γ=1.8の条件で作製したエポキシモノリスは突出して柔軟性の高い材料となる。柔軟性の増大には，細孔サイズの違いだけでなく，モノリス骨格を形成しているエポキシの分子ネットワーク構造の違いによるところが大きく，実際に架橋点間の分子量は γ 値に応じて大きく異なることが確かめられている[19,21]。

3. 1. 4　モノリス表面処理を利用した異種材接合

エポキシモノリス（平均細孔径が数 μm～数十 μm）を接合表面に形成したSUS板に対して，ポリエチレン（PE），ポリプロピレン（PP），ポリオキシメチレン（POM），ABS樹脂を加熱接合（熱融着）して，せん断剥離強度を比較すると，エポキシモノリスを介する接合強度は 1.2～2.7 MPa の範囲にあり，未処理の場合の 0.08～0.85 MPa に比べて高い値を示す[7,10]。ポリカーボネート（PC）やポリエチレンテレフタレート（PET）などのエンジニアリングプラスチックに対する接合強度はさらに向上する（図2）[10]。破断面のSEM観察から，破断は常にモノリス層の表層と樹脂間の界面で起こり，モノリス側の破断面には細孔内にまで侵入した樹脂が延伸されて破断した構造が，樹脂破断面には突起が大きく延伸された構造が形成されていることが明らかにされている。熱融着時にモノリス細孔内部に樹脂が侵入するが，シートの細孔入口および樹脂との接合界面の周辺でせん断引張時の応力集中が生じる結果，エポキシモノリスと樹脂の界面で破断が生じる。破断時の樹脂の変形には，樹脂の特性が反映され，PE，PP，POMでは樹脂が大きく変形して伸びて先の尖った形状の断片が，ABSでは破断変形の度合いが小さい切り株状の破断片が確認される[7]。樹脂の浸透を確認するために破断前の試験片内部を観察すると，PE/モノリス界面ではモノリスの奥深くまでPEが浸透していたことと対照的に，PET/モノリ

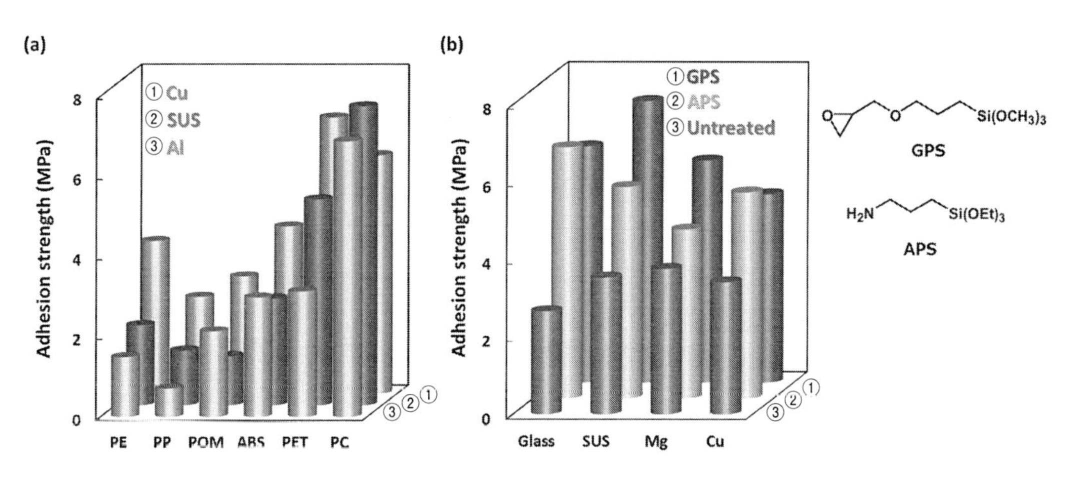

図2　異種材のモノリス接合の強度比較

(a)PE：ポリエチレン，PP：ポリプロピレン，POM：ポリオキシメチレン，ABS：ABS樹脂，PET：ポリエチレンテレフタレート，PC：ポリカーボネート，Al：アルミニウム，SUS：ステンレス鋼，Cu：銅。(b)シランカップリング剤（APS，GPS）を用いて表面処理したガラスおよび金属（SUS，Mg，Cu）とPET間のモノリス接合強度の比較。

ス界面でのPETの浸透深さは小さいことがわかった。X線CTを用いてPET/モノリス界面を高精度で観察したところ，PETは界面のごく近傍にだけ充填されていることが明らかになった[12]。それにもかかわらず，アンカー効果が発現して十分な接合強度を発現していることから，モノリス接合では界面近傍での樹脂充填で接合機能が発揮できることが結論付けられている。

接合強度は被着体の表面構造に影響を受け，エッチングなどの電気化学的な研磨やサンドブラストなどの機械的研磨によって表面を粗面化処理すると接合強度が増大する。特に，アルミニウム（Al）板の表面は酸化アルミニウムで覆われているため，未処理のAl板にモノリス層を強固に形成することは難しいが，表面に存在する酸化皮膜を除去するとモノリス接合が有効に作用する。シランカップリング剤による表面処理を行うと被着体の接合面を化学修飾でき，接合強度の向上が期待できる。例えば，図2に示したAPSとGPSは，基材表面にアミノ基とエポキシ基をそれぞれ導入できるシランカップリング剤として，エポキシ充填用のガラス，金属，金属酸化物フィラーなどの表面改質に用いられている。図2(b)に表面処理した基材と樹脂間のモノリス接合強度試験の結果を示す[12]。未処理ガラス板とPET板との接合強度は3 MPa以下であるのに対し，APSやGPSで表面修飾すると接合強度は数倍強度が向上し（PETに対して6.1～6.5 MPa），界面での接着が強固になっていることを示す。破断後の試験片表面を注意深く観察すると，APSおよびGPSで修飾した場合，ガラスとの共有結合が形成することで界面間の相互作用が強固になる結果，モノリス内部での凝集破壊が起こっていることもわかった。ステンレス鋼（SUS）およびマグネシウム（Mg）板に対しても，APSやGPSによる表面修飾の効果が得られ，未処理の3.5～3.8 MPaから処理後の4.4～7.3 MPaと大幅な接着強度の向上が確認されている。金属の酸化物表面修飾にはAEDPなどの有機ホスフィン酸が使用でき，シランカップリング剤による処理と同等の効果が確認されている[12]。

これまで述べてきたエポキシモノリスを利用する異種材接合に関する一連の研究の過程で，われわれはエポキシモノリスの空隙に柔軟なネットワークポリマーを充填した共連続架橋体（CNP）が高強度材料として優れた特性を示すことも見出している[19,20]。多官能アクリレートとアクリル酸ブチルを組み合わせたアクリレート架橋体を充填して作製したCNPの破断強度は充填前のモノリスの強度に比べて増大する。CNPの変形に伴う残留ひずみはモノリスの変形に伴う残留ひずみに比べて小さく，柔軟なエラストマーである第2成分の存在がモノリス骨格の破壊による塑性変形を抑制していることを示唆する[24]。エポキシモノリスをCNP化することによって材料の高強度化が達成できるため，モノリス接合試験片のモノリス層に存在する空隙に架橋エラストマーを充填すると，モノリス接合強度はさらに向上する。

3. 1. 5　モノリスシートを利用した異種材接合

被着体である金属やガラスの表面にエポキシモノリス層を形成して，樹脂などと異種材接合を行った結果について前項で説明した。ここで，エポキシモノリスがシート状の多孔体として容易に単離できる特徴を活かして，一般的なアクリル及びエポキシ接着剤と組み合わせたシート状接着剤としての利用を検討した[14,15]。接着プロセスでは，一定の接着剤厚みを担保するためにポリマービーズやガラスビーズなどのスペーサーを使用することが多い。また，多くの接着剤は液体として供給されるため，接着剤の粘度や流動性を細かく調整する必要が生じる。ここで，多孔構造を持つエポキシモノリスシートを市販の接着剤と組み合わせて用いると，粘着テープと同様，被着体の接合面にシート状接着剤を挟み込んで熱硬化するだけで接着接合の工程を完了でき，実用面での操作上での利点は大きいことが期待される（図3）。

予備的検討として，エポキシモノリスと市販のエポキシ接着剤（CLS1194）あるいはアクリル接着剤（AS6704）をそれぞれ組み合わせて作製したシート型接着剤（厚さ80～120 μm）を用いて冷間圧延鋼板（Steel Plate Cold Commercial, SPCC）の接着接合を行った際のせん断引張強度の比較を図4に示す[14]。モノリスシートを含む場合には，元の接着剤の強度（モノリスシートを併用しない場合）に比べて若干の低下が認められ，シート状接着剤の種類（モノリスシートの作製条件ならびに市販の液状接着剤の種類）によっても低下の度合いは異なった。ここ

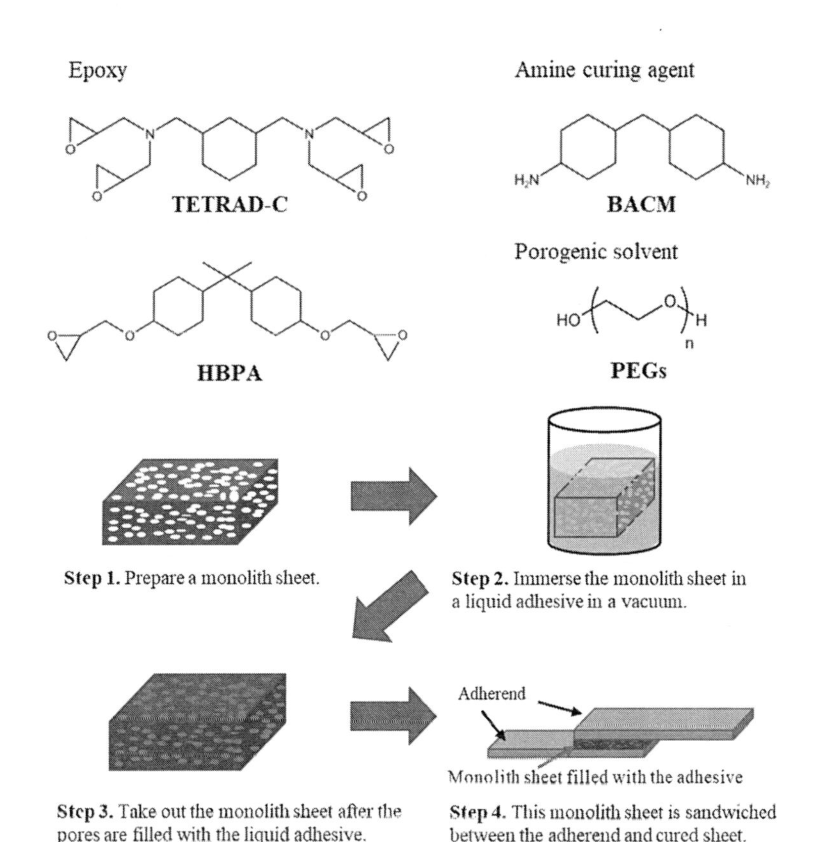

図3　エポキシモノリスを利用したシート型エポキシ接着剤の作製方法とそれを用いた接着接合強度の試験片の作製。上部は柔軟性の高いエポキシモノリスシートの作製に用いた原料の化学構造。

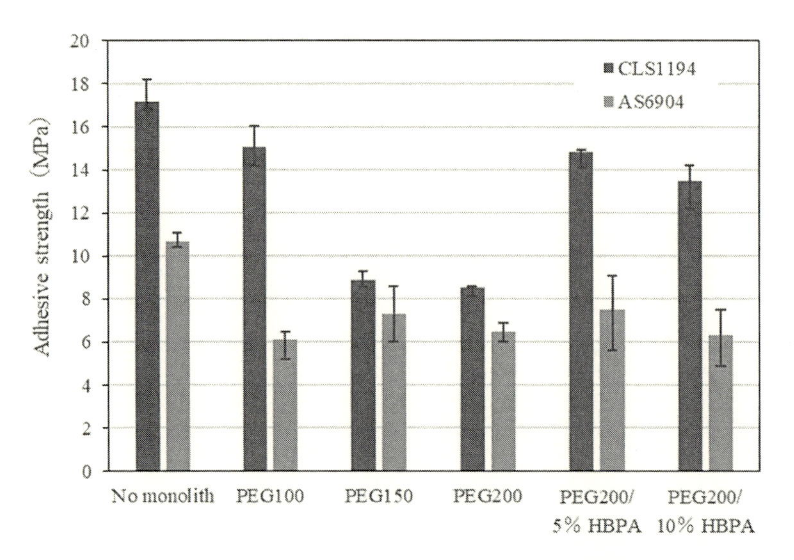

図4　エポキシモノリスを利用したシート型エポキシ接着せん断接着試験の強度比較

エポキシモノリスを様々な条件（PEGの分子量，柔軟性成分であるHBPAの添加量）で作製

で，これら接着剤の粘性は大きく異なり（CLS1194とAS6704の粘度はそれぞれ4.0 Pa sと0.10 Pa s），細孔サイズが小さい場合には高粘性のエポキシ接着剤の内部への浸透がより起こりにくくなる可能性がある。図4に示したデータは4官能エポキシ樹脂を原料として作製されたエポキシモノリスと複合化した結果であり，この4官能エポキシ樹脂から生成するモノリスの細孔径は比較的小さく，モノリスシートは高弾性を示した反面，伸びには乏しいことがわかった[14]。そこで，2官能性エポキシ樹脂のみを原料として用いて柔軟な構造を持つエポキシモノリスを用いて，シート状接着剤による異種材接合について詳細に検討した[15]。

2官能性エポキシ樹脂として2,2-ビス(4-グリシジルオキシフェニル)プロパン（BADGE）とビスフェノールAビス(トリエチレングリコールグリシジルエーテル)エーテル（BATGE）を使用して，柔軟なエポキシモノリスシートを調製し，エポキシ接着構造の靱性向上を目指して，高温条件を含む様々な温度での引張試験によりせん断接着接合強度を評価した[15]。BATGEの添加なしで$\gamma=1.0$，1.4あるいは1.8の条件，および5 mol% BATGEを添加した$\gamma=1.4$の条件でそれぞれ作製したモノリスシートを市販のエポキシ接着剤（CLS-1194）と組み合わせてシート状接着剤を作製した。それらを用いた鋼板の接着試験片に対してTDCB試験を行い，接着構造物の破壊エネルギー（G_{IC}）を決定した。図5に示すように，モノリスシート作製時のγ値が大きくなるにつれてG_{IC}値は徐々に増加し，$\gamma=1.8$のモノリスシートを使用した場合のG_{IC}値はモノリスシートを使用しない場合の約2倍であった。BATGE存在下，$\gamma=1.4$の条件で作製したエポキシモノリスを使用すると，破壊エネルギーは劇的に増加し，1.6 kJ/m^{2}に達した。この値は，モノリスなしの場合に比べて6倍，BATGEなしの場合に比べて約1.5倍の値であった。

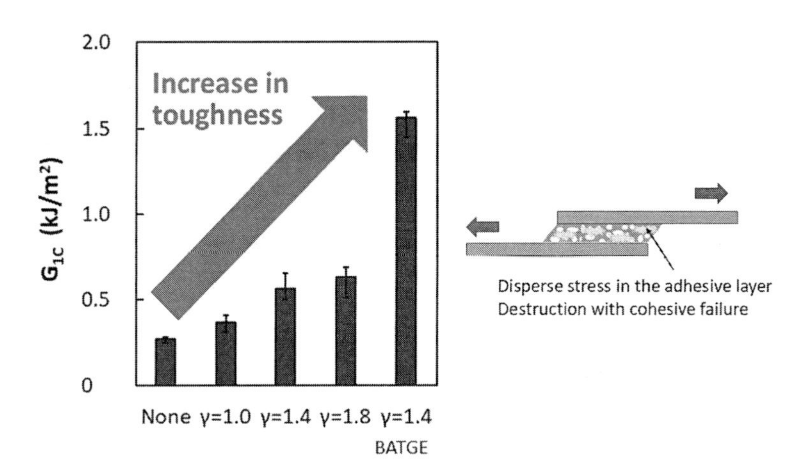

図5　エポキシモノリスを利用したシート型エポキシ接着のTDCB試験によって求めた破壊強度(G_{IC})の比較(左)と柔軟なエポキシモノリスの存在による界面付近での応力集中の緩和と接着層での凝集破壊のモデル(右)

さらに，$\gamma=1.4$の条件で作製したエポキシモノリスを含むシート状接着剤は，熱膨張係数αが大きく異なる材料間での接合に対して優れた熱サイクル特性を示すことも明らかにされている[15]。鉄（$\alpha=12$ ppm/K）とスーパーインバー（$\alpha=0.5$ ppm/K）を被着体として使用した接合で上記のシート状接着剤を使用すると，−20℃と130℃の間の大きな温度差で300回繰り返し試験を行った後でも接合強度の低下はまったく認められず，接着界面付近での応力集中が効率よく緩和される。このように，エポキシ接着におけるモノリスシートの併用はエポキシ接着剤の応力集中を回避する有効な方法のひとつとなるだけでなく，接着剤の厚みを容易に制御できるシート状の接着材料として取り扱うことができ，様々な実用や場面での接着プロセスや材料の設計での応用が期待される。

3. 1. 6　おわりに

モノリス接合は共連続多孔材料であるエポキシモノリスに特徴的な特性を利用した接合法であり，異種材接合への応用が検討されている。金属/樹脂間の異種材接合では，金属表面に形成されたエポキシモノリス細孔への溶融樹脂の侵入によるアンカー効果が効果的に発現し，接合強度が向上する。また，ガラスや金属被着体の表面をカップリング剤で処理することによって，基材とモノリス間の界面相互作用が強化され結合強度が向上する。さらに，エポキシモノリスシートと市販の液状接着剤を組み合わせてシート状接着剤として用いることで利便性が向上するだけでなく，接着界面での応力集中を緩和することができることが明らかになった。このことには，熱膨張率が大きく異なる被着体間の異種材接合に有効に作用し，熱サイクル応答性が優れていることが確かめられている。モノリス接合の特徴として，多様な組み合わせの接合に適用できること，基材表面に塗布硬化するだけで接合に有効な多孔構造を形成できること，表面処理だけでなくシート状接着剤としても利用できること，特殊な薬液や専用設備を必要としないこと，被着体の形態や種類に制約がないことなどが挙げられ，広範囲での用途や様々な分野での活用が今後さらに期待される。

文　　献

1） 異種材料接着接合技術 2014 年版，東レリサーチセンター（2014）
2） 樹脂－金属・セラミックス・ガラス・ゴム 異種材接着/接合技術，サイエンス＆テクノロジー（2017）
3） 異種材料の接着・接合技術とマルチマテリアル化，技術情報協会（2017）
4） 異種材料の接着・接合技術と応用事例，技術情報協会（2021）
5） 接着界面解析と次世代接着接合技術，堀内 伸 監修，エヌ・ティー・エス（2022）
6） 松本章一，高分子，**69**, 53（2020）
7） F. Uehara, A. Matsumoto, *Appl. Adhes. Sci.*, **4**, 18（2016）
8） 松本章一，コンバーテック，12 月号，p. 70（2016）
9） 松本章一，ネットワークポリマー，**38**, 93（2017）
10） Y. Sugimoto, Y. Nishimura, F. Uehara, A. Matsumoto, *ACS Omega*, **3**, 7532（2018）
11） 杉本由佳，松本章一，ネットワークポリマー論文集，**39**, 63（2018）
12） N. Sakata, Y. Takeda, M. Kotera, Y. Suzuki, A. Matsumoto, *Langmuir*, **36**, 10923（2020）
13） 杉本由佳，鈴木祥仁，松本章一，日本接着学会誌，**56**, 303（2020）
14） Y. Kamo, A. Matsumoto, *Molecules*, **29**, 2059（2024）
15） Y. Kamo, A. Matsumoto, *Polym. J.*, in press
16） N. Tsujioka, N. Ishizuka, N. Tanaka, T. Kubo, K. Hosoya, *J. Polym. Sci., Part A: Polym. Chem.*, **46**, 3272（2008）
17） 松川公洋，御田村紘志，渡瀬星児，石塚紀生，有機合成化学協会誌，**73**, 498（2015）
18） K. Sakakibara, H. Kagata, N. Ishizuka, T. Sato, Y. Tsujii, *J. Mater. Chem. A*, **5**, 6866（2017）
19） R. Tominaga, Y. Takeda, M. Kotera, Y. Suzuki, A. Matsumoto, *Polymer*, **263**, 125433（2022）
20） R. Tominaga, Y. Nishimura, Y. Suzuki, Y. Takeda, M. Kotera, A. Matsumoto, *Sci. Rep.*, **11**, 1431（2021）
21） K. Aragishi, R. Tominaga, Y. Suzuki, A. Matsumoto, *Polymer*, **307**, 127253（2023）
22） 武田佳彦，リガクジャーナル，**50**(1), 30（2019）
23） 松本章一，武田佳彦，アイソトープニュース（Isotope News），8 月号（No. 779），p. 16（2021）
24） K. Aragishi, Y. Takeda, Y. Suzuki, A. Matsumoto, *Polym. J.*, **56**, 529（2024）

3. 2　SDGs時代のエポキシ接着剤

内藤昌信*

3. 2. 1　はじめに

エポキシ樹脂は汎用性の熱硬化性高分子の一種であり，塗料，接着剤，複合材料などの工業製品には欠かせない材料である。優れた熱的・機械的物性や耐薬品性から，さまざまな場面で重宝されてきた高分子材料であるが，ネットワーク高分子に由来する不溶・不融という特性が仇となり，リサイクルには適さないという新たな課題に直面している。また，接着剤や塗料として使われているエポキシ樹脂は，マイクロプラスチックの発生源としても懸念されており，リサイクル性やリワーク性に優れたエポキシ樹脂への期待は大きい[1)]。

このような社会要請の下，動的共有結合を組み込んだ樹脂が大きな注目を集めている[2)]。動的共有結合とは，共有結合でありながら，熱などの外的刺激によって可逆的に結合交換反応を起こす化学結合のことを指す。この原理を熱硬化性樹脂に組み込むことで，一定温度以上に加熱した際には成形加工が可能となり，室温においては熱硬化性樹脂の優れた化学的・熱的特性の多くが保持される。溶融したガラスはSi-O-Siの結合交換反応が起こることで流動性が増大するが，冷却し室温に戻せばガラス状態に戻る。その際，系中のSi-O-Si結合の数は変化しない。このようなガラスが示す結合交換反応に例えて，Vitrimerとも呼ばれている（ラテン語でVitrumはglassの意味）。中でもジスルフィド結合を用いたVitrimerは，触媒を用いなくても比較的低温で結合交換反応が起こる点が大きな特徴である[3)]。

芳香族ジスルフィド結合を導入したエポキシ樹脂はすでに多くの応用例が報告されているが，我々は工業用接着剤としてのVitrimerの利用を視野に入れて検討を進めてきた。本稿では，ジスルフィド基を導入した接着剤が示す特異な熱挙動[4)]の例を紹介したのち，人体の薬物代謝システムにヒントを得たエポキシ樹脂およびCFRPのリサイクル法について紹介したい[5)]。

3. 2. 2　動的共有結合と可逆接着剤[4)]

Vitrimerの概念が発表された当初より，接着としての応用に着目されてきた。特にジスルフィド型の結合交換反応は，自己修復材料への応用などの報告があり，我々も先行研究を参考にしながら，接着剤研究に展開した[3)]。その中で，ジスルフィド基を導入したエポキシ樹脂が示す可逆接着性に注目し，詳細な検討を行う中で，高温下での接着強度が増強されるという興味深い現象を見出した。ここでは，その詳細について紹介していきたい。

＊　Masanobu NAITO　(国研)物質・材料研究機構　高分子・バイオ材料研究センター　副センター長

3. 2. 2. 1　動的共有結合を利用した可逆接着剤への応用

まず，本稿で用いたエポキシ樹脂についてScheme 1にまとめた。ジスルフィド基を導入したエポキシ接着剤は，主剤または硬化剤に芳香族ジスルフィド基を導入した。具体的には，エポキシモノマーであるジグリシジルエーテルビスフェノールA（1b：DGEBA）に対し，ビス(4-グリシジルオキシフェニル)スルフィド（1a：BGPDS），同様に，ジアミン系硬化剤であるジアミノジフェニルメタン（2b：DDM）に対し，ジチオジアニリン（2a：DTDA）を用いた。これらエポキシモノマーおよびアミン硬化剤の組み合わせにより，芳香族ジスルフィドの導入部位の異なるエポキシ樹脂4a-4dを合成した。また，ジスルフィド型動的共有結合と比較するため，エステル交換型の動的結合を含むエポキシ樹脂CA（4e）を，クエン酸（3a），セバシン酸（3b）と1bから合成した。

ジスルフィド型エポキシ樹脂の接着剤としての応用を検討するにあたり，まずは結合交換反応が接着特性にどのような効果をもたらすかを明らかにすることから着手した。ここでは，接着の試料片はアルミニウム合金（A6061）を用いて作製した。可逆接着の評価は，引張剪断強度測定を行った試験片を元に戻し，ホットプレスを用いて加熱硬化させたのちに，再度，引張剪断強度測定を行うことでリワーク後の接着力評価を行った。

Fig.1に，エポキシ樹脂（4a-4e）の引張剪断接着強度を示す。ジスルフィド結合を導入した4a-4cの引張剪断接着強度は，動的共有結合を含まない4dに比べても±20%程度に収まった。このことは，ジスルフィド基の導入がエポキシ接着剤の室温における接着強度にはあまり影響しないことを示唆している。次に，ジスルフィド基を導入したエポキシ樹脂の可逆接着剤としての

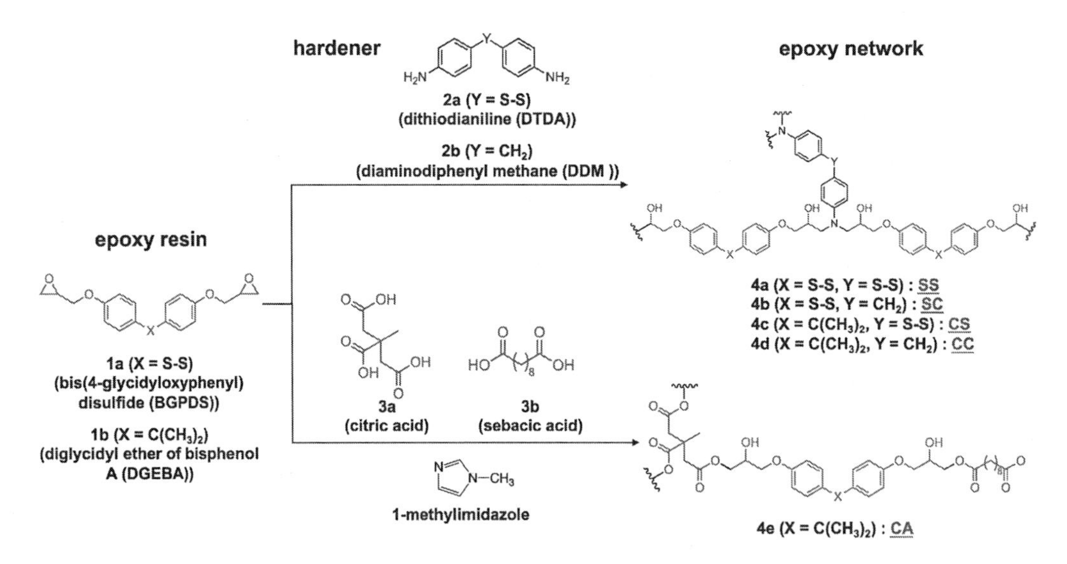

Scheme1　本研究で用いたVitrimer（ジスルフィドタイプ（上段）とエステルタイプ（下段））とその化学反応式

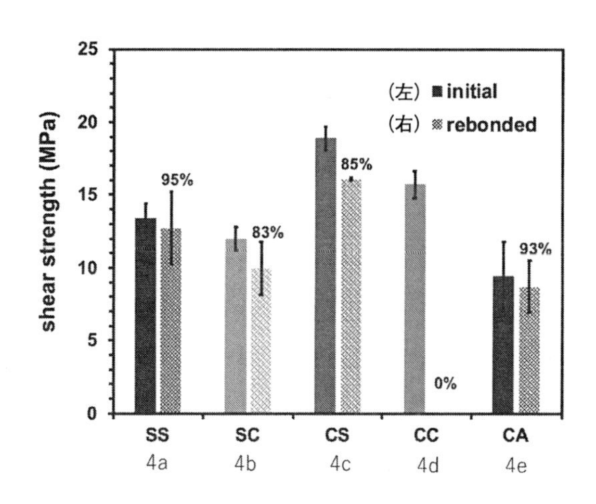

Fig.1　エポキシ接着剤の引張剪断試験の結果（初期とリワーク後の比較）

可能性を検証するため，破断試験を行った試験片をホットプレスで加熱硬化した後，引張剪断接着強度試験を行った。その結果，ジスルフィド基を含む4a-4cは，オリジナルの引張剪断接着強度に比べ，83～95％まで接着強度が回復した（Fig.1）。同様に，エステル交換反応型の4eもリワーク後の引張剪断接着強度はオリジナルに比べ93％まで復元した。一方，ジスルフィド基を含まない4dは，同様の操作を行ったにも関わらず，可逆接着性は示さなかった。

3. 2. 2. 2　動的共有結合と熱応力緩和接着剤

輸送機の軽量化においては，様々な構造部材を適材適所に組み合わせる異材接合技術が重要になっている。異材接合では，構造部材ごとに線膨張率が異なることから，焼き付け塗装などの加熱処理工程でサーマルミスマッチが生じ，接着不良の要因となる。この問題を解決するために，熱応力を緩和する機構を兼ね備えた接着剤に期待が寄せられている。本項では，動的共有結合を導入したエポキシ接着剤が示す特異な温度特性を紹介し，熱応力緩和接着剤としての可能性を考えていきたい。

まず，動的共有結合であるジスルフィド基をエポキシ樹脂が示す接着力の温度特性を明らかにするため，昇温下での引張剪断接着強度測定を行った。室温から200℃まで昇温させながら求めた引張剪断接着強度の値を，室温時の接着強度で規格化した結果をFig.2に示す。図中の■は，用いたエポキシ接着剤のガラス転移温度（T_g）を併せて示している。

ジスルフィド基を含まない4dは，昇温に伴い，接着強度が徐々に減少し，ガラス転移温度付近で急激に低下したのに対し，ジスルフィド基を導入した4a-4cは，室温から100℃付近までの温度上昇に伴い，引張剪断接着強度が上昇するという特異な現象を示した。4aに至っては室温に比べ約30％も接着強度が増大する結果となった。測定温度がさらに高温域にあるガラス転移温度付近に達すると，接着強度は途端に減少に転じた。一方，エステル交換型の動的共有結合を組み込んだ4eは，温度上昇に伴い接着強度は直ちに減少しはじめ，100℃以上の高温領域に

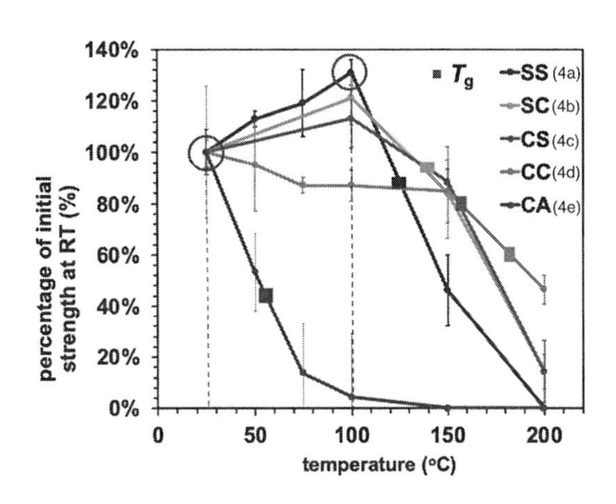

Fig.2　引張剪断試験の温度依存性

おいては，接着剤としての機能は喪失するという結果となった。

ジスルフィド型とエステル交換型という二つの動的共有結合が示した接着強度の熱特性の違いを解明するため，ガラス転移温度（T_g）とVitrimer転移温度（Topology freezing transition temperature, T_v）の相関に注目した（Table 1）。ここで，T_vとはVitrimerの使用上限温度かつリサイクルの下限温度を指す値であり，一般的には応力緩和測定から求められる粘度（Pa・s）が10^{12}に達した時の温度として定義される[6]。T_v以上の温度領域では，動的共有結合の開裂と再結合が活性化されている。ここで，ジスルフィド型**4a-4c**とエステル交換型**4e**のT_gとT_vの相関に注目されたい。ジスルフィド型**4a-4c**が$T_g>T_v$であるのに対し，エステル交換型**4e**は$T_g<T_v$となっている（Fig.3）。つまり，ジスルフィド型**4a-4c**の場合，T_vからT_gまでの温度域では，結合交換反応が活性化しているにもかかわらず，樹脂全体としてはガラス状態が保持されていることになる。このような条件下では，ネットワーク構造内に蓄積された局所的な応力集中が結合交換反応によって緩和され，結果として昇温下で接着強度が上昇するという特異な接着現象が発現したものと考えられる。一方，$T_g<T_v$の関係にあるエステル交換型**4e**は，昇温に伴い直ちに接着強度が減少した。これは，結合交換反応を伴わずに樹脂が軟化した結果，接着力が急速に失われたと考えられる。

高温域においても接着力が担保されることは，接着剤の産業応用においてきわめて重要である。高温域で使用できる接着剤の従来の設計指針は，ガラス転移温度の高い樹脂を用いる，架橋点を増やし凝集強度を上げる，または，フィラーの添加により樹脂の軟化温度を上げるというような対処法が採られてきた。一方，ジスルフィド型の動的共有結合を含むエポキシ接着剤を用いることで，高温度域においても接着強度が増大するような耐熱性接着剤に関する新たな設計指針を得ることができた。中でも，本稿で紹介したジスルフィド結合は，ガラス転移温度が高いエポキシ樹脂と組み合わせることで，熱応力緩和接着剤の合理的な設計指針を与えることがわかって

Table1　用いたエポキシ接着剤の熱的特性（T_g：ガラス転移温度，T_v：Vitrimer 転移温度）
（Topology freezing transition temperature）

Network	T_g（℃）	T_v（℃）
4a（SS）	133.7	−22
4b（SC）	144.0	65
4c（CS）	160.5	93
4d（CC）	177.9	—
4e（CA）	73	105

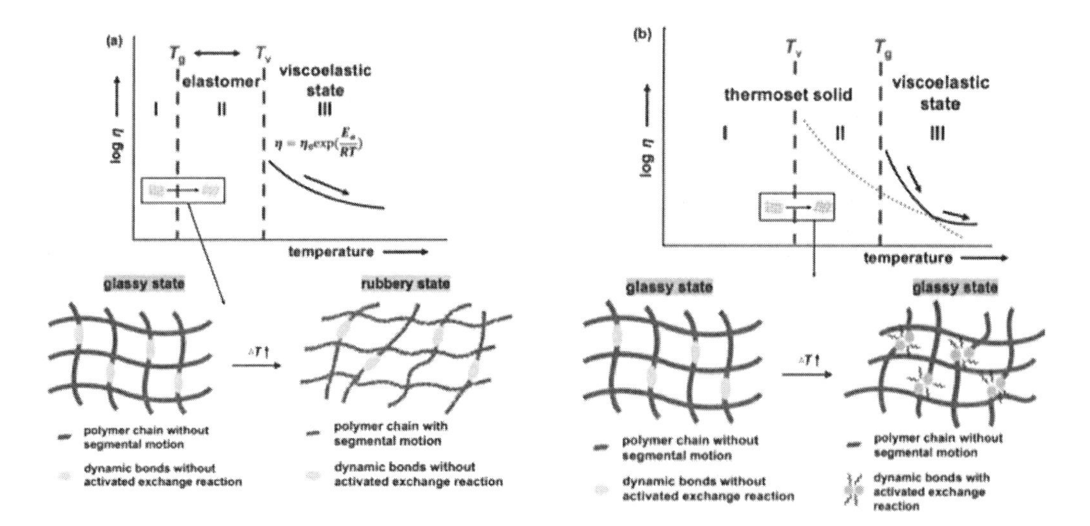

Fig.3　ガラス転移温度（T_g）and Vitrimer 転移温度（T_v）の相関が及ぼす粘弾性特性の比較
(a) $T_v>T_g$ (b) $T_g>T_v$

きた。本稿で得られた知見をさらに深め，新たな熱応力緩和接着剤の開発を鋭意進めている。

3. 2. 3　生物の代謝機構を模倣したエポキシ樹脂のリサイクル[5)]

前項では，ジスルフィド基を導入したエポキシ樹脂を，可逆接着や熱応力緩和接着といった，動的共有結合の特徴を接着剤の特殊機能として利用することについて述べてきた。本項では，この特殊機能を有する優れた接着剤を，環境に優しくリサイクル・リワークするという課題に取り組んだ成果について紹介する。

3. 2. 3. 1　動的共有結合と化学リサイクル

動的共有結合を導入した樹脂は，リサイクルの観点から見ても適した材料である。動的共有結合を導入した樹脂は，T_v 以上に加熱することで，成形加工が可能となり，基材からの剥離が可能となる。特に，ジスルフィド型のエポキシ樹脂は，チオール基（−SH）を持つ 2-メルカプトエタノール（M-EtOH）中に浸漬することで，ジスルフィド基とチオール基の交換反応によってネットワーク構造が切断され，M-EtOH 中に溶解させることができる[3]。しかしこの方法では，有毒な M-EtOH を溶剤兼反応試薬として使用しなければならず，実用化の際には懸念が残る。また，エポキシ樹脂中のジスルフィド基と M-EtOH のチオール基間で交換反応が起こるため，エポキシ分解物には M-EtOH が含まれる。そのため，M-EtOH を除去しながらエポキシ分解物を再硬化させ，樹脂として再利用することは容易ではない（Fig.4）。

3. 2. 3. 2 グルタチオンを用いた環境調和型リサイクル

上記のような課題を解決できる環境調和型のリサイクル方法について種々検討した結果，生体内還元物質であるグルタチオンを，エポキシ樹脂を分解するための触媒として用いる手法にたどり着いた。グルタチオンとは，チオール基を側鎖にもつシステインを含む3つのアミノ酸から構成された生体分子である。生体内では，活性酸素種を除去し，生体異物（毒物）の解毒の際には最前線に立つきわめて重要な分子である。

我々が開発したリサイクルシステムは，グルタチオンの水溶液にジスルフィド基を導入したエポキシ樹脂を浸すだけで機能する。具体的には，グルタチオンのチオール基とエポキシ樹脂のジスルフィド基の間で交換反応が起こることで，ジスルフィド基の部分でエポキシ樹脂のネットワークが切断され，最終的には固形成分がなくなるまで分解することができる。また，グルタチオンの酸化-還元機能を利用することで，エポキシ分解物中からグルタチオンを除去することができ，エポキシ分解物に反応性官能基であるチオール基を残すことができる（Fig.5）。

その結果，回収したエポキシ分解物を加熱加工することで，エポキシ分解物中のチオール基間で酸化反応が起こり，ジスルフィド基を含むエポキシ樹脂を再び得ることができた。ここで，リサイクル前後で，エポキシ樹脂の化学構造に変化はないことに注目いただきたい（Fig.5b）。実

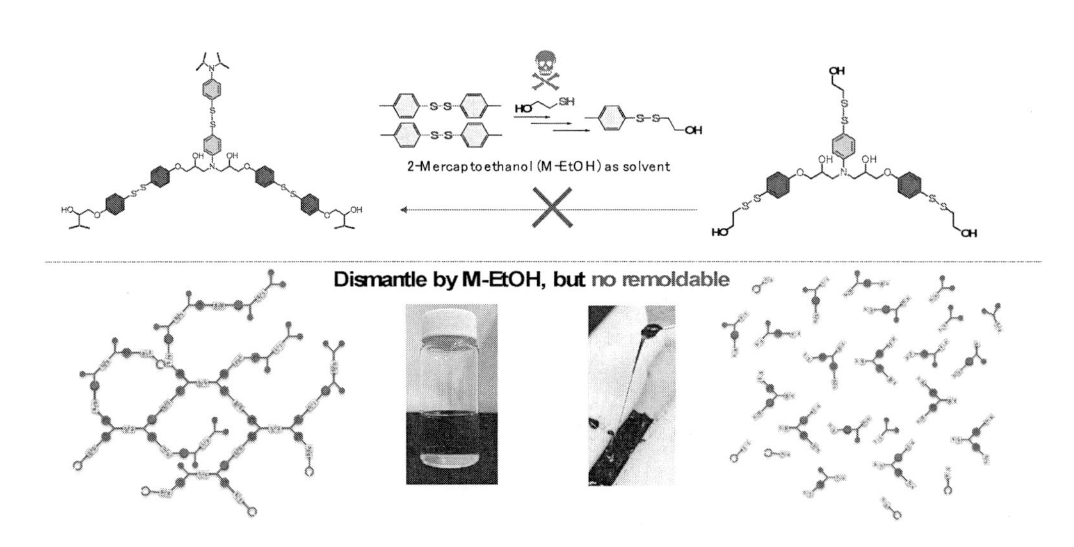

Fig.4 2-メルカプトエタノールを用いたジスルフィド結合含有エポキシ樹脂の分解

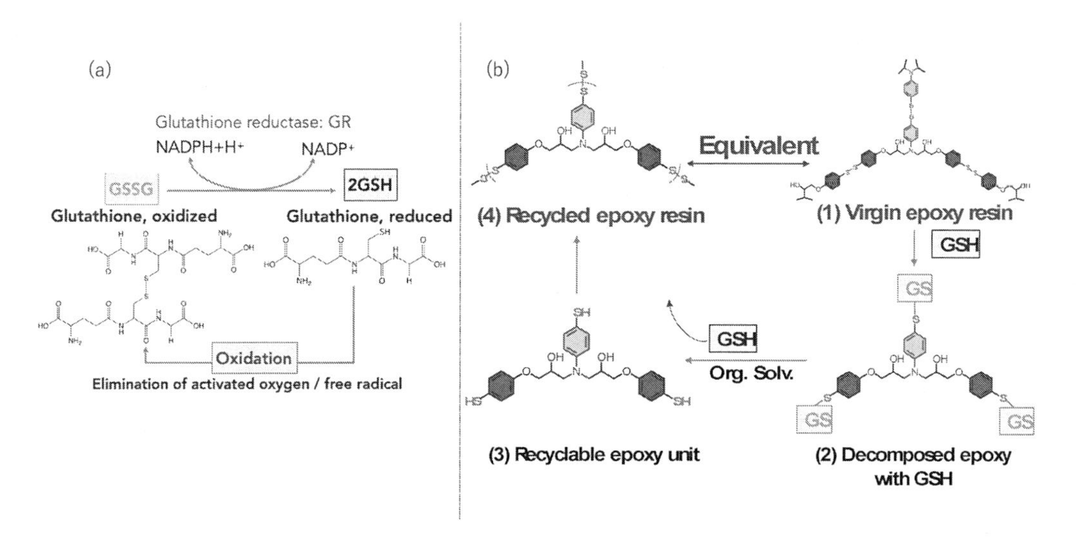

Fig.5　(a) グルタチオンの化学構造とその酸化還元反応，(b) エポキシのリサイクル系とグルタチオンとの化学反応

際，硬さの指標の一つである貯蔵弾性率は，分解前のエポキシ樹脂と再生エポキシ樹脂でほぼ同等の値を示し，リサイクル数を増やしても，大きな変化は見られなかった。

ジスルフィド基の交換反応を利用したリサイクル法を実用化するにあたっては，既存のエポキシ樹脂に対して，ジスルフィド基をどの程度導入すれば良いかが重要になってくる。そこで，エポキシモノマー1aと1b，および，アミン硬化剤2aと2bの割合を変えながら，グルタチオンによるエポキシ樹脂の分解性を目視により確認した（Fig.6）。その結果，エポキシモノマーとアミン硬化剤の総量に対し，半等量のジスルフィド基を有する1aもしくは2aを用いた時には分解物はすべて有機溶媒に可溶となった。また，1/10等量程度の際には，完全溶解はしないが，有機溶剤に懸濁する状態までは分解することができた（Fig.6）。

グルタチオンは補助食品として市販されるなど，比較的安価に手に入る試薬であるが，大気，土壌，海洋などの自然環境の中には偏在していないというのがグルタチオンをリサイクルに用いる大きなメリットとなっている。すなわち，使用環境下においては生分解の進行を懸念する必要がないが，使用者がリサイクルしたいときには，直ちにリサイクルすることが可能であるという点が，ほかの生分解性樹脂にはない特徴がある。

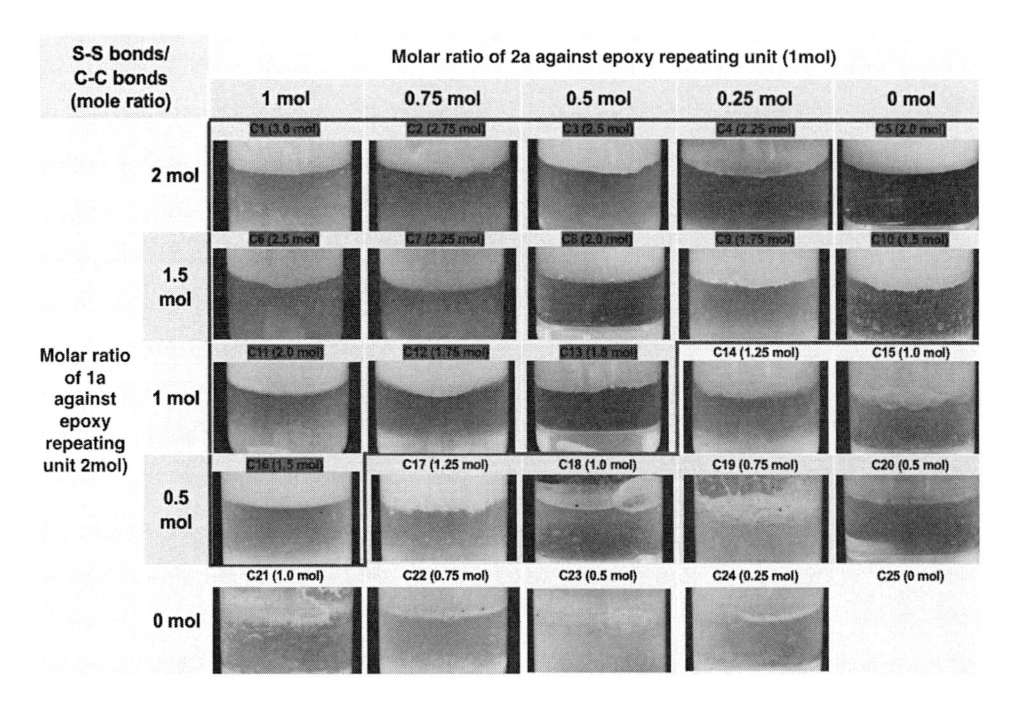

Fig.6　グルタチオンを用いたエポキシ樹脂の分解（$CHCl_3$／水二層系）

3. 2. 3. 3　CFRP 分解への応用

エポキシ樹脂のリサイクルが求められる分野として，炭素繊維強化プラスチック（CFRP）がある。CFRP は，航空機や自動車の軽量化に欠かせない構造材料であるが，リサイクルが困難であることが問題となっている。我々が見出したグルタチオンを用いたエポキシ樹脂のリサイクルシステムを CFRP に適用したところ，炭素繊維とエポキシ樹脂をグルタチオン水溶液中という穏和な条件下で分離させることができた（Fig.7）。回収した炭素繊維は，再び CFRP の原料としてリサイクルすることができ，また，分解したエポキシ樹脂の成分は，再成形加工することで，樹脂として利用できることを実証した。

3. 2. 4　おわりに

本稿では，動的共有結合である芳香族ジスルフィド結合をエポキシ樹脂に導入し，その可逆接着剤，熱応力緩和接着剤への応用について述べた後，水溶性トリペプチドであるグルタチオンを用いたエポキシ樹脂のリサイクルについて紹介した。その中で，ジスルフィド結合を導入したエポキシ樹脂が示す特異な熱物性や化学反応性は，SDGs が叫ばれる昨今，接着剤に求められる新たな機能や社会ニーズを具現化する上で有用であること示した。特に，本稿で紹介したエポキシ樹脂のリサイクルシステムは，エポキシ樹脂だけでなく，さまざまな樹脂・複合材料に展開でき

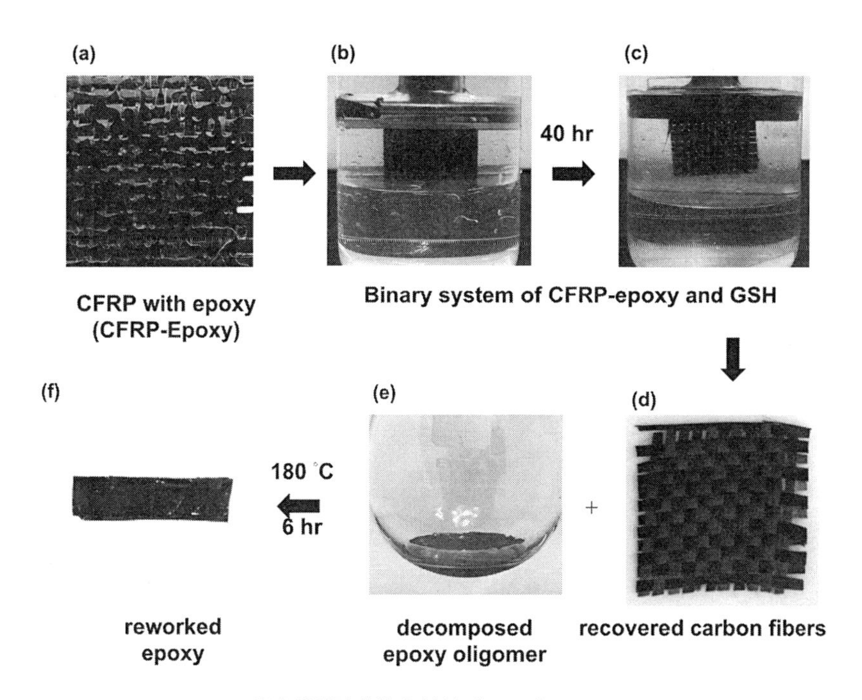

Fig.7　炭素繊維強化複合材料（CFRP）のリサイクル
(a) 4aを用いたCFRP，(b) CFRP-エポキシ複合材料のGSHによる分解試験，(c) 24時間後，(d) 回収した炭素繊維，(e) $CHCl_3$相から回収したエポキシ残渣，(f) 180℃で6時間硬化したリワークした後のエポキシ樹脂。

る。この成果をさまざまな実用材料に導入していくことで，樹脂からのサーキュラーエコノミーに貢献していく。

なお，本稿に用いた図はクリエイティブ・コモンズ・ライセンスCCBY4.0にしたがい，原著より転載した。また，本稿では誌面の都合上，動的共有結合を用いた接着剤応用に関する我々の取り組みの一部をご紹介したが，接着学会誌2022年2月号により詳細な事例を掲載しているので，ご関心のある方はご高覧いただきたい。

謝辞

本稿の成果の一部は，(独)新エネルギー・産業技術総合開発機構（NEDO）の委託事業（JPNP14014）および(独)科学技術振興機構（JST）戦略的創造研究推進事業CREST（JPMJCR19J3）で得られた成果に基づくものである。

文　　献

1) N. P. Ivleva *et al., Angew. Chem. Int. Ed.*, **56**, 1720(2017)
2) C. N. Bowman & C. J. Kloxin, *Angew Chem. Int. Ed.*, **51**, 4272(2012)
3) A. R. de Luzuriaga *et al., Mater. Horiz.*, **3**, 241(2016)
4) H.-Y. Tsai *et al., Mater. Adv.*, **1**, 3182(2020)
5) H.-Y. Tsai *et al., Sci. Technol. Adv. Mater.*, **22**, 532(2021)
6) W. Denissen *et al., Chem. Sci.*, **7**, 30(2016)

3. 3　中性子反射率の原理と接着界面の構造解析への応用

青木裕之*

3. 3. 1　はじめに

自動車など車体を軽量化・高強度化するため，様々な材料を組み合わせるマルチマテリアル化が進められているが，その中で異種材料同士を接合する手段として接着技術は欠かせない基盤技術の一つである。モビリティ分野での接合には高い強度や信頼性が求められ，より高性能の接着力・耐久性を目指した接着技術の開発が求められている。接着技術を開発するにあたっては接着現象のメカニズムを理解することが必要であり，異種の物体同士の接着・接合界面の状態を理解することはその基礎であると考えられる。接着剤によって被着体同士を接着する際には，被着体表面の形状や最表面に存在する分子・官能基や，被着体表面への接着剤の濡れ性，さらに接着剤を構成する成分分子の界面に対する偏析状態などを同定することは，接着のメカニズムを理解する上で最も重要となる。ナノメートルスケールの界面構造解析には様々な手法によって研究が盛んに進められているが，反射干渉分光法は材料の表面・界面に対して法線方向の物質分布や界面の粗さなど様々な情報を得ることができる。中性子をプローブとして用いた反射率測定は高分子や有機材料薄膜を評価する上で有力な手法であり，接着界面の構造評価においても有効である。本稿においては，中性子反射率法（NR）について，その原理と接着界面の構造評価への応用，さらに最近の展開について解説する。

3. 3. 2　中性子反射率法の原理と特徴

反射干渉分光法は試料に入射した波の反射波の強度を測定する手法である。試料からの反射は試料表面だけでなく，試料内部に存在する様々な界面からの複数の反射波の重ね合わせとなっている。図1(a)は無限に厚い基板上に置かれた試料薄膜に対する反射測定の模式図である。波長λの波を角度θで入射し，試料表面と深さdの位置に存在する界面で反射された場合，2つの反射波には$d \sin\theta$の光路長の差が生じる。この光路差が波長の整数倍となるときに反射波は干渉によって強め合い，半整数倍となるときに弱め合うため，観測される反射波の強度は入射角または波長に依存して変化する。この反射強度のプロファイルを解析することで界面の位置dの情報を得る手法が反射干渉分光法である。理論式に従って詳細な解析を行うことで界面の位置だけではなく材料の屈折率や界面の粗さの情報も得ることが可能であり，表面から深さ方向への物質の分布状態を得ることが可能である[1-3]。このような反射干渉測定の原理は中性子だけでなくX

*　Hiroyuki AOKI　日本原子力研究開発機構　J-PARCセンター　研究主幹；
高エネルギー加速器研究機構　物質構造科学研究所　教授

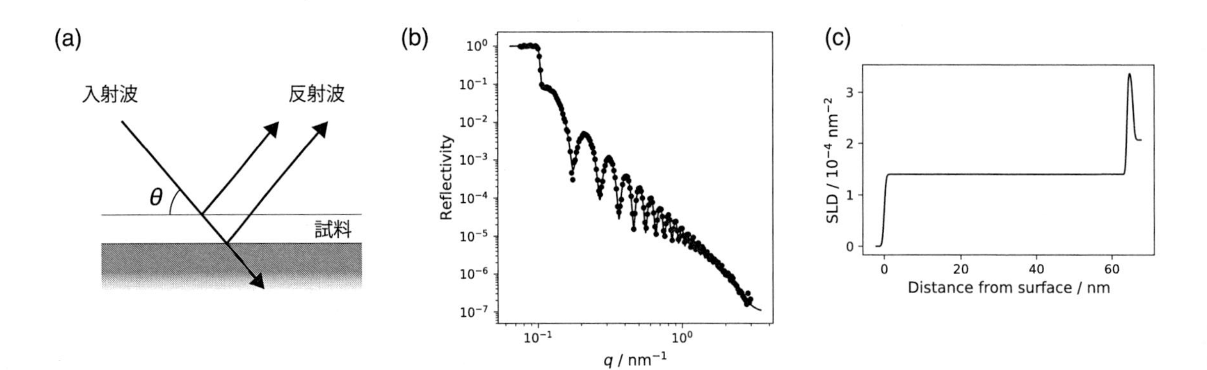

図1　反射率測定の模式図(a)，反射率プロファイル(b)と中性子散乱長密度分布(c)。(b)中の点及び実線はそれぞれ実験データ及び(c)の散乱長密度分布に対する理論反射率プロファイルを示している。

線など他のプローブでも共通であるが，それぞれに対する物質の屈折率の起源が異なっているため，プローブによって異なる情報を得ることができる。電磁波であるX線は物質内の電子と相互作用するため屈折率は構成原子の電子密度に依存しており，重い元素ほどコントラスト高く観察される。一方，中性子は電荷を持たず原子核と相互作用するため，そのコントラストは原子番号と相関がない。原子一個あたりの中性子の散乱能は散乱長と呼ばれる尺度で表現されるが，例えば水素原子では－3.74 fm，炭素は6.65 fm，酸素は5.81 fm，ケイ素は4.15 fm，鉄は9.45 fmなどとなっており，軽元素であっても金属と同等のコントラストを有していることが分かる。これは中性子が有機材料の構造解析に適していることを示している。

図1(b)はシリコン基板上に成膜したポリスチレン薄膜のNRプロファイルである。反射率測定では波長λあるいは入射角θに対する反射信号強度の依存性を測定するが，NRにおいては両者の関数である運動量遷移$q=4\pi \sin\theta/\lambda$に対して表示される。このNRプロファイルでは，$q>0.2\ \mathrm{nm}^{-1}$の範囲でKiessigフリンジと呼ばれる反射率の振動が見られるが，これは薄膜表面と基板界面からの反射波の干渉によって生じるものであり，その間隔から試料全体の厚さを評価することができる。また$q=0.1\ \mathrm{nm}^{-1}$以下では反射率が1となっているが，この全反射が生じる境界となるqは中性子に対する試料の屈折率によって決定される。中性子の屈折率nは試料を構成する原子の散乱長によって次式で表される。

$$n \approx 1-\frac{\lambda^2}{2\pi}\sum_i \frac{b_i}{V}$$

ここでb_iは試料を構成しているi番目の原子の散乱長，Vは試料の体積である。ここで$\Sigma_i(b_i/V)$の項は散乱長密度（SLD）と呼ばれ，式から明らかなように試料の化学組成と密度によって決定される。したがって全反射の起こるqからSLDを決定でき，試料の化学組成を見積もることが可能となる。試料が多層構造を有している場合，NRプロファイルは複雑なものとなり，フリンジの間隔などから試料の構造を単純に見積もることは難しい。詳細な構造解析を行う際には，適当に仮定した試料深さ方向のSLD分布に対して理論計算されたNRプロファイルを実験データと比較し，その誤差が減少するようSLDプロファイルを修正しながら繰り返し計算を行う。最終的に実験データとの誤差が最小となるSLD分布を試料の構造として決定する。図1(c)は図1(b)で示されたNRのデータを最も良く再現するSLD分布を示しており，図1(b)中の実線は対応する理論NRプロファイルである。これより試料の膜厚は64 nmであり，SLDは1.3×10^{-4} nm^{-2}であることが示された。この値はポリスチレンのSLDの理論値とよく一致している。さらにシリコン基板とポリスチレン薄膜の間（図1(c)中の64 nmの位置）には，SLDが3.4×10^{-4} nm^{-2}程度で厚さ1.6 nmの層が存在していることが分かる。これはポリスチレンを成膜した基板であるシリコンウエハ表面が空気中で酸化されることで形成したSiO_2に対応している。このようにNRを用いることで界面の構造をサブナノメートルスケールの精度で評価することが可能である。

中性子は電荷を持たず物質との相互作用が弱いため，多くの物質に対して高い透過性を示す。そのため，金属などのバルク中の奥深くにまで到達し，内部の界面を非侵襲的に評価することが可能である。また中性子はスピンを有しているため磁気に対してコントラストを示すため，磁性膜などの磁気構造評価にも非常に有効な手法である（スピンについてはここでは詳細を述べないため，成書を参照されたい[3, 4]）。さらに高分子材料を始めとする有機材料の構造解析を行う上で最も重要な中性子の特徴は，同じ元素であっても散乱長が同位体によって異なる点である。このような中性子ならではの特徴は接着界面の解析に非常に有用であり，次項でその事例について紹介する。

3. 3. 3　エポキシ樹脂界面の構造解析

接着は異なる物体同士を貼り合わせる技術であるため，接着界面はバルク材料の内部に存在することが多い。このような系には中性子の有する物質に対する高い透過性が有効であり，材料内部の接着界面を評価することが可能となる。また，SLDが軽水素と重水素で大きく異なることを利用して，系内の一部の化合物を重水素ラベルすることで特定の成分のみの情報を選択的に取得することが可能となるため，界面近傍の分子の空間分布を詳細に評価することができる。このような他の手法にはないNRの特徴を利用して，これまでにも接着界面の構造解析に応用されてきた[5~8]。ここでは近年我々が進めているエポキシ接着材料の界面構造について述べる。

エポキシ接着剤は優れた接着性，力学＋特性を示すため広い分野で用いられており，日常生活や産業分野において欠かせない接着剤となっている。エポキシ樹脂は高湿度環境下において水を吸収することで力学特性が変化することが知られているため，接着界面に与える湿度の影響の基礎を明らかにすることは，高温高湿度の過酷な環境下で使用されるモビリティ分野での応用を考慮すると重要である。そのため，高湿度環境下における雰囲気からの水の吸収過程及び吸収した水分子の接着層中における空間分布がNRによって評価されている[8]。接着剤として用いられるエポキシ樹脂は疎水性であるため，大気から吸収する水分は微量であり，接着層中の水分子の分布を評価するのは容易ではない。先に述べたとおり中性子の散乱長は同じ元素でも同位体によって異なるが，その差は特に水素で顕著であり，^{1}H（軽水素）の散乱長が－3.74 fm であるのに対して，その同位体である ^{2}H（重水素，D）では 6.67 fm となっている。そのため，重水（D_2O）の蒸気中に置かれたエポキシ接着界面を NR によって測定することで，雰囲気中から吸収した水（重水）分子の接着層中の分布を高感度に評価することが可能となる。

図 2(a) 及び(b) はそれぞれ代表的なエポキシ化合物である bisphenol A diglycidyl ether（DGEBA）及びジアミン硬化剤である 1,3-bis(aminomethyl)cyclohexane（CBMA）の化学構造を示している。シリコン基板上に調製した DGEBA/CBMA 膜を 100℃で硬化した試料を乾燥条件下及び重水蒸気による相対湿度 85％の雰囲気中で測定した NR プロファイルを図 3(a) に示す。いずれのプロファイルにおいても Kiessig フリンジの間隔はほとんど変化しておらず，膜厚

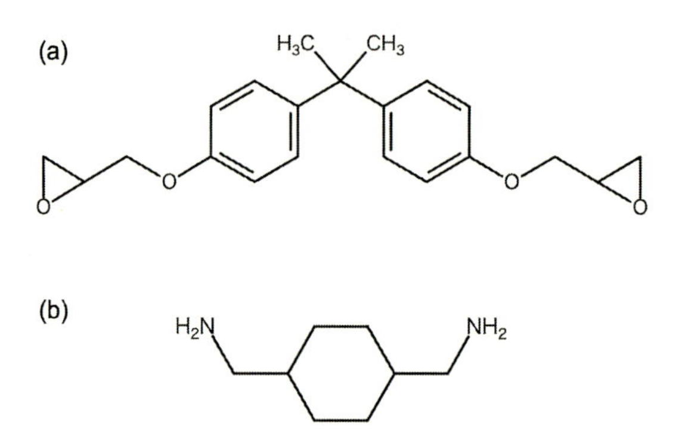

図 2　DGEBA (a) 及び CBMA (b) の化学構造

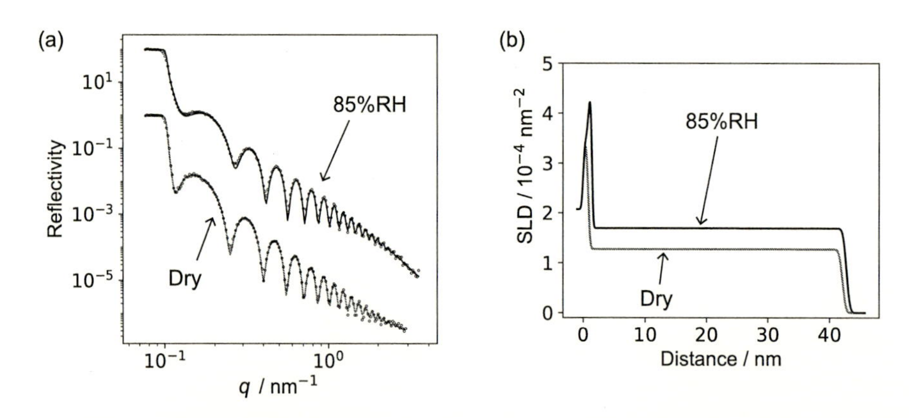

図 3　乾燥状態及び湿度 85％の雰囲気中における DGEBA / CBMA 膜の中性子反射率プロファイル (a) 及び SLD 分布 (b)

に大きな変化が見られないことが分かる。一方，$q>1\ \mathrm{nm}^{-1}$の領域において傾きの違いが認められることから，DGEBA/CBMA内部の構造は乾燥状態と高湿度環境下では異なるものと考えられる。図3(b)はそれぞれのNRプロファイルを解析することで得られたSLDの空間分布である。乾燥状態においてはシリコン基板の酸化層と$\mathrm{SLD}=1.27\times10^{-4}\ \mathrm{nm}^{-2}$，膜厚41.3 nmという2層構造のSLDプロファイルに対して計算される理論NRプロファイルが実験データに最もよく一致した。このSLDの値はDGEBA/CBMAの理論値とよく一致するものであり，乾燥状態ではDGEBA/CBMA膜は均一であることが分かる。一方，重水による湿度85％の雰囲気中においては2層構造すなわちDGEBA/CBMA層が均一であることを仮定した構造モデルでは実験データには一致せず，シリコンの酸化層上に，SLD $4.10\times10^{-4}\ \mathrm{nm}^{-2}$，膜厚0.7 nmの層，さらにその上のSLD $1.70\times10^{-4}\ \mathrm{nm}^{-2}$，膜厚41.9 nmの層で構成される3層構造を有することが示された。厚さ41.9 nmの層はDGEBA/CBMAに対応しているがSLDが乾燥時と比較して増加している。これは雰囲気から吸収した重水分子がDGEBA/CBMA内に存在していることを示している。DGEBA/CBMAの化学構造中のOH基の水素原子は重水分子の重水素原子と交換可能であることを考慮して，DGEBA/CBMA中の水の分率を見積もると1.5％であった。これは水晶振動子マイクロバランスによる重量変化から見積もられる吸水率とよく一致した。シリコン酸化層上のSLDが$4.10\times10^{-4}\ \mathrm{nm}^{-2}$と非常に大きな層は，散乱長密度の高い重水分子が基板とエポキシ樹脂との界面に局在していることを示唆している。このように，重水素化合物を用いたNR測定によって接着層中における水の空間分布を高精度に評価することが可能である。基板界面近傍での水の空間分布を詳細に評価するため，乾燥時及び高湿度中におけるSLDプロファイルの差分から見積もった水の体積分率の深さ依存性を図4に示す。このプロファイルから，DGEBA/CBMA膜中に吸収された水分子は基板界面近傍のおよそ1 nm程度の領域に偏析層を形成し，層内での水の体積分率はおよそ50％にも達することが明らかとなった。図5は異なる硬化条件で作製したDGEBA/CBMA界面近傍の水の分布である。硬化温度の上昇とともに偏析層は薄くなる傾向が見られるものの，接着界面における水の偏析を排除することは不可能であった。このような最大で50％程度にも及ぶ界面における水の分率は，1～2％というバルクの含水率に対して著しく大きなものである。エポキシ樹脂内部には自由空間が存在することが報告されているが[9)]，このような界面での多量の水の存在を説明することはできない。近年，ナノスケールの力学測定によってエポキシ樹脂とシリカ界面においてはバルクより弾性率が低下していることが明らかとなっている[10)]。これは界面においては高分子鎖の架橋密度が低くなっていることを示唆しており，そのため界面では網目鎖が膨潤して多くの水を含むことができるものと考えられる。これは接着技術の開発において界面への水の偏析の影響も考慮する必要があることを示唆している。

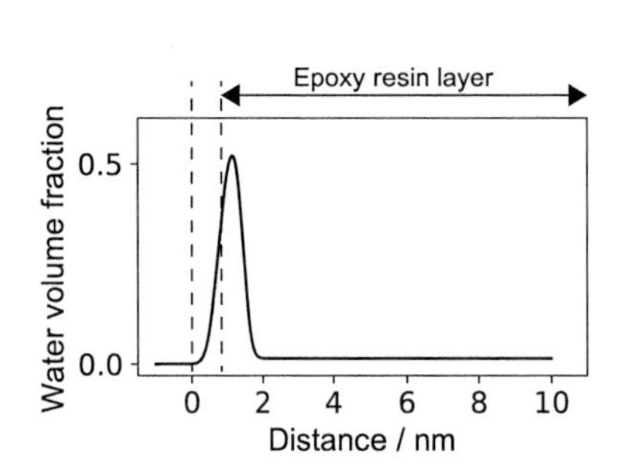

図4　湿度85％の雰囲気中における DGEBA/CBMA-シリコン基板界面近傍における水の体積分率

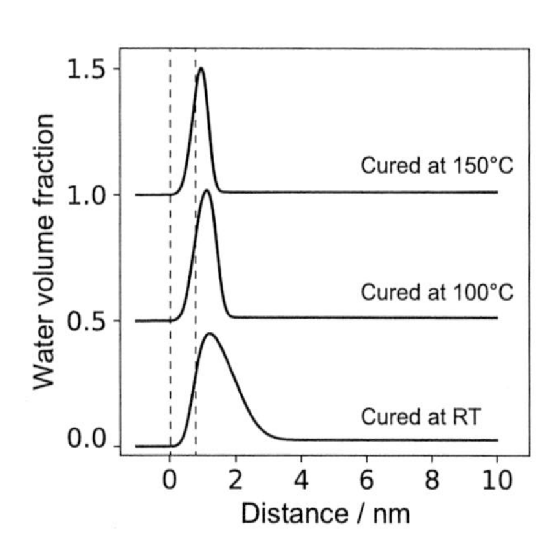

図5　室温，100℃，150℃で硬化した DGEBA/CBMA-シリコン基板界面近傍における水の体積分率。視認性のため，100℃および 150℃のプロファイルはそれぞれ 0.5 および 1.0 だけ垂直方向にシフトしている。

3. 3. 4　中性子反射率の新しい展開

中性子反射率法は接着界面の構造解析を行う上で有力な手法であるが，一方で実験的制約が小さくないことも事実である。通常の NR 測定は数 cm 四方の領域に中性子線を照射するため，得られる界面構造の情報は照射領域内の平均となる。そのため破壊界面のように面内に不均一性が存在すると，試料の界面構造を正確に評価することが不可能となる。しかしながら NR 測定においては，照射ビームのサイズを小さく絞って測定することが困難であるため不均一な界面の構造解析を行うことは不可能であったが，近年になって試料面内の空間分解測定を可能にする新たな手法が報告されている[11, 12]。図 6(a)は空間分解 NR 測定の模式図を示している。シート状に成形した中性子ビームを試料に照射し，2 次元中性子検出器によって反射信号を計測することで入射ビームに垂直方向（図中 y 軸方向）の試料面内の構造情報を得ることができる[11]。また，試料直前に特殊な形状のスリットを配置することで符号化する方法が報告されている[12]。一方で図 6(a)の光学系では入射ビームに対して平行方向（x 軸）の構造が得られないが，試料を回転して多数測定されたデータからコンピュータートモグラフィー（CT）による再構築計算を行うことで xy 平面内の 2 次元情報を取得することが可能となる。図 6(b)は平行四辺形型に成形した poly(methyl methacrylate)(PMMA, SLD = 1.06×10^{-4} nm^{-2}) 及び水素原子を全て重水素に置換した PMMA（dPMMA, SLD = 6.76×10^{-4} nm^{-2}）の積層薄膜について $q = 0.15$ nm^{-1} での反射率に基づいて再構築した NR-CT 画像を示しており，試料の形状が明瞭にイメージングされていることが分かる。このような反射率による CT 再構築を様々な q において行うことで，NR-CT 画像内の任意の点について NR プロファイルを取得することができるため，試料面内の微小領域に対して深さ方向の SLD 分布を評価することが可能となる。図 6(c)及び(d)はそれぞれ図 6(b)中に○及び×で示された点（0.3×0.3 mm^2）における NR プロファイル及びその解析

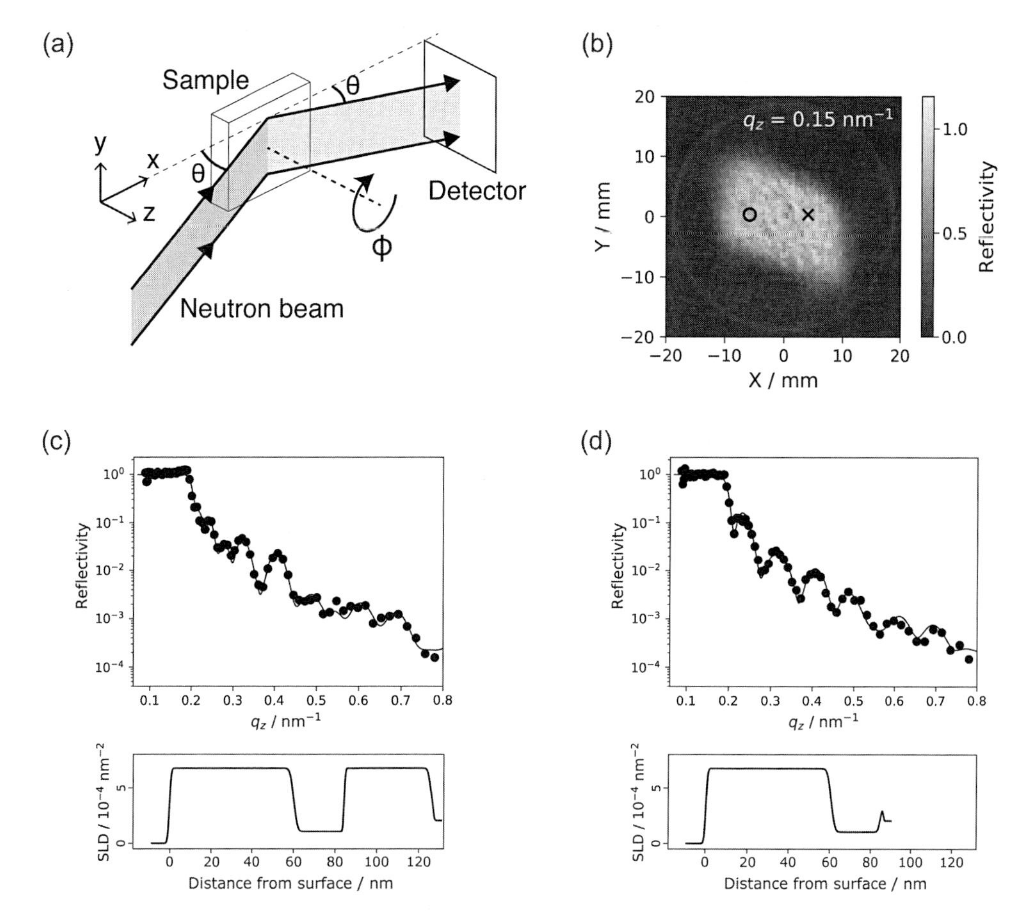

図6　空間分解中性子反射率測定の模式図(a)及び測定データ(b-d)。(b)は平行四辺形状に成形したPMMA積層膜のq=0.15 nm^{-1}における反射率の再構築画像。(c)，(d)はそれぞれ(b)中の点○，×におけるNRプロファイル（上段）及びSLD分布（下段）

によって得られたSLD分布である。図6(b)では試料は均一に見えるが，その反射プロファイルは内部構造を反映して異なっており，○で示した位置においては60 nmのdPMMA層，20 nmのPMMA層，40 nmのdPMMA層の3層が積層した構造であるのに対して，×で示した点ではdPMMAとPMMAの2層構造であることが分かる。このように，試料面の任意の点についてナノメートルスケールのSLD分布を評価することができるようになっており，不均一な界面を有する試料においても中性子反射率法が適用可能になるものと期待される。

接着界面の構造解析にNR-CTは有力な手法となるものと期待されるが，通常のNR測定に対して数10倍の測定時間を要する。中性子実験は原子炉や加速器などの大型実験施設のマシンタイムを共有して行うため，実験装置を長時間占有してこのような測定を行うことは難しい。そこで短時間で得られた実験データからでも高精度の構造解析を可能にする手法が開発されている。

短時間での測定においては実験データに大きな統計ノイズが生じるため構造解析の精度が大きく低下するが，ディープラーニングを用いることによってNR測定で生じるノイズの特徴を学習することで実験データからノイズを除去する手法が提案されている[13)]。これにより，従来の1/10以下の時間で測定されたNRデータからでもノイズに埋もれた真の信号成分のみを抽出し，高精度の構造解析を実現している。NR-CTに対してこのような技術を導入することで，これまでには不可能であった不均一な界面の構造評価が現実的なものとなり，接着界面の構造解析への応用が広がるものと期待される。また，ディープラーニングの導入はデータ解析においても検討されている。先に述べたようにNRプロファイルから直接SLD分布を導くことは不可能であるが，事前に様々な界面構造に対して両者の関係を学習することで，実験で得られたNRプロファイルからSLD分布を推論するものである。系によっては構造モデルの仮定が困難であることも多く，このような方法論の発展は界面構造解析に大きな進展をもたらすものと期待される[14, 15)]。

3. 3. 5 まとめ

接着現象は未だ基礎的なメカニズムが詳細に明らかにされていない点が多い。中性子の持つ特長を生かした中性子反射率法は，多成分からなる複雑な接着材料及び被着体との接着界面の詳細な構造解析を行う上で有力な手法である。近年ではNR-CTの実現によって，従来のNRでは不可能であった剥離界面等の不均一な界面の構造解析も可能となり，またディープラーニングの導入による測定と解析の高速化・高度化が進みつつある。接着現象のメカニズムの解明を通して，さらなる高性能，高機能の接着材料の開発を行う上でNRは大きな役割を担うものと考えられる。

文　　献

1) J. Penfold and R. K. Thomas, *J. Phys.: Condens. Matter*, **2**, 1369 (1990)
2) X. L. Zhou and S. H. Chen, *Phys. Rep.*, **257**, 223 (1995)
3) 桜井健次 編，新版X線反射率法入門，講談社（2018）
4) 遠藤康夫，中性子散乱，朝倉書店（2012）
5) R. Schnell *et al., Macromolecules* **31**, 2284 (1998)
6) K. T. Tan *et al., J. Adhesion* **84**, 339 (2008)
7) C. White *et al., Soft Matter* **11**, 3994 (2015)
8) Y. Liu *et al., Langmuir* **39**, 10154 (2023)
9) S. Yamamoto *et al., ACS Appl. Polym. Mater.* **4**, 6038 (2022)
10) H. K. Nguyen *et al.*, ACS Appl. Mater. Interface **14**, 42713 (2022)

11） H. Aoki *et al., Langmuir*, **37**, 196-203（2021）
12） K. Sakurai *et al., Sci. Rep.*, **9**, 571（2019）
13） H. Aoki *et al., Sci. Rep.*, **11**, 22711（2021）
14） D. Mironov *et al., Mach. Learn.: Sci. Tech.*, **2**, 035006（2021）
15） V. Munteane *et al., J. Appl. Cryst.*, **57**, 456（2024）

3. 4　エポキシ高分子とイソシアネートプライマーとの界面反応

宮前孝行*

3. 4. 1　はじめに

二酸化炭素排出の削減や燃費向上に対する社会的要請のもと，航空機や自動車の軽量化とマルチマテリアル化への機運の急速な高まりとともに，樹脂を含む異種材料の接着接合界面のその場計測，そして接着メカニズム解明が強く求められるようになってきた。接着技術を普及するための課題の一つとして，接着接合の信頼性・寿命を予測することが極めて難しいことが挙げられる。この解決のためには，界面を直接解析することが必要であるが，接着界面は埋もれた界面であるため，従来の分析手法ではそのまま直接観察することは一般に難しい。

本稿で紹介する和周波発生分光法（Sum Frequency Generation, SFG）は，非常に強い光と物質が相互作用するときに起きる非線形光学効果を利用した振動分光法である[1,2]。機能性材料の開発研究において，表面処理を施したプラスチック表面や複合材料の接合界面，複合化した高分子材料と金属との密着や剥離といった接合界面の構造解析，液中の電極界面での分子の反応，固体表面での触媒反応や生体適合性材料における高分子界面の構造など，従来の表面分析の手法では十分に解析できなかった対象について，分子レベルで解析したいというニーズの高まりとともに，こうした界面だけを選択的に計測できる手法に対するニーズも大きくなっている。本稿では，近年特に表面選択的な振動分光法として注目されているSFG分光の概要と，SFGを用いたエポキシ表面におけるプライマー分子の挙動[1]について解説していきたい。

3. 4. 2　SFG分光の原理と装置構成

SFG分光は高強度のパルスレーザーの光電場によって生じる非線形光学効果を用いている。通常の可視紫外吸収分光や赤外吸収などは入射する光の強度$\boldsymbol{E}$に応じて物質の分極$\boldsymbol{P}$が線形的な応答（$\boldsymbol{P}=\chi^{(1)}\boldsymbol{E}$）を示すのに対して，ピコ秒からフェムト秒という時間幅の短いパルスレーザー光から取り出される高強度の光を照射した場合には，高次項の発生（$\boldsymbol{P}_i=\chi^{(1)}_{ij}\boldsymbol{E}_j+\chi^{(2)}_{ijk}:\boldsymbol{E}_j\boldsymbol{E}_k+\chi^{(3)}_{ijkh}:\boldsymbol{E}_j\boldsymbol{E}_k\boldsymbol{E}_h+\cdots$）が無視できなくなる。SFG分光は，この右辺第二項，すなわち二次の項を使う分光法である[1]。この二次の非線形光学効果の最大の特徴は，「反転対称性を持つ媒質中では発生しない」ことであり，例えば水などの液体やガラスなど等方的な媒体では発生しない。しかし，その媒質の表面や界面は反転中心がないためSFGは許容となる。その結果としてSFGで得られる信号は界面の情報を選択的に取得していることになる。これが二次の非線形分光が界面選択的な分光法と言われる所以である。SFGでは，2つの周波数（波長）の異なる光を試料

---

*　Takayuki MIYAMAE　千葉大学　大学院工学研究院　物質科学コース　教授

に対して同時に照射することで発生する，入射光の和の周波数を持った光を検出する。図1に，SFGの光学過程と赤外，Raman散乱の光学過程をそれぞれ示す。一方の光波長を分子振動領域である中赤外光にした場合の光学過程と，赤外分光，Raman散乱分光のそれぞれの光学過程は図1のような関係にある。この図から，SFGで観測される分子振動は，赤外とRaman散乱の光学過程を合わせた光学過程となることがわかるが，実際SFGで観測される振動の選択則は，赤外活性かつRaman活性となる。

図2にSFG分光に用いる典型的な測定装置の概略を示す[2,3]。ここではピコ秒レーザーを用いたSFGシステムを紹介しているが，近年ではレーザーの技術的進歩によりフェムト秒レーザーを光源としたSFGシステムが主流となっている。SFGの測定装置は，大きく分けて(1)励起用パルスレーザー，(2)赤外および可視レーザー光発生部，(3)試料部，(4)SFG光検出部から構成される。励起用光源としてパルス幅25ピコ秒のNd:YAGレーザーを使用し，ここから2つの出力（1064 nm）を取り出す。一方の光を532 nmの可視光に波長変換して試料に照射する可視光として使用する。もう一方は光パラメトリック発振/増幅および差周波発生を利用することで1000から4000 cm^{-1}の範囲で波長可変の中赤外光を得る。この中赤外光を一波数ごとに波長掃引することでSFGスペクトル測定を行う。中赤外光と可視光は光学的遅延回路を通し，試料

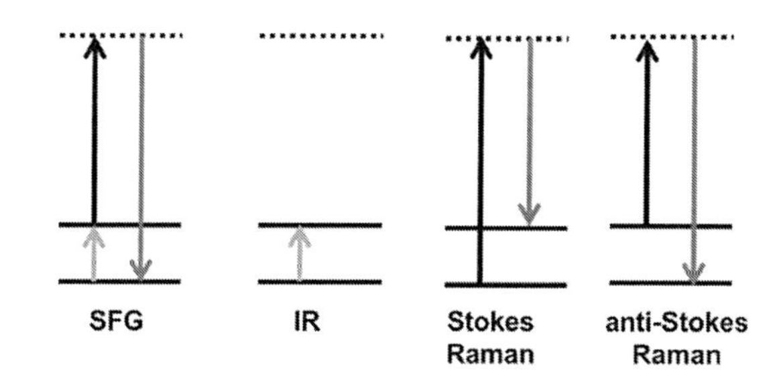

図1　(a)SHGとSFGの光学過程，(b)SFGと赤外吸収，Ramanの光学過程

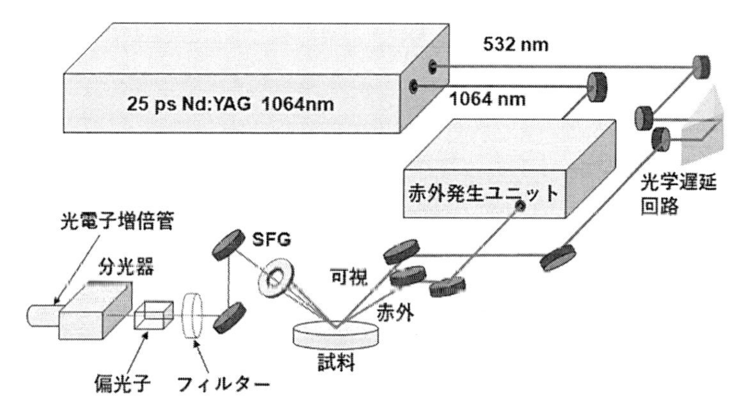

図2　SFG分光装置の概略図

表面上で空間的重ね合わせと時間的なタイミングを合わせる。SFG光は表面や界面でのみ起こる現象であるため発生するSFG光は微弱光である。このため多くの場合，レーザー光の照射による試料損傷に注意しながら両方の入射光をレンズなどで0.5 mmφ程度に集光して測定を行う。SFG光の検出は光学フィルターと偏光子，分光器を通し，光電子増倍管などで検出する。C=O伸縮やC=C伸縮などの指紋領域のSFGを測定する場合には，大気中の水蒸気による中赤外光の吸収の影響を減少させるために赤外光が通過する光路全体を乾燥空気や窒素などでパージしておく必要がある。測定に要する時間は，試料の状態や観測したい官能基の信号強度などに大きく依存し，ピコ秒のSFGシステムでは，1回の測定に要する時間は概ね15分～数時間程度，フェムト秒のSFGシステムでは数秒から，長くても数分程度である。

実際のSFG測定においては，高強度のパルスレーザーを用いるため，試料に対する損傷の影響を考慮する必要があることが重要なポイントである。特にピコ秒のSFGシステムにおいては試料損傷の影響を完全に取り去ることは相応の熟練を必要とし，不慣れな技術者研究者が様々な試料系に対して測定を行うことは難しいと言わざるを得ない。損傷を最小限にするためには，単位面積当たりのレーザー照射強度を損傷閾値以下に抑えて測定を行う必要があるが，可視光照射による損傷だけでなく，赤外光で損傷を受ける試料や，SFG光の発生に伴って損傷が発生する場合もあり，各研究者は様々な工夫を凝らしており，装置があれば測定ができると言えるほど単純ではないところが難点である。

3. 4. 3 SFG分光によるエポキシ高分子とプライマー界面の解析[4)]

エポキシ樹脂など高分子樹脂材料への接着剤の接着力を高めるために，接着剤塗布前の下塗りとしてプライマーが用いられることが多い。図3に測定の際の試料配置の概略と用いた材料の化学構造を示す。基板として赤外光と可視光に透明であるCaF_2基板にSiO_2（膜厚100 nm）を成膜したものを用い，この上にエポキシの前駆体の溶液を塗布し，加熱縮合させてエポキシ高分子薄膜を成膜した。ここでSiO_2層は基板に対する高分子溶液の濡れ性を高めるために挿入してある。プライマーとしてはイソシアネート基を2つ有する4,4-methylene diphenyl diisocyanate（MDI，図3）の5 wt%酢酸ブチル溶液もしくはクロロホルム溶液を作製し，図3に示すように基板と溶液が接するよう試料ステージに基板を裏向きにセットした状態で，基板越しに光を入射してSFG測定を行った。

図4に，エポキシ表面，MDI酢酸ブチル溶液界面，及び酢酸ブチルとの界面のOH伸縮，NCO伸縮，C=O伸縮領域のそれぞれのSFGスペクトルを示す。比較のため，エポキシの代わりにポリプロピレンをスピンコートした表面に対して，同様の測定を行ったものも示してある。併せて溶液界面測定の試料配置も示しておく。エポキシ高分子は分子内にOH基を有するが，エポキシ表面のSFGスペクトルでもOH伸縮のバンドが見られている（図4(c)）。ここで，このOHバンドは幅広いバンドを示しており，表面には吸着水が存在していることがわかる。エポキシ表面を5 wt% MDI酢酸ブチル溶液に浸漬した状態では，このOHのバンドは消失し（図

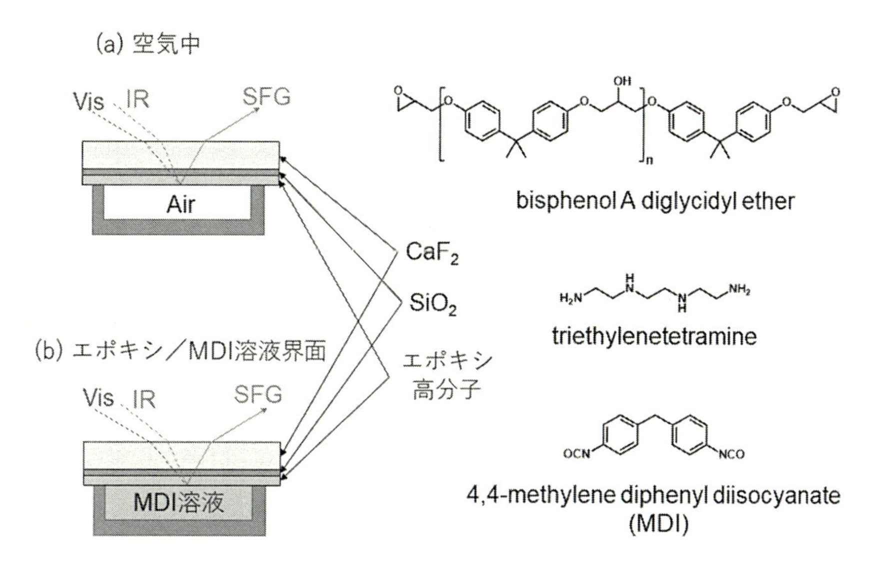

図3　(a)エポキシ表面及び(b)界面測定のための光学配置と，用いたエポキシ高分子前駆体および MDI の化学構造

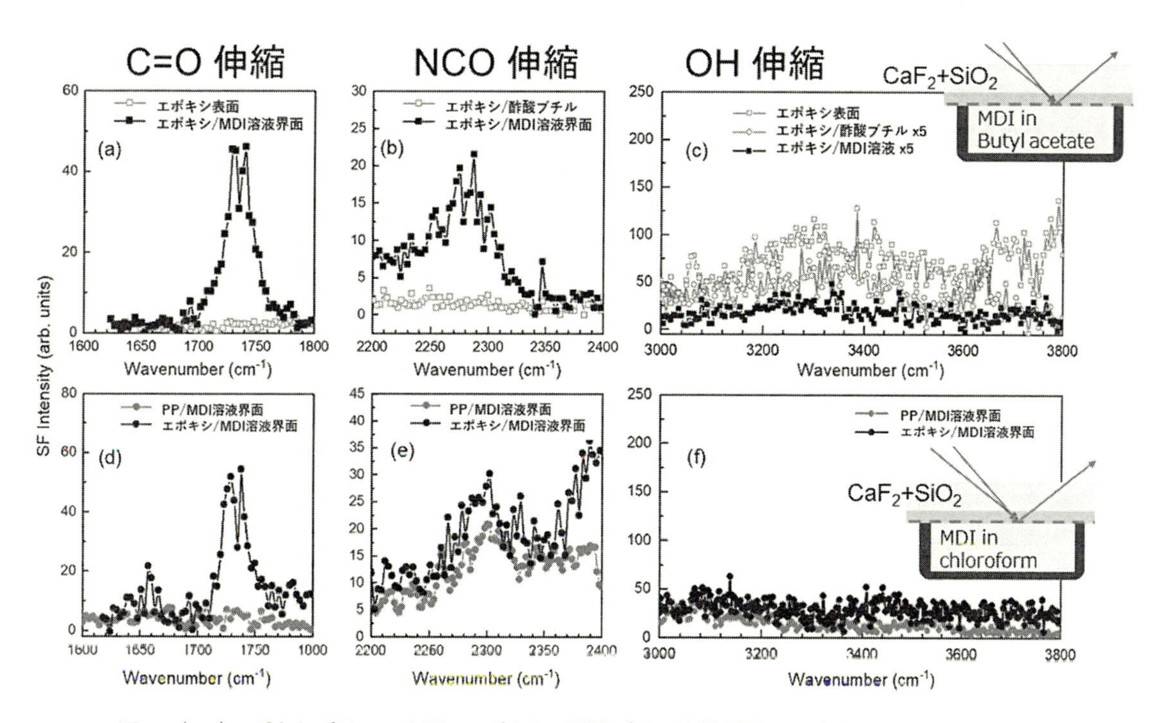

図4　(a-c)エポキシポリマー表面，エポキシ／酢酸ブチル溶媒界面，エポキシ／5 wt% MDI 酢酸ブチル溶液界面の SFG スペクトル。(d-f)ポリプロピレン／5 wt% MDI クロロホルム溶液界面とエポキシ／5 wt% MDI クロロホルム溶液界面の SFG スペクトル。

4(c)), NCOのピーク並びにC=O伸縮が新たに観測されている（図4(a, b))。比較のためにMDIを含まない酢酸ブチルのみと接した場合では，空気界面と液体界面で屈折率差が異なるためOH伸縮のバンド強度は完全には消失していないのが見て取れる（図4(c))。一方，MDI溶液と接した際のエポキシ界面でのOH伸縮バンドの消失は，エポキシ表面のOH基がMDIのイソシアネート基と反応したことを示している。C=O伸縮に関しては，MDI酢酸ブチル溶液だけでなく，MDIクロロホルム溶液に置き換えた場合でもC=O伸縮のピークが観測されており（図4(d))，MDI溶液との界面でMDIのイソシアネートとエポキシのOH基が反応してウレタン結合（—NH—CO—）が形成されたことがわかる。比較としてOH基を有しないポリプロピレンやポリスチレンでも同様の条件で測定を行ったが（図4(d-f))，いずれの場合でもMDI溶液の界面ではC=O伸縮は見られず，OH基が存在するエポキシ高分子界面でのみウレタン結合が生成していることがわかる。このウレタン結合の結合形成反応は，赤外分光では確認できず（図5)，反応は高分子／溶液界面でのみ起こることが強く示唆される。因みにIRでMDI溶液と接した際に観測されている1780 cm^{-1}のピークはイソシアネートダイマーによるピークである。

エポキシ高分子とMDI溶液界面ではC=Oだけでなく，NCO伸縮も同時に観測されている。この溶液に浸漬したエポキシ基板を，アセトンで洗浄し100 ℃で加熱した後のエポキシ表面のSFGでは，ウレタン結合のC=O伸縮とともにNCOのピークも観測されている（図6)。このC=O伸縮は，洗浄後に表面に吸着しているアセトンを加熱により除去した後に見られているも

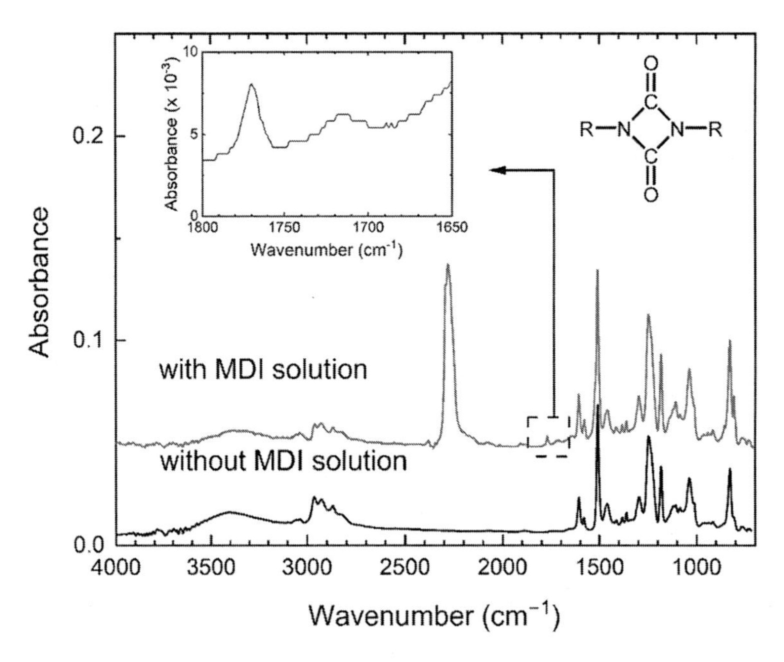

図5　MDI溶液を接触させた場合と接触させない場合のエポキシポリマー表面の赤外スペクトル。挿入図は1800から1650 cm^{-1}領域の拡大とイソシアネートダイマーの化学構造。

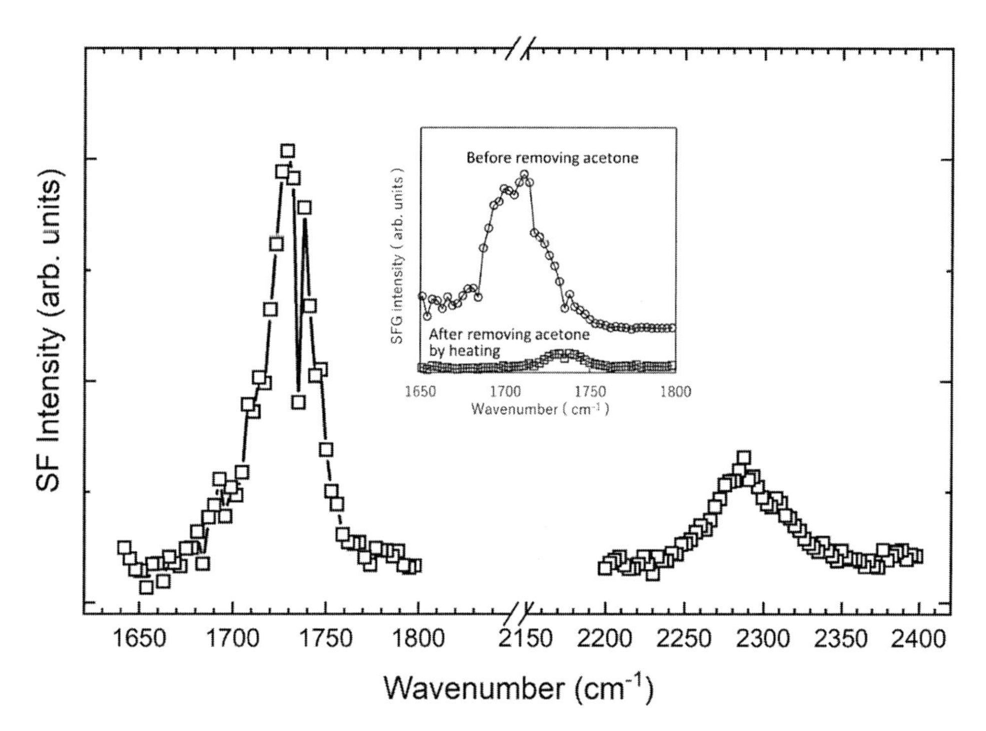

図6　アセトンで洗浄，加熱した後のMDIプライマー処理エポキシ高分子表面のC=O伸縮領域およびNCO伸縮領域のSFGスペクトル。挿入図はアセトン洗浄直後のMDI処理エポキシ表面とC=O領域と加熱後のMDI処理エポキシ表面。

のであり，図6に示したように表面に吸着したアセトンによるものではない。元々MDIは分子内にイソシアネート基が2つあり，片方のイソシアネート基が高分子のOH基と反応してウレタン結合を形成するのに対し，もう一方のイソシアネート基は未反応のまま表面に固定化された状態であると考えられる（図7）。先述したようにMDIはプライマーとして接着力を高めるために接着剤の塗布前処理に用いるものであり，表面に固定化されたイソシアネート基は接着剤成分に含まれるOH基と反応する足場となり得る。プライマーとしてMDIを塗布することにより，MDI分子を介して高分子と接着剤がイソシアネート基により化学結合を形成するため，より高い接着力を示すようになったということでプライマー塗布による接着力の向上は合理的に説明できる。実際，このプライマー処理基板にウレタン系接着剤などに用いられるポリオールを塗布した試料の界面ではイソシアネート基のピークは消失しており，ポリオール中のOH基と界面のイソシアネートが反応して消費されたことを強く示唆している。

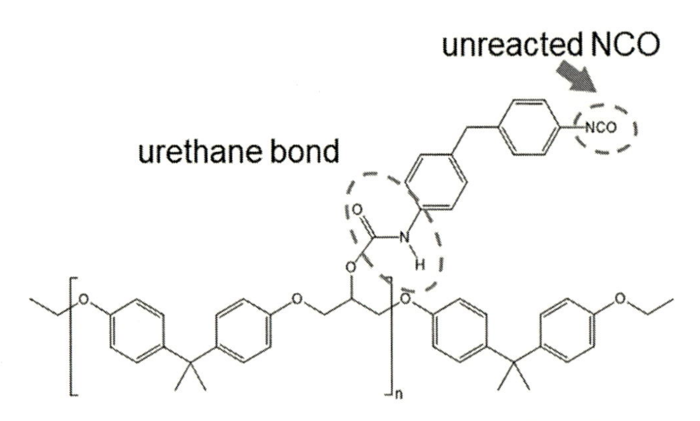

図7　MDI プライマーで処理したエポキシ表面の化学構造の推定図

3. 4. 4　おわりに

本稿では界面の分子振動スペクトルを選択的に測定できるSFG分光と，これを用いたエポキシ表面におけるプライマー分子の挙動についての事例を紹介した。SFG分光法は，①超高真空や試料の導電性などを必要とせず，②固体表面だけでなく，液体／固体界面や液体表面，固体／固体の埋もれた界面に対しても光が界面に到達すれば測定が可能，③得られたSFGスペクトルは，分子の配向情報を含んでおり，表面・界面に存在する分子がどのような配向をとっているかを定量的に知ることができる，④測定点から離れた場所でも高感度で検出が可能であり，温度や湿度，電場など外場を加えたときの変化をとらえることが可能，などの点が挙げられ，本稿で紹介した接着接合界面の詳細な解析にも利用されている。

文　献

1）Y. R. Shen, "Fundamentals of Sum-Frequency Spectroscopy", Cambridge University Press,（2016）
2）T. Miyamae, K. Akaike, Analysis of Molecular Surface/Interfacial Layer by Sum-Frequency Generation（SFG）Spectroscopy, in Interfacial Phenomena in Adhesion and Adhesive Bonding（S. Horiuchi, N. Terasaki, T. Miyamae ed.）, Springer（2016）
3）T. Miyamae, E. Ito, Y. Noguchi, H. Ishii, *J. Phys. Chem. C*, **115**, 9551（2011）
4）K. Sensui, T. Tarui, T. Miyamae, C. Sato, *Chem. Commun.*, **55**, 14833（2019）

4　土木・建設分野

4. 1　土木・建設用途へのエポキシ樹脂の適用

山添寛知*

4. 1. 1　はじめに

土木・建設分野における有機樹脂系接着剤の歴史は，1960年代に遡り，補修・改修工事など様々な用途への展開が図られ，近年使用用途及び使用量が増加してきている。土木・建設分野の補修・改修工事に使用されている有機樹脂系接着剤を以下に示すが，この中においてエポキシ樹脂系接着剤は，その寸法安定性，耐薬品性，機械的物性など優れた特性を有することから本用途における主要接着剤であると言える[1]。

≪有機樹脂系接着剤の種類[2]≫

1. エポキシ樹脂系 ──→ ≪エポキシ樹脂系接着剤の特長≫
   - ・寸法安定性
   - ・優れた耐水性，耐薬品性
   - ・高強度かつ強靭な硬化物物性
   - ・優れた接着性（湿潤面含む）
   - ・優れた作業性
2. ポリウレタン樹脂系
3. ポリウレア樹脂系
4. 酢酸ビニルエステル樹脂系
5. アクリル樹脂系
6. 変成シリコーン樹脂系

4. 1. 2　建築構造物の改修工事に使用されるエポキシ樹脂系接着剤

マンションや商業ビルなどの建築物は，経過年数に伴って性能や機能が徐々に失われ老朽化していく。建築物を解体し新しく建設する方法もあるが，建替えには膨大な費用が発生すること，また昨今の環境配慮面などから既存建築物の改修による建築物の長寿命化の需要がますます増えていくことが予想される。建築物の老朽化においては，その進行が加速度的に進むため，建築物の保全を考えた場合，定期的な改修が必要となってくる。改修工事では，一般的に劣化，損傷した部位に対して改修工事を行うことが多いが，このような維持管理のやり方は事後保全と呼ばれる。これに対し，劣化することが懸念される部位に対して予め改修工事を行い，建築物の長寿命化や第三者被害の防止を行う維持管理のやり方を予防保全という。最近では，進行度が低い段階で細目な事後保全を行う維持管理に加えて劣化を抑制する予防保全の維持管理も増えてきている。

---

*　Hirotomo YAMAZOE　コニシ㈱　浦和研究所　研究開発第4部　マネージャー

建築物の改修工事においては，良質な改修工事を行い改修後の建築物の品質を確保・向上させるため，国土交通省より公共建築改修工事標準仕様書並びに建築改修工事管理指針が制定されている[3,4]。また，これらの改修工事において使用されるエポキシ樹脂系接着剤の性能については JIS A6024「建築補修用及び建築補強用エポキシ樹脂」で性能が規定されているため[5]，これらの接着剤が使用される改修工事事例について以下紹介する。

≪JIS A6024「建築補修用及び建築補強用エポキシ樹脂」で定められるエポキシ樹脂の種類[5]≫

・注入エポキシ樹脂（硬質形，軟質形）
・可とう性エポキシ樹脂
・パテ状エポキシ樹脂
・エポキシ樹脂モルタル
・含浸接着エポキシ樹脂

4. 1. 2. 1　ひび割れ補修

コンクリート構造物の劣化の代表例でもあるひび割れは，強度不足を招くなどそれ自体が問題であると同時に，外的劣化要因をコンクリート内部に侵入させる経路になり得るという問題を抱えており，劣化早期の確実な補修対策が求められている。確実な補修を行うためには，ひび割れ発生部位やひび割れの程度，ひび割れ周辺部の状態などからひび割れ発生要因を推定して改修工法を選定することが望ましい。ひび割れ補修における改修工法の選定フローをコンクリート打放し仕上げ外壁を例に図１に示す。アルカリ骨材反応によるひび割れや乾燥収縮によるひび割れ

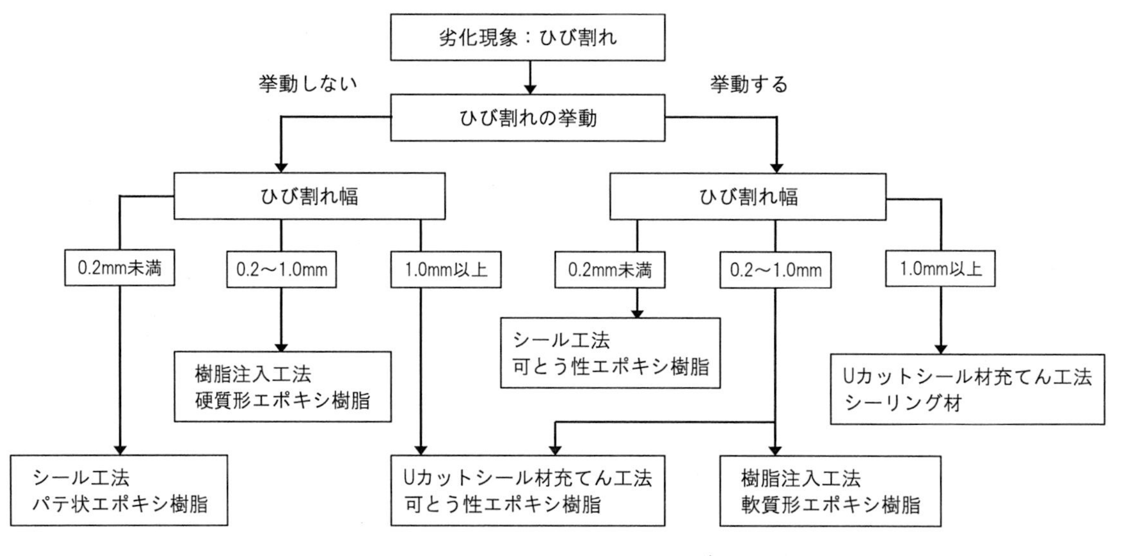

図１　ひび割れ工法の選定フロー[4]

などは，継続的に成長する恐れがあり，挙動するひび割れの一つである。他に発生部位などによっては挙動する恐れがあるひび割れがあり，まずは挙動するか否かにより工法選定しなければならない。次いでひび割れの幅で改修工法が選定されるようになっている。選定フローで示される各改修工法では，接着剤の要求性能が異なり適材適所での接着剤選定が必要となってくる。これらの改修工法に使用されているエポキシ樹脂系接着剤の性状や性能を以下に示す。

①樹脂注入工法

樹脂注入工法に使用するエポキシ樹脂系接着剤は，先に記載の通りJIS A6024「建築補修用及び建築補強用エポキシ樹脂」に要求性能が規定されており，硬質系と軟質系，低粘度形と中粘度形を組み合わせた4種類に分類されている[5)]。要求性能としては，空隙に対する充てん接着であること，また空隙に雨水などの浸入により湿潤状態になりやすいことなどから，寸法安定性と湿潤面接着性が重要視される。樹脂注入工法に使用される接着剤の品質規格と代表的な接着剤の性状・性能例を表1，2に示す。

硬質系と軟質系の使い分けは，ひび割れが挙動するかどうかが基本であるが，柱や梁などの構造体では，強度面から硬質系エポキシ樹脂を使用することが望ましい。低粘度形と中粘度形の使い分けは，0.5 mm以下の細かいひび割れには低粘度形を，0.5 mm以上のひび割れには中粘度形を選定するのが基本である。しかし，外壁などでコンクリート厚みが薄く低粘度形では内部への漏れ出しが懸念される場合には中粘度形を使用するなどの対策が必要である。

樹脂注入工法の施工は，ゴムやバネなどの反発力を使用し，低圧低速で時間をかけて注入する「自動低圧注入工法」が主流である[6)]。そのため，使用する接着剤は可使時間が長いことが望ましい。施工状況の模式図を図2に例示する。しかし，「自動低圧注入工法」では作業完了までに

表1　硬質系エポキシ樹脂の品質

試験項目		試験条件	低粘度形			中粘度形		
			ボンド E206		JIS A6024 規定値	ボンド E207D		JIS A6024 規定値
			一般用	冬用		一般用	冬用	
粘度(mPa･s)		23℃±2℃	580	562	100～1000	12000	13000	5000～20000
チクソトロピックインデックス			―	―	―	5	5	5±1
接着強さ(MPa)		標準条件	10.8	7.6	6.0以上	8.5	8.8	6.0以上
		低温条件(冬用)	―	8.3	3.0以上	―	8.1	3.0以上
		湿潤条件	8.1	4.2	3.0以上	6.0	6.6	3.0以上
		乾漆繰返し条件	9.3	7.5	3.0以上	6.2	6.6	3.0以上
引張特性	引張強さ(MPa)	標準条件	43.4	52.6	15.0以上	38.9	37.2	15.0以上
	破壊時伸び(%)		7	9	10以下	6	5	10以下
硬化収縮率		標準条件	1	2	3以下	2	1	3以下
加熱減量	質量変化率(%)	110℃±3℃	4	2	5以下	2	1	5以下
	体積変化率(%)		4	2	5以下	2	1	5以下

表2　軟質系エポキシ樹脂の品質

試験項目		試験条件	低粘度形		中粘度形	
			ボンド E2420 一般用	JIS A6024 規定値	ボンド E2420D 一般用	JIS A6024 規定値
粘度(mPa·s)		23℃±2℃	347	100～1000	5340	5000～20000
チクソトロピックインデックス			—	—	4.1	5±1
接着強さ(MPa)		標準条件	10.6	3.0以上	13.5	3.0以上
		低温条件(冬用)	—	1.5以上		1.5以上
		湿潤条件	4.6	1.5以上	3.5	1.5以上
		乾漆繰返し条件	7.8	1.5以上	10.3	1.5以上
引張特性	引張強さ(MPa)	標準条件	3.2	1.0以上	4.7	1.0以上
		低温条件	18.2	1.0以上	18.6	1.0以上
		加熱劣化条件	17.3	1.0以上	15.6	1.0以上
	破壊時伸び(%)	標準条件	113	50以上	106	50以上
		低温条件	119	50以上	69	50以上
		加熱劣化条件	87	50以上	79	50以上
硬化収縮率		標準条件	2	3以下	2.6	3以下
加熱減量	質量変化率(%)	110℃±3℃	1.3	5以下	1.5	5以下
	体積変化率(%)		0.15	5以下	0.2	5以下

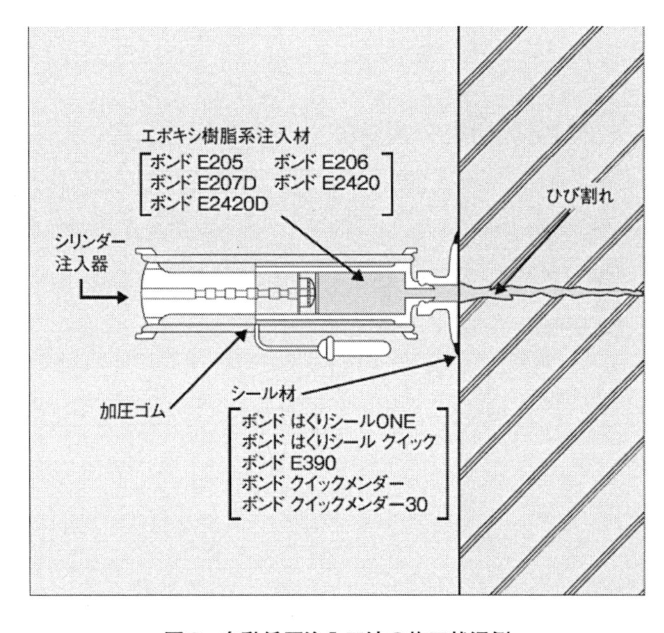

図2　自動低圧注入工法の施工状況例

3日間を要すため，1日で施工完了となる「簡易注入工法」が非構造体の防水目的のひび割れ補修に限り施工されている。

②Uカットシール材充てん工法

Uカットシール材は，可とう性エポキシ樹脂とシーリング材の2種類が使い分けられており，ここでは可とう性エポキシ樹脂について触れる。Uカットシール材充てん工法の可とう性エポキシ樹脂は，建築改修工事管理指針[4]及びJIS A6024「建築補修用及び建築補強用エポキシ樹脂」[5]で要求性能が規定されており，動きのあるひび割れに対して追従する性能と寸法安定性が重視される。従来は寸法安定性の面から2液反応硬化型エポキシ樹脂が主流であったが，最近では柔軟性を付与し硬化時および長期的に収縮率を低減した1液湿気硬化型エポキシ樹脂も使用されるようになってきている。1液湿気硬化型エポキシ樹脂は，軽量や混合の作業が無く製品容器からカートリッジガンを用いて直接使途用できるため作業面で優れている。その性能規格と代表的な接着剤の性能例を表3に示す。

③シール工法

シール工法は，幅が0.2 mm未満の微細なひび割れ部を改修するための工法であり，ひび割れ部が挙動する場合には，Uカットシール材充てん工法で用いられる可とう性エポキシ樹脂を使用し，ひび割れ部が挙動しない場合には，パテ状エポキシ樹脂が使用される。パテ状エポキシ樹脂の性能規格と代表的な接着剤の性能例を表4に示す。

表3　可とう性エポキシ樹脂の品質

試験項目		試験条件	ボンド UカットONE	JIS A6024 規定値
押し出し性(秒)		低温条件	20	60以下
スランプ		70℃±2℃	0	3以下
引張接着性	引張強さ(MPa)	標準条件	1.2	1.0以上
	破壊時伸び(%)		62	10以上
引張特性	接着強さ(MPa)	標準条件	2.0	1.0以上
		低温条件(冬用)	2.4	1.0以上
		乾漆繰返し条件	2.7	1.0以上
	破壊時伸び(%)	標準条件	77	30以上
		低温条件(冬用)	77	30以上
		乾漆繰返し条件	59	30以上
加熱減量	質量変化率(%)	80℃±3℃	4	5以下

表4　パテ状エポキシ樹脂の品質

試験項目	試験条件	ボンド E390 （測定値例）	JIS A6024 規定値
接着強さ(MPa)	標準条件	9.4	6.0以上
曲げ強さ(MPa)	標準条件	52.1	30.0以上
圧縮強さ(MPa)	標準条件	92.7	50.0以上
硬化収縮率(%)	標準条件	1.2	3.0以下
初期硬化性(MPa)	標準条件	17.8	2.0以下

4. 1. 2. 2　欠損補修

コンクリート構造物の欠損部改修工事では，軽量エポキシ樹脂モルタルが多く使用されている。軽量エポキシ樹脂モルタルは，比重が 0.7～1.7 と軽いため形保持力に優れる。中には，比重が 1.0 未満と水よりも軽いものもあり，一度に最大 50 mm 程度まで厚付けできるなど作業性に優れることが最大の特徴である。エポキシ樹脂モルタルの要求性能と代表的な接着剤の性能例を表 5 に示す。

欠損部補修用エポキシ樹脂モルタルの塗布は，主剤と硬化剤を手で揉み込むように混合し，下地に手で付け送り，コテで表面を均すという手順で行う。手やコテに接着剤がまとわり付かない粘性が求められており，そのため他の接着剤を比べるとコンクリート下地になじみにくいという短所がある。そのため，躯体との接着性を確保する目的でプライマー（タックコート）を塗布する必要がる。そして，プライマーが硬化する前にエポキシ樹脂モルタルを塗布しなければならない。施工手順を図 3 に示す。

表5　エポキシ樹脂モルタルの品質

試験項目	試験条件	ボンド Kモルタル （測定値例）	JIS A6024 規定値
だ　れ	標準条件	合格	形状に異常が無く、 だれが生じない。
引張強さ(MPa)	標準条件	3.0	1.0以上
	接着耐久性条件	1.4	1.0以上
曲げ強さ(MPa)	標準条件	13.4	10.0以上
圧縮強さ(MPa)	標準条件	45.8	20.0以上

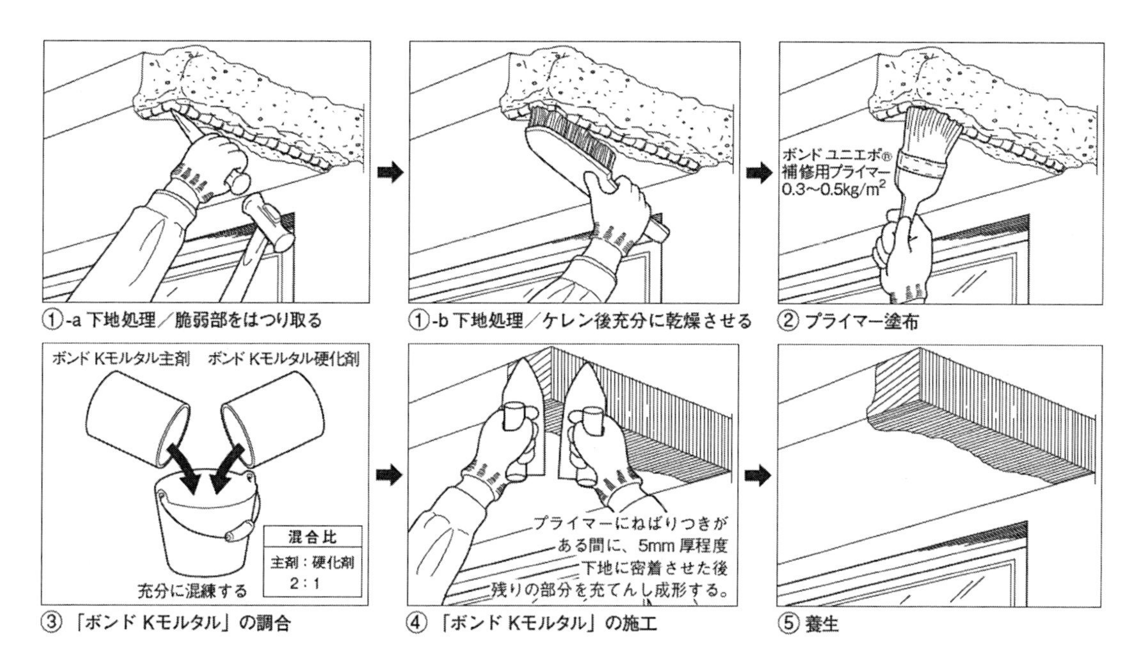

図３　エポキシ樹脂モルタルの施工例

4. 1. 2. 3　連続繊維シート接着工法

建築物構造物の改修工事においては，構造物が有する機能を建設時の程度まで回復させる対策を補修，一方で性能を向上させる対策を一般的には補強と定義づけている[7)]。エポキシ樹脂系接着剤を用いた補強工事については，「鋼板接着工法」「連続繊維シート接着工法」「鉄骨ブレース接着工法」などの工法があるが，本項では「連続繊維シート接着方法」について紹介する。

連続繊維シート接着工法は，連続繊維シートに含浸接着エポキシ樹脂を含浸させ，天井や梁，柱などのコンクリート躯体に接着することで，耐震性など構造物としての耐力を向上させる工法である。連続繊維シート接着工法で使用する連続繊維には，高強度で高靭性の炭素繊維やアラミド繊維，ガラス繊維などが多く使用されている。特に，炭素繊維シート（CFRP：Carbon Fiber Reinforced Plastics）用いた補強工法は，研究事例，施工事例ともに最も多く幅広く使用されている。連続繊維シート接着工法の標準的な仕様は，プライマー工程／下地調整工程（パテ材）／連続繊維シート含浸接着工程／仕上材塗布工程となっており，必要に応じて連続繊維シート含浸工程を繰返し，補強量を調整する。一般的な施工工程と施工例を図４，５に，連続繊維シート含浸接着するエポキシ樹脂系接着剤の性能例を表６に示す。

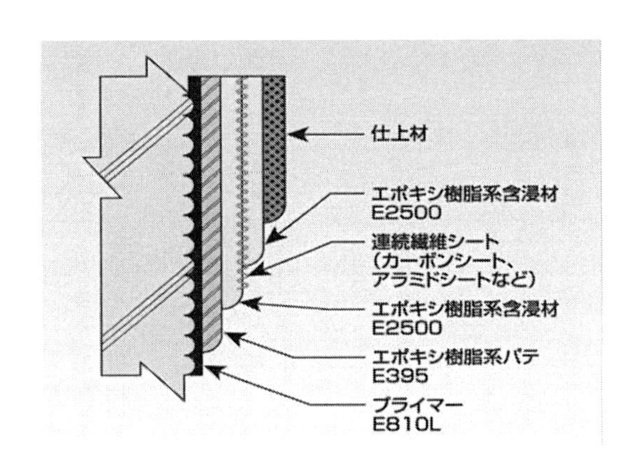

図4　連続繊維シート接着工法施工工程

図5　連続繊維シート接着工法施工例

表6　含浸接着エポキシ樹脂の品質

試験項目		試験条件	ボンド E2500	JIS A6024 規定値
			一般用	
引張強さ(MPa)		低温条件	—	3.0以上(冬用)
引張せん断接着強さ(MPa)		70℃±2℃	23.3	12.5以下
引張特性	引張強さ(MPa)	標準条件	39.3	30.0以上
曲げ強さ(MPa)		70℃±2℃	59.2	40.0以上
圧縮強さ(MPa)		70℃±2℃	73.4	70.0以上
圧縮弾性率(MPa)		70℃±2℃	2356	1500以上
加熱減量	質量変化率(%)	110℃±3℃	3	5以下
	体積変化率(%)		3	5以下

4. 1. 3　まとめ

これまで記載の通りエポキシ樹脂系接着剤は，その優れた寸法安定性，耐薬品性，機械的物性から建築構造物の改修・補修工事において幅広く使用されている。また，エポキシ樹脂系接着剤の実暴露による耐久性評価では，20年経過後も曲げ強さや圧縮強さが高い値で保持されることが確認されており[8)]，構造物の改修工事においてエポキシ樹脂系接着を適材適所に使用することで，長期間にわたって構造物の補修・補強が可能であると考えられる。

文　　献

1)　斉藤弘志，熱硬化性樹脂，10(4)（1989）
2)　公益社団法人土木学会　複合構造委員会　樹脂材料による複合技術研究小委員会，複合構造レポート 06　樹脂材料による複合技術の最先端，公益社団法人土木学会（2012）
3)　国土交通省大臣官房官庁営繕部監修，公共建築改修工事標準仕様書（建築工事編）令和４年版，一般財団法人建築保全センター（2022）
4)　国土交通省大臣官房官庁営繕部監修，建築改修工事監理指針 令和４年版（上巻），一般財団法人建築保全センター（2022）
5)　一般財団法人日本規格協会　日本産業標準調査会審議，建築補修用及び建築補強用エポキシ樹脂（2015）
6)　低圧樹脂注入工法協議会，自動式低圧樹脂注入工法ガイドブック（2023）
7)　宮川豊章監修，森川秀則編，図説わかるメンテナンス土木・環境・社会基盤施設の維持管理，学芸出版社（2010）
8)　尾藤陽介，堀井久一，浮き注入に用いるエポキシ樹脂の耐久性評価，2014 年日本建築学会大会，p1371(2014)

4. 2　シャトルライニング®工法

進藤卓也*

4. 2. 1　はじめに

都市ガス供給事業において，都市ガスを安全かつ安定して供給するために，ガス導管を適切に維持管理することは，欠かすことができない重要な業務である。

大阪ガスネットワーク株式会社では，約6万kmにも及ぶガス導管網の維持管理を行っているが，この膨大な延長のガス導管に対して，より効率的な維持管理を実施し，かつ安定供給を確保していくため，様々な技術開発に取り組んでいる。

ガス導管の中でも，道路に平行して敷設される比較的小口径のガス導管（以下「支管」という）と，この支管から分岐して，顧客の敷地内に引き込まれるガス導管（以下「供給管」という）は，その延長が約4万kmに達し，当社が維持管理する導管の2/3を占めている。

支管及び供給管は，現在では耐食性や耐震性に優れたポリエチレン管が使用されているが，未だ約40%の使用率に留まっており，過去に敷設されたネジ接合によるアスファルトジュート巻き鋼管（以下「経年管」という）が数多く残存している。

経年管は継手のゆるみや管の腐食等により，徐々に気密性が低下することが懸念される。このため，ポリエチレン管に取り替えることが望ましいが，多大な費用や道路掘削による交通支障等の問題から，経年管を取り替えることなく，長期にわたって使用が継続できる技術が求められていた。

シャトルライニング®工法は，こうした背景から開発された工法で，経年管の内面にエポキシ樹脂をライニングし，強固な樹脂膜が形成されることにより，ねじ継手からのガス漏れや腐食によるガス漏れを予防する管更生技術である。

4. 2. 2　工法の概要

4. 2. 2. 1　原理

図1に示すように，ガス管内に充填したエポキシ樹脂のライニング剤と，それに続いて挿入した，管内径より少し小さい外径のシリコン製の球形のピグを，空気圧により圧送することにより，ガス管の内面にほぼ均一で強固な樹脂膜が形成される。

4. 2. 2. 2　作業工程

シャトルライニング®工法では，ピグを往復させてライニングを実施する。

まず，図2に示すように，施工対象となるガス導管を道路側の供給管で切断する。また建物

*　Takuya SHINDO　大阪ガスネットワーク㈱　導管計画部　R&Dチーム　副課長

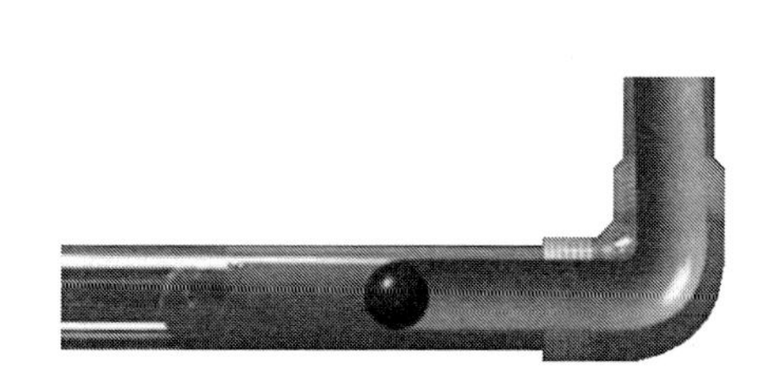

図1　ライニングのイメージ

写真1　ピグ

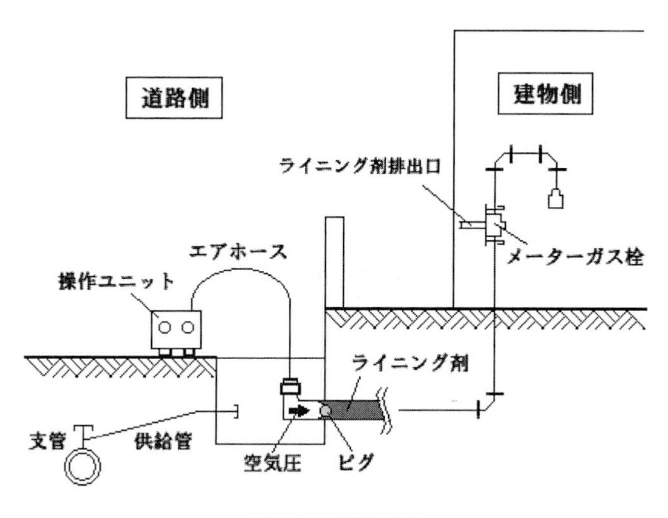

図2　工法概要図

側においては，メーターガス栓部分にライニング剤排出口を設ける。この切断部から排出口までがライニングの施工区間となる。

次に，道路側から建物側へ向けた往路のライニングを行う。エアブロー等により施工区間の管内部のクリーニングを実施した後，道路側切断部より，施工延長に応じた量のライニング剤を充填し，続けてピグを挿入する。操作ユニットにより，ピグの背後から 70 kPa の空気圧を送り，建物側の排出口に向けてピグとライニング剤を圧送する。排出口からライニング剤が適量排出された時点で，一旦空気圧を抜く。

さらに，建物側から道路側に向けて復路のライニングを行う。これは，往路で形成されたライニングの表面を，より均一なものに整えることを目的としている。ライニング剤排出口から新たなピグを挿入し，その背後から，往路と同様に空気圧を送り，2つのピグでライニング剤を挟み込む形にして，道路側切断部に向けてピグとライニング剤を圧送する。

そして，道路側切断部でピグ2個と余剰のライニング剤を回収し，ライニング作業は完了する。

4. 2. 2. 3 装置の構成

シャトルライニング®工法で使用する主な装置は，操作ユニット，攪拌機，注入治具で構成され，作業車両への積込み，作業現場への搬入が容易となるよう，コンパクトな設計となっている。

(1) 操作ユニット

ライニング剤及びピグを圧送するための空気圧を制御する装置で，最大空気量 100 L/min (60 Hz 時) のコンプレッサとレギュレータを搭載しており，操作レバーにより加圧・減圧の調整を行う。

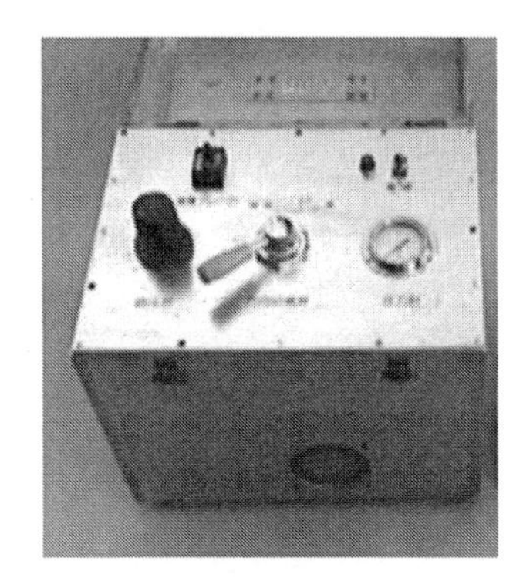

写真 2 操作ユニット

(2) 攪拌機

攪拌機は，ライニング剤の主剤容器の大きさに合わせて設計されており，硬化剤を投入した主剤容器を攪拌機の台座に固定し，台座を回転させてライニング剤を攪拌する。

攪拌翼は，ライニング剤の粘度を考慮して錨型を採用し，主剤容器の内径，高さに合わせた大きさとしている。

写真 3 攪拌機

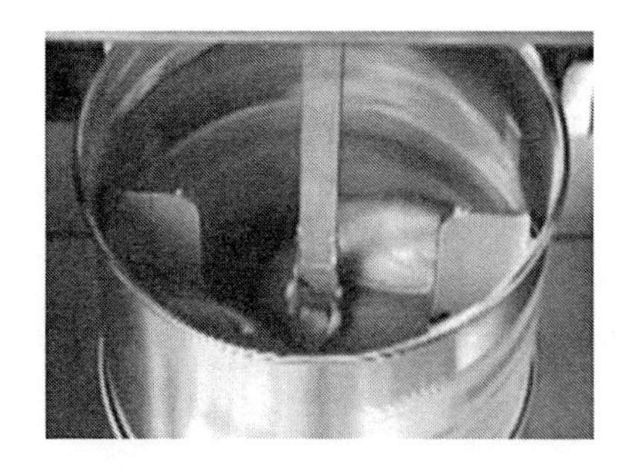

写真 4 ライニング剤の攪拌

(3) 注入治具

注入治具はライニング剤をガス管内に充填するためのもので，攪拌が完了したライニング剤の主剤容器をそのまま装着できる。ライニング剤の充填は，治具のシャフトをラチェットで締め込むことにより行う。

なお，主剤容器の底部には，あらかじめ口径32Aの内ネジが付いており，主剤容器を注入治具に装着すると，そのままガス管のネジ部に接続できる構造となっている。

写真５　注入治具

写真６　注入作業

4. 2. 3　ライニング剤

4. 2. 3. 1　ライニング剤の性状

ライニング剤の性状については，ライニング剤の攪拌，ライニング作業性や硬化特性など多面的に検討し，２液性エポキシ樹脂で，夏用及び冬用の２タイプのライニング剤を使用している。

写真７　ライニング剤　主剤（左），硬化剤（右）

(1) 硬化時間

ライニング施工後，直ちにガス供給を再開する必要があるが，安全性の観点から加熱硬化が困難であるため常温硬化としている。指触乾燥時間は１日程度である。

(2) チクソ性

ライニング施工後，ライニング剤が垂れ下がりガス管内部を閉塞すると，ライニング剤硬化後，ガス圧の低下による供給不良を起こす恐れがある。これを防止するため，ライニング剤はチクソ性を考慮したもので，スランプ試験により，膜厚 5 mm でも垂れが生じない性状を有している。

(3) 混合時粘度

ライニング剤の粘度が過小であると，ライニング施工時に，空気圧をかけた時のピグの走行が不安定となり，樹脂膜の乱れが生じやすい。一方で，粘度が過大であると，ピグをスムーズに走行させるため，過剰な空気圧を負荷しなければならず，経年管を破損させる危険性がある。これらの点を考慮し，5℃～35℃の雰囲気温度で，混合時粘度が 15 Pa･s～80 Pa･s の範囲内であることとしている。

(4) 可使時間

道路面の掘削や埋戻し，ガス導管の切断や復旧など，工事全体の作業時間を 8 時間として，このうちライニング作業に割ける時間の上限が 2 時間程度であることから，ライニング剤の可使時間（混合時粘度が 80 Pa･s に達する時間）は 2 時間以上としている。

4. 2. 3. 2 樹脂膜の性能

ライニング剤が完全に硬化した後の樹脂膜の性能については，ガス導管の設置環境が埋設部であり，紫外線による劣化は起こらないものの，図 3 に示すように，都市ガスや土壌に含まれる化学物質による劣化，外圧や車両輪荷重通過による繰返し曲げなど，ガス導管に掛かる外力に対して長期的にガス漏れの予防が期待できるのか，各種試験により性能評価を実施している。

(1) 耐ガス性，耐薬品性

都市ガスの主成分はメタンガスであるが，製造過程において添加される付臭剤等，微量の化学物質に対する耐ガス性試験，土壌及び地下水に含まれる酸，アルカリ等に対する耐薬品性試験を実施し，これらのガス，薬品に一定期間浸漬した試験片の質量変化，引張強度及び伸びを測定し，樹脂膜の長期的な安定性を評価している。

(2) 外圧

経年管は腐食が進行し，いずれは管体に腐食孔が生じる可能性があるが，その場合，樹脂膜が露出して，土圧，水圧などの外力を受ける。こうした外力に対して，樹脂膜が長期的に変形せず，保形性を有していることを保形性試験により評価している。

保形性試験の実施方法としては，まず，図 4 に示すように，ライニングを施したガス管の管体部分のみに，腐食孔を想定した直径 10 mm または 20 mm の穴をあけ，そこに管外面側から数水準の異なる水圧を負荷する。次に，各圧力水準での樹脂膜の破壊時間を測定する。これを図 5 に示すように，片対数グラフ上にプロットして最小二乗法により回帰直線を求め，さらに 95％信頼区間の下方信頼限界線を求めて，この直線と想定される外力値との交点となる時間を，実環境下での樹脂膜の破壊時間と推定する。

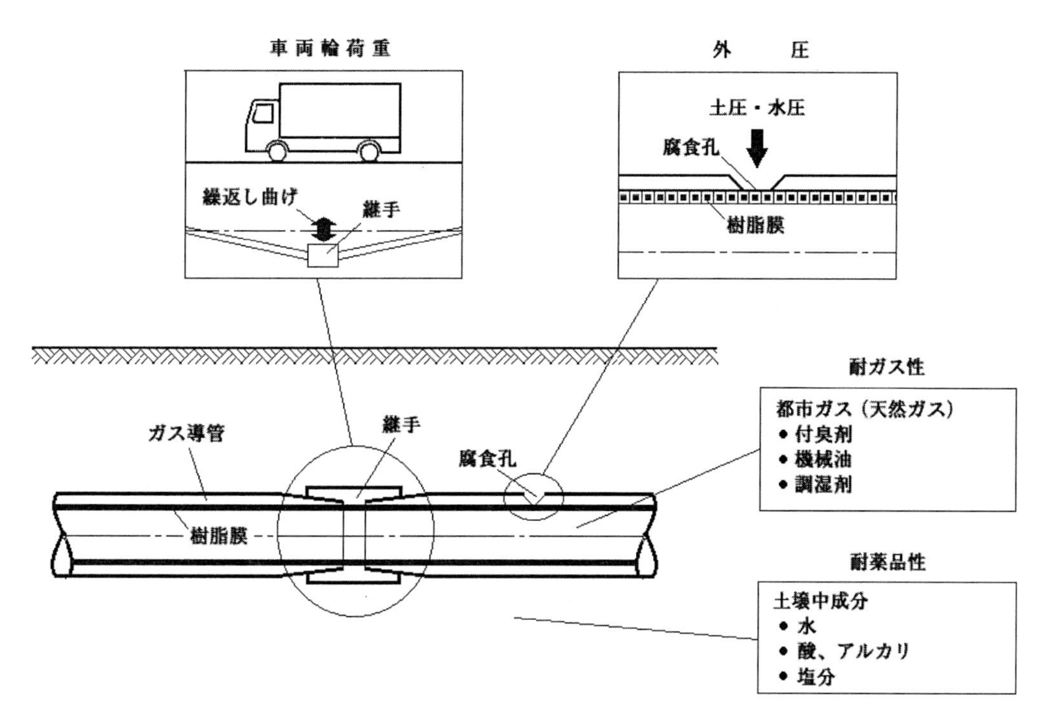

図3　樹脂膜の性能評価因子

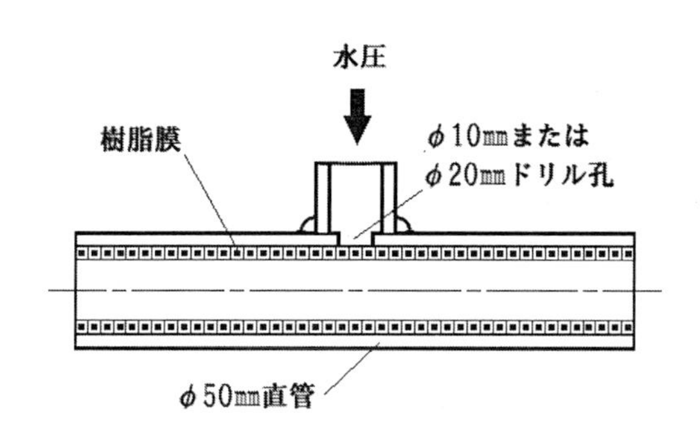

図4　試験サンプル例（断面）

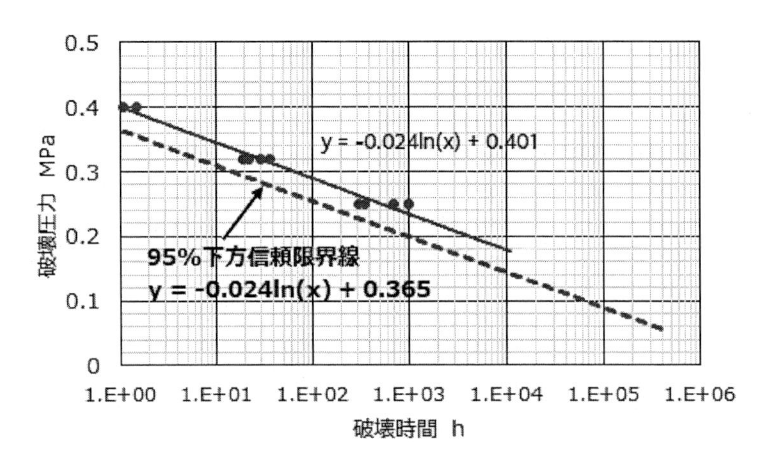

図5 保形性試験による破壊時間の推定例

(3) 車両輪荷重

道路面下に設置されるガス導管では，外力として通行車両による輪荷重を考慮する必要がある。ガス導管は輪荷重により微少なたわみが生じるが，これが長期間にわたって繰返されると，経年管のネジ継手にゆるみが生じてガス漏れに至る可能性がある。このたわみを繰返し曲げ試験としてモデル化し，継手部に施された樹脂膜に割れが生じないことを確認している。

4. 2. 4 おわりに

シャトルライニング®工法は，1992年の導入以来，現在に至るまで数多くの経年管に実施され，都市ガスの安定供給に大きく貢献している。こうした実績を踏まえ，都市ガス以外の分野への応用として，経年集合住宅の給水管や給湯銅管に対しても，エポキシ樹脂を用いた管更生工法の開発を行っている。

給水管では錆による赤水発生の防止，給湯銅管では孔食による水漏れの防止を目的としているが，これらのライニングにおいては，飲料用として供される可能性があることを考慮し，エポキシ樹脂はビスフェノールF型とし，平成9年厚生省令第14号の第二条に定められた浸出試験により，施工後の水質の安全性を確認している。

また，加熱硬化型樹脂であるエポキシ樹脂の特性を活かし，ライニング後，配管内に約60℃の温水を循環させることにより，約3時間でライニング剤の硬化が完了することから，1住戸での施工が1日で完了することが最大の特長である。

このように管更生技術として，様々な用途においてエポキシ樹脂の活用を図っている。

エポキシ樹脂の機能と活用動向

2024年12月6日　第1刷発行

監　　修　久保内昌敏　（T1276）
発 行 者　金森洋平
発 行 所　株式会社シーエムシー出版
東京都千代田区神田錦町1－17－1
電話03(3293)2065
大阪市中央区内平野町1－3－12
電話06(4794)8234
https://www.cmcbooks.co.jp/
編集担当　山中壱朗／町田　博

〔印刷　日本ハイコム株式会社〕

ISBN978-4-7813-1824-0　C3043　¥60000E